U0298916

佟毅，1963年出生，理学博士，教授级高级工程师，十二届全国人大代表，全国劳动模范，当选首批全国粮食行业领军人才，享受国务院政府特殊津贴专家，从事玉米深加工领域科研工作33年。

佟毅同志现任玉米深加工国家工程研究中心主任，中粮生化股份有限公司董事长，中国淀粉工业协会会长，国家粮食安全政策专家咨询委员会委员，中国粮油学会副理事长。他早在1995年便著有《淀粉水解产品及其应用》一书，并连续多年担任《淀粉与淀粉糖》杂志主编，连续3年作为主编出版了《中国玉米市场和淀粉行业年度分析和预测报告》，在淀粉及其衍生物方面获得省部级科技进步一等奖6项，专利44项，国内外学术刊物上发表论文42篇，主持新建了多条国内领先的玉米深加工生产线，推进和带动引领了中国淀粉及其衍生物行业从无到有、从小到大。

玉米淀粉绿色精益制造

新工艺、新设备、新理念

佟 毅 编著

Green and Lean Production of Corn Starches
New Processes, New Equipments and New Concepts

化学工业出版社

·北京·

本书为玉米淀粉绿色精益制造类技术书籍，着重强调玉米淀粉绿色、低碳、环保、循环、高效及优质的加工理念。该书从玉米属性、种植、收储、加工到产品的品质控制等一系列环节来阐述玉米淀粉的绿色精益制造过程，旨在向读者展示该行业或该领域的技术发展方向。

　　本书可作为工艺设计、设备选型和制造的工具书，企业生产、技术管理培训的教材，也可以作为大专院校、科研部门的专业参考书。

图书在版编目（CIP）数据

玉米淀粉绿色精益制造：新工艺、新设备、新理念/佟毅编著.
北京：化学工业出版社，2018.12（2019.3 重印）
　ISBN 978-7-122-33252-3

　Ⅰ.①玉…　Ⅱ.①佟…　Ⅲ.①玉米-谷类淀粉-淀粉-加工-精益生产-研究　Ⅳ.①TS235.1

中国版本图书馆 CIP 数据核字（2018）第 249178 号

责任编辑：赵玉清　魏　巍　周　偲　　　装帧设计：王晓宇
责任校对：杜杏然

出版发行：化学工业出版社（北京市东城区青年湖南街 13 号　邮政编码 100011）
印　　装：北京新华印刷有限公司
710mm×1000mm　1/16　印张 27½　彩插 1　字数 526 千字
2019 年 3 月北京第 1 版第 2 次印刷

购书咨询：010-64518888　　售后服务：010-64518899
网　　址：http://www.cip.com.cn
凡购买本书，如有缺损质量问题，本社销售中心负责调换。

定　　价：158.00 元　　　　　　　　　　　　　　版权所有　违者必究

　　我国玉米淀粉工业是碳水化合物衍生物的基础产业。玉米淀粉用途十分广泛，是食品加工的重要原料，已经与人们的生活密不可分。同时，玉米淀粉这一天然可再生资源，在缓解能源和资源危机方面，发挥着越来越显著的作用。

　　我国淀粉加工产品品种向多元化、系列化方向发展。产业布局向主产区集中且渐趋合理。企业向集约化、规模化的方向转化。随着供给侧改革的深入进行，以及国家对玉米深加工行业的政策支持，淀粉加工还需要不断调整以适应新的国情需要，在"十三五"期间以创新和节能减排为目标，保证实现行业的良性循环发展。

　　本书在国内外玉米淀粉工业发展及新形势下应运而生，由佟毅博士总结多年的研究和生产经验撰写而成。他致力于推动我国玉米深加工产业技术进步30多年，对行业有着透彻的理解，并且为行业的发展和进步做出了重要贡献，其著作内容新颖，深入浅出，具有重要的学术价值和实践指导意义。

　　该书系统、科学地综合集成了国内外最新研究成果，提倡绿色、低碳、环保、循环、高效及优质理念指引下的工艺和设备并重，生产和管理并重，实践和理论并重。从玉米收购到湿磨加工全过程，各单元的工艺流程、设备结构和原理、经济技术指标、物料平衡和水、热平衡、技术管理规程阐述详细；工艺参数、设备参数、生产指标、操作要点齐全，是玉米及淀粉加工工业中不可多得的一本实用价值很高的书籍。本书内容全面翔实，技术先进，可作为工艺设计、设备选型和制造的工具书，企业生产、技术管理培训的教材，也可以作为大专院校、科研部门的专业参考书。

　　这是一部在作者多年的研究、实践积累和对玉米加工行业深入思考的基础上，精心完成的玉米加工领域的综合性专著。该书的出版将有助于促进行业交流，对我国玉米淀粉及加工行业的发展具有重要的推动作用。

中国工程院院士

前言

玉米，玉，石之美者，有五德，润泽以温，仁之方也；米，粮之精者，有五谷，食之以生，民之重也。玉米是世界三大粮食作物之一，它浑身是宝。随着当今社会科学技术的飞速发展，玉米除作为粮食作物外还在生物化工和替代石油能源等诸多方面扮演着举足轻重的角色。我国作为世界农业大国之一，玉米淀粉的产量占各类淀粉总量的 90% 以上，年均递增 17% 以上，年产量已超过 2500 万吨，居世界第一位。自我国第一个五年计划在华北制药厂建设了国内工业化的玉米淀粉加工企业以来，我国玉米淀粉加工业已经走过了六十个春秋。

近年来，玉米深加工产业环境污染的治理要求越来越高。目前，"绿色"发展理念已经深入人心，从产业转型升级的角度来看，整个玉米淀粉产业链的"绿色"转型，也应是必然之举。对生产过程中的各种废弃物进行综合利用，比如沼气发电、中水回收、二氧化碳回收、废热综合利用等已贯穿玉米淀粉工业绿色生产的全过程，也就是通过优化创新要素，在高效理念的指导下，从产品链开发，到清洁生产、资源循环利用。

本书基于玉米淀粉产业发展现状、环保治理现状及其他问题，通过工程实证分析，提出玉米淀粉生产在不同阶段、产品方案、生产规模和建设地点所采取的各环节废物的资源化、减量化、能源与水资源回收利用和管理方式，以及实施清洁生产、延长产业链、构建闭合循环的经济模式。对减量化指标、再利用及资源化指标、无害化指标进行指标体系计算，推行清洁生产、延长产业链、打造环境友好型产业群，从而促进玉米淀粉产业的科学发展。同时，在绿色、低碳、环保、循环、高效等理念框架下促使更多优质技术和产品的诞生，以满足甚至超出客户的期望。

本书特点是工艺和设备并重，生产和管理并重，实践和理论并重。从玉米收购到湿磨加工全过程，各单元的工艺流程、设备结构和原理、经济技术指标、物料平衡和水、热平衡、技术管理规程阐述详细；工艺参数、设备参数、生产指标、操作要点齐全，是淀粉工业一本具有实用价值的书籍。本书可作为工艺设计、设备选型和制造的工具书，企业生产、技术管理培训的教材，也可以作为大专院校、科研部门的专业参考书。

本书编写过程中，感谢高群玉教授给予的核对与修正。

由于时间关系，水平有限，疏漏难免，敬请各位读者批评指正。

佟毅

2018 年 5 月写于北京

目录

第 1 章　原料玉米

1.1　玉米理化性质 ································ 2

1.1.1　玉米属性 ································ 2

1.1.2　玉米种子组成 ······················ 2

1.1.3　玉米种子化学成分 ················ 2

1.2　玉米种植及收获 ···················· 2

1.3　玉米采购 ································ 3

1.4　玉米烘干及储存 ···················· 3

1.4.1　玉米净化 ···························· 3

1.4.2　玉米烘干 ···························· 4

1.4.3　玉米储存 ···························· 4

1.4.4　玉米储存监测 ······················ 8

第 2 章　玉米加工产品

2.1　玉米淀粉 ································ 10

2.1.1　玉米淀粉简介 ······················ 10

2.1.2　玉米淀粉分类 ······················ 10

2.1.3　玉米淀粉性状 ······················ 10

2.2　玉米油 ···································· 11

2.3　玉米蛋白粉 ···························· 11

2.3.1　玉米蛋白粉简介 ··················· 11

2.3.2　玉米蛋白粉组成 ··················· 11

2.3.3　玉米蛋白粉营养成分 ············· 11

2.3.4　玉米蛋白粉饲料应用 ············· 12

2.4　喷浆玉米皮 ···························· 12

2.5　玉米高蛋白胚芽粕 ················· 12

2.6　质量指标 ································ 12

2.6.1　食用玉米淀粉 ······················ 12

2.6.2　玉米蛋白粉 ························· 13

2.6.3　喷浆玉米皮 ……………………………………………………… 13

2.6.4　玉米胚芽粕 ……………………………………………………… 14

2.6.5　玉米原油 ………………………………………………………… 14

2.7　质量管控 …………………………………………………………… 15

2.7.1　原料管控 ………………………………………………………… 15

2.7.2　过程管控 ………………………………………………………… 16

2.7.3　产成品管控 ……………………………………………………… 18

2.7.4　产品存储管控 …………………………………………………… 19

2.7.5　产品交付管控 …………………………………………………… 22

第 3 章　玉米淀粉生产工艺

3.1　玉米淀粉生产工艺简述 ………………………………………… 26

3.2　玉米淀粉湿磨法生产的基本过程 ……………………………… 27

3.2.1　预净化 …………………………………………………………… 29

3.2.2　玉米上料 ………………………………………………………… 30

3.2.3　亚硫酸制备 ……………………………………………………… 32

3.2.4　玉米浸泡 ………………………………………………………… 33

3.2.5　玉米浆蒸发 ……………………………………………………… 50

3.2.6　玉米破碎及胚芽分离 …………………………………………… 54

3.2.7　纤维洗涤 ………………………………………………………… 58

3.2.8　淀粉与麸质分离 ………………………………………………… 62

3.2.9　麸质脱水 ………………………………………………………… 67

3.2.10　副产物的干燥 ………………………………………………… 70

3.2.11　淀粉洗涤、脱水与干燥 ……………………………………… 75

3.2.12　预榨 …………………………………………………………… 82

3.2.13　浸出 …………………………………………………………… 83

3.2.14　淀粉的包装 …………………………………………………… 85

3.2.15　公共系统 ……………………………………………………… 86

3.3　玉米淀粉生产工艺路线 ………………………………………… 102

3.4　玉米淀粉生产收率指标 ………………………………………… 103

3.5　玉米淀粉生产工艺流程 ………………………………………… 104

3.5.1　工艺流程类型 …………………………………………………… 104

3.5.2　典型工艺流程介绍 ……………………………………………… 105

3.5.3 玉米湿磨改良工艺流程 ………………………………………… 110

3.5.4 玉米湿磨产品制造综合流程 ………………………………… 111

3.6 玉米淀粉生产工艺特点 ………………………………………… 112

3.6.1 绿色 ……………………………………………………………… 112

3.6.2 低碳 ……………………………………………………………… 122

3.6.3 环保 ……………………………………………………………… 129

3.6.4 循环 ……………………………………………………………… 142

3.6.5 高效 ……………………………………………………………… 147

3.6.6 优质 ……………………………………………………………… 156

3.6.7 工艺简捷 ………………………………………………………… 163

3.6.8 节能高效 ………………………………………………………… 164

3.6.9 质量保证 ………………………………………………………… 168

3.7 玉米淀粉生产工艺控制 ………………………………………… 177

3.7.1 系统物料平衡控制 ……………………………………………… 177

3.7.2 系统水平衡控制 ………………………………………………… 181

3.7.3 系统能量平衡控制 ……………………………………………… 182

3.7.4 系统质量保证控制 ……………………………………………… 184

3.7.5 系统工艺自动化控制 …………………………………………… 185

第 4 章　玉米淀粉生产设备

4.1 输送设备 ……………………………………………………………… 190

4.1.1 固体物料输送设备 ……………………………………………… 190

4.1.2 液体物料输送设备 ……………………………………………… 194

4.1.3 气体物料输送设备 ……………………………………………… 200

4.2 破碎设备 ……………………………………………………………… 204

4.2.1 凸齿磨 …………………………………………………………… 204

4.2.2 针磨 ……………………………………………………………… 207

4.3 分离设备 ……………………………………………………………… 209

4.3.1 重力分离 ………………………………………………………… 209

4.3.2 筛体分离 ………………………………………………………… 210

4.3.3 旋流分离 ………………………………………………………… 216

4.3.4 碟片分离 ………………………………………………………… 220

4.4 脱水设备 ……………………………………………………………… 223

　　4.4.1　压滤脱水 ··· 223

　　4.4.2　吸滤脱水 ··· 225

　　4.4.3　挤压脱水 ··· 226

　　4.4.4　离心脱水 ··· 228

　4.5　干燥设备 ·· 233

　　4.5.1　管束干燥 ··· 233

　　4.5.2　气流干燥 ··· 238

　4.6　自动定量包装设备 ·· 254

　　4.6.1　定量包装秤 ··· 254

　　4.6.2　大袋包装机 ··· 256

第 5 章　玉米淀粉生产技术管理

　5.1　技术指标 ·· 260

　　5.1.1　产品商品收率 ··· 260

　　5.1.2　产品绝干收率 ··· 260

　　5.1.3　提取率 ··· 261

　　5.1.4　消耗 ·· 261

　5.2　工艺技术规程 ·· 261

　　5.2.1　工艺技术参数 ··· 261

　　5.2.2　工序技术规程 ··· 264

　5.3　设备管理 ·· 283

　　5.3.1　设备的正常使用、维护及保养 ·································· 283

　　5.3.2　设备的预测性维护 ··· 293

　5.4　质量管理 ·· 295

　　5.4.1　产品质量和工作质量 ·· 295

　　5.4.2　全面质量管理 ··· 296

第 6 章　玉米加工产品检验

　6.1　玉米的检验 ·· 300

　6.2　中间产品的检验 ··· 300

　6.3　产成品的检验 ·· 300

附录

附录 1　玉米 ……………………………………………………… 302

附录 2　淀粉生产过程检验标准及方法 ……………………… 321

附录 3　食用玉米淀粉（GB/T 8885—2017） ………………… 339

附录 4　玉米原油质量标准 ……………………………………… 352

附录 5　玉米蛋白饲料（企业标准） …………………………… 378

附录 6　喷浆玉米皮（企业标准） ……………………………… 388

附录 7　玉米胚芽粕（企业标准） ……………………………… 399

附录 8　玉米浆（企业标准） …………………………………… 408

附录 9　固体玉米浆（企业标准） ……………………………… 415

参考文献 …………………………………………………………… **429**

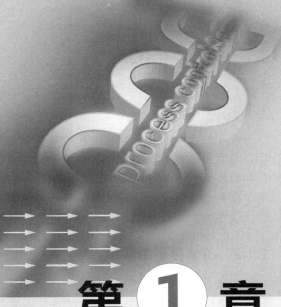

第 ① 章

原料玉米

1.1 玉米理化性质

1.1.1 玉米属性

玉米是禾本科玉蜀黍属一年生雌雄同株异花授粉草本植物。植株高大，茎强壮，是重要的粮食作物和饲料作物，也是全世界总产量最高的农作物，其种植面积和总产量仅次于水稻和小麦。玉米一直都被誉为长寿食品，含有丰富的蛋白质、脂肪、维生素、微量元素、纤维素等，具有开发高营养、高生物学功能食品的巨大潜力。

1.1.2 玉米种子组成

玉米种子主要由胚乳、胚、种皮和根帽组成。

胚乳（endosperm）是玉米粒的最主要部分，占玉米粒干重的 $82\%\sim84\%$，其内主要含有淀粉和蛋白质，是种子发芽的能源，也是提取淀粉和蛋白粉的主要部分。

胚（germ）是玉米粒的活性部分，它含有促使植物籽粒生长的遗传基因。胚占玉米粒干重的 $10\%\sim12\%$，其中 $40\%\sim50\%$ 为玉米油。

种皮（pericarp）是玉米粒的外壳，占玉米粒干重的 $5\%\sim6\%$，它保护玉米不变质，可防水、水汽及抗虫和微生物的侵害。

根帽（tip cap）是玉米粒不被表皮覆盖的部分。

1.1.3 玉米种子化学成分

玉米种子化学成分见表 1-1。

表 1-1　玉米种子化学成分　　　　　　　　　　%

组成部分	占整粒质量	淀粉含量	脂肪含量	蛋白质含量	灰分	糖分含量	纤维素及其他
胚乳	82.80	87.58	0.80	8.00	0.30	0.62	2.70
胚	11.10	8.30	33.20	18.40	10.50	10.80	18.80
种皮	5.30	7.36	1.10	3.70	0.80	0.34	86.70
根帽	0.80	5.30	3.80	9.10	1.60	1.60	78.60
整粒	100.00	71.99	4.40	9.10	1.40	3.31	9.80

1.2 玉米种植及收获

通过对玉米品种调研了解玉米品种属性，并针对生产工艺需求优选适宜品种，与农户协商选择种植适宜品种，为生产工艺需求打下坚实基础。

与农户一起开展田间调查，组织农户做好土地平整、种子筛选、播前种子浸种灭菌处理、科学播种等工作；协助农户做好补苗、间苗、除草、追肥管理，以保证苗期作物健康生长；协助农户做好播前耕翻去除幼虫和虫卵、施辛硫磷乳油消除虫卵，做好病虫害防治管理工作。

采用机械收获，不可地面堆放，单收、单运、单放、单贮；收获后及时进行晾晒；籽粒含水量达到 20％以下时脱粒，脱粒后进行清选去杂，降水至 14％以下通风保存储藏。

1.3　玉米采购

调研产区内玉米成熟情况、储存情况，锁定粮源，保证粮源供应充足。玉米进厂后首先进行抽样初验。初验一般采用自动扦样器从粮车抽数点采样，然后由检验人员对样品进行检验，检验项目一般包括水分、杂质、霉菌、烘伤、不完善粒等指标。初验合格，进厂过地磅称重。

过磅称重后的玉米车辆，按规定路线到自动卸车台过筛卸车。在卸车过程中，保管员随时观察卸车玉米质量情况，发现玉米质量问题可立即停止卸车。如没有问题，卸车完成后，监督卖粮者将筛后杂质装车并返回地磅称重，然后用进厂重量减去出厂重即收购玉米的计价重量。随后卖粮者根据计价重量和单价凭证到付款处结算取款。

以上玉米采购流程在大型玉米加工企业均已实现计算机和现场仪表自动完成的作业流程，现场人员工作为监管和督导的职能。

1.4　玉米烘干及储存

1.4.1　玉米净化

工厂收购的玉米中难免会有玉米碎芯、穗花、秕粒等有机杂质以及塑料绳头、砂、石、泥土、无机杂质与铁类金属物质等杂质。各种杂质的存在给玉米加工带来了不少麻烦。例如：绳头、玉米碎芯会堵塞管道；砂、石、泥土不但增加设备磨损，而且将导致产品中灰分增加；砂石、金属等坚硬物质，会损坏设备。所以在加工前必须进行清理净化。一般采用干法净化玉米去除杂质、小粒玉米和不完善粒玉米。

1.4.2　玉米烘干

玉米种子水分对淀粉生产影响较大，水分在 14％以内为安全储存。水分超过 14％时，玉米细胞的呼吸强度将高出几倍甚至几十倍，酶促反应增强，使碳水化合物降解为二氧化碳和水，同时放出大量热能。据有关资料报道，在一定温度下，不同水分的玉米需要在规定时间内加工，例如，温度 25℃时，玉米水分 20％时加工期为 4 天，23％时为 3 天，超过 25％时最多不超过 2 天。同时高水分玉米不易浸泡（因玉米水分很快达到平衡，可溶性物质不易浸出）且浸泡液浓度低，蛋白质不易分离。为此玉米淀粉加工厂需对采购来且不能及时使用的玉米进行烘干处理，然后才可以储存。

玉米粒干燥方式对淀粉生产有着重要影响，在玉米淀粉加工工艺中有明确要求："玉米粒发芽率的高低表示玉米胚芽的完整程度。淀粉生产要求发芽率在 80％以上。当玉米粒受损丧失发芽时，其内部将发生化学、生物和酶的变化，使湿磨质量降低。发芽率低的玉米，不但胚芽分离困难，胚芽收率低，而且因湿磨质量的降低而导致淀粉收率降低。"因此最大限度地降低玉米干燥温度和速率对提高玉米质量至关重要。干燥温度超过 60℃时，将引起胚芽变脆，玉米胚芽收率降低；淀粉变性甚至糊化，淀粉质量差；蛋白质变性，导致浸渍困难。淀粉与种皮不易分离而造成纤维渣带走淀粉多，淀粉收率低，企业加工利润降低。所以国家对玉米淀粉及发酵工业用玉米质量标准中规定，烘干玉米不宜用于淀粉生产及发酵工业。自然晒干的玉米淀粉收率高，质量好，淀粉损失少。

针对以上情况，作者与郑州中粮科研设计院一起研制出大风量逆流玉米烘干工艺，这样可实现既能达到降低玉米水分的目的，又能保证玉米活性，从而改变了烘干玉米不能用于淀粉生产的惯例。此工艺也被称为"逆流大风量绿色玉米烘干技术"。

1.4.3　玉米储存

玉米在安全储存水分（14％）以内，存放时间对加工也有着一定影响。据报道，在安全水分储存期间，随储存时间的延长，玉米粒发生酶解作用使淀粉降解转化为可溶性糖类增多，从而降低玉米品质，加工淀粉收率降低，无形损失增加。

1.4.3.1　玉米的储藏特性

玉米的耐藏性差，有以下特点：

① 玉米胚大，生理活性强，玉米的胚几乎占全粒体积的三分之一，占全粒重量的 10％～12％。玉米胚大的特点给储藏带来很多不利的因素。

　　玉米胚含有丰富的营养物质，含有全粒 18.4％以上的蛋白质和较多的可溶性糖。由于具有这些亲水物质，所以吸湿性强，呼吸旺盛。据试验，正常玉米的呼吸强度要比正常小麦大 8～11 倍。玉米吸收及散发水分主要通过胚进行，干燥玉米胚含水量小于全粒或胚乳，而水分大的玉米（超过 20％），其胚含水量则大于全粒或胚乳。

　　② 玉米胚含脂肪及可溶性糖多，易于变质。玉米粒内所含脂肪及可溶性糖，主要集中于胚。因此储藏中胚首先遭受虫、霉危害。特别是胚含脂肪高达 33.2％，占整粒脂肪含量的 77％～89％，所以胚的脂肪酸值始终高于胚乳，而且温度愈高、湿度愈大，产生的游离脂肪酸愈多，酸败也首先从胚开始。在储藏期间不论常温常湿还是高温高湿，都是胚酸度增加速度较快。

　　③ 玉米易生虫。玉米胚营养丰富，可溶性糖含量较高，在脱粒时易受损伤，产生破碎粒，还有未熟粒等因素，容易感染害虫，受害虫侵蚀。

　　④ 玉米胚带菌量大、易霉变。玉米胚富含营养物质，易被微生物分解利用，且玉米胚组织松散，易感染微生物。据测定，玉米经过一段储藏期后，其带菌量比其他禾谷类粮食高得多。如正常稻谷携带孢子个数，1g 干样为 9.5 万个以下，而 1g 正常干燥玉米却携带 9.8 万～14.7 万个孢子。据上海地区调查，也说明玉米带菌量比其他粮种都多，故玉米胚很易发生霉变。

　　引起玉米发热、霉变的主要原因是入库水分高，或在储藏过程受外界因素的影响使局部水分增加（如表层结露、地坪和仓墙返潮等），当温度升高到一定程度时，附着于粮粒上的微生物即开始繁殖和生长。如玉米堆内混有水分高的籽粒或受损伤的籽粒，未到高温季节，也能引起生霉。

　　根据对玉米霉变的观察，玉米霉变的早期可以发现籽粒表面湿润（俗称出汗），色泽鲜艳，有轻微甜味，胚或破碎面出现白色菌丝（俗称生毛），有轻霉味，粮温上升。此时应积极采取措施处理。

　　随着粮温升高至 20℃左右时，籽粒表面的白色菌丝体发育成孢子，可观察到胚出现绿色霉点（俗称点翠），继而呈灰色，产生腥辣味。霉变后期，粮温继续升高，籽粒点翠部位变成黑色或灰色，全粒变为黄褐色，以致霉变结块，人、畜不能食用。

　　常规储藏的玉米，入库时水分较均匀，但受仓内温度、湿度的影响，在粮堆上层的 30～60cm 处也会出现发热现象。砖圆仓和露天囤的玉米，容易发热部位一般也在顶部及向阳面。

　　玉米储藏的安全水分，一般要求在 13％～14％之间，超过 25℃就可能霉变发热。

　　储藏品质变化：玉米在储藏期间，脂肪酸值不断增加，玉米水分和储藏温度愈高，增加愈快。在玉米脂肪酸和总酸度增加的同时，发芽率相应大幅度降低。

玉米水分在 15% 以上，淀粉酶活性加强，导致淀粉的水解和还原糖的增加，适于淀粉水解的条件也有利于玉米籽粒代谢作用的加强，因此最终导致淀粉的损失，使玉米品质下降。

玉米过热烘干，会引起玉米脂肪酸增加，可溶性糖增加，淀粉减少，蛋白质变性和溶解度降低，食用品质降低。据试验，用双塔式烘干机烘干水分 18%～19% 的玉米，出机粮温在 50℃ 以下，对玉米色泽、味道等品质基本无影响；50～60℃ 时，色泽、香味大减；60℃ 以上，玉米色泽变灰，失去原有香味。

发热的玉米，淀粉酶活性增强。发热的玉米在湿磨时淀粉与其他成分很难分离，淀粉产量减少。

黄玉米在储藏中其胡萝卜素第一年损失最快，损失量可达含量的 50% 以上，甚至低温储藏对胡萝卜素也有影响，在高温中损失更快，只有在缺氧条件下储藏比较稳定。受损伤的玉米粒中，游离氨基酸增加。据试验，完善粒中游离氨基酸值为 110mg KOH/100g 干样，在籽粒受伤的情况下，可达 320mg KOH/100g 干样。总之，玉米在高温、高湿等不良条件下化学成分极易变化，影响品质。

玉米储藏品质控制指标为：脂肪酸值 ≤ 40mg KOH/100g，干样发芽率 ≥ 30%。

1.4.3.2　玉米的储藏方式

（1）高水分玉米的越冬冷冻储藏　东北三省高水分玉米的越冬冷冻储藏，主要采用两种方式：一种是露天围堆冷冻；另一种是露天做囤冷冻储藏。

玉米露天围堆的堆砌方法与玉米露天储藏的堆装方法相同，利用冬季气候寒冷的自然条件冷冻高水分玉米，可延缓烘干或晾晒的时间。一般情况下，可以安全储藏到翌年 4 月 10 日前。

（2）玉米房式仓常规储藏　安全水分玉米的常规储藏方法与稻谷、小麦一样，其主要的措施也是控制水分、清除杂质、提高入库粮质，坚持做到"五分开"储藏（即水分高低分开，质量好次分开，虫粮与无虫粮分开，新粮食与陈粮分开，色泽、粒型不同分开），以及加强虫害防治与做好密闭储藏等。具体要求如下：

① 水分高低的划分，要按地区、气候条件、季节等不同区别对待，一般应按当地规定的安全粮、半安全粮和危险粮的界限来划分，分开入库，以免水分高的玉米发生变化而影响全仓、全囤的玉米安全储藏。发现高水分粮要及时采取措施降水，把玉米水分降到安全标准以内。

② 质量的划分，一般应按国家规定的质量标准分等入库，分别存放。质量差、杂质多的应进行风筛除杂，将玉米杂质降到 0.5% 以下，然后入仓储藏。要防止质量好次的玉米同仓混存，以免影响储藏安全。

③ 陈玉米是经过较长时间保管的玉米，一般色泽发暗，胚显著收缩，其食用品质及营养成分均有所下降。因此，陈玉米应与新玉米分开存放。

④ 色泽及粒型不同的玉米混合存放，会影响玉米的使用价值。分开储存，有利于不同玉米的合理利用，提高商品价值。

（3）玉米露天储藏

① 玉米露天储藏的堆基

a. 场地选择　露天堆放玉米，要求选择地势高、干燥通风场所。

b. 对堆基的性能要求　玉米露天储藏，首先要打好堆或囤的基础，一般要求长期储藏的基础垫高不得低于 40cm，低洼地的垫高要高出汛期的最高水位以上。

② 玉米露天储藏的堆装　露天储藏主要有袋装、围包散堆与圆囤散堆三种形式。

a. 包装堆放　露天袋装长方堆，起脊，长度不限，宽度一般在 5m 左右，全高 6m 左右。檐高 2.5～3m，起脊高 3.5～4m。起脊时每包约收进 15cm，起脊坡度达 55°左右，以利防雨。目前，玉米包装堆放多用于短期储藏或备载储存。

b. 做囤散装　玉米露天做囤散装储藏是北方地区应用较多的方法，可短期储藏，也可长期储藏。通常囤身为圆柱体，下小上大，囤顶为圆锥体。做囤的材料可因地制宜，有的用席子做囤，有的用竹子或木杆制成篱笆做囤，近几年吉林、辽宁、黑龙江等地区用钢筋焊接制成篱笆形的弧形部件做囤材料等。

ⅰ. 穴子做囤　在铺垫好的堆基上，放三层重叠并用绳箍紧了的穴圈，上面铺一层芦席，芦席要伸出穴圈 30～40cm，当倒粮高度达 1m 左右时，把穴圈提起 15cm 左右，即为底箍。开始入粮后，在折起的铺底芦席的里面做囤身穴圈，第一圈接头处用竹签等别牢，第二圈即略向上提起，开始每圈约提起五分之一至四分之一，逐步加高，到 1m 以上每圈可提起三分之一，到 2m 以上每圈即可提起二分之一，一直到檐口为止。如此，囤身穴圈的厚度，下段 1m 以内平均为四层，中段为三层，上段为二层，与粮堆对囤身所施加的侧压力由下而上逐步减少的情况相适应，以保持囤身的牢固。收顶时，一般可用芦席圈 4～6 层。每层收进 40cm 以上，囤顶呈圆锥体，坡度不小于 45°。

ⅱ. 篱笆（木杆、钢筋）做囤　将毛竹截成 200cm 左右长、剖成 3cm 左右宽的竹片，将小竹竿截成 120cm 左右长，按 15cm 的间距用铁丝固定在上下两道毛竹片上（毛竹片间距 80cm）制成篱笆。根据做囤的大小，将若干个篱笆连成一个圆圈，放在堆上，用钢筋打 4 道箍，用芦席贴内壁，装粮至 90cm 高时再放第二层篱笆圈，按前述方法打箍，再装粮。然后再放第三层篱笆圈，直至达到所需高度时，开始收顶。收顶时放小篱笆圈（小篱笆圈由长 100cm、宽 60cm 的篱笆片连接而成），每圈收进 40cm，做成塔形顶，坡度不小于 45°。

（4）玉米机械通风储藏　玉米机械通风储藏有露天机械通风、房式仓机械通风和立筒仓机械通风等。

玉米露天机械通风降温、降水是通过风机和通风管道使之不断置换粮堆内湿热空气，降低粮温或使粮食降水，提高储藏稳定性。

机械通风方法是：用石头、竹排垫底在水泥晒台上搭围台，铺底用两层麻袋片，中间夹一层塑料薄膜，四周用麻袋装玉米垒起长 18m、宽 8m、高 2.5m 的围墙，每个围墙容积 360m³，储粮 300t，并在粮堆上安装长 16m、ϕ30cm 竹笼连接分风管，与风机配套安装，以吸出式进行通风降温储藏。测温点设上、中、下 12 个测温点，中下层各点的间距为 1m。外温 16～26℃，空气相对湿度在 50％～68％之间。累计通风 12h，单位通风量 29.1m³/t 时，局部最高粮温 35℃降至 15.8℃，平均每小时降温 1.6℃，达到保管的正常温度，粮堆温度梯度每米粮层 0.4～1℃，粮堆水分梯度每米粮层 0.2％～0.3％水分差，符合部级机械通风技术规程要求。

1.4.4　玉米储存监测

针对不同的储存方式的玉米都要建立完善的粮温监测系统，随时掌握玉米的储存情况，发现温度变化到临界点时及时采取相应的措施，以保证玉米的安全储存。

第 ② 章

玉米加工产品

2.1   玉米淀粉

2.1.1   玉米淀粉简介

玉米淀粉是玉米植株生长期间以淀粉粒形式贮存于细胞中的贮存多糖，其在种子、块茎和块根等器官中含量特别丰富。玉米淀粉用途十分广泛，不仅是食品加工的原料，也是医药、发酵、纺织、造纸、黏胶、冶金、石油领域上千种产品的中间原料。比如，为人们所熟知的甜味剂、酸味剂、鲜味剂、食品品质改良剂等淀粉相关衍生品已经与人们的生产生活密不可分。同时，玉米淀粉这一天然可再生资源，在缓解能源和资源危机方面，也将发挥越来越显著的作用。

淀粉粒为水不溶性的半晶质，在偏振光下呈双折射，其形状（有卵形、球形、不规则形）和大小（直径 $1\sim175\mu m$）因植物来源而异。淀粉可以看作是葡萄糖的高聚体，它是细胞中碳水化合物最普遍的储藏形式。通式是 $(C_6H_{10}O_5)_n$，水解到二糖阶段为麦芽糖，化学式是 $C_{12}H_{22}O_{11}$，水解后得到单糖也就是葡萄糖，化学式是 $C_6H_{12}O_6$，异构后得到葡萄糖的同形异构体果糖。

2.1.2   玉米淀粉分类

玉米淀粉分为直链淀粉和支链淀粉两类。前者为无分支的螺旋结构；后者以 $24\sim30$ 个葡萄糖残基以 $\alpha\text{-}1,4$-糖苷键首尾相连而成，在支链处为 $\alpha\text{-}1,6$-糖苷键。直链淀粉遇碘呈蓝色，支链淀粉遇碘呈紫红色。这并非是淀粉与碘发生了化学反应，而是淀粉螺旋中央空穴恰能容下碘分子，通过范德华力，两者形成一种蓝黑色络合物。实验证明，单独的碘分子不能使淀粉变蓝，实际上使淀粉变蓝的是碘三离子（I_3^-）。

2.1.3   玉米淀粉性状

外观性状：玉米淀粉为白色、无臭、无味粉末，有吸湿性。

溶解性：不溶于冷水、乙醇和乙醚。

熔点：$256\sim258$℃。

密度（25℃）：$1.5g/mL$（闪点）。

沸点：357.8℃。

燃点：380℃。

2.2 玉米油

玉米油又叫玉米胚芽油。玉米经净化、浸泡、提胚、洗胚、脱水、干燥、预榨浸出而得毛油；然后毛油经水化脱胶、碱炼脱酸、吸附脱色、高温脱臭、冬化脱蜡进行精炼最后得澄清透明、清香、油烟点高的精制玉米油。玉米胚芽脂肪含量在 $30\%\sim45\%$ 之间，占玉米脂肪总含量的 80% 以上。玉米油中含有 $80\%\sim85\%$ 的不饱和脂肪酸，对于老年性疾病如动脉硬化、糖尿病等具有积极的防治作用。另外，玉米油含有的天然复合维生素 E，对心脏疾病、血栓性静脉炎、生殖机能类障碍、肌萎缩症、营养性脑软化症均有明显的疗效和预防作用。

2.3 玉米蛋白粉

2.3.1 玉米蛋白粉简介

玉米蛋白粉，是玉米在淀粉加工工艺中产生的副产品。它的用途广泛，可以作为日常牲畜饲料使用。这主要归功于它的蛋白质营养成分含量高，味道和色泽也不同于其他产品，优势明显，不含有害物质，无须额外加工，可直接作为蛋白质原料供牲畜食用。因其固有的廉价优势，近些年来，已经出现一些企业将其开发研制成功能性食品。

2.3.2 玉米蛋白粉组成

玉米蛋白粉作为玉米淀粉加工生产中的产品，其组成元素比较简单，主要成分为玉米蛋白、淀粉和纤维素等。其中蛋白质部分主要包含醇溶性蛋白和盐溶性蛋白，以上蛋白质在单胃动物（如猪）胃肠内呈现为可溶性蛋白和不溶性蛋白两种状态。不溶性蛋白不易被动物吸收利用，几乎全部被动物排出体外，是组成粪干物质的成分；可溶性蛋白则容易被生物体吸收。玉米蛋白粉中的纤维成分由纤维素、半纤维素、果胶和抗性淀粉等非淀粉多糖以及木质素组成。非淀粉多糖的含量、种类、结构在一定程度上影响了日粮的消化吸收，也会影响动物蛋白氮的利用和排泄。

2.3.3 玉米蛋白粉营养成分

因为玉米蛋白粉是玉米淀粉加工过程中的副产物，所以玉米淀粉生产的工艺不同则玉米蛋白粉的营养成分不同，也就直接影响了玉米蛋白粉的可食性。通常，医药工业生产的卫生以及安全级别最好，医药工业生产的玉米蛋白粉的蛋白质含量可达 60％以上，这样的比例远远高于豆饼和鱼粉等其他饲料。医药工业产生的玉米蛋白粉的脂肪含量较高，配制成饲料，饲料脂肪含量高。

　　酿酒工业产生的玉米蛋白粉的蛋白质含量较低，粗纤维含量过高，营养价值不如医用玉米蛋白粉，但含有未知生长因子，作饲料可提高动物的生产性能。

2.3.4　玉米蛋白粉饲料应用

　　玉米蛋白粉因其蛋白质含量高、氨基酸丰富、不含有毒物质、不需再次加工处理等优势，可取代现有饲料市场中的豆饼和鱼粉等。因此，玉米蛋白粉是一种廉价的、安全的、创新性畜禽饲料。玉米蛋白粉可作牛饲料、猪饲料、鸡饲料以及用于肉鸡着色。

2.4　喷浆玉米皮

　　喷浆玉米皮是玉米籽粒经食品工业生产淀粉过程中的副产品，其含有一定量的蛋白质，营养成分较丰富，并具有特殊的味道和色泽，目前主要被用作猪、牛及禽类的饲料。由于其作为饲料所体现的价值较低，近些年，部分企业以玉米纤维为原料，从中提取瘦身结肠膨润片，开发成功能性食品，附加值大大提高。

2.5　玉米高蛋白胚芽粕

　　玉米胚芽粕是以玉米胚芽为原料，经压榨或浸提取油后的副产品，又称玉米脐子粕。一般在生产玉米淀粉之前先将玉米浸泡、破碎、分离胚芽，然后取油。取油工艺分干法与湿法两种。取油后即得玉米胚芽粕。

　　玉米胚芽粕中含粗蛋白质 18％～20％、粗脂肪 1％～2％、粗纤维 11％～12％。其氨基酸组成与玉米蛋白饲料（或称玉米麸质饲料）相似。名称虽属于饼粕类，但按国际饲料分类法，大部分产品属于中档能量饲料。从蛋白质品质上看，玉米胚芽粕的蛋白质品质虽高于谷实类能量饲料，但各种限制性氨基酸含量均低于玉米蛋白粉及棉、菜籽饼粕。

2.6　质量指标

2.6.1　食用玉米淀粉

　　食用玉米淀粉标准见表 2-1。

表 2-1　食用玉米淀粉标准（依据 GB/T 8885—2017）

项目		指标		
		优级品	一级品	二级品
感官要求	外观	白色或微带浅黄色阴影的粉末，具有光泽		
	气味	具有玉米淀粉固有的特殊气味，无异味		
理化指标	水分/%	≤14.0		
	酸度（干基）/°T	≤1.50	≤1.80	≤2.00
	灰分（干基）/%	≤0.10	≤0.15	≤0.18
	蛋白质（干基）/%	≤0.35	≤0.40	≤0.45
	斑点/（个/cm²）	≤0.4	≤0.7	≤1.0
	脂肪（干基）/%	≤0.10	≤0.15	≤0.20
	细度/%	≥99.5	≥99.0	≥98.5
	白度/%	≥88.0	≥87.0	≥85.0

2.6.2　玉米蛋白粉

依据 Q/ZSN 001—2013《玉米蛋白粉》标准，具体指标如下：

感官指标：轻微粒状，黄色或浅红色，色泽一致，无发酵、霉变、结块及异味异臭。

玉米蛋白粉质量指标见表 2-2。

表 2-2　玉米蛋白粉质量指标（Q/ZSN 001—2013）

项目		质量指标	
		优级	一级
水分/%	≤	12.0	
粗蛋白/%		60.0～62.0	58.0～60.0
粗灰分/%	≤	2.0	8.0
粗脂肪/%	≤	5.0	8.0
粗纤维/%	≤	3.0	4.0

注：其他指标按供需双方商定执行。

2.6.3　喷浆玉米皮

依据 Q/ZSN 002—2013《玉米麸质饲料》标准，感官指标如下：

优级：粉末，黄色，色泽一致，无发酵、霉变、结块及异味异臭。

一级：粉末状，黄褐色，色泽一致，无发酵、霉变、结块及异味异臭。

合格：粉末状，褐色，色泽一致，无发酵、霉变、结块及异味异臭。

玉米麸质饲料质量指标见表 2-3。

表 2-3 玉米麸质饲料质量指标（Q/ZSN 002—2013）

项目		质量指标	
		优级	一级
水分/%	≤	12.0	
粗蛋白/%	≥	18.0	15.0
粗纤维/%	≤	15.0	

2.6.4 玉米胚芽粕

依据 Q/ZSN 003—2013《玉米胚芽粕》标准，感官指标如下：玉米胚芽粕（优级/一级）碎片或粗粉状，色泽一致，无发酵、霉变、结块及异味异臭。

玉米胚芽粕质量指标见表 2-4。

表 2-4 玉米胚芽粕质量指标（Q/ZSN 003—2013）

项目		质量指标		
		玉米胚芽粕		
		合格	优级	一级
水分/%	≤	12.0		
粗蛋白/%	≥	15.0	25.0	23.0
纤维/%	≤	12.0		

注：其他指标按供需双方商定执行。

2.6.5 玉米原油

依据 GB/T 19111—2017《玉米油》标准，玉米原油指标见表 2-5。

表 2-5 玉米原油指标

项目			指标
感官指标	气味、滋味		具有玉米原油固有的气味和滋味,无异味
理化指标	水分及挥发物/%	≤	0.20
	不溶性杂质/%	≤	0.20
	酸值(KOH)/(mg/g)	≤	4.0
	过氧化值/(mmol/kg)	≤	7.5
	溶剂残留量/(mg/kg)	≤	100

注：酸值、过氧化值和溶剂残留量的指标强制。

2.7 质量管控

为了向市场提供符合顾客和其他相关方要求的产品，让顾客更满意，企业应以产品质量为核心，建立起一套科学严密高效的质量体系，实行全面质量管理。

所谓全面质量管理，就是根据产品质量要求充分发动企业全体员工的主动性、积极性，综合运用组织管理、专业技术和数据统计等科学方法，实现对生产全过程的控制，由传统的只限于产品质量检验转变为从原料收购→中间产品质量控制→产成品售后服务直至用户得到满意的优质产品。全面质量管理具有以下几个特点：

① 全面性　是指质量管理的对象是全面的，既要管产品质量，更要管工作质量。由于产品质量形成于生产全过程，因此，质量管理不仅限于产品的加工制造过程，而且还必须包括从生产技术准备、加工制造、辅助生产和服务，一直到使用的全过程，形成一个综合性的质量管理工作体系。

② 全员性　是指依靠企业全体职工参加质量管理，企业的各部门、各类人员都要各尽其职，共同努力，以自己的优异工作质量来保证产品质量。

③ 预防性　是指把质量管理的重点从"事后把关"转移到"事先控制"上来，实行防检结合、以防为主的方针，将不合格产品消灭在它的形成过程中。

④ 科学性　是指质量管理的科学化与现代化。其科学性的重要标志就是一切用数据来说话。要用数理统计来研究分析和解决质量问题。

⑤ 服务性　服务性表现在两个方面：一是企业要为产品的用户、消费者服务；二是企业内上道工序要为下道工序服务，上一生产环节要为下一生产环节服务。

2.7.1 原料管控

原料管控是确保产品质量、减少环境影响、持续保持产品满足相应技术要求的重要措施。适用于湿磨加工的玉米原料主要受三个因素的影响：遗传及生长条件、收后运输和储存。当玉米从农户运送到加工企业时，有可能被运输者有意或无意地掺混而混入杂质。另外，目前玉米在机械化收货后的水分含量很高，必须尽快干燥。当水分含量超过 18% 时，玉米在适宜温度下会迅速发霉，从而带来如黄曲霉毒素、赤霉烯酮以及呕吐毒素等霉菌毒素的污染。如果将霉变玉米与无污染玉米混合，则污染程度会比田间污染的玉米更高。干燥过程中，玉米如果被加热至 60℃ 以上，淀粉收率和淀粉浆黏度都会降低，当干燥温度达到 82℃ 以上时，玉米的产油率和浸泡液中蛋白质的含量都会降低，后者还会影响湿磨的分离效果。玉米在收割和干燥时会产生破碎玉米，破碎玉米在浸泡时会阻碍浸泡液流动。总之，以上问题会直接影响到玉米淀粉的生产质量，因此，要做好原料的管控，不断提升对原料的管理水平。

质量管理部门首先要加强对采购过程及供方的质量控制，确保所采购的原料符合国家、行业、企业相关规定和产品质量要求。玉米质量严格执行国家标准，并根据国家标准制定企业拒收标准。

2.7.1.1　玉米质量要求

各类玉米质量指标见表 2-6，其中容重为定等指标，3 等为中等。

表 2-6　玉米质量指标（采用标准 GB 1353—2018）

等级	容重/(g/L)	不完善粒/%	霉变粒/%	杂质/%	水分/%	色泽、气味
1	≥720	≤4.0				
2	≥690	≤6.0				
3	≥660	≤8.0	≤2.0	≤1.0	≤14.0	正常
4	≥630	≤10.0				
5	≥600	≤15.0				
等外	<600	—				

注："—"为不要求。

2.7.1.2　贮存及运输

① 建立"玉米仓贮管理制度"，并在制度中明确对产品的标识、出入库管理、保管等具体要求。玉米应贮存在清洁、干燥、防雨、防潮、防虫、防鼠、防污染、无异味的仓库内，不得与有毒物、有害物质或水分较高的物质混贮。

② 贮存区要做防火等标识，如"禁止吸烟""卸粮车辆卸车时要停车熄火"，避免油污污染原料和引起火灾等。

③ 建立玉米保管过程相关记录，温检等重要数据要在记录上体现。

④ 应使用符合卫生要求的工具、容器运送，运输中应注意防止雨淋、污染。

⑤ 建立结顶、结露、发热、虫害等异常情况应急处置预案，防止事故扩大造成经济损失。

2.7.2　过程管控

（1）生产计划管理　根据本年度以及前一至二年的生产指标完成情况，预测下一年度的生产指标，并于上年度年末，编制下一年度的年度生产计划；车间将公司年度生产计划分解为月度生产计划并组织执行；月度生产计划要根据销售提供的市场信息和客户需求进行动态调整。

（2）监测和测量设备管理 在生产策划时要保证在生产现场配备足够的监视和测量设备，企业设置专业人员负责保证各工序所使用的监视和测量设备（即压力、温度及 A 类仪表）在检定期内。

（3）生产运行管理 制定工艺技术规程和工艺操作规程，严格贯彻执行各生产工序工艺技术控制参数和操作规程，使生产过程处于连续稳定状态，确保不可控的生产不运行。

（4）辅助生产与服务过程的质量管理 生产车间机修是生产第一线的辅助生产，对保障生产秩序的正常进行非常重要。机修质量管理的任务就是要协助生产工人正确使用和维护好机器设备，做好设备的检修工作，保证机器设备经常保持良好的状态。

服务过程的质量管理工作是指玉米原料与辅助材料（SO_2、包装物等）及设备备品备件的供应。它的任务是严格执行采购标准，加强仓储管理，做到及时供应。

（5）投料玉米及中间产品的检验 中间产品是指从玉米原料投料到生产过程的每一个工序的中间在制品的每一个环节。

① 投料玉米的检验 玉米向生产线投料前要按照原料标准要求由专业检验人员进行检验，确保玉米质量符合生产加工标准。

② 中间产品的检验 中间产品的质量直接关系到产品的质量。对各生产工序的在制品要严格按照工艺规程中工艺技术参数检测频率进行检验，对不符合标准的参数立即提供给工艺控制人员及时进行调整。

（6）产品质量管理

① 建立产品质量控制预案，由产品的"事后把关"，改为中间在制品的"事前控制"。

② 建立考核制度，对中控指标严重脱标、产品质量不合格的人员进行必要的考核。

（7）生产自动化管理 积极推行现代化管理手段，采用工业控制自动化减少人为的操作失误带来的在制品质量不合格而对产品质量的影响。

（8）日常工艺管理 进行日常工艺管理工作的目的就是认真贯彻执行工艺技术参数和工艺操作规程，建立正常生产秩序，达到安全高效、优质低耗的良好生产效果。在工艺技术参数和操作规程的执行过程中对各项技术经济指标如产品质量、收率、能耗进行定时的检测分析，以便及时发现生产中存在的问题并加以解决。日常工艺管理也是对各生产工序工作质量评价的依据。

（9）现场管理 生产车间应保持生产设备、设施、环境处于清洁、有序和良好的状态，生产现场的清洁工作满足现场具体要求。一旦环境等发生变化，要进行相关食品安全评估，以确保产品能符合食品安全要求。

（10）紧急、异常情况控制　建立相关程序文件，当生产设备设施及生产用水、电、气发生紧急异常情况时，执行"应急准备与响应控制程序"；当产品发生质量、安全、卫生方面的不合格时，执行"不合格控制程序"，当判断为必须撤回产品时，执行"产品撤回控制程序"。

（11）生产进度管理　生产车间应按照生产计划安排控制生产进度，产品的完成情况应及时汇报，对未能按期完成生产计划的情况应进行说明。统计人员应填写"生产日报表"，记录有关生产完成情况，因故未能按进度要求完成的，应采取相应补救措施。

2.7.3　产成品管控

对于淀粉工业，产品在制造过程中涉及多个连续、耦合工序，每个工序都要求工艺参数的设定值和质量指标控制在确定的范围内，才能确保成品的最终质量。目前，在质量管控尚难以全面通过"事中"（在线）检测的方式达成的条件下，通过"事后"抽样方式来判定产品最终品质是企业质量管理的一项重要内容。同时，企业产品质量管控体系的建设是提升产品质量水平的关键，只有完善的产品质量管控体系才能发挥其硬件作用，使质量管理设备与方法产生效果。影响产品质量管控体系建设水平的关键因素不仅在企业内部，更是受到上游供应商与下游销售商的质量管控水平与博弈行为的影响。产成品管控主要包含包装与检验等主要环节。

（1）包装与喷码　生产过程完成后，需要将产成品按照生产计划规格进行包装，并按编码规则进行喷码，喷码必须具有可追溯性。

① 包装车间　包装车间要建立健全生产管理体系，明确管理职责，编制淀粉包装岗位操作法。岗位操作法一般包括工艺流程简图、工艺控制指标、产品检斤标准、操作步骤、突发情况应急预案、岗位巡检要求、包装称单机作业指导书、岗位安全操作规程、清洁生产标准、交接班标准等内容。

② 包装过程　当包装过程中发现产品质量异常、包装物异常、计量不准确、喷码不清晰等情况时，要立即停止包装，将发生的情况向主管领导汇报，避免出现影响成品质量的后果。

（2）产品质量检验　产品质量合格与否，要通过对产品本身进行直接的检验才能鉴别出来。加强产品质量的检验是企业质量管理的一项重要内容。玉米淀粉与副产品质量检验由工厂质量检验部门设立的化验室按照国家标准检测项目和检验方法由专职化验人员分班次进行，具有独立检验权，不受任何人的干扰。

① 样品的采集、制备、检验与留存　取样人员必须严格按作业文件规定的方法采集样品，保证样品的代表性。混样、制样必须用专用的工具，严格按规定

的方法进行，必须保证分析样品具有代表性。

②样品的检验 检验必须严格按作业指导书中规定的操作规程进行，不得私自更改、省略检验步骤。检验人员应了解所负责检验项目的指标要求。如发现检验结果异常，必须检查所用检验药品、仪器、装置及操作是否有问题；如有问题必须采取措施予以排除，同时将有关情况报告主管领导，必须在确认检验结果无误后方可填报检验数据。

③样品的留存 需留存的样品有：正常生产进货及产成品来样、复检样品、商检样及其他临时安排需留存的样品。留存的样品应按要求填写留样记录，以便于查找和到期清除。样品留存期限及保存条件参考表 2-7。

表 2-7 样品留存期限及保存条件

产品名称	保存期	保存温度	相对湿度
食用玉米淀粉	18 个月	常温	<75%
玉米蛋白粉	12 个月	常温	<75%
喷浆玉米皮	12 个月	常温	<75%
玉米胚芽粕	12 个月	常温	<75%
玉米原油	4 个月	常温	<75%

（3）产品质量分析

$$产品质量合格率 = \frac{合格产品（批次）}{合格产品（批次）+ 不合格产品（批次）}$$

生产管理要根据产品质量合格率进行定期的质量分析。在产品质量出现问题时要及时进行质量分析。质量分析的目的，主要是找出产生不合格产品的各种因素，从而提出保证产品质量的有效措施。对不合格品质量的分析，一般采用因果分析法，画出因果关系图，在影响产品质量的各种因素中再找出主次因素。

2.7.4 产品存储管控

产品存储是商品在生产、流通领域中的暂时停泊和存放过程，是商品流通过程的必要环节，并且以保证商品流通和再生产过程的需要为限。一般为了保证商品的质量，防止商品损耗，在储存管理中应做好入库验收、适当安排储存场所、妥善进行商品堆码、商品的在库检查、商品出库等工作。在产品存储管理方面，一是应当加强规划设计，运用全面风险管理理念、全程质量管理理念、管理创效理念，建立仓储管理标准化体系、数量质量管控体系、风险防控预警体系、设施设备管理体系和安全生产责任体系；二是应当加强标准建设，将原有的管理工作以程序化、文件化、规则化、表格化的方式固化界定，做到一切管理依据制度、一切工作规范统一、一切活动留有痕迹；三是要加强监督检查，完善监督检查体系，实施全过程质量管控，开展常态化监督检查；四是要加强培训和投入，抓好人员培训，提升人员操作技能和水平，以及加强设施维护，消除产品存储的安全隐患。

2.7.4.1 产品接收环节的管控

产品在包装后，车间入库人员要负责将入库单据传递给仓库管理员，仓库管理员负责入库单据核对及实物清点整理。仓库收货核对内容主要包括：物资名称、数量、规格型号、外包装情况、质量检测报告、批次、外包装标识、质量标识等信息。

接收过程中发现产品污包、破包、产品包装袋封口没有缝好、数量不符、质量不合格，应及时通知包装班长，合格后接收。

实物及单据核对无误后仓库管理人员照单收货，并对入库单据进行签收，在签收时双方人员必须注明签收日期。

2.7.4.2 产品入库环节的管控

（1）仓库需建立库房清洁标准、人员卫生标准、资材完好与清洁标准、车辆卫生及运输作业标准等制度，以规范入库环节的管理，避免产品入库过程中受到污染。

（2）对于产品直接装箱的，除了参照执行以上规定外，要彻底清扫集装箱。如有特殊要求需要加铺纸板或垫布的，严格按照规定执行，并对箱体认真检查。凡是对不符合要求的、对产品构成危害的箱子必须重新挑选。装箱时要有专人在现场看护。

（3）验收入库的产品保管员要及时核对并录入到相应的保管账目中，并定期进行实物核对。

（4）对于液体罐装产品（如玉米油）的入库数量，要通过车间流量计显示，核对确认后入库。

2.7.4.3 产品在库环节的管控

（1）产品分类分区储存

① 产品入库后，应分类、整齐摆放，不同类别的产品之间应有明显间隔，产品摆放离墙 0.5m，摆放有序，标识清楚。

② 产品储存应符合仓库"五距"要求：

顶距：指堆货的顶面与仓库屋顶面之间的距离。一般的平顶楼房，顶距为 50cm 以上；人字形屋顶，堆货顶面以不超过横梁为准。

灯距：指仓库内固定的照明灯与商品之间的距离。灯距不应小于 50cm，以防止照明灯过于接近商品，灯光产生热量导致火灾。

墙距：指墙壁与堆货之间的距离。墙距又分外墙距与内墙距。一般外墙距在50cm 以上，内墙距在 30cm 以上。以便通风散潮和防火，一旦发生火灾，可供消防人员出入。

柱距：指货堆与屋柱的距离。一般为 30～50cm。柱距的作用是防止柱散发的潮气使商品受潮，并保护柱脚，以免损坏建筑物。

垛距：指货堆与货堆之间的距离。通常为 100cm。垛距的作用是使货堆与货堆之间间隔清楚，防止混淆，也便于通风检查，一旦发生火灾，还便于抢救，疏散物资。

③ 保管员要及时在产品货位便于识别处悬挂产品标识卡，标识卡上要详细注明产品批号、数量、等级、包装规格及入库保管员，保证账物卡一致；特殊备货产品要根据产品检验报告单，备注处标明备货厂家及相关信息；产品要做到数量、规格、品种"三清"，账、卡、物"三相符"。

④ 对于不合格品，要设不合格产品存放区，并及时悬挂标识卡，标识卡上要详细注明产品批号、数量、等级、包装规格及入库保管员姓名。

（2）产品在库管理及防护要求

① 贮存场地通风良好、干燥、清洁、无腐蚀性物品等，并参照相关标准建立防虫鼠制度，安装防虫鼠设施。各通风窗应安装防虫网，各门窗不得有缝隙和缺损。

② 在库产品必须标识正确、清楚、包装完好，按批号和标准摆放，不同类别、等级、规格产品严禁混放。

③ 保管员在当班期间，需对库内货位进行查看，每日对库内卫生和包装袋上的灰土进行清扫，确保库内整洁有序，产品外包装无粉尘。

④ 仓库保管员应定期检查贮存的产品，发现产品受损应及时处理并上报。

2.7.4.4 库外贮存产品的防护

一般情况下，产品不允许在户外长期存放。若因特殊原因，需在户外临时存放的产品，要采取下列措施进行防护：存放地点为硬化地面，有排水，地势高，远离易燃易爆品，不堵塞交通，车辆通行不刮坏，避免烈日暴晒的地方；底部垫两层托盘，垛上做好苫盖，垛顶中高两边低形成梯形（防止雨水沉积），用绳网加边绳捆绑加固（防止风吹散苫布）。

库外产品早晚详细巡查产品贮存情况，风雨天不定时检查，发现问题及时处理报告。

2.7.4.5 在库产品搬运的管控

产品在发货前或倒库过程中，会发生搬运行为。

（1）要根据不同要求，采用合适的搬运工具，严格按产品标准规定要求操作，防止产品在搬运过程中造成损坏，同时应注意保护产品的合格标志及其标识不损坏、不丢失。

（2）在倒库过程中叉车司机负责查盘数，保管员负责复核，以确保倒库产品数量准确无误；如发现产品潮湿、标识丢失、包装损坏等现象，需及时进行处理。

2.7.4.6　盘点查库

（1）在库产品每月组织一次盘点，盘点时间一般在月底，由保管部门负责配合财务部门进行盘点；工厂应制定合理的盘点作业管理流程，以确保库存产成品盘点的正确性。

（2）产成品盘点过程中，所发现的产成品盘盈、盘亏的数量必须准确，并由保管员说明原因，然后由保管部门填写盘盈、盘亏报告单，送达财务部门；财务部门根据盘盈、盘亏报告单及实际情况做账务处理。

（3）保管员严禁估报、预报和补报。对盘盈产成品及时建立台账，并做到账物相符。

2.7.4.7　产成品库存中异常情况的处理

（1）对于已出库的产品，由于某种原因需要退货入库时，必须经品控部出具处理意见，经过相关流程审批，保管员核对数量、等级、批号等内容无误后，方可退货入库（装车报告单红联/负数冲回）。

（2）对于产品破损、霉变、过期等情况需要退库回填的要认真分析原因，根据财务部制定的产品退库管理办法执行。

（3）保管员要每周统计库存中异常情况，主要内容为：产品库龄临近超期的、过期产品、产品破损或霉变情况等，并及时上报。

2.7.5　产品交付管控

随着产品市场竞争的日益加剧，淀粉企业的质量管理活动不断升级，其范围早已超越原来的生产领域，目前已从前端的产品生产到产品交付涵盖了企业经营活动的所有环节。商品生产的最终环节"产品交付"在以往的企业活动中一直被放在重要的地位，企业都以提升质量、成本、交付的竞争力为目标，不仅在成本的控制上，而且在交付的改进和创新方面不懈努力。实施产品交付精细化管理主要通过完善制度，规范优化交付流程，进一步提高效率；将控制点前移，加强技术状态控制和过程控制，实施量化控制，完善淀粉产品全过程质量受控、全周期闭环管理，确保交付产品质量合格。

2.7.5.1 产品出库的管控

产品出库一般按照"先进先出"的原则，入库产品没有检验报告单不允许出库。保管员在产品出库前必须核对发货信息，确保准确无误。产品出库前，保管员应检查产品有无损伤，包装是否完好，标识是否清晰，并做好记录。产品在装车前，对装运车辆、箱体必须严格检验，合乎标准方可装货，装运时要有专人在现场看护，同时做好监装记录，必要时保留照片、视频等影像资料，为追溯备案。保管员要及时制止车辆、工人野蛮作业，避免损坏产品。铁运和汽车发运产品，要求保管员、装卸工、货运司机三方清点装车数量，按计划员指定货位并现场信息核对无误后出库，不得出现多装、少装、装串车、串箱、串批号等问题。

2.7.5.2 火车产品交付

保管员根据专用线值班员的电话通知确认需要发运的产品、来车数量、核对到站、收货单位。保管员按调拨订单号或外向交货单号进行信息核对，要求认真核对发运产品的包装形式，通知装卸队、叉车队调度安排人员。保管员现场指导装指定批号的产品和车厢，抄写车号、吨数，做好记录。保管员现场监督装车的数量，监防产品的破损。装车完毕之后检查现场卫生、托盘码放情况，清点产品数量。保管员与专用线值班员认真核对车号、吨数、品名、包装形式、到站、收货单位，保证产品交付的准确。保管员详细填写"产成品发货明细表"。

2.7.5.3 集装箱产品交付

保管员接到装箱指令后，根据装箱信息，合理安排装箱。保管员在装箱前要仔细验箱：箱体、把手、异味、脏污等环节，并填写集装箱验箱检查记录，有破损箱，有污染箱，要及时调换以免误装。通知装卸队、叉车队调度安排人员。保管员指导装卸工、叉车司机按标准装箱图装指定的批号和集装箱，抄写集装箱箱号，做好记录。保管员现场监督装车的数量，监防产品的破损。装箱完毕之后，保管员进行封箱，检查现场卫生、托盘码放情况，清点产品数量，详细填写"集装箱站台产成品存货、发货明细表"。

2.7.5.4 零售产品交付

保管员根据提货人提供的提货单等票据确认需要交付的产品，并确认交付产品的品名、包装形式、吨数、等级。保管员对提货的汽车或汽车箱内部进行检查，有污染和对产品有损坏的车辆不给予装车，并监督司机填写"产品车辆出厂车确认单"，签字确认。

保管员现场确认产品批号，并指挥装卸工人、叉车司机作业，现场监装。产品交付完之后保管员要填写"产成品发货明细表"，并与装卸工、叉车司机现场清点剩余库存数量，保证所交付产品数量的准确性。保管员装车完毕后签发出库单，提货人员持单通过计量检斤出厂。

2.7.5.5　产品售后服务质量管理

用户对产品的满意度是对产品最终质量的考验。所以产品质量必须要从加工过程延伸到用户的使用过程。使用过程的质量管理，主要是加强与用户的沟通，及时了解掌握用户对产品的意见，以及产品在使用过程的适应程度和是否满足使用要求。将用户意见和使用要求及时反馈于生产过程、仓储过程、物流运输过程，使各个环节不断地进行完善，为用户提供满意的产品。

第3章

玉米淀粉生产工艺

3.1　玉米淀粉生产工艺简述

　　淀粉是玉米粒的主要成分，其含量虽然超过玉米粒本身的 70% 以上，但它是与玉米粒的其他组分蛋白质、脂肪、纤维素和无机盐共存的，因此玉米淀粉生产基本上是采用物理方法将非淀粉组分分离出来，从而提取出淀粉的过程。分离方法又分为干法和湿法。干法即干磨法，是利用磨后玉米组分的粒度和相对密度差，经风选和筛分将玉米渣皮和胚芽分出，但由于这些组分相互联结较紧密，致使分出的渣皮和胚芽带淀粉，而分后胚乳又不只是淀粉，仍带有蛋白质、脂肪等组分，故干磨法极少用于淀粉生产，一般多用作快餐食品生产，如玉米片状粗粉、粗玉米粉、玉米粉、玉米面粉等。另一种方法即湿磨法，"湿磨法"顾名思义是湿态下磨碎，将玉米籽粒的各主要成分分离出来而获取相应产品的过程。由于它是湿态下分离，可以利用多种物化工程加工的方法，几乎可以全部分出各种非淀粉组分而提出纯净的淀粉。湿磨法是玉米淀粉生产的基本方法，世界上玉米淀粉生产基本上都用此方法，以下就玉米淀粉湿磨法生产加以叙述。

　　世界玉米湿磨法淀粉工业的发展始于 18 世纪中叶，经过多年的发展，现在已经达到非常成熟的地步，尤其现在成型的逆流浸泡（浸渍）技术，几乎可以获得所有的玉米成分。湿磨加工工艺流程可分为开放式和封闭式（派生部分封闭式）两种，在开放式流程中，玉米浸泡（浸渍）和全部洗涤水都用新水，因此该流程耗水多，干物质损失大，排污量也多。封闭式流程只在最后的淀粉洗涤时用新水，其他用水工序都用工艺水，因此新水用量少，干物质损失小，污染大为减轻。我国古代早已开始使用水磨法加工各种粮食制品，但规模型的玉米湿磨加工淀粉工业是 1949 年以后才发展起来的。20 世纪 80 年代以来，我国淀粉工业发展极其迅猛，新工艺、新装备不断涌现，使玉米湿磨法淀粉工业进一步向集约型、效益型发展。

　　玉米淀粉生产的目的是要从玉米粒中尽可能多地提取纯净的淀粉及各种副产品（如脂肪、蛋白质、纤维、各种可溶性物质），而这些物质又存在于玉米粒的各组成部分，如淀粉主要存在于玉米的粉质胚乳中；蛋白质主要存在于角质胚乳和胚芽中；脂肪主要存在于玉米胚芽中；纤维主要存在于玉米粒的根帽和皮中；其他可溶性物质如五碳糖、各种矿物质、维生素则存在于玉米粒的各个部分。从这些组成可以看出，从玉米粒中不仅可大量提取淀粉，还可将其他极富营养的物质，如蛋白质、脂肪等作为连产品（或称副产品）提出。

　　基于上述目的，必须首先将玉米粒的各组成部分分开，提出可溶性物质（可溶蛋白和无机盐）、脂肪、纤维、蛋白质，最后才能得到纯净的淀粉。同时还须注意到，玉米粒还含有少量其他物质，因此，提净难度还是比较大的。

3.2　玉米淀粉湿磨法生产的基本过程

玉米湿磨提取淀粉基本生产过程可用"一泡、二磨、三分、四洗、五脱、六干燥"来概括。

"一泡"是指玉米首先用亚硫酸水进行逆流浸泡，破坏或削弱玉米粒内部各组分之间的连接，分散胚乳细胞中的蛋白质网，使被蛋白质网紧裹的淀粉游离出来，从而使淀粉与蛋白质易于分离。同时玉米粒内的矿物质等可溶物质被萃取在浸泡水中，玉米浸泡水经浓缩加工制成玉米浆。

"二磨"分粗磨和细磨。粗磨的目的是将玉米胚芽分离出来。由于浸泡后的玉米得到软化，玉米胚芽具有弹性、不易破碎，所以玉米经粗磨胚芽易分离，但为保证胚芽的完整与分离彻底，在实际生产中往往采用二级粗磨，头道磨破碎粒度为四至六瓣，二道磨破碎粒度为六至十瓣，只有这样才能使胚芽分离彻底而减小碎胚芽的产生。细磨的目的是将分出胚芽后的玉米渣内的淀粉、蛋白质与纤维分开。由于粗磨分胚后的渣粒度较大，淀粉和纤维及其他组成部分还牢固地连在一起，只有经过冲击细磨的撞击，才能使淀粉、蛋白质与纤维渣皮有效地脱离，使之容易分开。

"三分"指一分胚芽，二分纤维，三分麸质。一分胚芽：指浸泡软化玉米经粗磨破碎后利用胚芽分离设备分出胚芽。二分纤维：指分胚后的渣浆经细磨后，利用筛分设备分出纤维。三分麸质：指分出纤维后的浆料利用高效分离设备使淀粉与麸质分离。淀粉与麸质的分离是淀粉生产中的主要过程。

"四洗"是指一洗玉米，二洗胚芽，三洗纤维，四洗淀粉乳。一洗玉米：指玉米投入浸泡罐过程中为防玉米破损而采用的湿法上料水洗原料玉米的投料方式。二洗胚芽：指经脱胚旋流器分离出的胚芽，为防止其携带淀粉及麸质而采用三级串联水洗方式来净化胚芽，也就是淀粉的精制，淀粉精制是辅助淀粉分离的又一主要过程。由于在粗磨过程中部分淀粉和麸质已得到释放，粗磨分出来胚芽仍粘连着少量淀粉与麸质，所以经胚芽分离设备出来的胚芽还要进行洗涤。三洗纤维：同样细磨筛分出来的纤维也粘连着淀粉和麸质，也要进行纤维洗涤。四洗淀粉乳：淀粉与麸质经过高效分离设备后，两者也不是绝对分离，为降低淀粉浆中的蛋白质（麸质和可溶蛋白质）含量，仍要进行淀粉乳的洗涤，才能得到精制淀粉乳。

"五脱"是指一对胚芽洗涤后的脱水，二对胚芽粕的脱溶，三对纤维洗涤后的脱水，四对麸质浓缩后的脱水，五对淀粉精制后的脱水。

"六干燥"是指一对胚芽脱水后的干燥，二对胚芽粕脱溶后的干燥，三对胚芽加浆后的干燥，四对纤维脱水后的干燥，五对麸质脱水后的干燥，六对淀粉脱水后的干燥。

从玉米湿磨生产的基本过程看出，玉米在湿态下经破碎、分离出胚芽、纤维、蛋白质，然后经过洗涤才能最终得到较纯净的淀粉。也就是说将玉米的各个组分一一分离出来需要一较复杂的流程，而且需有一定的回流进行反复提取分离才能获得较高的收率和较纯的品质。当今玉米湿磨淀粉生产普遍采用全封闭的"闭环"生产流程。"闭环"流程是玉米湿磨提取淀粉生产工艺的核心。闭环流程包括物环流、水环流和热环流。

物环流：物环流指主物料只从一口提出，无论经过多少道工序都环流归入一个提出口。例如：粗磨破碎分离胚芽过程中，两级破碎与两级胚芽分离，只有一个胚芽出口进胚芽洗涤，胚芽洗涤无论经过几级洗涤，也只有一个较纯净的胚芽出口。再如纤维无论经过几级洗涤，最后只能有一个纤维出口；淀粉与麸质分离只能有一个麸质出口，然后麸质脱水去干燥也只能有一个出口；粗淀粉乳经过12级洗涤后，也只有一个精淀粉乳出口。

水环流：水环流指生产全过程一次新鲜水只从淀粉洗涤旋流器末级加入，然后按逆流循环原理，反复利用后由玉米浸泡水排出。在每一个分支系统，过程水（工艺水）的利用也是按逆流循环原理反复利用，从而保持物料浓度梯度。例如：胚芽洗涤是从最后一级洗涤筛加过程水洗涤，洗涤水（筛下物）逐级返回前一级洗涤筛，最后进入头道脱胚磨；纤维洗涤系统也是从最后一级洗涤筛加过程水洗涤，洗涤水（筛下物）逐级返回进纤维分离筛，经多级洗涤纤维后的过程水中淀粉浓度越来越高，最后由分离筛进入下一工序；再如新浸泡水先接触浸泡时间最长的玉米，逐级逆流浸泡；新玉米先接触浸泡时间最长的浸泡液，从而使浸泡水中的可溶物质浓度最大化。

热环流：玉米湿磨提取淀粉生产过程的热环流有两层意义。一是玉米浸泡需在50℃左右温度下进行从而获得热量；为降低物料黏度，整个生产过程都需在(45±2)℃温度下进行，所以玉米投入生产线后，在液体状态下全生产系统是在45℃以上的热过程下进行的。经脱水以后进入干燥环节物料温度会上升到100℃。二是指热能的利用也要遵循逆流原理，充分利用温度梯度实现节能。物料气流闪蒸干燥使用0.8～1.0MPa新鲜蒸汽，副产品物料的管束干燥使用0.6～0.8MPa新鲜蒸汽，液体物料加热使用前两者的二次闪蒸蒸汽，玉米浆蒸发使用干燥废热蒸汽，以实现热能的二次或三次的反复利用，从而形成热环流。

玉米湿磨提取淀粉生产工艺，只有以"闭环"流程为核心，去研究和探讨实现物、水、热的三个环流，才能保证高效、优质、低耗的最佳经济技术指标。"水环流"在玉米湿磨的闭环流程的三个环流中是最重要的。玉米湿磨过程中物料呈流体浆状，需用大量的"水"，湿磨提取淀粉俗称"水中取财"就是这个道理。只有充分利用过程水并且严格按照逆流原理，才能保持洗水与物料有一定的浓度梯度，使洗涤过程水发挥最大效能，才能尽可能提高水的利用效率，减少用水量，提高产品收率，减少废水排放和干物损失。废水排放还关系到废水处理的能力和效果。水环流中除严格按逆流原理保持水平衡外，还需注意工艺过程水的质量，过程水中的悬浮物含量不得超过 0.08％。为保持生产过程的防腐和清洁卫生，过程水中二氧化硫浓度一般不低于 0.03％。只有这样才能保证整个工艺系统在良性的状态下运行。

从以上可看出物环流、水环流和热环流是玉米湿磨生产原理的核心。玉米湿磨生产流程基本都按环流程进行。但随着工厂技术水平和设备性能的差异，根据各工厂的特点，在生产流程上也稍有区别（主要是指生产用水的流向）。总结各工厂采用的生产流程大致可分如下三类：

开环流程指生产过程全部用一次新鲜水。即浸泡玉米、洗胚芽、洗纤维、洗淀粉全部用新水，洗后水作为麸质水经沉淀澄清后全部排出。生产辅助用水，如输送玉米、浸泡后玉米洗水也全用新水，而不加以重复利用，即随用随排。此流程简单，产品干物收率低、水排放量大、污染环境严重。目前已杜绝使用开环流程。

半闭环流程是指洗涤淀粉用新鲜水，洗涤淀粉的水返回淀粉与麸质分离后分出麸质水，麸质水经浓缩后，清液做过程水去洗胚芽与纤维。往往因过程水中悬浮物含量过高，玉米浸泡也用新鲜水。这样生产系统中就有两个新鲜水入口，故称半闭环流程。此流程玉米浸泡质量容易控制，但排出废水量仍较大，目前国内工厂很少采用。

闭环流程是当今国内外通用的先进的玉米湿磨生产流程。其特点主要是：玉米湿磨提取淀粉生产全过程中，物与水合理配比和热能的反复利用形成闭路循环，从而减少了水资源和热能源的消耗，降低了废水排放，保护了环境，提高了产品收率。

3.2.1　预净化

收购的原料玉米中不可避免地会含有玉米碎芯、穗花、秕粒等有机杂质以及塑料绳头、砂、石、泥土、无机杂质与铁类金属物质等杂质。各种杂质的存在给玉米加工带来了不少麻烦。例如：绳头、玉米碎芯会堵塞管道，造成浸泡系统工艺紊乱；砂、石、泥土不但增加设备磨损，而且将导致产品中灰分增加；砂石、金属等坚硬物质，会损坏设备。因此玉米在加工前必须进行净化清理。玉米在加工前设置了玉米原料的预净化工序。储存玉米或采购入厂玉米经玉米接收地坑，然后由斗提机将玉米提升送至筛分设备中进行筛分净化。筛分净化的作用是将大于和小于玉米粒的物质（主要是非玉米类物质）清理出去，使杂质不能进入生产过程，提高生产的稳定性和产品质量。筛分净化的杂质中有：土、铁块、砖块、石块、木块等非玉米类物质和不成熟玉米籽粒、碎玉米、玉米屑等生产非需要的物质。筛分净化得到的杂质要单独处理或清理后回收有机杂质。在筛分净化时要根据筛分后的玉米净化质量控制玉米进入筛中的流量，当筛分后玉米的净化质量过高时，要加大玉米进入筛中的流量；当筛分后玉米的净化质量不好时，要减少玉米进入筛中的流量。

筛分净化使用的设备有平筛和滚筒筛，还有除铁器和除尘系统。平筛是在玉米净化质量要求不高和玉米量比较少的时候使用。使用滚筒筛净化玉米的质量较高，生产能力很大。筛分净化后的玉米在向储仓输送时，在输送机的适当部位安装一台除铁器，除铁器将玉米中的铁吸出，从而清除玉米中的铁类杂质。除铁器也可以安装在玉米落料过程中。在滚筒筛的上部安装有排风除尘系统，将玉米净化筛分时产生的粉尘（粉尘中有尘土和轻质玉米、皮、屑等物质）回收，净化筛分现场的环境。干燥的玉米筛分净化后进入储仓（平房仓、钢板仓等）储存，等待生产使用。高水分、不需要烘干的玉米筛分净化后尽快使用。高水分、需要烘干的玉米筛分净化后去烘干工序。

3.2.2　玉米上料

玉米上料是玉米由储仓中输送出来加入浸渍罐中的过程，经过除铁后的玉米经称重计量、除砂后上料输送进入浸渍罐中。玉米上料过程中水的使用量很大，是产生废水的主要工序。

（1）玉米称重计量　经过除铁后的玉米再进入称重计量秤，称重计量秤通常使用散料秤。称重计量的目的是控制玉米按照生产要求的用量通过，计量玉米使用量，掌握生产过程玉米使用情况，作为计算玉米的利用率和各种产品的得率参数使用。称重计量后的玉米进入玉米除砂上料罐中。

为了保证玉米上料的连续性，在玉米计量秤的进料口和下料口需要安装储料斗，储料斗的容积大小是保证储存的玉米实现上下连续不间断地通过。同时在计量秤的进料口和出料口安装负压的引风系统，将玉米经过时产生的粉尘吸出。

（2）玉米除砂上料　将玉米中相对密度大的杂质沉淀下来的过程称玉米除砂，杂质沉淀的方法有旋转沉淀和流动沉淀两种。使用液体将玉米输送进入浸渍罐中的过程称玉米上料。玉米除砂使用除砂上料罐，除砂上料罐是由一个斜底大圆柱罐（除砂罐）和一个锥底小圆柱罐（上料罐）连接组成，由浸渍罐来的50℃浸渍液作为输送液使用，输送液由除砂罐的底部切线进入，玉米是从上面落入除砂罐的，进入除砂罐的玉米与由浸渍罐来的浸渍液混合，由于输送液的旋转作用使得进入的玉米也旋转起来，在旋转过程中玉米中混入的砂石等相对密度大的非玉米类杂质沉入除砂罐底部的筛板上，玉米和输送液从除砂罐上部的开口处流入上料罐中。沉入除砂罐底部筛板上的杂质在上料完成后由人工清理出去。污水和小颗粒杂质会通过筛板孔进入筛板下部罐内，在生产过程中要定时打开除砂罐底的排放阀门将污水和小颗粒杂质排放出来。清理出去的大颗粒杂质再进行水洗，将杂质中的玉米回收加入到工艺系统中使用。这种除砂上料的杂质沉淀方法是旋转沉淀，砂石清除率很高。流入到上料罐中的玉米和输送液由精送泵一同进入浸渍罐中，玉米和输送液的比例 1：（3.5～4）。浸渍液在由浸渍罐出来时要进行加热，保证玉米进入浸渍罐时的温度接近或达到浸渍温度，使玉米进入浸渍罐中的升温时间减少，玉米很快进入浸渍过程。

　　小规模生产线使用的玉米除砂上料罐是一个长方形槽，在槽中焊接有高度不等的 2～3 块挡料板，玉米和输送水由落料端落入，然后由高向低流下，相对密度大的砂石便沉入底部，玉米和输送水在出料端由泵输送出去。沉入底部的砂石在上料完成后由人工清理出去。这种罐的杂质沉淀方法是流动沉淀，砂石清除率不高。

　　在玉米淀粉生产过程中，玉米在上料时的除砂是对玉米进行第一次除砂，这次除砂的作用很重要，效果明显。除砂目的是将玉米中含有的砂石（大量的是并肩石）清理除去，使设备不被破坏并且减小磨损，延长设备使用寿命，提高产品质量。由于使用浸渍上料，玉米自身带来的泥土等都进入浸渍液中，严重污染了浸渍液。为了清理泥砂，可以为除砂上料罐安装一套除砂旋流器，以提高浸渍液的质量和减少输送管线的磨损。这种除砂工艺是将除砂上料罐的排污口连接到泵的进口，然后将输送液输送到除砂旋流器的进口，经过除砂旋流器分离的液体切线回到除砂上料罐中，沉淀下来的泥砂等定时排放掉。

　　（3）新型玉米除砂系统　在玉米淀粉的生产过程中，除石和除砂系统的作用是十分重要的，正确科学地配置和使用除石和除砂系统可以减少生产设备（浸后玉米除石器、胚芽旋流器、凸齿磨、针磨、分离机、淀粉旋流洗涤器、输送泵等）和管道的磨损，延长其使用时间，可以减少由泥砂带来的生产事故，提高淀粉产品的质量，提高企业生产的经济效益和社会责任。目前中国淀粉行业多采用振动筛、除石槽或旋流器等设备去除玉米中的砂石。这些设备投资少、结构简单，但缺点是磨损较大，维修量大，砂石去除率较低。因此，针对以上问题，很多企业对玉米除石系统进行了改造，使用跳汰机作为玉米除石设备应用于玉米淀粉行业。玉米跳汰机是在借鉴选矿跳汰机的基础上进一步改进而成的玉米除砂设备，原理是利用机体内的气囊使水形成起伏，使筛面上的砂石及玉米由于密度不同而分层，砂石密度大，落到底层；玉米密度小，悬浮在上层，受水流影响上层玉米随着水流进入上料系统，而砂石则从下部排出。玉米跳汰机的使用，使玉米中的砂石及金属物等很好地分离出来，大大降低了破碎工序破碎磨及针磨的磨损周期，也降低了生产过程中输送管道和泵的磨损，降低了相关配件的更换频次，从而间接地节约了生产成本，提高了经济效益。据计算，在使用跳汰机前，原除砂系统除砂率约为 50%，在使用跳汰机后，除砂效率高时能达到 90%。

3.2.3 亚硫酸制备

玉米的浸渍是玉米淀粉生产工艺中重要的工序之一。将玉米加入装有一定温度浸渍溶液的浸渍罐中，玉米吸水变软，玉米中的可溶性物质和矿物质游离出来的过程称为浸渍。浸渍也称浸泡。玉米浸泡工艺普遍采用亚硫酸水溶液作为浸泡液。亚硫酸在一定的浓度和温度条件下具有较好的氧化还原和防腐作用，它能抑制霉菌、腐败菌及其他微生物的生命活力，另外，亚硫酸还可以促进蛋白质与淀粉的分离及淀粉的漂白，因此亚硫酸的制备是玉米淀粉生产的重要过程之一。

亚硫酸制造的原料为硫黄或液体 SO_2，国内多数工厂采用硫黄制造亚硫酸，国外工厂及国内个别工厂也有采用液体 SO_2 作原料的。以硫黄为原料制造亚硫酸是利用硫黄燃烧生成二氧化硫气体，再用水吸收产生亚硫酸溶液，其反应式如下：

$$S + O_2 \longrightarrow SO_2 + 287kJ$$
$$SO_2 + H_2O \longrightarrow H_2SO_3$$

（1）制备亚硫酸的生产工艺

国内制备亚硫酸普遍采用两种生产工艺：一种是水力喷射器生产工艺；另一种是吸收塔生产工艺。

① 水力喷射器生产工艺　水力喷射器生产的具体工艺过程为：先用泵将贮酸罐内的水送入喷射器，由于喷射水流速度较高，喷射口周围形成负压使喷射器内产生真空，吸入硫黄燃烧炉产生的 SO_2 气体，同时在水力喷射器内 SO_2 被水混合吸收，生成 H_2SO_3。反复将贮酸罐中的水循环，可使 H_2SO_3 的浓度不断提高，当浓度达到 0.2%～0.3% 时，即可供玉米浸泡和渣皮洗涤使用。从吸收罐排出的气体再经过吸收塔经二次吸收，用于淀粉的洗涤。

② 吸收塔生产工艺　吸收塔生产的具体工艺过程为：将硫黄放入燃烧炉中燃烧，生成 SO_2 气体，然后经过分离室分离出气体中的杂质，最后由吸收塔顶部的吸风机将 SO_2 气体吸进吸收塔中，SO_2 气体从底部慢慢向上升；打开吸收塔上部的喷头，水从上部向下落，SO_2 气体与水接触并溶解于水中即生成 H_2SO_3 流入亚硫酸贮罐。

在实际生产中，为了使水更充分地吸收二氧化硫，气体要依次经两个吸收塔。由第一个吸收塔得到 0.4%～0.5% 的亚硫酸，由第二个吸收塔得 0.2%～0.3% 的亚硫酸。排出气体中，SO_2 的量不超过 0.3%。从第一个吸收塔得到的亚硫酸用于磨碎筛分工段，从第二个吸收塔得到的亚硫酸用于玉米的浸泡。生产能力较小的玉米淀粉厂，也可以利用一个吸收塔生产 H_2SO_3。亚硫酸吸收塔流程图中，风机安装在吸收塔之后，风机多选用玻璃刚风机或陶瓷风机。

硫黄燃烧过程及二氧化硫的形成要用进入的空气量来调节。进入空气量的大小是借助控制燃烧炉风门开度的大小来实现的，风门开度小，空气量不足，硫黄燃烧不完全，会降低浸泡液中亚硫酸的浓度；风门开度大，硫黄耗用量大，生成 H_2SO_3 浓度高。要进行适当调节，使生成的 H_2SO_3 浓度符合浸泡玉米时的要求。

（2）亚硫酸制造的影响因素

① 空气量的影响　空气量不足则燃烧不完全，就会造成升华硫加大，堵塞塔板；空气量过大又会引起 SO_3 生成。

② 温度的影响　温度高吸收效果差，温度低吸收效果好，吸收 SO_2 气体量与水温成反比。

③ 真空度的影响　提高真空度，将会增加尾气中 SO_2 含量，加大了损失。如 SO_2 进管时流速为 $5\sim6m/s$，出管为 $1m/s$，真空度太高则流速加快，损失增加，还会引起升华硫增加，造成吸收系统堵塞。

④ 操作的影响　制取操作中要注意均匀加硫黄，不能忽多忽少，否则会造成燃烧不完全，或因硫黄不足而灭炉。控制好合适的空气比例及真空度或压缩空气速度，使上升的 SO_2 气体速度恒定。经常观察炉内燃烧情况，如炉内前半部为深蓝色、炉中部呈蓝紫色、炉的后部为橙黄色则表示燃烧情况良好，否则就要调节空气量。操作时要注意定期清理分离室及 SO_2 管道系统的灰尘、杂质。操作中还经常会出现倒烟问题，SO_2 气体从炉门倒出，刺激操作者，严重时必须马上停车，倒烟的原因大都由于管道堵塞，或加水太多，阻碍 SO_2 气体上升，因此要经常检查管道是否通畅。

3.2.4　玉米浸泡

3.2.4.1　浸泡的机理

玉米浸泡的目的是软化玉米籽粒，破坏、削弱玉米籽粒内各种组分连接、缠绕、镶嵌的牢固程度，破坏胚乳中蛋白质网，使淀粉和蛋白质容易分开，将玉米籽粒中的可溶性物质和矿物质浸渍出来，保证后序工艺的进行，得到高质量的各种产品和较高的收率。在玉米浸渍的过程中，大部分水和 SO_2 首先从玉米胚根进入胚芽中，然后再进入玉米胚乳中，胚芽先吸水膨胀。少部分水借助毛细管作用通过果皮上的微孔沿着玉米颗粒的周围进入玉米籽粒中。水在玉米籽粒凹区进入有孔的粉质胚乳，胚芽附近的糊粉层很薄，水分能很快透入。在 49℃ 4h 胚芽软化，8h 胚乳软化，但致密的含蛋白质次糊粉层显著地阻碍了水进入胚乳。纤维吸水很慢，需 12～18h。玉米种皮由半渗透膜组成，当玉米种皮转变为渗透膜后，水和 SO_2 也可以从种皮进入到玉米的胚乳中，这样，进入胚乳中的水和 SO_2 快速增加，使得胚乳中原来十分紧密的淀粉和蛋白质变得松散，可溶性物质和矿物质从紧密的淀粉和蛋白质颗粒及胚芽中游离下来。当玉米籽粒内压力膨胀到大于外界压力后，胚乳和胚芽中的可溶性物质在进入的水作用下从玉米籽粒中溶解出来。

在浸渍过程中微生物代谢的乳酸和产生的盐缓冲使浸渍溶液的 pH 稳定在 3.8～4.1。浸渍约 12h，乳酸随着水分子进入玉米籽粒中，降低了玉米籽粒内部的 pH。这时温度、SO_2、乳酸等共同作用杀灭了胚芽内的全部活细胞，使细胞膜成为多孔，细胞内的可溶性糖、可溶性蛋白质、矿物质和细胞生长需要的多种有机分子都被浸渍出来。玉米在开始浸渍的 12～18h 内干物质浸出的速度最快，当籽粒中蛋白质与 SO_2 反应生成可溶物后干物质的浸出速度变慢。浸出的干物质一半来自胚芽，来自胚乳的干物质不到一半，有少量物质是浸渍过程中生成的。

（1）亚硫酸的作用　使用亚硫酸或亚硫酸氢钠水溶液作为浸渍溶液对玉米在一定的温度下进行浸渍。亚硫酸或亚硫酸氢钠分解出二氧化硫（SO_2）。

亚硫酸在水中的分解形成如下平衡混合物：

$$H_2SO_3 \longrightarrow H^+ + HSO_3^- \qquad 平衡常数\ K_a = -1.54 \times 10^{-2}$$

$$HSO_3^- \longrightarrow H^+ + SO_3^{2-} \qquad 平衡常数\ K_a = -1.02 \times 10^{-7}$$

在浸渍过程中，SO_2 通过分解蛋白质分子之间的二硫键削弱蛋白质连接，由于二硫键被 SO_2 破坏，部分蛋白质变成可溶性，这些可溶性蛋白质的分子量还是很大，只能在玉米破碎后释放出来。在浸渍时浸渍溶液中 SO_2 浓度的高低与玉米籽粒吸水速度有很大的关系，浸渍溶液中 SO_2 浓度越高，玉米的吸水速度越快，使用 SO_2 溶液在 49℃ 浸渍 17h 玉米籽粒含水量比在纯水中浸渍多 25%。这是由于在 SO_2 的作用下种皮转变为渗透膜后，玉米籽粒吸水表面积增大和胚乳的吸水速率加快的原因。

亚硫酸盐离子与蛋白质基团反应，形成易溶于水的硫代硫酸盐，将部分蛋白质和矿物质转变为溶解状态的蛋白质硫代硫酸盐，成为溶解状态的蛋白质硫代硫酸盐可以逐级扩散，由玉米籽粒内转到浸渍液中。

（2）乳酸菌的作用　玉米浸渍过程不仅是物理扩散过程，同时也是生物化学变化过程。因玉米本身带有乳酸菌，在浸渍的工艺条件下，如温度、酸度等都适合于乳酸菌生长，故浸渍过程也是乳酸发酵过程。常在浸渍罐中发现的乳酸菌包括保加利亚乳杆菌、乳酸乳杆菌、植物乳杆菌和短乳杆菌，这些是乳杆菌属中的热乳杆菌亚属中的菌，是一类兼性好氧菌，菌种发育的适宜温度是 48℃，介质 pH 为 3.9～4.1，SO_2 在 0.05% 以内，所以老的浸渍液中乳酸菌含量高。在玉米浸渍时乳酸菌可以利用葡萄糖、果糖、甘露糖、乳糖、蔗糖、麦芽糖等发酵产物，一般不发酵淀粉、糊精等大分子物质，最终能转化糖为乳酸。其转化反应式如下：

$$C_6H_{12}O_6 \longrightarrow 2C_3H_6O_3 \xrightarrow{-H_2O} 2C_3H_4O_2 \xrightarrow{+H_2O} 2C_2H_5O \cdot COOH$$

$$\text{葡萄糖} \qquad \text{丙糖} \qquad\qquad \text{丙酮糖} \qquad\qquad \text{乳酸}$$

在玉米浸渍时乳酸菌的大量生长和繁殖还可以抑制其他杂菌如链球菌、明串珠菌等的生长和繁殖。在玉米浸渍初期阶段浸渍液中除含有乳酸菌外，还含有很多细菌等杂菌，但随着浸渍时间的增加，杂菌会被乳酸菌的生长和繁殖而抑制，使杂菌逐渐减少。玉米逆流浸渍时各种微生物生长繁殖趋势曲线如图3-1所示。

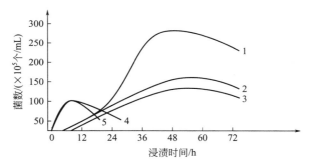

图 3-1　玉米逆流浸渍时各种微生物生长繁殖趋势曲线

1—保加利亚乳杆菌；2—乳酸乳杆菌；3—植物乳杆菌和短乳杆菌；4—链球菌；5—明串珠菌

在乳酸菌中，保加利亚乳杆菌占50％，乳酸乳杆菌占25％，植物乳杆菌和短乳杆菌约占25％。在浸渍刚开始时链球菌和明串珠菌迅速生长繁殖，这两种菌的生长繁殖需要大量的氢离子（H^+），使得浸渍液pH迅速上升和SO_2迅速下降，此时乳酸菌也开始繁殖。当pH下降时各种乳酸菌开始进入旺盛繁殖期，同时糖分、蛋白质等可溶性物质的浸出量也快速增加。糖分、蛋白质等可溶性物质先溶出，然后各种乳酸菌开始生长繁殖，这是因为乳酸菌生长繁殖需要的大量营养物质来源于浸出的物质和浸渍液的条件。营养物质的浸出为乳酸菌的生长繁殖创造了条件，SO_2为乳酸菌的生长繁殖创造条件。玉米的浸渍首先是SO_2的作用，然后是乳酸菌的作用，乳酸菌的作用时间较长，占玉米浸渍时间的60％～80％。

随着浸渍时间的延长，乳酸菌生长繁殖进入旺盛阶段后，菌体变得粗壮，菌体较长，浸渍液中的乳酸菌数量达到60000～70000个/mL。在浸渍液浓度增加到一定程度，乳酸菌接近衰老和死亡时（这个时间不一定是玉米浸渍结束的时间），乳酸菌菌体断裂，呈短小状。老的浸渍液中乳酸菌含量多，新的浸渍液中乳酸菌含量少。

在乳酸菌生长繁殖时，乳酸菌利用糖分作为生长繁殖的碳源，利用可溶性蛋白质作为生长繁殖的氮源，代谢出乳酸，在玉米浸渍时乳酸最高积累达到22%。现在玉米淀粉生产工艺技术使得乳酸的积累达不到这么高就结束了浸渍。在乳酸菌生产旺盛时乳酸代谢得较多，浸渍液酸度也较高，玉米籽粒溶解出的可溶性蛋白质和其他可溶性物质也较多，所以浸渍液中乳酸的代谢量和蛋白质含量有直接关系，蛋白质含量随着乳酸含量的增加而增高。

（3）玉米浸渍时成分变化　浸渍时，玉米籽粒中的化学成分（主要是可溶性物质和矿物质）大部分被溶解出来进到浸渍液中，使玉米籽粒中的各种成分含量发生变化。浸渍液中由于溶入了大量的可溶性物质和矿物质而使其浓度增加。在浸渍过程中，玉米籽粒和浸渍液中的化学成分随着时间的变化而动态变化。

① 玉米浸渍液变化　在玉米多罐连续逆流浸渍时，各浸渍罐中的浸渍液性质是有区别的，各浸渍罐中浸渍液的干物质浓度呈阶梯形变化，浸渍液中各物质的变化基本不出现峰值现象，变化曲线平滑稳定。不同浸渍时间浸渍液成分变化见表3-1。

表 3-1　不同浸渍时间浸渍液成分变化

项目	浸渍时间/h					
	4	12	20	28	36	44
浓度/°Bé	0.1	0.7	1.3	2.2	3.2	4.3
酸度/°T	0.32	0.4	0.47	0.54	0.61	0.67
SO_2 含量/%	0.123	0.093	0.073	0.052	0.043	0.012
干物质含量/%	0.16	1.23	1.91	3.90	5.68	7.63
蛋白质含量/%	0.05	0.58	0.92	1.91	2.78	3.74
糖含量（干基）/%	0.02	0.23	0.53	0.91	1.36	1.53
乳酸含量/[g/(100mL)]		0.21	0.56	0.92	1.25	1.58
植酸含量（干基）/%		0.03	0.08	0.25	0.38	0.52
灰分/%	0.08	0.09	0.13	0.35	0.76	0.93
pH	3.76	3.81	3.85	3.89	3.94	3.98

② 玉米籽粒变化　在浸渍时玉米籽粒中的可溶性物质、蛋白质和矿物质减少，淀粉和脂肪等成分相对增加。玉米浸渍过程中和在浸渍后各组成部分的水分含量是不同的，胚芽中的水分含量大于胚乳中的水分含量。玉米浸渍后各组成部分中的物质被浸渍出来的量是不同的，胚芽中被浸渍出的干物质量大于胚乳中被浸渍出的干物质量。玉米籽粒的化学成分在浸渍后发生了很大变化，玉米籽粒浸渍后，整个玉米籽粒中水分含量达到42.3%～46.6%，籽粒中的干物质浸出量5.2%～5.3%（干基）。在浸出的干物质中：糖1.07%～1.15%（干基），蛋白质2.72%～2.96%（干基），矿物质0.31%～0.39%（干基）。玉米籽粒中的可

溶性蛋白质被浸出 16％（干基）、糖分被浸出 42％（干基）、矿物质被浸出 70％（干基）。浸后玉米籽粒中可溶性物质含量 2.5％以内，1kg 玉米吸收 0.2～0.4g SO_2。浸渍后玉米籽粒是膨胀和接近柔软的。

　　化学成分浸出量最多的部分是玉米胚，浸出的总干物质达 35％左右，胚中 85％的矿物质和 60％的可溶性蛋白质被浸出。胚乳和种皮 13％～14％的可溶性蛋白质被浸出。玉米胚中的蛋白质含有 70％～75％容易被溶解的球蛋白，而在胚乳和种皮中的蛋白质只有 10％是球蛋白。浸出的含氮物质中有 63％来自胚乳和种皮中的蛋白质，其余的 37％来自胚中的蛋白质。浸渍后的玉米籽粒硬度变化很大，当玉米籽粒水分达到 40％以上时，其硬度减少为原来的 1/15～1/10。

　　浸渍前后玉米各部分质量变化见表 3-2，浸渍前后玉米籽粒化学成分变化见表 3-3，不同浸渍时间玉米籽粒化学成分变化见表 3-4。

表 3-2　浸渍前后玉米各部分质量变化

部分	浸渍前含量（干基）/％	浸渍后含量（干基）/％	浸渍后比浸渍前成分增加或减少（干基）/％
胚乳	82.80	83.99	1.19
种皮	5.30	5.99	0.69
胚	11.10	9.15	−1.95

表 3-3　浸渍前后玉米籽粒化学成分变化

成分	浸渍前含量（干基）/％	浸渍后含量（干基）/％	浸渍后比浸渍前成分增加或减少（干基）/％
淀粉	71.99	75.36	3.37
蛋白质	9.10	7.28	−1.82
纤维素	4.53	4.87	0.34
脂肪	4.40	4.47	0.32
戊聚糖	1.60	1.72	0.12
可溶性物质	3.10	2.15	−0.95
灰分	1.40	0.92	−0.48
其他物质	3.88	2.98	−0.90
合计	100.00	100.00	

表 3-4　不同浸渍时间玉米籽粒化学成分变化

项目　　　　浸渍液时间/h	44	36	28	20	12	4
水分/％	42.20	41.80	38.50	37.80	21.30	16.70
淀粉含量（干基）/％	76.69	75.83	74.80	73.47	72.06	71.99

项目 \ 浸渍液时间/h	44	36	28	20	12	4
蛋白质含量(干基)/%	6.93	6.99	7.10	7.45	8.79	9.11
脂肪含量(干基)/%	5.45	5.35	5.20	4.77	4.44	4.40
糖含量(干基)/%	0.07	0.77	1.41	2.13	2.93	3.31
灰分含量(干基)/%	0.16	0.23	0.47	1.00	1.35	1.56

由表 3-4 可以看出玉米浸渍过程中干物质的变化规律是：在浸渍开始的 10～14h 可溶性物质浸出 60% 左右，在以后的 30～40h 内可溶性物质浸出 15% 左右，其余的 25% 留在玉米籽粒中不被溶解出来。矿物质主要在浸渍的前一阶段溶解出来得较多，蛋白质在刚开始溶解出来得较少，然后短时间内快速溶解并在整个浸渍过程均衡溶解出来。胚的含氮物质在浸渍的前 24h 溶解出来，以后溶解量迅速减少。胚乳和种皮中的蛋白质在刚开始溶解出来得较少，然后快速溶解并在整个浸渍过程均衡溶解出来。浸渍过程中矿物质溶解出来的比例达到 2/3 以上，可溶性蛋白质和维生素溶解的比例也较大，戊糖、脂肪和淀粉有少量溶解出来。由于浸渍后玉米的干物质中各种成分含量变化的程度不一样，使得各种成分含量所占干物质的比例发生变化，矿物质、蛋白质和维生素所占比例下降，淀粉、脂肪和糖所占比例上升。

(4) 水扩散过程 在玉米浸渍过程中主要作用是水的扩散作用，水的扩散作用过程是玉米籽粒在浸渍过程中不断吸水膨胀，可溶性物质不断向浸渍液中转移，玉米籽粒内的化学成分不断变化的过程。在玉米浸渍 12h 以后玉米胚含水达到 60.8%，在玉米浸渍 40h 以后胚乳含水达到 40.5%，玉米浸渍时间过长玉米中的水分反而下降。由于水是连续不断地进入玉米籽粒中，而玉米籽粒中的可溶性物质也连续不断地被浸出与水混合，并且一部分可溶性物质溶解于水，所以在玉米的浸渍过程中水的扩散作用也是被玉米籽粒中的物质污染的过程。随着浸渍液浓度的增加，浸渍液的渗透压逐渐减小。

3.2.4.2 玉米浸泡方法

(1) 静止浸泡法 即将玉米和亚硫酸放在一个浸泡罐内保持一定时间后完成浸泡的方法。此法的进料、加酸、浸泡、出浆、洗涤、出料操作过程都在一个罐中完成。

这种方法在开始浸泡时浸泡水与玉米籽粒内的可溶物的浓度差最大，可溶物溶出速度最快，随着玉米中可溶物向水中的转移，玉米与浸泡水中可溶物的浓度差逐渐减小，可溶性物质向浸泡水中转移速度越来越慢，最终可溶物溶出的速度和吸附的速度趋于动态平衡。

以上过程致使静止浸泡法具有三大缺点：浸泡结束时，玉米籽粒中还含有相当多的可溶性物质未能溶出；浸泡水中可溶性物质的浓度低，只有 5%～6%，不便于浸泡水中干物质的回收利用；可溶性物质溶出速度慢。

这种方法目前在生产中已经不再采用，了解它只是为了更好地理解逆流浸泡法。

（2）逆流浸泡法　逆流浸泡是指在浸泡过程中，玉米中可溶性物质浓度降低的方向与浸泡液中可溶性物质浓度升高方向相反的浸泡过程（图 3-2）。

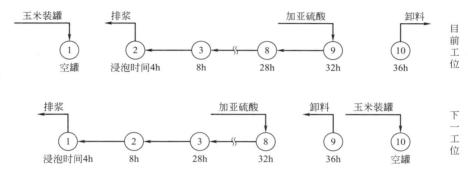

图 3-2　逆流浸泡过程示意

这种浸泡方法新水接触可溶性物质少的"干净"玉米，浓水接触可溶性物质多的新玉米，在每个浸泡罐中，使玉米和浸泡液中的可溶性物质始终保持最大的浓度差，有利于玉米中的可溶性物质向浸泡液中转移，最终保持浸泡液中可溶性物质的浓度较高。

逆流浸泡法具有以下优点：浸泡液中可溶性物质浓度高，可达到 6%～8%，有利于减少浓缩时的蒸汽消耗，玉米中可溶性物质溶出多减轻了淀粉洗涤工序的负担，可溶性物质溶出速度快。浸泡过程中用泵倒浆，泵中的强制对流破坏了玉米表面的高浓度可溶性物质薄层，有利于加速可溶性物质溶出。在每个浸泡罐中使玉米和浸泡液中的可溶性物始终保持最大浓度差，便于玉米中可溶性物质溶出。

3.2.4.3　玉米浸泡工艺流程

（1）静止浸泡法　为减小玉米装罐对罐壁的冲击而产生的膨胀力，在玉米装罐前先加入定量的亚硫酸（一般为总体积的 1/3）。玉米进罐的同时边加亚硫酸边加热并进行自循环。上完料后浸泡液液位高出玉米层表面 30cm。温度达到 53℃时停止加热。当温度低于 49℃时再进行加热循环至 53℃停止。这样依次循环至浸泡结束。此法操作比较简单，管线也不复杂。在最初阶段由于玉米中可溶物质多，而新亚硫酸中可溶物少，即可溶物浓度梯度大，玉米中的可溶物析出速度快；随浸泡时间的延长，玉米与浸泡液两者间可溶物浓度差逐渐缩小，至浸泡终点时浓度差最小，可溶物析出最慢。此法可溶物析出相对不彻底，稀浆干物含量低；浓缩时蒸发量大，增加能耗。同时浸泡过程乳酸生长条件受限，对蛋白质网的破坏也较差，不利于后道加工分离。目前只有少数小型玉米淀粉厂采用静止浸泡。

（2）逆流浸泡法　目前工业化生产采用的都是逆流浸泡工艺流程，按照操作方式又分为半连续浸泡和连续浸泡。

① 半连续浸泡流程　这是当今世界上普遍采用的浸泡流程，浸泡流程的中心设备是浸泡罐，浸泡罐体为有上圆盖的圆柱体，罐底为倒圆锥体，罐体的高与直径之此为 2∶1，如图 3-3 所示。上盖开有玉米进料口、加酸口、循环液进口、尾气排放口以及人孔；罐底锥尖部分为玉米出口，锥底侧面开有液体排出口，供浸泡液、洗涤水和循环浸泡水排出，液体排出口设有挡料筛网，筛网形式有筛管

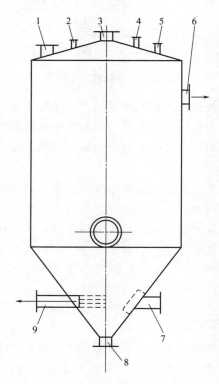

图 3-3　浸泡罐结构

1—人孔；2—排气孔；3—玉米入口；4—加酸口；5—循环液进口；

6—溢流口；7—筛板式排液口；8—玉米出口；9—筛管

式和筛板式。浸泡罐采用钢板焊接而成，内壁涂有环氧树脂等耐酸防腐层，外壁涂有沥青等保温隔热层。

图 3-4 是由 12 个浸泡罐组成的流程，这 12 个罐用泵和管道连接成环形，无头无尾，对每个罐来说，都依次经过装料、浸泡、排浆、卸料的循环过程。习惯上把装料罐称为头罐，卸料罐称为尾罐。

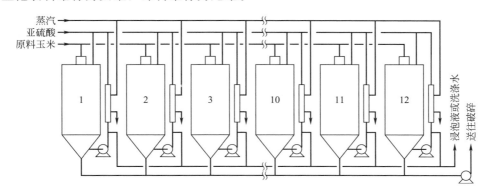

图 3-4　半连续的逆流浸泡流程

图 3-4 是选取生产中某一时刻不同浸泡罐的工作状态。此时，只有 9 个罐处于浸泡状态，其余 3 个罐分别处于出料、装料和洗涤状态。具体为：10 号罐在进料，11 号罐在出料，12 号罐在对浸泡好的玉米进行洗涤排酸，1～9 号罐处于自循环浸泡状态。其中 1 号罐新加入了亚硫酸，可溶物浓度最低；9 号罐为新加入的玉米，浸泡液可溶物浓度最高。自循环结束后，按 1 至 9 号罐的顺序对浸泡液进行倒罐，9 号罐的浸泡液排出系统。

倒罐结束后即完成一个操作周期，再进入下一工位操作，即按 2 至 10 号罐的顺序倒灌，并向 2 号罐加入新亚硫酸。此时，10 号罐从进料状态转入浸泡状态，11 号罐出料结束准备进料，12 号罐洗涤结束准备出料，1 号罐结束玉米浸泡进行洗涤。如此循环上述过程，就可以实现半连续的逆流浸泡操作。

每道工序操作周期长短，是由产量、罐体大小、浸泡时间等因素决定。浸泡完的玉米从尾罐排出后，送至破碎工序。

关于浸泡液的倒灌方式，也有少数企业按以下方法操作：浸泡系统除了正在加料和卸料的罐除外，新亚硫酸连续加入玉米浸泡时间最长的罐，并由该罐底部不断倒出，按逆流方式依次倒入下罐，直至新玉米罐，最后由新玉米罐底部将浓浸泡液排出系统。当尾罐中玉米达到浸泡要求后，再切换到下一工位的浸泡罐加亚硫酸。此种循环方式没有罐内浸泡液的自循环，玉米是间歇加料和出料，浸泡液是连续进料和出料，浸泡液的流量和浓度需要精确控制。

浸泡操作还应注意，在向罐内装料之前应先向罐内加入罐容积 1/5 的浸泡水，以便保证玉米在罐内处于松散状态，避免浸泡时玉米膨胀而对罐壁产生过大压力。玉米装罐时不能过满，要留出 75～100cm 空间，浸泡水应高出玉米料位 50cm。浸泡过程中玉米料位会由于玉米的膨胀而升高，而浸泡液也会由于玉米吸水而下降，因此要定期检查水位。浸泡液可以通过循环泵引出罐外，通过换热器加热后再送入罐内，这样既可以维持浸泡温度恒定，又实现了强制对流，加速可溶性物质溶出。

② 连续浸泡流程　分为单罐连续浸泡和多罐连续浸泡。

连续浸泡罐如图 3-5 所示，1987 年美国 ADM 公司发表了该技术的专利，并在 Dacatur 工厂里安装了 6 台 2600m³ 的巨型浸泡罐，日处理量为 800t。

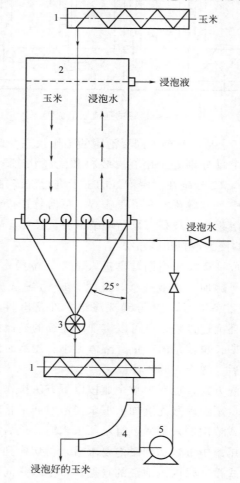

图 3-5　连续浸泡罐

1—螺旋输送器；2—罐体；3—关水器；4—脱水曲筛；5—高压泵

　　单罐连续浸泡所采用的设备是一台巨大的细高圆罐，玉米从罐顶连续加入，从罐底连续排出，浸泡时间为 48h，在罐底排料口随玉米带出的浸泡水用泵送回浸泡水入口。在罐底安装有进水管，罐底没有排水口，浸泡水只能向罐的上方流动，与下降的玉米形成逆流。在玉米与浸泡水的逆流中，可溶性物质溶解出来，随浸泡水由罐顶的排液口流出。此种装置具有很多特殊的专利结构，操作控制难度大，目前在实际生产中还很少采用。单罐连续浸泡具有以下优点：可以大幅度节省浸泡罐的占地面积；浸泡操作比较简单；连续化运转，易于管理。

　　多罐连续浸泡流程如图 3-6 所示，以 8 台罐的流程为例，玉米连续从①号罐加入，并经由②、③、④……罐不断向⑧号罐输送；洗水（过程水）连续从⑧号罐加入，洗涤后送到吸收塔制作亚硫酸，再以亚硫酸的形式送到⑦号罐作为浸泡液，此浸泡液与玉米逆流运行，经由⑥、⑤、④……罐送到①号罐。此系统中每个罐后都有一台空气升料器用于玉米和浸泡液混合物的输送，都有一台分水筛用于料水混合物的分离，分离出来的玉米向编号大的罐中输送，浸泡水向编号小的罐中输送。最后增浓的浸泡液从①号罐的分水筛中排出，浸泡好的玉米由⑧号罐的分水筛排出。

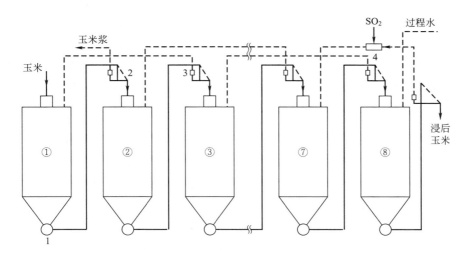

图 3-6　多罐连续浸泡流程

1—空气升料器（玉米及浸泡水）；2—分水筛；3—加温装置；

4—混合器（SO_2 和水）；①～⑧—浸泡罐

　　据报道，多罐连续浸泡法比半连续浸泡法生产能力提高 30%，但系统比较复杂，设备投资高，目前生产尚未采用。

3.2.4.4 浸后玉米洗涤

使用逆流浸渍的玉米将浸渍液排放后湿玉米中会含有玉米本身带来的很多泥沙，需要经过洗涤后再进入生产使用。洗涤使用 35℃ 以上的过程水，将其加入到排出浸渍液的浸渍罐中，使用本罐的循环泵循环 1.5～2h，洗涤后的洗涤水送到浸渍液储罐中，与浸渍液混合后一同供生产玉米浆使用，经过洗涤的湿玉米干净很多，洗涤后的浸后玉米再进入破碎系统使用。用于浸后玉米洗涤的过程水需要单独储存，洗涤水温度≥35℃，不要使用低温度过程水洗涤浸后玉米，更不要使用冷水洗涤浸后玉米，也不要使用非过程水洗涤浸后玉米。

3.2.4.5 浸泡过程的工艺条件控制

玉米浸渍效果的影响因素有：浸渍液加量、浸渍温度、浸渍时间、玉米品种、玉米质量、浸渍技术、排出的浸渍液浓度、浸渍液浓度和制酸水质量等。

（1）浸渍液加量的影响 通常浸渍液的加入量是玉米（含水 14%）质量的1.1～1.2 倍。浸渍液加量过少时玉米籽粒中的可溶物浸出得少，浸渍液浓度高，生产过程消耗的新水多，玉米浆干物收率低，玉米浆蒸发浓缩消耗能源少。浸渍液加量恰当时玉米籽粒中的可溶物提出得多，浸渍液浓度较低，生产过程消耗的新水少，玉米浆干物收率高，玉米浆蒸发浓缩消耗能源多。浸渍液加量受玉米含水率、玉米籽粒成熟程度等多种因素影响。玉米含水率高浸渍液加量要少，玉米含水率低浸渍液加量要多。玉米籽粒成熟程度高（即可溶物含量低）浸渍液加量要少，玉米籽粒成熟程度低（即可溶物含量高）浸渍液加量要多。浸渍液加量过多是没有必要的，过多时浸渍液浓度低，玉米浆蒸发浓缩时蒸发出的水多，消耗能源多。

（2）浸渍温度的影响 温度对 SO_2 的浸渍作用具有重要的影响效果，提高浸渍温度能够促进 SO_2 的作用。在较低的温度条件下浸渍时玉米的浸渍时间增长，SO_2 进入玉米籽粒和破坏蛋白质网的速度缓慢，乳酸菌生长繁殖极慢，玉米种皮转变为渗透膜的时间很长，玉米籽粒中酸含量少，杂菌含量高，使后续生产过程控制复杂，水使用量增加，过程水中干物质含量增加，干物质收率减少，淀粉产品中蛋白质含量增高，蛋白粉产品中的蛋白质含量较低。在正常的温度条件下浸渍时玉米籽粒吸水和膨胀速度加快，SO_2 进入玉米籽粒和破坏蛋白质网的速度很快，乳酸菌生长繁殖速度较快，玉米种皮转变为渗透膜的时间很短，玉米籽粒的可溶性物质和灰分浸出多，浸渍液较浓，颜色为淡黄色，浸渍液中干物质多、维生素和乳酸含量较高，浸渍液具有玉米的芳香味道，浸渍时间缩短，有利于后续生产过程控制，水的使用量减少，过程水中干物质含量减少。

虽然玉米的浸渍温度高对玉米的浸渍效果好，但玉米的浸渍温度不是可以无限制提高，玉米籽粒在过高的浸渍温度条件下浸渍对后续生产过程控制是十分不利的，会引起很多的不好结果，使 SO_2 蒸发到空气中的量增加，淀粉和蛋白质产品质量和收率下降。温度超过 55℃ 时乳酸菌生长繁殖受到抑制，减少玉米籽粒可溶性物质和灰分的浸出，浸渍液黏稠，浸渍效果明显不好，浸渍液中的蛋白质含量减少。当玉米的浸渍温度大于 62℃ 时会使淀粉颗粒糊化，会使玉米籽粒中的蛋白质变性而使其凝固，造成淀粉与蛋白质不容易分离，使淀粉和蛋白质的产品质量和收率严重下降。玉米浸渍温度愈高蛋白质变性愈严重，玉米籽粒中的可溶性物质被浸出得愈少。而在 50℃ 以下浸渍时玉米籽粒中的可溶性蛋白质部分变性，变性的蛋白质容易被微生物作为氮源利用，也容易被动物消化吸收。当玉米的浸渍温度大于 65℃ 时会引起玉米粒中的淀粉膨胀糊化从而无法生产，浸渍温度以 51～53℃ 为好。

（3）浸渍时间的影响　在玉米的浸渍过程中，浸渍液是从颗粒胚根部的疏松组织进入籽粒中，通过种皮底层的多孔性组织渗透到籽粒内部。玉米在 50℃ 浸渍 4h 后胚芽部分吸收水分达到最大值，8h 后胚芽体吸收水分达最大值，这时玉米开始籽粒变软，破碎时胚芽和种皮可以分离开。这个时候蛋白质网未被分解和破坏，淀粉颗粒不能游离出来。继续浸渍能使蛋白质网分解。浸渍 20h 以内玉米籽粒主要是吸水，可溶性物质已经开始溶出，各种矿物质、蛋白质与淀粉颗粒还是结合状态，溶出较少。浸渍 20h 以后玉米籽粒中的水分接近平衡，可溶性物质和各种矿物质开始大量溶出，部分结合状态的物质转变成可溶性物质。浸渍约 24h 后胚乳体中粉质胚乳的蛋白质网基本上分解，约 36h 后，角质胚乳的蛋白质网也分解。蛋白质网的分解过程是先膨胀，后转变成球形蛋白质颗粒，最后网状组织被破坏。要使蛋白质网完全分解，需要 48h 以上的浸渍时间。生产使用的浸渍液 SO_2 浓度为 0.15%～0.2%，pH3.5。在浸渍过程中 SO_2 被玉米吸收，浓度逐渐降低，得到的浸渍液 SO_2 最低浓度为 0.01%～0.02%，pH3.9～4.1。玉米的浸渍时间在 40～48h 是合适的。

玉米浸渍时间过短 SO_2 的作用没有完全发挥，玉米种皮刚开始转变为渗透膜，玉米的吸水量没有达到很好的程度，玉米籽粒中可溶性物质和矿物质溶解出来得少，浸渍液中干物质少，乳酸菌生长繁殖没有达到需要的程度，浸渍液中维生素和乳酸菌含量低，使生产过程中的用水量增加，干物质收率减少，淀粉产品中蛋白质含量提高，蛋白粉产品中的蛋白质含量降低。玉米的浸渍时间也没有必要过长，玉米籽粒在过长的浸渍时间里不再有干物质浸出。玉米籽粒在正常浸渍时间里 SO_2 的作用基本完全发挥，乳酸菌生长繁殖良好，玉米种皮转变为渗透膜的程度正常，玉米的吸水量达到很好的程度，玉米籽粒中的可溶性物质大部分被浸渍出来。玉米浸渍时间与各种可溶性物质的浸出是正比关系，玉米籽粒在浸渍时浸出的干物质在玉米的浸渍前期表现较为明显。

当玉米籽粒吸水达到平衡后，随着浸渍时间的加长玉米籽粒中的水分含量反而下降，这是因为蛋白质的变性使蛋白质分子失去水分子的原因。玉米浸渍时间过长浪费生产时间和浸渍罐的容积，浪费浸渍循环的蒸汽和电量。当玉米浸渍达到一定时间后再继续浸渍，玉米籽粒中的联结淀粉和蛋白质被溶解，在很好的逆流循环浸渍工艺中，浸渍时间大于 62h 时联结淀粉和蛋白质开始溶解，72h 后会有 1.2% 左右的联结淀粉和蛋白质被溶解下来，浪费了玉米的有效成分，所以玉米的浸渍时间一定不要过长。玉米浸渍时间与产品质量和收率的关系见表 3-5。

表 3-5　玉米浸渍时间与产品质量和收率的关系

浸渍时间/h	35	45	51	55
淀粉含蛋白质量(干基)/%	≥0.36	≤0.31	≤0.31	≤0.31
淀粉收率(干基)/%	68.6	68.5	68.6	68.5
蛋白粉含蛋白质量(干基)/%	≤56.6	≥61.8	≥62.9	≥62.9
蛋白粉收率(干基)/%	5.5	5.4	5.3	5.3

(4) 玉米品种的影响　不同品种的玉米在浸渍时的吸水速度和吸水量是不同的，SO_2 进入玉米籽粒中和破坏蛋白质网的速度也是不同的，乳酸菌生长繁殖的速度也是不同的，玉米籽粒中的可溶性物质浸出的量也是不同的。粉质型玉米的吸水时间比其他品种的玉米吸水时间短，粉质型玉米的吸水量比其他品种的玉米吸水量高。硬质型玉米由于种皮比较厚实，种皮被 SO_2 转变为渗透膜的速度很慢，还有角质胚乳比粉质胚乳多，所以吸水速度慢，浸渍时间很长。马齿型玉米和粉质型玉米在浸渍 30h 以内吸水达到最大值，硬质型玉米在 36h 吸水达到最大值。

(5) 玉米质量的影响　影响玉米浸渍效果的玉米主要质量指标是：水分、杂质、可溶物、霉变粒、烘干程度、烘干粒和糊化粒、玉米储存时间、不成熟玉米籽粒等。

① 水分影响　玉米水分对浸渍时间的影响很大、很明显。新收获的玉米水分含量较高，需要的浸渍液 SO_2 浓度要高，浸渍液用量少，浸渍时间短，浸渍温度可以低一些。新玉米的后成熟还没有完成，被浸出的干物质要多。浸渍新收获的高水分玉米浸渍液中 SO_2 浓度可以达到 0.25% 以上，浸渍液用量减少到 0.9m³/t 玉米（正常 1.2m³/t），浸渍时间减少到 40h 以下，浸渍温度降低到 48℃，被浸出的干物质达到 7% 以上。自然晾晒干燥的玉米含水 14%～16%，需要的浸渍液 SO_2 浓度可以低一些，浸渍液用量多，浸渍时间长，浸渍温度高。玉米的后成熟完成，被浸出的干物质少。

② 杂质影响　杂质主要影响生产工艺控制、产品质量。质量严重不好时会造成设备损坏。杂质是玉米在收获和储存期间混入的各种非玉米类成分。玉米中的杂质种类有很多。第一类是砂石和金属类杂质。这类杂质在浸渍时要占有生产设备的容积，浪费生产设备的生产能力，而且消耗生产动力、磨损生产设备和物

料管道，严重时还会损坏设备的零部件。第二类是非玉米籽粒类植物杂质，这类杂质是在玉米脱粒和储存、运输时混入的，这些杂质在浸渍时占有生产设备容积，浪费生产设备的生产能力，而且消耗生产动力和各种辅助生产原料，使生产过程控制复杂、产品质量下降。

③ 可溶物影响　不同地区玉米籽粒成熟程度不同，同一地区不同年份的玉米籽粒成熟程度也可能不同，成熟程度不同的玉米籽粒含有的可溶物不同，所以需要调整浸渍液用量来调整玉米的浸渍效果。我国玉米籽粒可溶物含量为 $5.2\% \sim 6.3\%$（干基）。我国的黑龙江省东北部、宁夏回族自治区、甘肃省、西南各省的玉米含有的可溶物较其他地区高。玉米籽粒可溶物含量高，浸渍出的干物质多，需要的浸渍液量就多。一般玉米浸渍可以浸渍出玉米干物质的 $5.6\% \sim 7.0\%$，小规模玉米淀粉生产线浸渍出干物质在 6% 左右，多数企业的玉米淀粉生产线浸渍出干物质在 7% 左右。

④ 霉变粒影响　霉变粒是影响玉米浸渍过程中乳酸菌生长繁殖的主要因素。霉变粒是玉米储存期间的储存条件（温度、水分、湿度等）不当，霉菌等微生物在玉米籽粒表面生长繁殖造成的。霉变粒在玉米浸渍时会使细菌和霉菌大量生长繁殖而严重抑制乳酸菌的生长繁殖，玉米籽粒中有机物质被细菌和霉菌利用，细菌和霉菌的代谢物质溶入浸渍液中，使浸渍液中的成分改变、质量下降，使淀粉和其他副产品的质量和收率下降、微生物指标上升。

⑤ 烘干程度、烘干粒和糊化粒影响　干燥的玉米分子内氢键与非极性键的固定程度提高，在浸渍时产生的可溶性物质少。玉米烘干是在短时间内使玉米籽粒中的水分快速减少的过程，烘干后玉米籽粒中少量蛋白质变性，部分糖分变得不可溶，玉米籽粒的硬度增大，淀粉和蛋白质结合的牢固程度增加，使得玉米的浸渍时间延长。烘干粒在浸渍时 SO_2 进入玉米籽粒中的速度和破坏蛋白质网的速度极其缓慢，乳酸菌生长繁殖也极其缓慢，浸渍液中维生素、蛋白质、乳酸菌含量很低。烘干粒的种皮转变成渗透膜的速度也极其缓慢。烘干玉米含水 14% 左右，需要的浸渍液 SO_2 浓度要高一些，浸渍液用量多，浸渍液循环量加大，浸渍时间长，达到 $55h$（正常 $45h$），浸渍温度较高，可以达到 $54℃$，被浸出的干物质要少。糊化粒是收获的新玉米在烘干时产生的，是由于烘干方法、烘干技术不当或烘干设备的质量造成的，这部分玉米中的蛋白质和淀粉已经部分或全部变性和糊化，所以在浸渍后不能使淀粉和蛋白粉分离开来。糊化粒的种皮不能转变为渗透膜，已经不能生产出淀粉产品。

(6) 浸渍技术的影响　不同的浸渍技术对玉米的浸渍效果是不一样的。使用单罐自身循环浸渍工艺技术浸渍玉米时，乳酸菌生长繁殖很慢，玉米籽粒的矿物质溶解出来得比较多，而可溶性物质（可溶性蛋白质、糖分、维生素等）溶解出来得比较少，浸渍液中的蛋白质、乳酸、维生素、矿物质含量较低。玉米的浸渍时间长，生产过程用水量较多，淀粉、蛋白质、玉米油和玉米浆产品收率和质量都较低。玉米多罐连续逆流循环浸渍是现代玉米加工使用的玉米浸渍技术，这种技术的优点已经被实际生产证明，主要归纳为五点：①浸渍液中含有大量的原有成分和乳酸菌，乳酸菌很快进入繁殖旺盛期，玉米吸水快，吸水时间短。②玉米很快进入浸渍状态，玉米籽粒中的可溶性物质（可溶性蛋白质、糖分、维生素等）在短时间内最大限度地溶解出来，浸渍液中的蛋白质、乳酸、维生素和灰分等含量较高。③可溶性物质很快地被浸渍出来，使玉米的浸渍时间大大缩短。多罐连续逆流循环浸渍玉米时间在 38～52h。④附着在玉米表皮外面的物质和破碎的玉米表面的成分都能够进入浸渍液中，使玉米浆收率增加，提高玉米总干物收率。多罐连续逆流浸渍玉米能够增加玉米浆干物收率 1.2% 和提高玉米总干物收率 1.5% 以上。⑤节约浸渍用水量、节约蒸汽、节约动力、浸渍时间短、提高设备的生产能力等。

（7）排出的浸渍液浓度的影响　　排出的浸渍液浓度高低对玉米的浸渍影响很大。排出的浸渍液浓度低说明浸渍液还没有进入正常的浸渍状态，玉米籽粒内的可溶性物质溶解程度不好，灰分溶解出来得多，蛋白质等有机物质溶解出来得少，种皮转变为渗透膜的速度很慢，乳酸菌生长繁殖不好；浸渍液中的各种干物质含量低，蛋白质、维生素和乳酸菌含量低，而矿物质含量高；浸渍后的玉米硬度大，淀粉与蛋白质的连接程度还是很紧密；生产过程用水量增加，生产的淀粉产品质量和收率下降。排出浸渍液浓度过低的原因有很多，主要原因有：①加入的浸渍液量多；②浸渍过程中各浸渍罐自身循环量少，而倒入下一个浸渍罐量多；③浸渍过程导罐顺序改变（导错）；④浸渍过程直接使用蒸汽加热而导致浸渍液稀释等。排出的浸渍液浓度过高对玉米的浸渍效果也不好，高浓度浸渍液的渗透压低，使玉米与浸渍液之间的置换速度和能力下降，玉米籽粒中的可溶性物质（可溶性蛋白质、糖分、维生素等）溶解出来得少；在浸渍液中的各种物质含量不正常，矿物质、蛋白质、维生素和乳酸菌含量低；浸渍后的玉米硬度大，淀粉与蛋白质的连接程度还是很紧密；生产过程用水量增加，生产的淀粉产品质量和收率下降。多罐连续逆流循环浸渍的浸渍液排出浓度控制在 4～5°Bé。

（8）浸渍液浓度的影响　　浸渍液中二氧化硫（SO_2）的作用主要是分解蛋白质网，不同浓度的 SO_2 对玉米浸渍质量的影响是很大的。当浸渍液浓度过低时 SO_2 进入玉米籽粒内的量少，破坏蛋白质网的速度慢，乳酸菌不能正常生长繁殖，杂菌生长繁殖很快，种皮转变为渗透膜的速度很慢，玉米籽粒吸水速度慢，玉米籽粒中的可溶性物质和矿物质溶解出来得少，种皮与胚乳、淀粉与蛋白质分离的程度不好；使玉米的浸渍时间加长，后续生产过程控制困难，生产用水量增加，增加蒸汽和动力消耗，降低设备的生产能力，产品质量中的一些指标（蛋白质、脂肪、灰分、细度、白度、黏度、微生物等）不好。但过高的浸渍液浓度也不好，生产过程酸味浓，生产环境不好，产品质量中的一些指标（pH、SO_2等）上升。采用正常的浸渍液浓度，玉米的浸渍时间比较短，节约蒸汽，节约动力，提高设备的生产能力。玉米浸渍使用的浸渍液含 SO_2 一般为 $0.12\%\sim0.20\%$ 较好，淀粉与蛋白质易分离。SO_2 浓度 0.1% 时蛋白质网不能很好分解，淀粉与蛋白质分离困难。一般生产使用的浸渍液 SO_2 含量最高不超过 0.36%。

在生产中使用的浸渍液浓度是随着玉米含水的增加而提高的，干燥的玉米采用浓度比较低的浸渍液，而含水高的玉米采用浓度比较高的浸渍液。浸渍液浓度也是随着玉米品种的不同而不同，马齿型玉米和粉质型玉米采用浓度比较低的浸渍液，而硬质型玉米采用浓度比较高的浸渍液。玉米干燥的温度越高，使用的浸渍液浓度也是越高。现代玉米淀粉生产技术采用的浸渍液是向低浓度的方向发展。

（9）制酸水质量的影响　在玉米淀粉的生产中，用于制酸的水主要有新水和麸质浓缩工序产生的过程水。由于制酸水的质量不同使得制造的亚硫酸溶液质量有一定的差别。新水质量好，制造的亚硫酸溶液质量清洁纯净，亚硫酸溶液渗透压高。不同的工艺技术产生的过程水质量是不一样的，过程水中含有的干物、悬浮物、可溶物、pH 和微生物等不同，制造的亚硫酸溶液质量有一定的差别，主要是可溶物对制造的亚硫酸溶液渗透压影响较大。过程水含干物较多，制造的亚硫酸溶液含有干物和可溶物，可以提高玉米浆干物收率。如果制酸的过程水微生物含量较高，会使浸渍液的微生物含量提高，使浸渍液产生一定量的泡沫，气味不好。

实际上，玉米的浸渍液加量、浸渍温度、浸渍时间、玉米质量、浸渍技术、浸渍液浓度和制酸水质量对玉米浸渍的影响是互相联系、互相影响、互相补充的，其中任何一个条件的改变都会使其他的条件发生变化，一个条件影响的浸渍结果可以用调整其他的条件来补充。一个条件的改变会使浸渍液的性质发生变化而影响玉米的浸渍效果，调整另外的条件可以补充因一个条件的改变而影响玉米的浸渍效果。浸渍液的加入量是根据玉米的含水率、玉米籽粒中可溶物含量来调整的。当玉米的浸渍温度偏低时可以用增加浸渍时间和提高浸渍液浓度来补充。当玉米的浸渍时间较短时可以提高浸渍温度和提高浸渍液浓度来补充。当玉米质量不好时可以用调整浸渍时间和浸渍液浓度来补充。当玉米的浸渍时间需要较大地缩短时可以用更换浸渍液、提高浸渍液浓度和调整浸渍技术来实现。当排出的浸渍液浓度低时可以用提高浸渍温度和增加浸渍时间来调整玉米的浸渍效果，还可以用增大自身浸渍液循环量来调整。当使用过程水制酸时可以用增加浸渍液量来调整玉米的浸渍效果。

3.2.4.6　玉米浸泡质量标准

评价玉米浸渍效果的理化指标是：浸后玉米含水率、蛋白质浸出率和可溶性蛋白质含量，浸渍液浓度、蛋白质含量和 pH，胚芽脂肪含量，纤维联结淀粉含量，淀粉蛋白质含量，蛋白粉蛋白质含量。直观的方法是用大拇指与其他两个手指略用力挤压可以使胚芽从玉米颗粒中完整挤压出来，可以用手将种皮与胚乳分（撕）开，种皮成片。

感官指标：手握松散有弹性、手捏能挤出胚芽、种皮能剥离且透亮有光泽。

理化指标：①湿玉米水分 42%～46%；可溶物≤2.5%；酸度：100g 干物质耗 NaOH 量不超 70～90mL（0.1mol/L NaOH）。②浸泡水干物质含量 6%～8%，酸度不低于 11%（以 HCl 计），浸泡水排出量 0.5～0.7m³/t 玉米。

3.2.5 玉米浆蒸发

玉米浆是由玉米浸渍水浓缩制得的，实际上是玉米的抽提物。外观为棕褐色黏稠状液体，主要成分大部分为玉米可溶性蛋白质及其降解物，如肽类、各种氨基酸等，另外还含有乳酸、植酸钙镁盐、可溶性糖类，有很高的营养价值。典型的黄马牙玉米的玉米浆化学组成如表 3-6 所示。玉米浆是湿磨法玉米淀粉生产的重要副产品之一，也是淀粉生产中最先提出的副产品，目前，玉米浆被国内发酵工业广为利用，如抗生素、味精、酵母等生产厂用玉米浆作微生物营养料。同时玉米浆还可以用来制造菲汀、肌醇、植酸、植酸钠等，玉米浆也是饲料工业的主要配料。

表 3-6 典型的黄马牙玉米的玉米浆化学组成   %

项目	含量
水分	50
蛋白质(以氮计)	7.5
肽和氨基酸	35.0
氨和氮化物	7.5
乳酸	26
碳水化合物(糖)	2.5
植酸	7.5
灰分(总)	18
其中:钾	4.5
镁	2.0
磷	3.3

3.2.5.1 玉米浆的蒸发原理

为了便于贮存和运输，稀玉米浆还需进行浓缩，为了保持稀玉米浆中各种营养性物质不被破坏，稀玉米浆的浓缩应在低温真空状态下进行。同时，由于稀玉米浆浓度很低，生产 1t 成品玉米浆需要蒸发除去 6 倍以上的汁气，因此玉米浆生产是淀粉生产过程中能耗最高的工序，而玉米浆的制造过程因稀玉米浆的质量和收率都取决于玉米品种、质量以及玉米浸渍工艺，因此就玉米浆的制造本身，实际上主要仅仅是"蒸发"。稀玉米浆的蒸发是借助加热蒸汽在密闭的蒸发装置中经加热器管壁将热能传递于蒸发室的稀玉米浆中，当达到沸腾温度时稀玉米浆的水分汽化为汁气，再将此汁气排出，玉米浆则达到浓缩的目的。鉴于稀玉米浆含有不少热敏性的营养成分，需在较低的温度下进行蒸发操作，为了降低稀玉米浆的沸点，因此需在真空状态下进行蒸发，即利用混合冷凝器或间壁冷凝器将稀玉米浆沸腾汽化的汁气即二次蒸汽冷凝，在冷凝器中保持相当于冷凝温度的压力，但是冷凝器中常常含有少量的空气和不凝性气体，这种气体需用真空泵将其从冷凝器中抽出，这样整个系统形成真空，使溶液沸点降低，加热蒸汽和沸腾溶液之间就可以达到较大的温度差，在真空系统中可以利用低压蒸汽，故稀玉米浆的蒸发一般采取三效或四效蒸发，充分利用其热能，相应的蒸汽耗量也可减少50%～75%。

　　近年来随着生产技术的发展，多种节能的蒸发装置面市，如普通标准式三效蒸发器、旋转薄膜蒸发器、带喷射热泵的三效降膜蒸发器以及四效带热泵的高效浓缩装置等。热泵蒸发的原理是借压缩装置对二次蒸汽进行绝热压缩，将其饱和温度提高，则可作为加热源来产生二次蒸汽的设备。热泵有蒸汽喷射式热泵和机械压缩式热泵等。目前玉米浆蒸发装置多种多样，且稀玉米浆也不是固定只从第一效进料，而是充分利用热能，也有稀玉米浆先进入四效预热后再进入一效蒸至一定浓度后送入三效，然后再进二效浓缩至需要浓度，总之应以保持最合理的温度梯度，充分利用热能为原则。

3.2.5.2　工艺过程

　　玉米浆生产工艺流程如图 3-7 所示。

　　（1）澄清　现代玉米逆流浸渍技术具有玉米洗涤作用，这种作用的结果有很多益处，但也将玉米本身带来的泥沙和皮屑等杂质带入浸渍液中，得到的浸渍液除了含有可溶性蛋白质和无机盐外，还有很多悬浮性杂质及沉淀物，若不除去必将影响蒸发操作及成品玉米浆质量，故需先经过澄清除去沉淀物。澄清的方法一般采取静止沉淀，可以用专门的贮罐作澄清罐，亦可直接用稀玉米浆贮罐作澄清罐。如 20 世纪 90 年代引进的一些大型工厂，其稀玉米浆贮罐的底部是倾斜的，而连接稀玉米浆输送泵的出料口距离罐底有一定的高度，在其底倾斜部分的最低点开有一个排放口，这样沉积在罐底的沉淀物可由此排放口排至低位收集罐或污水排放网，用以回收处理，而澄清的稀玉米浆则由位置较高的排放口经输送泵送

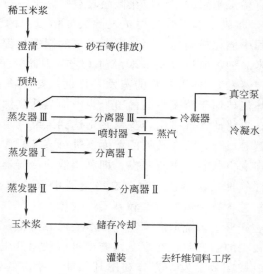

图 3-7 玉米浆生产工艺流程

至蒸发前贮罐备用，澄清过程一般 3～4h 即可。

（2）多效蒸发 澄清后稀玉米浆可送去蒸发，一般中型工厂采用标准式外加热三效蒸发器。稀玉米浆由于浓度较低，进蒸发罐前最好经过预热器预热，预热器热能可利用废汽，预热后稀玉米浆顺流进入一至三效蒸发，加热蒸汽实际上也是顺流。即新（生）蒸汽进入一效加热室加热进入一效的浓度最稀的稀玉米浆，一效的稀玉米浆经一效加热室加热管壁将热能传入，使玉米浆沸腾汽化产生汁气，此一效产生的汁气进入二效加热室加热二效的玉米浆，一效的玉米浆连续进入二效蒸发器，再顺次进入三效直至达到要求的干物质浓度后即可出料，二效玉米浆沸腾产生的汁气则进入三效加热室，三效产生的汁气经冷凝后抽走。通常玉米浆蒸发为连续进料间歇出料，一效蒸汽压力 0.05MPa，冷凝水温度 40～50℃，每周期需 2～4h，平均蒸发强度 19～26.5kg 水/m² 加热面。玉米浆三效蒸发工艺参数如表 3-7 所示。

表 3-7 玉米浆三效蒸发工艺参数

蒸发罐	温度/℃	真空度/Pa(mmHg)	传热系数/[kJ/(m²·min)]
一效	93～95	13332～15998(100～120)	87.48～96.28
二效	78～80	53328～55994(400～420)	50.23～66.98
三效	55～60	86658～87331(650～660)	33.49～41.86

（3）储存冷却 蒸发后的玉米浆温度较高，进入储罐中储存期间其温度会随着环境温度而降低，当温度很低时会沉淀，沉淀的玉米浆不能排放出来，所以一

般玉米浆储罐需要保温，控制温度不低于 25℃。玉米浆在储罐中长时间储存会有一些沉淀，根据沉淀物质的积存程度定期排放。

3.2.5.3 影响玉米浆蒸发的因素

（1）原料玉米的影响 玉米产地一般以河北、河南、山东、四川为好；玉米品种以马牙玉米为好；玉米色泽以白色或花白为好；玉米品质以水分适中（14％左右）、无虫害、无霉烂为好。品质优良的玉米浸出的稀玉米浆气味纯正、液体较清亮，易于蒸发；而品质差的玉米，特别是人工干燥的玉米，玉米浆蒸发困难，且黏度大、泡沫多，蒸发时循环不好，又易跑料造成损失，同时罐垢也多，难于清洗。

（2）浸渍工艺的影响 一般逆流循环的玉米浆比单罐循环的好，浸渍过程各种工艺条件控制好，乳酸发酵旺盛，则玉米浆中乳酸含量增加，酸度大，使无机盐离子呈可溶性的乳酸化合物，在蒸发过程不至于生成积垢而影响蒸发器加热面的传热效率。如果浸渍质量差，玉米浆酸度低，则无机盐离子易沉积在蒸发器加热管壁上，形成积垢，不利蒸发。

（3）设备的影响 玉米浆蒸发器加热室应保持清洁，发现加热管积垢，就应采取措施，用化学或机械方法清理干净，以免影响传热效果。蒸发器清理方法有以下 3 种。

① 化学除垢法 一般每天需用碱水洗一次，如积垢较多可用 0.7％～0.8％浓度的盐酸煮洗一效，因一效多为无机盐积垢，用酸蒸煮使其呈溶解状态除去；而三效的积垢一般为软质橡皮状积垢，主要是蛋白质，故需用浓度 2％～2.5％的氢氧化钠蒸煮加热室。

② 机械除垢法 将蒸发器放空用水洗净后，开启加热室端盖，用钢丝刷清刷列管内壁，除去积垢。

③ 蒸汽烘烤法 用蒸汽将加热室管壁进行烘烤，待管壁烤干后停止通汽，立即通入冷水，管壁积垢自动爆裂脱落，开启罐盖冲洗干净即可。

3.2.5.4 玉米浆节能生产技术

玉米浆节能生产技术是近几年发展起来的，是针对管束干燥机等大型蒸发设备和换热器等产生大量高温冷凝汽，以及可以使用低压蒸汽的蒸发器和换热器等装置而开发的，这种技术在实际生产中证明可以节约很多的能源。玉米浆节能生产技术要点：一是在一效蒸发器前增加一台预热器，使进入二效蒸发器的物料温度提高，减少一效和二效蒸发器的生产负荷，这台预热器使用前效的废汽加热，提高了蒸汽的利用率。二是在进料前增加一台板式预热器，使用三（四）效蒸发器的废汽进行预热，将进入蒸发器的物料首先加热，减少进料蒸发器的生产负荷，提高了蒸汽的利用率。三是将管束干燥机出来的废汽经过过滤、洗涤后产生的余热汽与新蒸汽混合后进入三效蒸发器使用，这些蒸汽的使用减少了新蒸汽的使用量。四是将各种干燥机、换热器出来的高温冷凝汽回收后产生的二次蒸汽加入二（三）效蒸发器中使用，这样就减少了新蒸汽的使用量，这种技术的重点是高温冷凝汽回收和二次蒸汽的生产。在玉米浆节能生产技术中，管束干燥机出来的废汽回收洗涤是技术的关键，废汽首先进入旋风分离器分离其中的干物质，然后进入洗涤塔洗涤，只有洗涤干净的废汽才可以与新蒸汽混合后使用，否则是不可以的。玉米浆的节能生产技术还能够明显减少蒸发器的结垢，减少其洗涤次数。玉米浆四效节能工艺技术见图 3-8。

3.2.6　玉米破碎及胚芽分离

玉米破碎和胚芽分离工序技术含量很高，工艺比较复杂，是玉米淀粉生产工艺中重要的工序之一。玉米破碎和胚芽分离工序是淀粉生产的主要工序，是影响胚芽得率和质量的工序，是大量使用过程水的工序。

玉米经浸泡后水分达 40％ ～45％，其内部结构和物理、化学特性都发生变化，胚芽、表皮和胚乳之间联结减弱。浸泡后玉米胚芽含水达 60％左右，具有韧性，特别容易与玉米籽粒其他部分分开。胚乳含淀粉量高，抗压强度低，浸泡后更易于破碎。浸泡好的玉米软化到可以用两手指挤裂，胚芽完整脱出，不黏附胚乳和表皮，这为破碎提供了很好的条件。

玉米破碎的目的是把玉米破碎成碎块，使胚芽与胚乳分开，并释放出一定数量的淀粉。

在破碎后要尽量将胚芽分离出来，因为它所含的玉米胚芽油有很高的商品价值，而且淀粉产品对脂肪含量的要求非常严格，如果胚芽中的油分散到胚乳中，会严重影响淀粉产品的质量。破碎还不能一次完成，一般分两次破碎，两次胚芽分离，在此操作过程中切忌打碎胚芽，以免影响分离效果。

玉米经破碎后，胚芽虽然从其他组成部分中游离出来，但仍混于稀浆（主要含淀粉及纤维、麸质等）中，必须采用专门的设备从稀浆中分离出来。胚芽分离原理是利用胚芽与稀浆的相对密度不同，胚芽含油约 50％，所以胚芽的相对密度较小，为 0.96；淀粉的相对密度为 1.61；稀浆的相对密度视淀粉乳的浓度而定，一般破碎后淀粉乳浓度为 13～15°Bx，其相对密度为 1.053～1.061。因此，胚芽可采用两种方式进行分离，一种方法用漂浮槽进行分离，另一种方法用胚芽旋流器借离心力的作用进行分离。分离出的胚芽还需进行洗涤，以回收随胚芽带走的淀粉，通常利用筛洗的方式将带走的淀粉洗出，作为稀淀粉乳回入生产系统。现代洗涤设备多用三级重力曲筛逆流洗涤，洗后胚芽再送去脱水，脱水后湿

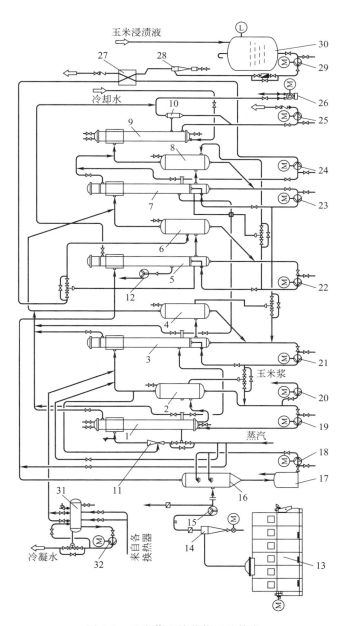

图 3-8 玉米浆四效节能工艺技术

1—一效蒸发器；2—一效分离器；3—二效蒸发器；4—二效分离器；5—三效蒸发器；6—三效分离器；
7—四效蒸发器；8—四效分离器；9—冷凝器；10—分水罐；11—热泵；12,15—引风机；
13—管束干燥机；14—旋风分离器；16—洗涤塔；17—热水罐；18—洗涤罐；19—一效泵；
20—出料泵；21—二效泵；22,23—三效泵；24—冷凝水泵；25—四效泵；26—真空泵；
27—板式预热器；28—旋流除砂器；29—进料泵；30—玉米浸渍液贮罐；31—分汽缸；32—泵

胚芽经干燥后送去加工制玉米油。

3.2.6.1 玉米破碎和胚芽分离工艺

玉米破碎及胚芽分离流程见图 3-9。

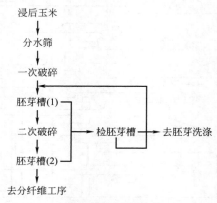

(a) 漂浮槽分离胚芽流程

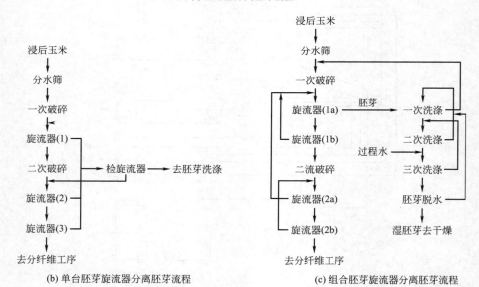

(b) 单台胚芽旋流器分离胚芽流程   (c) 组合胚芽旋流器分离胚芽流程

图 3-9　玉米破碎及胚芽分离流程

从图 3-9 三组流程看出，均可达到分离胚芽的目的。图 3-9（a）为漂浮槽分离胚芽流程，浸后玉米经分水筛分水后去破碎机破碎，有的在破碎前还经捕石器去石，一次破碎后稀浆进入一次胚芽分离槽，大部分胚芽漂浮于槽面，在槽尾被刮走，底流为分后稀浆，包括部分联结胚芽及少量游离胚芽，经二次破碎后再进入二次胚芽槽再次分离胚芽，分出的胚芽与第一次漂浮槽分出的胚芽合并进入检查胚芽槽，将第一次及第二次分出胚芽带走的淀粉等非胚芽组分由检查胚芽槽底流回收，漂浮于槽面的胚芽刮出送去洗涤。利用漂浮法分离胚芽有一定的优点，节省动力，操作简单；但设备笨重，占地面积大，设备不密闭；若操作注意，胚芽收率亦可达 6% 以上。图 3-9(b) 为单台胚芽旋流器分离胚芽流程，胚芽旋流器是苏联采用的 Γ3 型系列单体胚芽旋流器，一次破碎后稀浆进入单体旋流器（1）分离胚芽。利用旋流器分离胚芽，其进入物料必须在压力作用下，即用泵泵入，进料压力 0.2~0.4MPa。第一次分离进料浓度 12~14°Bx，第二次分离进料浓度 13~15°Bx，当物料从进料口以切线方向进入胚芽旋流器后，沿器壁高速旋转产生离心力，含淀粉的粉浆相对密度大被抛向外层，沿器壁从胚芽旋流器底部流出，相对密度小的胚芽呈螺旋状上升，从溢流口排出。从底流流出的稀浆尚含有联结胚芽，需进入第二次破碎机再次破碎，然后进第二次胚芽旋流器分离。为了分离更彻底，第二次分离后稀浆再进入第三次胚芽旋流器进行第三次分离。三次分出的胚芽合并进入检查胚芽旋流器分离，底流稀浆回入第一次胚芽分离器前，溢流为分出的胚芽送去洗涤，第三次胚芽旋流器底流已经过三次分离，基本上已分离完全，送去分离纤维。采用此种分离设备及流程分离效果较好，而且设备投资少，设备简单，操作方便，单体旋流器只需装在管道上，不需专门占地，胚芽收率可达 6%~7%。图 3-9(c) 为当前国际上通用的胚芽分离流程，采用组合旋流器两次各两级分离，如美国 Don-Oliver 提供的分离胚芽的设备和流程，经一次破碎后稀浆进入第一次第一级胚芽旋流器（1a）分离，分出的胚芽去洗涤，此一次一级胚芽旋流器溢流口为唯一的胚芽提出口，其余胚芽旋流器提出的胚芽均按逆流原理回入系统；胚芽旋流器（1a）底流进第一次第二级胚芽旋流器（1b）再次分离，分出胚芽回入旋流器（1a）前，底流去第二次破碎，典型的流程在破碎机前还经过一次脱水筛，以提高进破碎机的物料稠度，二次破碎后稀浆进入第二次第一级胚芽旋流器（2a）分离，溢流胚芽回入旋流器（1a）前，底流进第二次第二级胚芽旋流器（2b）最后一次分离，溢流回至旋流器（2a）前，底流去纤维分离系统。

3.2.6.2　影响玉米破碎和胚芽分离的因素

（1）影响玉米破碎的因素

① 玉米品种和浸泡质量　玉米品种与破碎效果有很大关系，粉质玉米质软易破碎；硬质玉米质硬难破碎；小粒玉米也不易破碎，往往从齿盘缝隙中漏出。

玉米的浸泡质量显著影响玉米的破碎效果，玉米浸泡得好，则胚乳软，蛋白质基质分散好，容易破碎。如果浸泡不好或浸泡后玉米用冷水清洗输送，会使玉米变硬，胚芽失去弹性而变得易被磨碎，影响胚芽分离和物料质量。

② 凸齿磨工作情况　凸齿磨选型要合理，型号与生产能力要匹配。齿盘安

装应平行，否则齿与齿之间的间隙易变化而使破碎不够均匀，出现既有细碎胚芽又有整粒的现象，且易损坏齿盘上的齿，使生产能力大大降低，造成破碎质量下降。应根据物料情况调节齿盘间距，以保证最佳破碎效果。一般来说，齿盘间距以 22～26 mm 较好。实际工作中应根据不同的机型及玉米品种试验后决定。另外，破碎机下料是否均匀也直接影响破碎质量的好坏，下料不均匀会造成质量不稳定。

③ 进料固液比　进入凸齿磨的物料应含有一定数量的固体和液体，固液体之比约为 1：3。液体量不足，物料浓度和黏度增高，造成黏磨，降低物料通过凸齿磨的速度，导致胚乳和部分胚芽过度粉碎，影响胚芽分离和得率。物料含液体过多时会迅速通过破碎机，出现流磨造成胚芽黏粉、黏皮等弊病，使后续工段浓度低，胚芽不能很好地分离，功率消耗增大，生产效率降低。

④ 破碎质量控制　一般都应采用二次破碎工艺，即一次破碎后分离一次胚芽，二次破碎后再分离一次胚芽。其质量控制指标为：进一次破碎机的物料干物质含量为 25%～30%；一次破碎后玉米粒度，整粒率≤1%，游离胚芽率 85%；二次破碎后玉米粒度，不得有整粒，游离胚芽率 15%，联结胚芽率≤0.5%。

（2）影响胚芽分离的因素　影响胚芽分离的因素除设备本身因素外，主要还有来料质量和操作。来料质量对分离效果影响很大，如稀浆稠度过低，会造成整个流程中物料浓度过低；若来料浓度过高，分离效果亦不好，胚芽分出少。采用单体胚芽旋流器，一级进料浓度可控制在 13～15°Bx；采用组合旋流器，控制在 6～9°Bé（11～16°Bx），最好 8°Bé（14.5°Bx）。溢流和底流比，除了合理的生产流程外，还应根据物料情况，调节溢流和底流比，可用阀门调节，如关小溢流管上阀门，就可减少溢流量增大底流量，则溢流中单位体积胚芽含量增多，但分出总胚芽量并不一定增多，还需加强以后各步分离；若为串联流程，关小第一级胚芽旋流器溢流阀门可以适当增加胚芽分离效果，关小底流阀门，就可减少底流量，底流中淀粉比例会相应提高。一般试车时测试有关参数特别重要，即使计算机控制也要根据物料实际情况试验后设定参数。

3.2.7　纤维洗涤

3.2.7.1　纤维的精磨原理

玉米经过二次凸齿磨破碎后，分离出去了胚芽，大部分破碎的胚乳被筛分除去，剩下的是联结在一起的玉米种皮和角质胚乳，这些角质胚乳与玉米的种皮连接得比较紧密，角质胚乳中还含有大量的蛋白质，蛋白质与淀粉也紧密地缠绕在一起。需要使用高速转动的设备打碎淀粉与非淀粉结合的部分，使淀粉最大可能地游离出来，分离出纤维渣，这就是第三次破碎的作用，也叫纤维精磨。纤维精磨主要是靠磨盘之间的剪切力、压研力、摩擦力和冲击力。

3.2.7.2 纤维洗涤和筛分原理

精磨后稀浆主要含粗淀粉乳（淀粉及蛋白质）和纤维渣，通过精磨，淀粉虽然已呈游离状态，但仍与纤维渣混合在稀浆中，由于这几种物料颗粒大小不同，可利用不同孔径的筛分设备将其分开，其中淀粉颗粒 $3\sim30\mu m$，纤维渣中细纤维在 $65\mu m$ 以上，粗纤维渣呈较大的片状，麸质颗粒 $1\sim2\mu m$。因此，通过过筛可以使淀粉及麸质经筛缝流出，纤维渣则留于筛上分出。筛分设备有多种，如转筒筛、振动平筛、离心筛，现代化工厂多用压力曲筛。

3.2.7.3 纤维精磨、洗涤和筛分工艺

经过破碎和胚芽分离的稀浆尚含有玉米粒的外皮、内皮、角质胚乳等，这些部分和淀粉连在一起，不易分开，必须进一步精磨，以打碎淀粉与非淀粉结合的部分，使淀粉最大限度游离出来。精磨的目的是分离纤维，因此精磨又称纤维磨或细磨，同时精磨还须将角质胚乳中的淀粉颗粒和蛋白质颗粒分开，以便后工序分离。精磨前压力曲筛的筛上物进入三道磨，在三道磨中破碎后进入三道磨后储罐，然后进入纤维洗涤槽中进行筛分和洗涤。经过精磨后纤维与角质胚乳分离开来，角质胚乳大部分被破碎，纤维得到一定程度的破碎。三道磨与一、二道磨的配置原则是：一道磨 2 台，二道磨 1 台，三道磨 2 台。或者是：一道磨 3 台，二道磨 2 台，三道磨 4 台。

纤维精磨是玉米淀粉生产中十分重要的一个过程，针磨破碎的结果决定淀粉、蛋白粉和纤维收率，是对玉米浸渍效果的检验，也是对一、二道磨破碎和胚芽分离的检验。经过针磨破碎后，纤维中联结淀粉少说明浸渍效果很好，如果一、二道磨破碎不好，胚芽分离出去得少，那么针磨破碎的负荷很高，破碎后纤维浆料黏度很大。

纤维分离是根据物料颗粒大小的不同，通过筛分设备将其分开。淀粉和麸质颗粒均比较小，分别为 $3\sim30\mu m$ 和 $1\sim2\mu m$，筛分时可通过筛网，而细纤维渣颗粒有 $65\mu m$，使用细筛则可将纤维留于筛上筛出。筛分设备不仅可以筛分还可脱水及筛洗。为了提高磨前物料稠度，一般在磨前装设一道脱水筛。在筛洗方面，除了前文已提及的胚芽筛洗外，分出的纤维也须利用筛分设备洗涤，只是纤维比胚芽颗粒小且较扁平，难于洗涤，需采用更高效率的压力曲筛进行筛洗。

精磨和纤维筛分流程按照设备性能及工艺要求有不同的工艺流程。现代冲击磨及压力曲筛流程，这是目前较理想的流程，也是当前国内外大中型企业普遍采用的流程。此流程的特点是采用高效设备，设备台数少而集中，占地面积小。这种冲击磨（针磨）效率很高，一次磨碎就可使纤维与淀粉粒游离开，然后淀粉乳

只须经过一道 DSM120° 50μm 曲筛即可提取出过去多道精选筛才能提出的淀粉乳，而且质量更好。由于冲击磨进料要求干物稠度在 50%，一般脱胚后稀浆在进冲击磨前先经过一道 120° 50μm 压力曲筛，提出一部分淀粉乳，此淀粉乳为一次淀粉乳，因通过 50μm 的筛缝，不需再经其他筛分就可送去精制。筛后不仅增加了稀浆稠度，还减少了处理量。筛后筛上物（稀浆）进入冲击磨精磨，使纤维的联结淀粉降至最低，然后经过纤维洗涤站处理。一般经 6 级 120°压力曲筛筛分及洗涤，第一级筛面与精磨前曲筛筛面相同，为 50μm 筛缝，主要起筛分淀粉的作用，此淀粉乳质量与精磨前分出的淀粉乳质量相同，称二次淀粉乳，可与一次淀粉乳合并去精制处理。第一道筛筛上物为纤维渣，进入下一级筛洗涤，筛洗出黏附于纤维上的游离淀粉。第 2 至 5 级曲筛主要起洗涤作用，筛缝为 75μm，筛的洗涤水为过程水（工艺水），按逆流原理从最后一级筛前加入，筛下物用来洗涤前一级筛的纤维渣，筛上物顺次用泵打入下一级曲筛直至最后一级，即为洗后纤维渣，送去脱水，脱水装置可用挤压机。图 3-10 流程系采用 MERCONE 筛式离心脱水机，一般以采用挤压脱水为好，此流程图中来自澄清器的 15°Bé 淀粉乳为淀粉洗涤系统第一级旋流器溢流经澄清器处理后的底流，此淀粉乳浓度较高，但尚含有部分蛋白质和可溶物，本应回至淀粉主分离机前，为了防止带入其他杂质异物，回入精磨后淀粉乳中与磨后淀粉乳混合进入系统，较直接进入主分离机前更为合理。

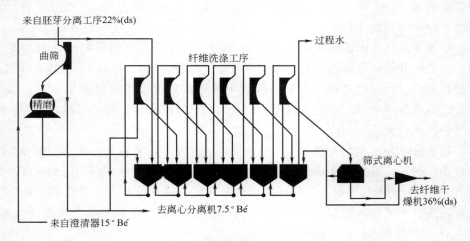

图 3-10   纤维精磨及洗涤工艺流程

（1）亚硫酸   筛洗系统亚硫酸含量应控制在 0.05% 左右，因亚硫酸除了防腐作用外，还可以调节酸度，防止可溶性蛋白质沉淀，蛋白质的等电点为 pH5.3，如果不加亚硫酸或酸度不够，pH 升高，蛋白质达到等电点，可溶性蛋白质即沉淀在筛网上，致使堵塞筛孔，降低筛洗效果。同时也要注意 pH 不能太低，若 pH 在 2.5 或 3 以下，则不仅亚硫酸耗量太大，还使成品淀粉的质量降低。筛洗系统一般加入少量含 SO_2 0.45％～0.5％的亚硫酸，其消耗量为 100kg 绝干玉米需 60～70L 亚硫酸溶液。

(2) 筛网　早期淀粉工厂所用筛网一般为金属钻孔筛及绢筛网，现代淀粉工厂大多用不锈钢楔形棒组成的筛网。金属钻孔筛用于玉米分水筛 ϕ3mm 孔径，洗胚芽用 ϕ1.6mm 孔径，洗粗纤维用 ϕ0.6mm 孔径。绢筛网用于洗细纤维及淀粉乳精筛，其规格通常用筛目、筛号等表示。淀粉筛一般用 100～140 目，目数即 1in[1] 的长度内的开孔数，如 1in 长有 100 个孔即为 100 目，世界通用的为 1910 年由美国标准局采用的泰勒筛（Tylersieves），为 200 网目，每个开口的大小是前一个开口的 $\sqrt{2}$ 或 1.414 倍，实际筛孔大小略有出入。我国国家标准 R40/3 系列为一号筛至九号筛的筛孔分别为 2000μm、850μm、355μm、250μm、180μm、150μm、125μm、90μm、75μm。还有一种淀粉行业常用的标准按 1cm 长度内经线根数为筛号，通常用 49～67 号，49 号，其孔径为 130μm，用来洗细纤维渣，55、64 或 67 号孔径为 110μm、80μm，用作淀粉乳精筛，其中 49 号相当于××9 绢筛，55 号相当于××12 绢筛，64 或 67 相当于××13 或××14 绢筛。从几种筛网情况比较，以现代使用的楔形棒组成的不锈钢筛网为好，经久耐用、不堵塞、不漏渣、易清洗、筛分效率高。

(3) 筛洗质量　作为洗涤筛则要求洗后产品的游离淀粉越低越好，作为精选筛则要求筛后淀粉乳中含渣滓越少越好。考察洗涤筛对物料的游离淀粉是否筛洗干净，还要注意洗水的质量及用量，洗水用量不宜超过太多，否则会造成系统淀粉乳浓度过低，达不到精制过程对淀粉乳浓度的要求。磨筛系统洗水应用工艺过程水，洗水质量应使干物含量小于 0.1％，否则洗涤效果不好。在洗水质量及用量符合指标的前提下，主要考察洗后物料的游离淀粉量，洗后胚芽游离淀粉含量不应大于 1.5％，洗后纤维渣游离淀粉含量不应超过 4.5％。对于淀粉乳精选的要求，则主要考察筛后淀粉乳中不得有异物，如黑、黄点之类，同时还要求细纤维含量不得高于 0.1g/L 淀粉乳，淀粉乳浓度在 10～14°Bx（5.5～7.5°Bé）。

3.2.7.4　影响纤维精磨、洗涤和筛分的因素

(1) 影响纤维精磨的因素

① 物料质量　精磨设备为高转速、高动力设备，切忌进入物料中带有机械杂质，特别是铁块、碎石等硬质杂物，否则就会造成设备严重损坏，如打坏锤头、将磨面磨损等。

② 物料稠度　物料稠度对精磨质量影响也很大，精磨进料稠度以较高为好，

---

[1] 1in＝0.0254m。

过低会引起振动，反而使电流升高，不利于生产。一般要求进料干物在30%以上，最好能达50%。不少工艺流程采取精磨前增加一道脱水筛及除砂器，可提高进料稠度并避免硬物掉入。

③ 维护保养　定期检查和更换易损部件，如密封环、磨针、磨片，以及紧固零件（螺丝、螺帽）等，而且每次修理或更换都应注意设备的动平衡；注意设备的润滑，一年更换一次润滑油，在换油时应用轻润滑油清洗后再加入新油。

④ 质量检查　主要检查磨后稀浆的联结淀粉含量，联结淀粉含量高，说明需要检查或更换磨片（或局部更换锤头、磨针等）；磨出细纤维太细，说明磨的间距太小，需进行调节。一般磨后稀浆联结淀粉不应高于10%。

（2）影响洗涤和筛分的因素

① 筛洗流程　湿淀粉生产工艺中，利用筛洗回收淀粉的物料有胚芽筛洗和纤维渣筛洗，原则上都是采取逆流多级洗涤流程，胚芽用三次逆流洗涤，纤维渣经连续六次筛分及洗涤，物料从第一级顺次通过各级至末级送出，洗水从最后一级筛前加入，按逆流方向返至第一级筛洗后作为稀淀粉乳提出后再回入流程，胚芽用50°重力筛洗涤，纤维渣用120°压力筛洗涤。

② 洗水　筛洗系统的洗水，一般用生产过程水，主要是淀粉及麸质浓缩的溢流（即麸质澄清水）。开放流程用新水，过程水放下水道，不仅使干物流失还造成环境污染。封闭流程使用过程水，可提高总干物收率，节约用水，减少环境污染。使用麸质澄清水还要注意水的质量，其悬浮物不得超过0.08%。同时为了提高洗涤效果，最好采用热水洗涤，洗涤温度最好在40～45℃，温度太高容易引起淀粉粒膨胀或糊化，造成黏度增加，难以洗涤。

3.2.8　淀粉与麸质分离

淀粉经磨筛工序提取后，所得淀粉乳仍为粗淀粉乳，尚含有大量不溶性蛋白质及可溶性物质，浓度在10～12.5°Bx/20℃（相对密度1.040～1.051，含干物质10.23%～12.74%）。淀粉乳干物质的化学组成（按干基计算）：淀粉89%～92%，蛋白质6%～8%（$N×6.25$），脂肪0.5%～1%，可溶物0.1%～0.3%，灰分0.2%～0.3%，细渣≤0.1g/L。

这些杂质尚需进一步分出，特别是蛋白质含量还很高，而该蛋白质主要是不溶性醇溶蛋白质，浸渍过程除不去。

淀粉与蛋白质（麸质）分离的原理主要利用这两种物质的相对密度及颗粒大小不同而进行分离，淀粉颗粒大小为3～30μm，麸质1～2μm，细渣65μm，但麸质的亲水性很强，能形成较大的团粒，其大小可达140～170μm，虽经较长时间沉淀，其水分仍有82%～85%，而淀粉沉淀以后其水分仅有48%～52%；同时以上三种物质的相对密度也不同，淀粉的相对密度 1.61，麸质的相对密度 1.18，细渣的相对密度 1.3。因此淀粉与麸质的分离，可以采用沉降法或离心法将其分离。

3.2.8.1　沉降法分离

沉降法是化工过程用于悬浮液的分离、浓缩、澄清等最为普遍的方法，虽然现代湿磨法淀粉生产工艺采用较少，但长期以来传统的淀粉与麸质分离都是采用沉降法，而且目前仍有一些中、小型工厂采用，当代现代化的大型工厂虽不采用沉降法分离淀粉和麸质，但生产过程也有局部采用的，如过程水的澄清、排放污水的前处理、玉米浆蒸发前的处理等，故仍加以叙述。

（1）沉降法分离的原理　鉴于淀粉和麸质虽然颗粒大小和相对密度不同，但差别并不十分大，且麸质颗粒虽小，其亲水性很强，形成麸质团，反而比淀粉颗粒大得多。因此用简单的沉降方法很难将其分开，工业上大多采取流动沉降法进行分离。根据斯托克斯定律，直径在 $100\mu m$ 以下的粒子，其理论沉降速度 v 为：

$$v = D^2 g(d_1 - d_2)/(18\eta) \tag{3-1}$$

式中　D——粒子直径，cm；

　　　g——重力加速度，$981cm/s^2$；

　　　d_1——固体物质的相对密度；

　　　d_2——沉降液的相对密度；

　　　η——沉降液的黏度，$Pa \cdot s$。

从式（3-1）可以看出，在一定条件下，物质的沉降速度与粒子的直径平方和相对密度差成正比，与沉降液的黏度成反比。又因沉降速度为单位时间的沉降高度（cm/s），可写成：

$$v = h/t \tag{3-2}$$

式中　h——沉降高度，cm；

　　　t——时间，s。

由式（3-1）及式（3-2）可以看出，沉降时间与粒子的直径平方成反比，与沉降高度成正比，同时沉降速度也和固体物质的相对密度差成正比。根据这一原理，淀粉粒子的沉降速度与麸质粒子的沉降速度之比如式（3-3）：

$$v_s/v_G = (d_s - d_w)/(d_G - d_w) \tag{3-3}$$

式中　v_s——淀粉粒子的沉降速度，cm/s；

　　　v_G——麸质粒子的沉降速度，cm/s；

　　　d_s——淀粉的相对密度，1.61；

　　　d_G——麸质的相对密度，1.18；

　　　d_w——水的相对密度，1。

按式(3-3) 计算 $v_s/v_G = (1.61-1)/(1.18-1) = 3.39$，即淀粉的沉降速度比麸质的沉降速度大 3.39 倍。细渣的相对密度 1.3，$v_s/v_G = (1.61-1)/(1.3-1) = 2.03$，淀粉的沉降速度比细渣的大 2.03 倍。所以在流动情况下淀粉先沉淀，麸质及细渣后沉淀。采用一定长度的流槽，控制其流速，就可使淀粉最大限度地沉淀在槽上，使麸质和细渣尽可能不沉淀而流走，以达到淀粉和麸质及细渣分离的目的。采用流动沉降法分离淀粉和麸质，水流速度有很大关系，因固体粒子的沉降速度一方面受本身重力的影响，另一方面受水流冲力的影响，实际固体粒子受这两个分力的影响。如果水流速度为 v_n，沉降速度为 v_0，水流高度为 h，粒子沉降路程为 L，沉降时间为 t，则 $t = h/v_0$，$t = L/v_n$，或 $h/v_0 = L/v_n$，其路程 L 为：

$$L = \frac{h \, v_n}{v_0} \tag{3-4}$$

从式(3-4) 看出，在一定长度的流槽上，为了使淀粉在流槽上沉淀下来，而麸质及细渣不致沉淀，必须有一定的水流速度，同时此水流速度不得超过该温度及水流高度下的临界速度，因为超过临界速度，沉淀就不能进行，反而会从流槽上带走淀粉。淀粉在流槽上沉淀的水流速度根据经验公式（略）计算最高不得超过 10m/min，如果超过此速度，淀粉将随麸质流失；同时水流速度也不能低于 4m/min，低于此速度麸质也会在流槽上沉淀，引起淀粉质量恶化，分离效果差。

(2) 沉降法分离工艺   淀粉和麸质分离的效果直接关系到淀粉的质量和收率，利用沉降法分离，淀粉在流槽上沉淀最多的是在槽头 2～3m 处，在槽尾 3～4m 处几乎不沉淀。淀粉乳在流槽上根据槽的长度可采取不同的流速：槽长 40m，流速 6.5～7m/min；槽长 35m，流速 6.0～6.5m/min；槽长 30m，流速 5.5～6.0m/min；槽长 22m，流速 4.5～5.0m/min。

流槽操作的最佳工艺条件和指标：上流槽淀粉乳浓度 10～14°Bx，温度 30～35℃，SO_2 含量 0.025%～0.04%，细渣含量小于 0.1g/L；冲洗后淀粉乳浓度 28～36°Bx，可溶物含量小于 1%，蛋白质含量小于 1%，SO_2 含量 0.015%～0.02%；麸质水（流出物）干物含量 1.5%～2%，蛋白质含量 48%～60%，SO_2 含量 0.02%～0.03%。

流槽的生产能力，以每昼夜每平方米流槽上沉淀的含水 50% 的湿淀粉质量(kg) 表示（ kg/m²)，若麸质水浓度在 1.8～2.2°Bx，每昼夜每平方米可沉淀 90～110kg 湿淀粉。

3.2.8.2 离心法分离

用流槽分离淀粉和麸质，虽然设备简单，但由于流槽占地面积大，分离效率低，淀粉流失多，随麸质流失的淀粉占玉米总淀粉量的 2.5%～4.5%。淀粉工业应用离心分离机分离麸质，使生产效率大大提高，同时生产又得以连续进行。离心分离机的出现，被誉为淀粉工业的"千里马"，在淀粉工业上推广应用，目前我国绝大多数淀粉工厂都已用淀粉离心分离机代替了流槽。

（1）离心法分离工艺　利用离心分离机分离淀粉和麸质时，当淀粉乳加入离心分离机后，随离心分离机而旋转，由于淀粉和麸质的相对密度不同，在离心力的作用下，相对密度小的麸质沿轴的方向上升，由上部溢流口排出；淀粉相对密度较大，被甩向外层，经喷嘴喷出，由下部排出。

用于玉米淀粉的离心分离机分为淀粉乳预浓缩分离机、中间浓缩分离机、主分离机和麸质浓缩分离机几种。预浓缩分离机一般可将淀粉乳浓度由 $11\sim13°Bx$（$6\sim7°Bé$）浓缩至 $22\sim26°Bx$（$12\sim14°Bé$）。浓缩淀粉乳从底流排出，其溢流较澄清，可直接用于浸渍系统。主分离机主要用于淀粉和麸质分离，可分出绝大部分不溶性和可溶性蛋白质及少量细颗粒淀粉，此部分从溢流分出的物质称为麸质水，而淀粉乳本身则可由 $11\sim22°Bx$（$6\sim12°Bé$）被浓缩至 $31\sim35°Bx$（$17\sim19°Bé$）。中间浓缩分离机用于浓缩一级旋流器的溢流，从 $5.5\sim9.2°Bx$（$3\sim5°Bé$）浓缩至 $22\sim26°Bx$（$12\sim14°Bé$），浓缩后底流淀粉乳的浓度与主分离机进料的浓度相同，可直接加入主分离机进料中，溢流可用作主分离机洗水。中间浓缩分离机也可用于全分离机工艺的二级溢流的浓缩，物料走向与浓缩旋流器一级溢流相同。麸质浓缩分离机用来浓缩主分离机分出的麸质水，可将麸质水干物浓度浓缩至 $120\sim130g/L$。这几种类型的分离机在转子结构上略有区别，主分离机有洗涤系统，有的带底流回流装置；而预浓缩分离机和麸质浓缩分离机则不需洗涤装置，麸质浓缩分离机因要求溢流悬浮固体含量很低，部分溢流又循环入转子。

（2）离心分离的控制指标

① 来料指标　淀粉乳浓度 $10\sim14°Bx$，SO_2 含量 $0.025\%\sim0.04\%$，细渣含量不得高于 $0.1g/L$。按干物计算含有淀粉 $89\%\sim92\%$，蛋白质 $6\%\sim8\%$，脂肪 $0.5\%\sim1\%$，可溶物 $0.1\%\sim0.3\%$，矿物质 $0.2\%\sim0.3\%$。

② 分离后底流淀粉乳指标　淀粉乳浓度 $28\sim32°Bx$，蛋白质 $1.5\%\sim2.5\%$。

③ 分离后溢流麸质水指标　麸质水干物 $1\%\sim2\%$，蛋白质含量大于 60%，淀粉含量小于 20%（最好在 12% 以内）。

④ 工艺控制指标　洗水量约为进料量的 $1/6$，洗水温度 $40℃$，有回流的分离机约回流 30%。

（3）离心分离机分离淀粉和麸质需要注意的问题（以 Merco 分离机为例）

① 保持转鼓平衡，首先离心机安装应严格按要求进行，其次转鼓内部必须保持清洁，停车清洗时必须清除全部积垢，否则会造成转鼓不平衡。一般固体物质沉积于鼓壁上可能有三种原因：物料中有大颗粒物质堵塞喷嘴；底流物料浓度过高，即过分浓缩；回流量不足，若无回流的设备则洗水量不足，也可造成喷嘴

堵塞。特别是回流量应保持在 300L/min 以上,回流或洗水可起清洁转子的作用。在确定了离心机循环量之后,可以选择喷嘴,并根据进料量和浓度确定喷嘴排料量。

② 保持转鼓在允许振幅范围内运行,如果在轴承盒下与螺栓垂直方向的振动大于 0.4mm,轴承的温度超过 90℃时,应进行事故停车。

③ 分离机不能中间断料,断料会造成振动,如果突然断料应立即以水代替,洗水同样不停地加入。

④ 分离机轴承加油,应保持 4~6 滴/min。

⑤ 正常停车或紧急停车后应进行清洗,一般采取半速冲洗。半速冲洗方法为:升高转鼓;在喷嘴堵塞四个以上或堵塞 2.5cm 深的情况下,要拆除喷嘴;放下转鼓并固定好外壳;开动电机,当转鼓接近一半转速时停电机;由进料管引入冲洗水进行冲洗,并保持底流阀大开。如此反复进行至转鼓在接近半速下平稳运行为止。

⑥ 分离机正常操作时应注意来料情况,特别是不能有大颗粒,因此要定期检查过滤器的筛网是否破损,保持底流的循环量在 30% (Merco 分离机);经常查看进料、底流和溢流浓度,特别是溢流是否跑粉。通常取样后放入管式离心机甩 3min,若发现有明显的白色沉淀物即为跑粉。如跑粉量大应立即采取措施,或进行自身循环(将溢流回入来料罐中),或立即调节物料浓度及流量,如仍然跑粉则应停车找原因。

3.2.8.3　气浮分离法

气浮分离法的主要设备是气浮槽,其工作原理是向淀粉悬浮液中吹入一定量的气体,气体呈气泡状上浮并将蛋白质及其他轻的悬浮粒子尽快浮起通过溢流挡板排走,从而达到分离的目的。

淀粉生产中,气浮分离法可以用于麸质分离和麸质浓缩。目前气浮分离法主要用于初级离心分离机排出的麸质水中蛋白质的浓缩,并回收其中含有的少量淀粉。初级离心分离机排出的麸质水浓度较低,离心分离机进行初级分离得到的轻相液物料浓度为 0.6%~0.8%。悬浮液体中的干物质主要由麸质和淀粉组成,悬浮液含干物质 8g/L,其中 60%~80% 是蛋白质。在气浮槽中充入空气,使麸质形成泡沫而浮在水面上,最后从溢流口排出,而淀粉则沉入分离室底部,从底部排出。麸质经气浮浓缩到 15g/L 左右,然后进入麸质浓缩分离机进一步浓缩或用沉淀池处理。

麸质液是呈高度分散状态的悬浮液。麸质中带有很微小的淀粉颗粒,大小为 2~10μm。在澄清过程中这些微粒相互黏合在一起时,形成 140μm 的聚集物而沉淀下来。然而,由于麸质的相对密度不大,并且很易吸收水分,即具有亲水性

（含水量可达 85%），悬浮液的沉积要经过缓慢的过程。在降低温度时沉淀过程变慢，这是因为系统的黏度提高了。二氧化硫浓度低于 0.035% 时物料沉淀也会受到不良影响，这是因为在物料加工过程中会有微生物滋生。在精心操作的情况下，一次加工浓缩的麸质的干物质含量达 8%～10%，麸质中携带的淀粉损失为 5%～10%。在澄清的麸质水中悬浮干物质的含量约 0.1%。

空气形成的气池大小为 0.5～30mm。在相同的空气量时，气泡越小，液体与空气接触的表面积就越大，就越能有效地利用泡沫进行脂肪和蛋白质的分离。气泡大小取决于输入空气的数量，也取决于悬浮液的数量、浓度和黏度。

3.2.9　麸质脱水

3.2.9.1　麸质水的浓缩

淀粉与麸质分离后所得麸质水浓度很低，需要进行浓缩，浓缩的另一个目的是分出麸质澄清水，此水可作为生产过程用水，简称"过程水"或"工艺水"，可用作制造亚硫酸及生产过程除淀粉外的洗涤用水，如洗涤胚芽、纤维等，也可用作稀释用水。麸质水浓缩的方法有三种，即沉降法浓缩、分离机浓缩、气浮槽浓缩。

（1）沉降法浓缩　沉降法浓缩即利用沉降池，使麸质水在池中自然沉降一段时间后，放出上部清液，即为麸质澄清水，其悬浮物含量应低于 0.08%。此水量很大，约为玉米投料量的 4 倍，热环流流程即将此水全部回入生产利用。麸质澄清池可用水泥制成 30m³ 左右的方槽，可以采取多个澄清池并用，可以单独沉降也可连续沉降，单独沉降一般沉降周期为 8～12h。为了提高澄清后麸质的干物含量，可以采取二次澄清，即将一次澄清后干物质含量 6% 的麸质再集中于二次澄清池进行二次沉降，可将麸质干物浓度提高至 9%～12%。连续沉降即将全部澄清池作为一个系统，池与池的最上部留有小口与相邻的池相通，从第一池加入稀麸质水，上部较稀的水流入下一池再沉淀，这样连续流经多个澄清池，从最后一池上部流出的水即为麸质澄清水，而浓麸质则沉淀于每个槽底，由前至后逐槽减少，因此抽浓麸质时开启底部阀门的开口从第一槽开始至最后一槽逐步开小，这样就可保证将各槽沉淀的麸质抽出。也可将此抽出的麸质再沉淀一次，以提高其干物含量。

麸质澄清因周期较长，麸质本身含蛋白质 50% 左右，适宜于杂菌生长，故麸质澄清水含杂菌较多，若回生产使用，需进行灭菌。一般现代企业麸质水采用连续浓缩装置，周期短，杂菌的繁殖概率少，只要适当控制好亚硫酸添加量，就不必专门进行灭菌。麸质水的灭菌采取巴斯德灭菌法，即将麸质澄清水加温至 65℃，保持 30min，就可达灭菌的目的。利用沉降法浓缩，设备简单，但占地面积大，沉降效率低，目前大中型工厂一般不采用。

（2）分离机浓缩　麸质浓缩分离机浓缩麸质的原理与淀粉和麸质分离原理相同，只是麸质浓缩更困难一些，因麸质相对密度轻、颗粒小，经浓缩分离机浓缩时往往溢流仍带走一部分细小的麸质颗粒，造成溢流（过程水）悬浮物含量高。现代大型淀粉企业的麸质浓缩均采用麸质浓缩分离机浓缩。采用麸质浓缩分离机浓缩最好在主分离机前有预浓缩分离机，使进入主分离机的淀粉乳浓度提高，相应地分出麸质水的浓度也能提高。如果预浓缩分离机进料浓度为 $11\sim16°Bx$（$6\sim9°Bé$），则底流浓度可达 $22\sim27°Bx$（$12\sim15°Bé$），主分离机分出的麸质水浓度可达干物 $1.5\%\sim3\%$，经麸质浓缩分离机分离后底流浓麸质的浓度为干物 $15\%\sim16.5\%$，更适合于鼓式过滤机脱水，而且溢流浓度正常情况下只有干物 0.257%，完全符合过程水的工艺要求。但一般中小型淀粉工厂很少采用预浓缩分离机，筛分后进主分离机的粗淀粉乳浓度较低，一般干物浓度只有 $10\sim14°Bx$（$5\sim7°Bé$），而且不稳定，麸质水浓度偏低，采用麸质浓缩分离机浓缩，往往效果不理想；进料浓度太低，不仅达不到预期的要求，还容易造成设备振动，因而国内中小型淀粉工厂采用麸质浓缩分离机浓缩麸质水的较少。

（3）气浮槽浓缩　高效气浮是 20 世纪 80 年代初我国冶金部门用于环保处理废水的一项新技术，其方法是使被处理的水体由高效气浮喷头产生数量众多的微气泡，同水体中的有机或无机悬浮体粒子相互吸附凝聚并浮至水面，然后用机械手段或自然流动将浮渣从液面刮掉或流走，从而使水质净化。具体方法是利用气浮槽分离麸质与澄清过程水，气浮槽为一只长方形带锥形底的槽，槽头有装有玻璃小球的进料室，麸质水通过泵产生的压力由水射管喷出，使吸入室形成负压，并从进气口吸入空气，气水混合后产生气泡，进入进料室后又与玻璃小球相遇进一步扩散，以增大空气与物料接触的面积，形成的麸质水泡沫从进料室上端溢入气浮槽的分离室，麸质则呈泡沫状浮于分离室表面从槽的后端流出，麸质水中的少量淀粉因相对密度较大沉于槽底，由底部排出，分离室的中部为麸质澄清水，由中部出料口排出，这样通过气浮槽分离，就可将麸质水分为上、中、下三层，上层为浓麸质，中层为过程水，下层为淀粉乳可回至主分离前。气浮水射器喷嘴压力 $0.3\sim0.4MPa$ 为宜，形成气泡直径 $2mm$ 左右较好。采用气浮分离应注意的问题：首先必须选用合适的设备，包括水射器喷嘴及槽的大小等；其次是进料槽的溢流板一定要平整，使麸质层均匀流入分离室，不致造成死角影响分离效果；根据生产情况确定气浮级数，生产量大、过程水又要回收利用时，最好用二级分离，如果过程水不清也可采用二级串联。

3.2.9.2　麸质脱水设备

麸质水浓缩后需要进一步脱水，使水分降低到 70% 以下。麸质脱水设备一般小型工厂多采用板框压滤机，大中型工厂采用真空鼓式过滤机居多，还有少数工厂采用倾析机（又名卧螺）脱水。

（1）板框压滤机　板框压滤为最常用的过滤方法，压滤机主要由滤板与滤框组成，在滤框与滤板之间压紧滤布。当压滤机压紧时，每相邻的两滤板及其中间夹住的滤框即组成一个独立操作的过滤室；每只滤板均有沟渠，将滤液导入收集沟中，每一滤板同时供两个与其相邻的滤室过滤用；所有滤框及滤板的上部均有小孔，各板的孔均在同一轴线上，因而形成一条总的通道，以便将过滤液送入滤室中；滤板的下部装有用以导出滤液的孔道，这些孔道配置有旋塞，可以调节操作。

板框压滤机的滤板厚度 20～50mm，玉米蛋白粉用滤板厚度一般不得小于38mm，否则易损坏。板框压滤机的压紧方式有手动、液压和机械三种，当前，大多使用液压型，压紧力达 9.8MPa。板框压滤机的滤液出料装置，有明流和暗流之分。明流利用每块滤板通道经旋塞直接排出机外，滤液可见，而且个别滤框漏料也好处理。暗流则是滤液在机内汇集后由总管排出，优点是物料处于密闭状态，符合卫生要求；缺点是滤液质量不易观察。板框压滤机的卸料有人工卸料和自动卸料两种。自动卸料压滤机滤布为整体，并有再生洗涤等功能；还有利用空气经橡皮膜压紧的装置，可增加压滤效率，降低滤饼水分。在使用板框压滤机时，还需要配套设备，如进出料罐、泵等，进料泵压力为 0.3～0.5MPa。板框压滤机生产能力为 60kg 水/（m² · h），板框压滤机的生产周期为 5h。滤后湿料含水分为 60%左右。

（2）真空鼓式过滤机　真空鼓式过滤机为当前国内外淀粉工厂普遍用于麸质脱水的设备，一种可以连续操作的过滤设备，它具有一水平旋转的滤鼓，鼓的外表面镶有若干块矩形筛板，在筛板上再依次铺设金属丝网和滤布（尼龙滤布 200筛目）。在筛板内的转鼓空间，被径向筋片分隔成若干过滤室，每一过滤室都以其单独孔道连通至转鼓轴颈的端面，分配头即平压于该端面上。

转鼓的一部分浸入麸质悬浮液槽中，浸没角为 90°～130°。槽内有搅拌装置防止悬浮液沉淀，转鼓的滤面分成几个不相同部分，为吸附区、清洗区、滚压区、脱水区和卸料区。转鼓由机械传动装置带动其缓慢旋转（转速约 1r/min），转鼓在淀粉区位置时，借助内部真空（0.04～0.08MPa）作用，将麸质吸附在转鼓的滤布表面，形成一层厚度为 1.5～2.0μm 的滤饼，这一段又称过滤区。随着转鼓的旋转，吸附区升出麸质悬浮液上面，进入清洗区。利用若干喷嘴向滤饼喷清水，使麸质逐渐变得清洁，洗水通过滤饼吸到转鼓内，滤饼再通过液压区用橡胶辊压脱水，并经脱水区进一步吸干水分，使滤饼含水量降到 60%～64%。最后至卸料区，滤饼与真空系统隔绝，与压缩空气机连接，用压缩空气吹向滤饼，使之易于从滤布脱落，滤饼脱落到螺旋输送机械槽后，由输送机送至干燥设备进行干燥（图 3-11）。真空鼓式过滤机滤后湿麸质干物约为 45％。真空鼓式过滤机虽然过滤麸质质量较好，但设备复杂，辅助设备多，如真空泵、压缩机、收集器、送料泵、真空系统以及其他辅助设备，因而价格较贵。

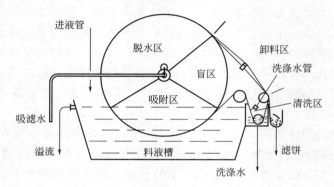

图 3-11　真空鼓式过滤机工作原理图

（3）倾析机（卧螺）　卧螺是一种现代麸质脱水设备，为卧式外壳，内有转动螺旋。浓麸质从一端进入，随高速旋转的螺旋转动，产生强大离心力，物料甩至机壁，滤液由一端排出，物料随螺旋片前进而被脱水，从另一端连续排出机外。

采用卧螺脱水麸质，因是连续进、出料，又不借助其他动力，要求工艺条件较高，若各项工艺指标都处于最佳状态，则脱水效果较理想。研究表明卧螺脱水浓麸质的最佳工艺条件为：进料干物浓度 10％左右，pH 在 5.3～5.5，温度约为 55℃。脱后湿麸质干物在 42％以上。为了调节来料的 pH，每 100kg 麸质干物需加 NaOH 0.8～1.4kg。

3.2.10　副产物的干燥

3.2.10.1　玉米蛋白粉的干燥

经脱水后湿麸质尚含 60％左右的水分，不便贮存和运输，还需要借助热能使水分汽化并排除所生成的水蒸气，从而降低固体物质所含的水分，使其达到贮存和运输的安全水分。玉米蛋白粉的干燥较淀粉干燥困难，因其起始水分高，淀粉干燥只从 36％左右的水分干燥至 14％以内，仅需排除物料 20％左右的水分，且淀粉颗粒松散，易于干燥。而麸质主要含蛋白类物质，黏性大，易结团，同时干燥起始水分很高，机械脱水后湿麸质水分高达 60％左右，而蛋白质物料难贮存，干品水分要求也低于淀粉，成品玉米蛋白粉水分要求在 12％以内，比成品淀粉水分低 2％，需要通过干燥除去近 50％的水分，比淀粉需要排除的水分多 1.5 倍。

（1）玉米蛋白粉的干燥方法　主要有气流干燥和管束干燥等。

① 气流干燥　玉米蛋白粉气流干燥原理与淀粉气流干燥相同，只是干燥前需根据脱水物料状况进行预处理，如采用板框压滤机脱水麸质，脱水物料呈较大硬块，干燥前需进行粉碎，使其成为 0.1～1mm 的颗粒（真空鼓式过滤机及卧螺脱水均不需粉碎），而且麸质比较黏滞较难干燥，最好采用两级气流干燥，小型淀粉工厂亦可采用间歇式气流干燥，若采用 ϕ300mm 的热风管，加热器的加热面积 30m^2，蒸汽压力 0.3～0.6MPa，鼓风机型号 8-18-11-6$^\#$，风量 5000m^3/h，风压 4900Pa，热风温度 150～160℃，废气温度 60～80℃，干燥机的生产能力 200kg/h。

气流干燥后玉米蛋白粉水分为 10％～12％。经气流干燥的玉米蛋白粉呈细粉状，水分均匀，但干燥及包装时粉尘飞扬，现场应有吸尘装置，且包装袋也要求不漏粉。

② 管束干燥　现代大、中型企业，玉米蛋白粉的干燥多采用管束干燥。管束干燥设备及操作与管束干燥胚芽相同，只是因麸质难干燥，要控制好进料水分，应在进料处利用设备的回料装置，回流一部分已干的玉米蛋白粉，调节进料水分在 43％，这样不仅干燥容易，且干燥效率高（回流量占 35％ 左右）。

管束干燥的玉米蛋白粉呈颗粒状，飞扬少，但干燥水分会出现不均匀现象，颗粒内部不易干透，若能及时回料及检查成品质量才可确保产品质量。

（2）玉米蛋白粉的质量标准　玉米蛋白粉的质量标准通常以蛋白质含量为主，按质定价，通用指标水分在 12％ 以内，纤维≤3％，脂肪≥1％，蛋白质≥60％。有的要求淀粉含量≤20％，粒度 50％ 过 40 目筛；有的因生产过程未使用分离机分离麸质水，玉米蛋白粉的蛋白质含量只能达到 35％ 以上；有的在分离及浓缩工艺上存在一些问题，虽然使用了分离机分离麸质水，蛋白质含量仍达不到要求，只有 50％ 左右，甚至更低。

3.2.10.2　玉米胚芽的脱水和干燥

（1）玉米胚芽的脱水　玉米湿磨法加工提出的胚芽，需进行机械脱水干燥，干胚芽尚需经粉碎后方可添加溶剂浸取。洗涤后的胚芽脱水的同时还可回收淀粉，使压出的滤液（带有部分淀粉）回入系统，作为胚芽系统的洗水，通常采用螺旋脱水机（又称螺旋压榨机）。螺旋脱水机主要结构由筒体及螺旋片组成，螺旋轴直径由进料端开始不断增大，而螺旋片间的距离不断减小，当进入的物料在筒体内转动时，由于螺旋片同空间容积不断减小，使物料在此空间受到后部螺旋片运送的物料产生的挤压力，将此空间物料向前推进，因而产生压力将胚芽所含水分通过筒体的筛孔挤出，挤压后物料则从出料口排出，脱水后胚芽水分在 50％～60％。螺旋脱水机操作时要注意物料连续加入，使充满压榨机，最好不要断料，使螺旋压榨机内压力均衡，同时还应防止铁块和其他杂物掉入，以免损坏螺旋片，若发现有异常声音，应立即停车检查。

（2）胚芽干燥　脱水后胚芽尚含有 60%左右的水分，需借热力干燥除去水分达到需要的含水量。干燥方法可以采取滚筒或沸腾干燥，目前大多采用管束式干燥机干燥。早期有采用烟道气为介质进行干燥，烟道气干燥虽然设备笨重，但热利用充分，较经济，可用并流式滚筒干燥机，干燥机进口烟道气温度 300～400℃，干燥机排出废气温度 70～100℃，用烟道气干燥温度不应过高，因胚芽主要含脂肪，脂肪在高温下易被氧化破坏，干燥胚芽的临界温度为 300℃，从干燥机出来的胚芽温度为 80～90℃。还可通过加料量来控制干燥温度，适当增加加料量可以降低胚芽温度。

沸腾床干燥是一些中小工厂采用的胚芽干燥设备，是广为应用的一种干燥设备，热风与处于沸腾状态的物料接触，进行快速干燥，其配套设备有风机、加热器、沸腾床主体、旋风分离器、星形加料器及颗粒机等，其技术参数为进风温度80～130℃，物料温度 40～60℃，使用蒸汽压力 0.2～0.6MPa，沸腾高度 20～30cm，选用风机风量 1980m³/h，风压 5870Pa，配用电机 7.5kW，干燥量 150～500kg/h。另一种沸腾式干燥设备为振动流化床干燥机，是由振动电机产生激振力，使机器振动，被处理物料在给定方向的激振力作用下，跳跃前进，同时流化床底部输入热风使物料处于流化状态，物料与热风充分接触达到干燥的目的。

管束式干燥机为当代国内外淀粉工厂普遍采用的胚芽、蛋白粉、纤维饲料干燥设备，该机利用热传导和热辐射原理，物料连续经输送装置进入机内，与间接蒸汽加热的旋转管束接触，蒸汽的热能经旋转管束的管壁传至物料，物料被管束上的铲子搅拌并推动向出料端移动，物料的水分呈水汽状态被机器上方的风机抽走，带走的细粉经旋风分离器回收，干后物料由出料端螺旋输送机送走。为了保证出料物料达到要求的水分，还设有返料装置，干物料可由返料口进入返料螺旋送回至加料口。水分较大的物料，如干燥蛋白粉最好定量返料，使进料物料水分保持在 43%，干燥效果最好。管束干燥机的干燥强度为：干燥胚芽 2.5kg H_2O/（m^2·h），干燥蛋白粉 4.7kg H_2O/（m^2·h），干燥饲料 4.8kg H_2O/（m^2·h）。

干后胚芽指标：胚芽水分 1.5%～2.5%（不得超过 5%），胚芽皮屑含量8%～12%。

3.2.10.3　玉米纤维的脱水和干燥

玉米纤维经过逆流洗涤后，含有较高的水分，在进入脱水系统之前纤维含水量为 95%，经离心机脱水和挤压机脱水后，水分可降至 60%～65%，然后由管束干燥机干燥到水分在 13%以下，即为干纤维（干渣皮）。

（1）纤维的脱水工艺　使用挤压机将纤维浆料中的水分挤压出去的过程称纤

维脱水。纤维脱水的目的是得到可以使用干燥机干燥的湿纤维。首先纤维浆料由泵输送到压力曲筛（或压力曲筛和重力曲筛），压力曲筛将纤维浆料筛分为筛上物和筛下物，筛上物是大量的纤维，筛下物是大量的水和少量的干物质。筛分作用是进一步浓缩纤维浆料的浓度，减少进入纤维挤压机的水量和胚乳，得到适合挤压机脱水特性的物料，进一步回收胚乳，使挤压机在良好条件下工作。

用于纤维浆料筛分的压力曲筛筛缝规格是 $120\sim150\mu m$，筛缝的选择根据生产工厂的具体生产情况确定，受玉米的浸渍、破碎、针磨等工艺技术和设备性能影响。曲筛筛缝小，筛分下来的水、胚乳、细纤维少，影响胚乳收率，对挤压机的工作不利，影响挤压机的生产效率，严重时出稀料。曲筛筛缝大，筛分下来的水、胚乳、细纤维多，胚乳收率提高，对挤压机的工作有利，但回料却增加了纤维洗涤筛分的难度，回来的大颗粒胚乳和细纤维在经过洗涤筛分后还是被送回到这个工序，很多大颗粒胚乳和细纤维一直不能出去进入下道工序，随着生产的进行越积越多形成了一个恶性循环。所以正确选择压力曲筛筛缝规格是十分重要的。

解决这个问题的技术方法有四种。第一种方法是将压力曲筛筛分和挤压得到的过程水混合后少部分回到纤维洗涤槽中，其余大部分去一道磨和二道磨进料。第二种方法是将压力曲筛筛分得到的过程水回到纤维洗涤槽中，挤压得到的过程水去一道磨和二道磨进料。第三种方法是使用压力重力联合曲筛筛分，这种曲筛的上面安装压力曲筛，下面安装重力曲筛，压力曲筛筛缝比较小，压力曲筛筛上物下来后再进入重力曲筛，经过重力曲筛筛分后的筛上物进入挤压机，压力曲筛筛分和挤压得到的过程水回到纤维洗涤槽中，重力曲筛筛分得到的过程水去一道磨和二道磨进料。第四种方法使用的压力曲筛筛缝比较大，将筛分和挤压得到的过程水混合后使用板框压滤机单独处理生产饲料，得到的干净过程水回到纤维洗涤槽中。

进入挤压机的纤维浆料经过挤压脱水后，将纤维外部的水分和部分纤维内的水分挤压除去，挤压得到两种物料，第一种是湿纤维，湿纤维含水为 58% 左右，去下道工序的干燥机中干燥；第二种是过程水，过程水中有少量的干物质，回到破碎工序或纤维洗涤槽中使用。

（2）纤维的干燥工艺　使用干燥机将湿纤维中的水分蒸发出去的过程称纤维干燥。干燥的目的是得到便于储存、运输、适合各种使用要求的纤维饲料。脱水后的纤维含水 58%～62%，还需要将其干燥到含水 12% 以内。

经过纤维挤压脱水后的湿纤维与玉米浆（还有胚芽粕、碎玉米等）混合后进入干燥机进行干燥，干燥后的纤维用于销售。纤维干燥可以使用的干燥设备有管束干燥机、转筒管束干燥机和转筒干燥机。

① 管束干燥机　将湿纤维首先加入到返料螺旋中，然后进入混料器中，经

过搅拌的混合湿纤维由螺旋输送机送入管束干燥机中。如果加入玉米浆则将其一同加入到返料螺旋中，或将其加入混料器中。在管束干燥机中湿纤维与加热的管束芯子接触，使纤维中的水分在高温下逐渐被蒸发，蒸发出水分后的纤维逐渐变得干燥。管束是匀速转动的，物料由进料端被管束上的料铲带动不断地向出料端运动，当到达出料端时水分降低到要求的范围内，然后由出料端的出料口排出来。出料后的干燥纤维一少部分返料到湿纤维中混合使用，大部分干燥纤维由风送系统送走，或由输送机输送到下道工序。干燥后纤维含水≤12%。根据市场需要，干燥后的纤维可以经过粉碎生产粉剂饲料产品，还可以经过制粒生产成颗粒饲料产品。

在管束干燥机中被蒸发的水分变为废蒸汽，废蒸汽使用风机吸出来，在这些废蒸汽中含有一定量的干物质，这些干物质使用旋风分离器收集后回到干纤维中，废汽排空放掉，也可以经过二次蒸汽回收系统回收用作低压蒸汽使用。

② 转筒管束干燥机　将湿纤维首先加入到混料器中，经过搅拌混合的湿纤维由螺旋输送机送入转筒管束干燥机内，在转筒管束干燥机中湿纤维与加热的管束接触，湿纤维中的水分在高温下逐渐被蒸发，蒸发出水分后的纤维逐渐变得干燥。转筒管束是匀速转动的，纤维由进料端被筒体和管束及料铲带动不断地向出料端运动，当到达出料端时水分降低到要求的范围内，然后由出料端的出料口排出来。出料后的干燥纤维由风送系统送走，或由螺旋输送机输送到下道工序。干燥后纤维饲料含水≤12%。根据市场需要，干燥后的纤维可以经过粉碎生产粉剂饲料产品，还可以经过制粒生产成颗粒饲料产品。

在转筒管束干燥机中被蒸发的水分变为废蒸汽，废蒸汽使用风机吸出来，在这些废蒸汽中含有一定量的干物质，这些干物质使用旋风分离器收集后回到干纤维中，废汽排空放掉，也可以经过二次蒸汽回收系统回收用作低压蒸汽使用。

③ 转筒干燥机　湿纤维首先加入到混料器中，经过搅拌的混合湿纤维由螺旋输送机送入转筒干燥机中。如果加入玉米浆则需要一台返料螺旋，将玉米浆和湿纤维一同加入到返料螺旋中然后进入混料器中，或将玉米浆加入混料器中。在转筒干燥机中湿纤维与热风混合接触，湿纤维中的水分在高温下逐渐被蒸发，蒸发水分后的纤维逐渐变得干燥。转筒是匀速转动的，湿纤维被料铲带动不断地由进料端向出料端运动，当到达出料端时水分降低到要求的范围内，然后由出料端的出料螺旋排出。出料后的干燥纤维由风送系统送走，或由输送机输送到下道工序。干燥后纤维含水≤12%。

在转筒干燥机中被蒸发的水分变为废蒸汽，废蒸汽使用风机吸出来，在这些废蒸汽中含有一定量的干物质，这些干物质使用旋风分离器收集后回到干纤维中，废汽排空放掉，也可以经过回收系统回收循环使用。

3.2.11　淀粉洗涤、脱水与干燥

3.2.11.1　淀粉乳洗涤

　　分离麸质后淀粉乳尚有部分不溶性蛋白质及可溶蛋白质、灰分、亚硫酸等，尚需进一步洗涤除去。使用分离设备（淀粉旋流洗涤器、碟片分离机）将淀粉乳中的蛋白质用新水清洗出来的过程称淀粉乳洗涤，或淀粉乳精制，得到的淀粉乳称精制淀粉乳。主分离得到的底流淀粉乳中蛋白质含量还是很高（3%～6%干基）、白度不够、灰分较高，不能达到商品淀粉的质量指标。所以这种淀粉乳还要使用分离设备进行一次完全的洗涤，使淀粉乳中含有的蛋白质、维生素、脂肪、灰分等物质与淀粉完全分离，达到淀粉产品质量的要求。在经过碟片分离机分离之后，淀粉乳中颗粒比较大的麸质已经分离出去，底流出来的淀粉乳中含有的麸质颗粒是比较小的，这些小颗粒的麸质需要使用多级淀粉旋流洗涤器或多级碟片分离机才能分离得比较干净。

　　（1）旋流洗涤器分离工艺　淀粉乳流向是：从第 1 级进料，第 1 级溢流回至主分离机进料的淀粉乳罐中，第 1 级底流和第 3 级溢流合并是第 2 级进料，第 2 级溢流回至进料罐中，第 2 级底级和第 4 级溢流合并是第 3 级进料，以此类推，洗涤水和第 11 级底流合并是第 12 级（最后一级）进料，即洗涤水从第 12 级（最后一级）加入。也就是说十二级淀粉旋流洗涤器的各级底流（含大量淀粉）逐级流向后一级，而溢流（含蛋白质和洗涤水）则逐级逆流流向前一级。即含蛋白质少的重相液体向最后一级方向顺次流动，在第 12 级的底流排出为精制淀粉乳；含蛋白质多的轻相液体逆流流向第 1 级，由第 1 级和第 2 级的溢流排出。十二级淀粉旋流洗涤器中淀粉乳的流动是使用泵来实现的。

　　淀粉乳精制是使用干净的新水与淀粉乳中的原有污水互换来实现的。使用的十二级淀粉旋流洗涤器是逆流洗涤，第 1 级出来的溢流是含有很多蛋白质和原有污水的液体，在第 1 级淀粉旋流洗涤器的溢流中有 25% 的淀粉循环量。第 2 级出来的溢流也是含有较多蛋白质和原有污水的液体，第 12 级底流得到纯净的淀粉乳液体，浓度 20～22°Bé。在淀粉乳精制过程中，淀粉乳中没有在主分离过程中被分离出来的蛋白质、灰分和脂肪等杂质被再一次比较彻底地分离出来，同时参与生产过程的、已经污染的水被干净的新水替换，这个过程是相对密度轻的物质和污水被分离出来的过程。到这时参与生产过程的污水已经被干净的新水完全替换。在淀粉洗涤精制工序，重要的控制是洗涤水用量和温度。洗涤水可以使用新水，也可以加入部分处理后的撇液和滤液。洗涤水用量多、温度合适，淀粉洗涤干净、产品质量好、干物质收率低、能耗高。洗涤水用量少、温度低，淀粉洗涤不干净、产品质量不好、干物质收率高、能耗低。洗涤水用量的控制是既要保

证淀粉洗涤达到质量标准，还要尽量减少用水量。通常洗涤水用量在 $2.4 \mathrm{m}^3/\mathrm{t}$ 淀粉以下。淀粉与蛋白质分离需要在合适的温度下进行，水温度低，淀粉与蛋白质不易分离；水温度过高，淀粉与蛋白质会糊化和变性，所以要控制洗涤水35℃左右。在淀粉旋流洗涤器工作过程中由于泵的能量传给了淀粉乳，使淀粉乳温度上升，当温度≥62℃时淀粉会开始糊化。所以十二级淀粉旋流洗涤系统温度最高控制在53℃以下，通常第1级温度≤45℃，第12级温度≤35℃，这样从第12级向中间级温度越来越高，从第1级向中间级温度也越来越高，中间级（5～7级）温度最高，第12级温度最低。

十二级淀粉旋流洗涤器各级浓度见图3-12，各级蛋白质含量见表3-8。蛋白质分离和淀粉精制工艺技术（1）见图3-13。

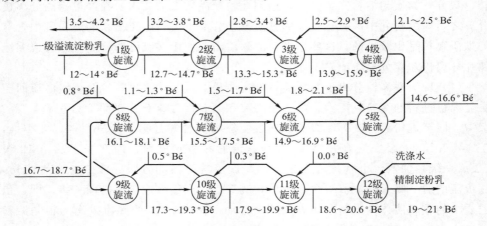

图 3-12　十二级淀粉旋流洗涤器各级浓度

表 3-8　十二级淀粉旋流洗涤器各级蛋白质含量（干基）　　　　　　　%

级数		蛋白质含量	级数		蛋白质含量	级数		蛋白质含量
W1	顶流	10.2	W5	顶流	4.72	W9	顶流	1.45
	底流	4.45		底流	2.21		底流	0.74
W2	顶流	8.16	W6	顶流	3.65	W10	顶流	0.97
	底流	4.01		底流	1.77		底流	0.58
W3	顶流	6.81	W7	顶流	2.62	W11	顶流	0.76
	底流	3.23		底流	1.39		底流	0.44
W4	顶流	5.66	W8	顶流	1.93	W12	顶流	0.62
	底流	2.73		底流	0.98		底流	0.4

（2）碟片分离机分离技术　通常是使用5台碟片分离机串联工艺，从前向后分别称：1级分离机、2级分离机、3级分离机、4级分离机、5级分离机。淀粉

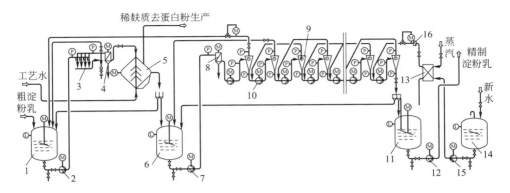

图 3-13 旋流洗涤器用于蛋白质分离和淀粉精制工艺

1,6,11—储罐；2,7,12,15—输送泵；3—旋流除砂器；4,8—旋转过滤器；

5—碟片分离机；9—十二级旋流洗涤器；10—十二级旋流洗涤泵；

13—换热器；14—新水罐；16—过滤器

乳流向是：从第 1 级分离机进料，第 1 级分离机的溢流是稀麸质，第 1 级分离机的底流是去第 2 级分离机的进料，第 2 级分离机的溢流回至第 1 级分离机的进料罐中，第 2 级分离机的底流是去第 3 级分离机的进料，第 3 级分离机的溢流回至第 2 级分离机的进料罐中，第 3 级分离机的底流是去第 4 级分离机的进料，第 4 级分离机的溢流回至第 3 级分离机的进料罐中，第 4 级分离机的底流是去第 5 级分离机的进料，第 5 级分离机的溢流回至第 4 级分离机的进料罐中，第 5 级分离机的底流为精制淀粉乳。含蛋白质多的轻相液体逆流流向第 1 级分离机，由第 1 级分离机的溢流排出。洗涤水是向各级分离机中加入的。碟片分离机中淀粉乳的流动是使用泵来实现的。

蛋白质分离和淀粉精制工艺技术（2）见图 3-14。

在碟片分离机分离技术中，第 1 级分离机的作用主要是分离麸质，第 2~5 级分离机的作用主要是洗涤，所以第 1 级水加入量小，第 2~5 级洗涤水的加入量大，这四级合计为 2.4m³/淀粉（干基），这四级分离机的每一级加水量都大于第 1 级分离机。第 1 级分离机是将各种水与淀粉分离的过程，第 2~5 级分离机是用新水将各种水与淀粉彻底洗涤、置换的过程。

旋流洗涤器分离技术和碟片分离机分离技术的本质区别是洗涤水的加入点不同，旋流洗涤器分离技术的洗涤水是从末级（12 级）一个点加入的，而碟片分离机分离技术的洗涤水是从各级多个点加入的。在玉米淀粉生产工艺中，新水的使用量和加入位置是决定产品收率、影响产品质量、影响能源消耗、影响过程水质量和废水量的重要因素，所以，严格控制向生产过程的各道工序加入新水和制定科学的产品流程是重要的。

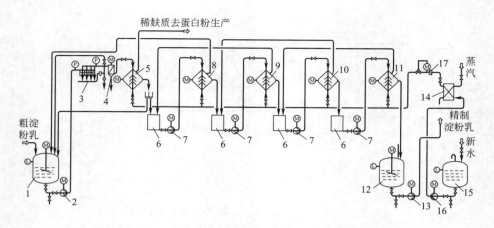

图 3-14　碟片分离机用于蛋白质分离和淀粉精制工艺

1,6,12—储罐；2,7,13,16—输送泵；3—旋流除砂器；4—旋转过滤器；
5—1级分离机；8—2级分离机；9—3级分离机；10—4级分离机；11—5级分离机；
14—换热器；15—新水罐；17—过滤器

淀粉经提取、精制所得 40～42°Bx 的精淀粉乳，虽然纯度较高，但还不是成品，只能作为深加工品的原料，送去制造淀粉糖、变性淀粉或作为发酵产品的原料。淀粉本身经过最后加工，才可制成淀粉成品。淀粉的最后加工包括淀粉的脱水、干燥、过筛、包装和贮存等，以保证制得高品质的产品。

3.2.11.2　淀粉的脱水工艺

使用脱水设备将淀粉乳中的水分离出去，得到湿淀粉的过程称淀粉脱水，即将十二级淀粉旋流洗涤器得到的精制淀粉乳经过脱水生产出湿淀粉，通常使用刮刀离心机进行。脱水的作用是将淀粉由水中提取出来得到适合气流干燥特性的湿淀粉。淀粉的脱水使用虹吸刮刀离心机或普通刮刀离心机进行，刮刀离心机将淀粉分离为湿淀粉和滤液（撇液）两部分。得到的湿淀粉含水 38% 左右，湿淀粉进入下道工序进行干燥。滤液是含有干物质 1.0%～2.0% 的水。

淀粉乳首先打入高位罐中，经由进料管、进料喷嘴自流进入高速转动的刮刀离心机转鼓槽内，转鼓连续转动使进入的淀粉乳均匀、分层地沉淀在转鼓的内部。淀粉乳的进料一般是 2～3 次进满，进料量由进料阀控制。当进入转鼓内的淀粉乳过量时在转鼓内层的轻质液体会溢出，这部分液体称撇液。进入转鼓内的淀粉乳由于离心力的作用，水经过滤布和滤网后被甩出，淀粉留在转鼓内，当进料结束后经过一段时间的继续脱水，大部分水被脱掉，然后提起刮刀将湿淀粉层刮下来，刮下来的湿淀粉由出料螺旋输送出来落到湿淀粉储料箱中。撇液是一种含有较多蛋白质和少量淀粉的液体，浓度在 3～4°Bé，撇液的干物质是进料干物质的 3.5％。滤液部分回到纤维洗涤槽中和部分回到主分离机进料罐中。大型淀粉厂的滤液和撇液是单独处理的，使用一台小型分离机或 6 级淀粉旋流洗涤器将其循环浓缩，浓缩后的淀粉乳达到 5～7°Bé，将其加入到主分离机或十二级淀粉旋流器的进料罐中使用，得到的轻液是很干净的，经过处理（高温杀菌、酸化）后作为十二级淀粉旋流器洗涤水使用（代替新水）。撇液和滤液是十分重要的液体，它们的浓度和使用去向关系整个生产过程的新水用量、物料平衡、产品得率和生产效率等。低浓度的撇液和滤液对生产的优点是显著的、节能的。由于刮刀离心机脱下来的水是在淀粉洗涤过程中加入的新水，所以这部分水在生产过程中存在的时间比较短，还没有被生产过程污染（或者说被生产过程污染的程度很小），这部分水回收后经过简单的处理可以再进入生产系统中使用。

淀粉的脱水使用普通刮刀离心机脱水时，除撇液和出料螺旋两个程序没有外，其他程序与使用虹吸刮刀离心机的脱水过程相同。

3.2.11.3　淀粉干燥

经离心脱水后的湿淀粉，虽然含水分仅 33％～36％，但不能进行淀粉的贮存和运输。而淀粉中水分分为游离水分和结合水分，游离水分容易用机械法除去，结合水分用机械法几乎不能除去，必须用热能才能将结合水分除去，因此需要进行干燥。干燥方法比较多，气流干燥是对流干燥方法中的一种，由于这种干燥方法的空气温度便于调节，可以控制物料的温度，产品不致过热而变质，所以在淀粉工业中普遍使用。它是将散粒状固体物料分散悬浮在高速热气流中，在气力输送下将物料中的水分蒸发出去，使物料得到干燥的过程，即是将湿物料经过热空气干燥生产出商品产品的过程。淀粉干燥的目的是得到不易腐烂变质、便于储存和运输、适合使用的商品淀粉。

淀粉的气流干燥技术分为正压气流干燥技术和负压气流干燥技术两类。正压气流干燥通常采用的是一级正压气流干燥和二级正压气流干燥。负压气流干燥通常采用的是一级负压气流干燥。一级负压气流干燥技术的优点有很多，主要优点：干燥时间短，水与热的交换系数高，产品质量高，能源（蒸汽、电）消耗少，排放的废气中淀粉含量低，淀粉损失少，排放的废气不需要再经过回收。不同的干燥技术对原料的适应性是不同的，干燥后的产品性质也有一定的差别。变性淀粉的干燥多采用二级负压气流干燥技术和正负压二级气流干燥技术。

在刮刀离心机中得到的湿淀粉首先落入储料器中储存，在储料器中储存的湿淀粉由螺旋输送机定量地喂入抛料器中，抛料器叶轮将湿淀粉抛入气流干燥系统中的干燥管中，湿淀粉在干燥管内与高速旋转的热空气激烈迅猛地混合冲撞，淀粉被急骤分散成细粉状，瞬间被热空气包裹而干燥。湿淀粉在气流干燥管中经过吸热、汽化、扩散，将淀粉颗粒内部和外部的水分除去，然后进入旋风分离器中。在旋风分离器中干燥的淀粉与蒸发的潮气分离，潮气从旋风分离器的上部排出，干燥的淀粉从旋风分离器下部落下落入出料螺旋。出料螺旋是将旋风分离器分离下来的干燥淀粉集合输送的设备，一排旋风分离器下面使用一台出料螺旋，这样一套气流干燥系统使用两台出料螺旋。当气流干燥系统使用的旋风分离器是1、2、4台时可以使用一个集料斗将旋风分离器下来的干淀粉集中，集料斗是一个方形锥体的箱，安装在多台旋风分离器的下料口下面。卸料器即旋转卸料阀（关风器），关闭旋风分离器的下料口不进入空气，并将干淀粉输出。一台出料螺

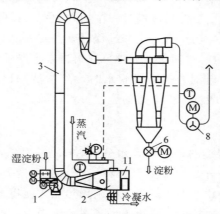

(a) 小型淀粉气流干燥

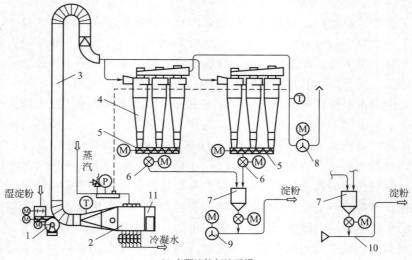

(b) 大型淀粉气流干燥

图 3-15 玉米淀粉气流干燥工艺技术

1—抛料器；2—散热器；3—干燥管；4—旋风分离器；5—出料螺旋输送机；6—旋转卸料阀；7—料斗；
8—引风机；9—罗茨鼓风机（正压输送系统）；10—输送风管（负压输送系统）；11—过滤器

旋下面安装一台卸料器，集料斗下面也需要安装一台卸料器。干燥的作用是将淀粉颗粒含有的水分蒸发除去，达到淀粉要求的水分含量。干燥是通过热空气与湿淀粉接触来实现的，干燥后得到含水分≤14％的商品淀粉，然后储存或包装。在干燥时产生大量的废气，通过引风机吸出后排放到空中。干燥使用热风进行，风是取自空气中的，是由风机转动产生的。进入干燥系统的风首先需要经过过滤再进入加热器。

在淀粉气流干燥系统中主要的干燥数据有：淀粉与空气的混合比、抛料器抛出物料（湿淀粉）速度、干燥管中物料（湿淀粉）速度、物料进入旋风分离器进口速度、旋风分离器直径和数量、旋风分离器出风速度、离心式通风机排风速度等。这些参数与使用的旋风分离器结构有直接关系，淀粉气流干燥使用的是外旋式旋风分离器。根据这些确定的参数可以计算整个气流干燥系统的干燥管直径、异径管规格、旋风分离器规格和数量、离心式通风机进出管直径，选定离心式通风机型号。考虑气流的特点和弯管的程度等多种因素，淀粉与空气的混合比1∶（8～13）。抛料器的叶轮物料（湿淀粉）抛出线速度为 35m/s 时对淀粉的粉碎和干燥效果最佳。干燥管中物料（湿淀粉）速度一般在 30m/s，而弯管位置的物料（湿淀粉）速度一般在 35m/s。旋风分离器直径和数量要适应，过大的直径影响风压，过小的直径影响风量，数量多高度小，数量少高度大。根据淀粉干燥使用的旋风分离器结构特点，物料（湿淀粉）进入旋风分离器的进口速度为16～18m/s 时效果最佳，进口速度过高和过低都不好，进口速度过高尾气中含粉量增高（跑粉）。旋风分离器出风速度一般在 15～17m/s，离心式通风机排风速度一般在 13～15m/s。玉米淀粉气流干燥工艺技术见图 3-15。干燥系统流量见图 3-16。

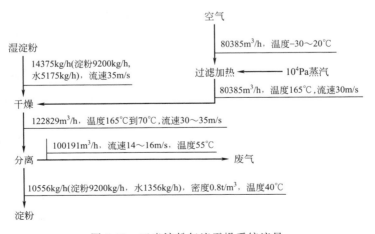

图 3-16　玉米淀粉气流干燥系统流量

3.2.12　预榨

　　玉米油生产主要过程：胚芽处理、取油、精炼三段工艺过程。胚芽处理包括清理净化、软化、轧胚、蒸炒等工序。取油包括压榨、浸出、混合油蒸发和汽提、溶剂蒸气冷凝和冷却、过滤、胚粕蒸脱等工序。精炼包括机械杂质去除、脱脏、脱酸、脱色、脱蜡、脱臭等工序。玉米胚芽是生产玉米油的原料。

　　将玉米胚芽中的脂肪使用机械和物理方法提取出来的过程称制油，制油工艺技术分压榨和浸出两段，使用压榨和浸出联合工艺时压榨的作用是预榨。

　　压榨是利用机械外力的挤压作用将油料中油脂提取出来的方法，是机械法取油的一种。压榨是玉米油生产的关键工艺，是影响玉米油（毛油）质量和收率的主要工序。在压榨过程中主要发生的是物理变化，如物料变形、油脂分离、摩擦发热、水分蒸发等。同时由于温度、水分、微生物等的影响，也会产生某些生物化学方面的变化，如蛋白质变性、酶的钝化和破坏、某些物质的结合等。压榨时胚芽颗粒在压力作用下内外表面相互挤紧，致使其液体部分和凝胶部分分别产生两个不同过程，即油脂从胚芽空隙中被挤压出来和胚芽变形形成坚硬的油饼。

　　在压榨主要阶段将受压油脂可以看成是变形的多孔介质（胚料）中不可压缩液体的运动，油脂流动的平均速度主要取决于孔隙中液层内部的摩擦作用（黏度）和推动力（压力）的大小，液层厚薄（孔隙大小和数量）以及油路长短也影响这一阶段排油速度。一般油脂黏度愈小、压力愈大则从孔隙中流出愈快。流油路程愈长、孔隙愈小会降低流速使压榨进行得愈慢。在强力压榨下，胚料表面挤紧到最后阶段时在胚料颗粒挤紧的表面上留下单分子油层，或近似单分子的多分子油层。这一油层由于受到表面巨大分子力场的作用而完全结合在表面之间，它已不可能再从表面间的空隙中压榨出来。这时油脂分子可能呈定向状态的一层极薄的吸附膜，这些油膜在个别地方也会破裂而使该部分直接接触以致相互结合。压榨终了胚料颗粒间压成油膜状紧密程度时含油量是十分低的。饼中残留的油脂量与保留在颗粒表面的单分子油层相比要高得多，这是因为颗粒内外表面并非全部挤紧，个别胚料颗粒表面直接接触使一部分油脂残留在被封闭的油路中。在压力作用下胚料间随着油脂的排出而不断压紧，直接接触的胚料颗粒相互间产生压力而造成胚料的塑性变形，特别在油膜破裂处将会相互结成一体。在压榨终了时胚料颗粒已不再是松散体而形成一种完整的可塑体，称油饼。油饼并非是全部胚料颗粒都结合成一体，而是一种不完全结合的具有大量孔隙的凝胶多孔体。即颗粒除了部分发生结合作用而形成饼的连续凝胶骨架以外，在颗粒之间或结合成的颗粒组之间仍然留有许多孔隙，这些孔隙一部分互不连接而封闭了油路，另一部分相互连接形成通道，还可能继续进行压榨出油。饼中残留的油脂有油路封闭而包容在孔隙内的油脂、颗粒内外表面结合的油脂以及未被破坏的胚料细胞内残留的油脂。在生产压榨过程由于压力分布不均、流油速度不一致等原因会形成压榨后饼中残留油分分布的不一致性，特别是压榨最后阶段摩擦发热或其他因素造成排出油脂中含有一定量的气体混合物（主要是水蒸气）。所以压榨取油过程包括在变形多孔胚料中液体油脂的榨出和水蒸气与液体油脂混合物的榨出两种情况。影响压榨取油效果主要因素有胚料结构和压榨条件两大方面，榨油设备结构及其选型在某种程度上也影响出油效果。

压榨得到的压榨油俗称毛油（1），压榨出脂肪后的胚料称胚芽饼。压榨得到毛油（1）和胚芽饼两种中间体产品，毛油（1）经过滤后进精炼工段，胚芽饼送去浸出工序使用。

3.2.13 浸出

浸出制油按操作方式分为间歇式浸出和连续式浸出。间歇式浸出：胚料进入提出器，粕自浸出器中卸出，新溶剂的加入和浓混合油的抽出等工艺操作都是分批、间断、周期性进行的。连续式浸出：胚料进入浸出器，粕自浸出器卸出，新溶剂的加入和浓混合油的抽出等工艺操作都是连续不断进行的。浸出制油按接触方式可分成浸泡式浸出、喷淋式浸出和混合式浸出。浸泡式浸出：胚料浸泡在溶剂中完成浸出过程。喷淋式浸出：溶剂呈喷淋状态与胚料接触而完成浸出过程。属喷淋式的提出设备有履带式浸出器等。混合式浸出：是一种喷淋与浸泡相结合的浸出方式。属于混合式的浸出设备有平转式浸出器和环形浸出器等。浸出法制油工艺按生产方法分直接浸出和预榨浸出。直接浸出（一次浸出）：是将胚料经预处理后直接进行浸出的制油过程，适合加工含油量较低的油料。预榨浸出：胚料经预榨取出部分油脂，再将含油较高的饼进行浸出的工艺过程，适用于含油量较高的油料。

浸出制油是利用能溶解油脂的溶剂通过润湿渗透、分子扩散的作用将料胚中的油浸提出来，再将浸出的混合油分离而得到毛油的过程。利用有机溶剂（如轻汽油、工业乙烷、丙酮、异丙醇等）溶解油脂的特性将油料中的油脂提取出来的方法称浸出法（萃取法）。浸出法取油一般可分：预榨浸出、一次浸出和二次浸出三种方法。一次浸出主要适用于低油分油料（含脂肪 25% 以下）。二次浸出用于高油分油料（含脂肪 25% 以上）。

浸出也称萃取，是用有机溶剂提取胚芽中脂肪的工艺过程。胚芽的浸出可视为固液萃取，是利用溶剂对不同物质具有不同溶解度的性质，将固体物料中脂肪进行分离。胚芽用溶剂处理，将易溶解的脂肪溶解于溶剂中。浸出过程是分子扩散和对流扩散的结合过程，有分子扩散和对流扩散两种方式，脂肪以分子的形式进行转移，属分子扩散。提出是玉米油生产的关键工艺，是影响玉米油（毛油）

收率的主要工序。

浸出通常包括四个过程，第一个过程，溶剂浸润而入胚料内，同时溶解油脂，这个过程是浸出过程传质的控制因素，和物质的物理化学性质有关，一般速度极快；第二个过程，溶解的油脂以混合油的状态从胚料内部液体中扩散而到达固体表面，属分子扩散过程，是传质的控制因素；第三个过程，混合油继续从胚料表面通过介面膜，属分子扩散，介面膜厚度取决于流体动力学性质，当外部为湍流时介面膜厚度趋向于零，当外部为层流时不能忽略不计；第四个过程，混合油继续从介面膜扩散到外部溶剂的主体中，速度取决于流体动力学性质。湍流时对流扩散，速度极快，对传质速率无影响。层流时分子扩散的速度慢。较先进的浸出器一般都在湍流条件下进行，所以浸出过程的传质速率取决于第二步的分子扩散速率。

胚芽饼浸出基本过程是将胚芽饼浸于溶剂中，使胚芽中的脂肪溶解在溶剂内形成混合油，然后将混合油与胚芽饼分离，混合油再进行蒸发、汽提，使溶剂汽化变成蒸气与油脂分离，获得浸出毛油。溶剂蒸气经过冷凝、冷却回收后继续使用。在浸出器生产时溶剂由浸出器上部向下喷淋，在混合过程中溶剂溶入胚芽中将脂肪溶解出来，然后流到浸出器底部再用泵吸出来打到浸出器的上部，这样反复向下喷淋，经过一定时间的喷淋浸出后（浸出器的一个转动周期），胚芽饼中的脂肪就基本完全被浸出。胚芽粕脂肪含量≤1.0%，含水6%～9%。

用于玉米胚芽使用的浸出器主要有平转式和环式浸出器。原料处理量为100t/d以下的生产线采用平转式浸出器较多，这种浸出器占地面积小，操作技术简单。原料处理量很大的生产线使用环式浸出器，这种设备生产能力大，占地面积大，操作技术比较复杂。由于使用的溶剂易燃易爆，所以整个厂房要远离其他厂房和生活区，厂房具有防爆功能。进入浸出器的物料细度控制在30目以上，采用8号溶剂油，胚芽含水7%～8%，浸出温度50～55℃，浸出时间100min，溶剂与物料比1：1.3。平转式浸出器料格中料层高度控制在2m以下，保证较低的粕中残油。平转式浸出器转速≤100r/min，环式浸出器转速≥0.3r/min。混合油浓度≤20%。蒸脱机气相温度4～80℃，蒸脱机粕出口温度≤80℃。带冷却层蒸脱机粕出口温度不超过环境温度10℃。混合油蒸发系统的汽提塔出口毛油含总挥发物≤0.2%，温度105℃。溶剂回收系统的冷凝器冷却水进口水温度≤30℃，出口温度≤45℃。冷凝液温度≤40℃。浸后胚芽粕残油≤1%。通常生产1t玉米油（毛油）消耗溶剂3～4kg，蒸汽0.25t，电50kW·h。

浸出得到的浸出油称混合油，浸出脂肪后的胚料称湿粕。混合油经过蒸发和汽提将溶剂蒸脱出去得到的浸出油俗称毛油（2），将混合油中的溶剂经过蒸气冷却工序回收使用，湿粕去脱溶工序加工。

在采用浸出法生产玉米油时需要使用溶剂，溶剂有很多种，经常使用的溶剂是正己烷（C_3H_{14}）和轻汽油（6号汽油），还有乙醇、异丙醇和丙酮等。

轻汽油是目前国内油脂提出生产通用的溶剂，主要成分是正己烷（约74%）和环己烷（约16%），还有少量的戊烷和庚烷，微量的芳烃。轻汽油是无色液体，不溶于水，能溶于乙醚、乙醇，闪点-21.7℃，燃点233℃，容易挥发，有刺激气味，蒸气密度比空气大2.79倍，容易积聚在低凹处的地沟、地坑里，当溶剂蒸气在空气中浓度达到1.25%～7.5%时遇明火会引起爆炸。轻汽油有一定毒性，主要破坏人的造血功能，刺激神经系统，吸入太多会引起头昏、头痛、过度兴奋而失去知觉，中毒浓度25～30mg/L，致死浓度30～40mg/L。

3.2.14　淀粉的包装

干燥后淀粉尚含有粗粒，同时温度也很高，需要进一步加工处理，除去粗粒并冷却淀粉，使其接近室温再送去包装或贮存。

3.2.14.1　干淀粉的筛理

早期筛理装置，一种为直接通过120目绢筛网的转筒筛，此种设备一般都专门制造，因效率较低，很少有定型设备。另一种为只用一种大孔的冷却筛，该筛为圆筒形，筛网用铜丝或不锈钢丝做成，筛孔2.5～3mm，筛面6.6m²，转速25r/min，生产能力650kg/h。还有一种是与粉碎机联用，该机下部为粉碎机，上部为空气分离器，空气分离器与风机相连，干淀粉进入粉碎机后细粉由风机抽至空气分离器，吸入旋风分离器，气流速度降低，淀粉由下口落下，进入输送装置或直接包装，粗颗粒在空气分离器中因较重而未能被风力吸走，落入与粉碎机相连的活动挡板处，沉积一定数量后依靠本身重力将活动挡板压开，回入粉碎机粉碎，此种粉碎机转速2900r/min，生产能力2.9t/h。

随着现代工业技术的进步，目前国内淀粉生产厂大多采用新型的旋振筛代替过去老式的各种筛理设备，采用电机驱动，经传动机械，带动旋振机械作用，由此产生激振力，当激振力作用于筛体时，整个工作部分发生回旋和上下弹振运动，被筛选物料在筛网面上呈现出运动迹象，进而筛理淀粉。

3.2.14.2　淀粉的包装和贮存

筛理后淀粉可以直接包装或输送至淀粉贮仓储存，输送淀粉装置可用气流输送泵或罗茨风机。气流输送泵泵体由密封式螺旋输送装置组成，共由7块螺旋片组成，其螺距由大到小，分别为400mm、110mm、110mm、90mm、90mm、82mm，大头接淀粉加料装置，小头与空气扩散器相连，空气扩散器为环形，带14个孔径为2.5mm的气孔，空气压缩机送来的压缩空气穿过气孔与螺旋输送泵送来的淀粉混合，通过输送管道可长距离地输送至贮仓。气流输送泵转速

2900r/min，工作压力 0.18～0.2MPa，电机功率 11.4kW，物料输送距离 100m，输送高度 20m，输送管直径 75mm，螺旋直径 100mm，外形尺寸设备长 3270mm、宽 626mm、高 380mm，生产能力每小时 6t 淀粉，空气耗量 3.3m³/min。附属设备有空气压缩机，排气量 6m³/min，工作压力 0.7MPa，功率 40kW，转速 715r/min。采用气流输送泵时需注意首先必须将管道吹通才能送料，停车时应先停料后再停气，同时在输送过程淀粉水分一般要降低 1.2%。近年来有的工厂采用罗茨鼓风机输送，设备简单，不需辅助设备，效果较好。

淀粉的包装可用纸袋、布袋、尼龙编织袋等，包装规格分为小包装和大包装，小包装每袋 500g、1000g，大包装每袋 25kg、50kg、80kg、100kg。药用淀粉内衬塑料袋。

包装设备一般都与自动秤联用，是集电子、机械、气动于一体，可自动计量、自动振袋、自动记录、自动传输、程序控制的新型包装设备。如 DCJ 系列灌装机，其主要参数：灌装量 25kg；灌装速度 3 袋/min；灌装精度 ±0.2%；整机功率 35kW；电源 380V/220V，50Hz；气源 $p \geqslant 0.6$MPa，$Q \geqslant 1$m³/h；外形尺寸 1365mm×966mm×2950mm；主机质量 730kg。

淀粉的贮存有散装贮存和包装贮存两种。包装后贮存，可以 30t 一垛堆放整齐，垛内留有通道，以便检查，并可通风。现代大型工厂都有堆垛升降机械，每次 1t。但包装后贮存占地大，工业上大量使用又不太方便，若需较长期贮存，则可将散装淀粉贮存于大型贮仓中，需用时可再包装或散装运出。

袋装贮存可用简易较高平房贮存。散装贮存可用圆形贮仓，为钢筋混凝土制成，贮仓底为圆锥形，由钢板制成，圆柱部分高度 6220mm，圆锥部分高度 4280mm，贮仓内径 6180mm，容量为 228m³，充满系数 0.9，每座圆形贮仓可装干淀粉 112t（按淀粉比容 550kg/m³计算）。除圆仓外，4 只圆形仓中间的星形空间，亦可贮存淀粉，称为星仓。贮仓内部要求表面平滑，无凹凸不平处，以免沉积淀粉、腐烂变质，贮仓上部有入孔和加料管孔，下部锥形底装有振动装置，帮助淀粉出料，圆仓上部有孔，通向吸尘系统。圆仓的附属设备有螺旋输送机、斗式提升机等。

3.2.15　公共系统

3.2.15.1　清洗排风除尘系统

（1）原位清洗系统　原位清洗（clean in place，CIP；即在线清洗、就地清洗）系统应用在淀粉生产线的清洗和安全保障上作用很大。CIP 清洗系统主要作用有两方面：一是对生产系统的设备、罐类和管道进行清洗和消毒杀菌；二是当生产系统突发停电或停车时对生产系统的主要设备加水冲洗，保证干物质不留存在这些设备内。

CIP 清洗系统是在生产线设备、管道、阀件都不需要拆卸、不需要挪动的情况下进行快速清洗消毒和安全保障的一种技术。CIP 清洗系统特点：就地清洗，操作简便，工作安全，劳动强度低，生产效率高，清洗彻底，同时达到消毒杀菌目的，达到卫生要求，有利于产品质量提高。清洗采用管道化，占用车间面积少，适用于对整条生产线的单台、多台、各类设备进行清洗。使用 CIP 清洗系统对设备清洗的工作可实现程序化和自动化，定期、定时自动程序进行。

CIP 清洗系统包括调剂箱、CIP 罐、CIP 泵、CIP 管线、喷头等。CIP 罐是储存洗涤水的容器，调剂箱调和好的洗涤剂定量加入到 CIP 罐，洗涤剂是具有消毒和杀菌功能的药剂，药剂混入到洗涤水中。CIP 罐中储存的水够主要设备冲洗一次的量，当使用时要保证 CIP 罐中的水及时供给。CIP 泵是输送洗涤水的设备，当需要时及时启动，快速将 CIP 罐中的水输送进需要清洗的设备内。CIP 管线的连接方式有两种：一种是连接在各种动力设备的进料管上的，由阀门控制，正常生产时这些阀门是关闭的，只有在洗涤时启用；另一种是连接在各种罐类设备的上部，并引入这些罐的内部，在罐的内部连接旋转洗涤喷头，由阀门控制，正常生产时这些阀门是关闭的，只有在洗涤时启用。旋转洗涤喷头是安装在罐类设备内顶的喷水部件。在玉米淀粉生产线上，CIP 清洗系统连接的是罐和设备，主要有：玉米浸渍罐、一、二道磨，一、二道磨储罐，针磨，针磨储罐，粗淀粉乳储罐，分离机，淀粉乳储罐，淀粉旋流洗涤器，精淀粉乳储罐，淀粉乳平衡罐等。这些被 CIP 清洗系统连接的罐和设备是卫生要求严格的设备。当洗涤时，洗涤水的压力将旋转洗涤喷头带动而旋转，洗涤水即高速立体喷向四周对罐的内部进行洗涤和杀菌。CIP 清洗管线连接到设备进料管线上，即按物料的方向流动和分布，将设备内的物料冲洗清洗出去。玉米淀粉生产 CIP 清洗工艺流程见图 3-17。

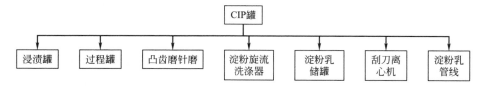

图 3-17　玉米淀粉生产 CIP 清洗工艺流程

（2）排风系统　淀粉生产线有毒气体主要有二氧化硫（SO_2）气体，还有酸碱产生的气体等。SO_2在淀粉生产中是以亚硫酸溶液的形式用于生产过程，在制造亚硫酸时将硫黄燃烧产生 SO_2 气体，使用过程水（或工艺水）吸收成为亚硫酸溶液，采用二级吸收塔，吸收塔后的尾气排放浓度为 $70\sim120\mathrm{mg/m^3}$。硫黄燃烧过程因设备密闭不好或操作不当造成输送不畅，都会使 SO_2 气体外溢，即使制成了亚硫酸溶液也会挥发出 SO_2 气体。酸碱在卸车、调配和输送时也会有少量的挥发。

各种副产品干燥机在干燥时和废水处理时产生异味气体，气体成分以硫化氢和氨气为主，均为无组织排放到大气中。制酸工艺采用水吸收 SO_2，经二级吸收后的尾气通过车间顶部 20m 排气筒排放，排放浓度 $500\sim883mg/m^3$。浸泡罐中分解挥发的 SO_2 气体由 20m 高排气筒排放，排放浓度 $210\sim275mg/m^3$。湿磨工段、制酸系统和浸泡罐溢出的 SO_2 气体无组织排放浓度 $0.076\sim0.360mg/m^3$。

控制各种罐（槽）中气体的排出即可改善车间的空气质量，控制的方法有很多：一是增加车间的通风面积，使车间的空气流通速度增快；二是减少车间设备的散发程度，使车间散发的气体减少；三是使用封闭的罐（槽）和各种设备，减少这些设备散发的气体量，但有一些设备的结构是不能封闭的；四是罐（槽）和设备的结构采用排风设计，使本设备产生的废气能够由排风口排放出去；五是采用除风系统将各种设备的排风口和排风罩连接起来，使用引风机将其排出。排风系统的作用是排出废气点的有害气体，降低车间的温度，净化环境空气质量，同时还有净化车间粉尘和卫生的作用。排出车间废气的做法有很多种：一是将车间外墙的对面窗打开，这样可以增加车间的对流量，使新鲜空气增大，将车间产生的废气流通出去，这种做法适用于车间的各楼层；二是在车间的房顶中间开设通风窗，这样可以增加车间的排风面积，将车间产生的废气顺利地从上部排出，这种做法适用于大规模生产线、主要生产车间的顶楼（如湿磨和筛分车间）；三是在车间产生废气和温度的主要位置墙壁或楼顶安装轴流风机，将局部的废气排出，如在凸齿磨、针磨、干燥机、分离机、榨油机等部位的墙壁安装轴流风机，在浸渍罐的楼顶安装轴流风机；四是使用封闭的过程罐（槽）和设备，这是保护有害气体不泻出过程罐（槽）和设备的有效办法，同时可以很好地保护物料的温度和卫生，防止异物进入罐（槽）和设备中，封闭的罐（槽）和设备需要在上部恰当的位置开设排风口，使产生的气体从上部的空间排出，排出的废气需要引到车间外的空中；五是在不能连接排气管的设备（如凸齿磨、针磨）侧面或附近安装排风罩，排风罩接入排风系统，废气由排风系统排出。

将有害气体排出的有效办法是安装排风系统。在生产线上的排风系统是分段设计的，硫黄燃烧岗位的排风是安装一台排风机。浸渍罐排风可以将罐盖的排气口引出一个管伸向厂房外，依靠罐内的自然压力和温度将浸渍罐内的气体排入到大气中，也可以将全部浸渍罐的排气口连接到一起，安装一台排风机将其排出。浸后玉米分水筛和湿玉米储斗上设置吸风罩，二道磨前分浆筛上设置吸风罩，压力曲筛的后背上部设置排风口，纤维洗涤槽上盖（部）开排风口，各种过程罐的罐盖上部开排风口，然后将这些吸风罩和排风口连接在一起，使用引风机将其排出。根据生产规模和生产线的布置楼层情况，可以将这些设备的排风设计成几个系统，可以将破碎工序的设备排风口连接在一起组成一个排风系统，将筛分工序的压力曲筛和设备排风口连接在一起组成一个排风系统，也可以将同一个楼层的各排风口连接在一起组成一个排风系统。排风系统可以是一个工序跨楼层设计一个系统，也可以是一个楼层跨工序设计一个系统，还可以同类设备或附近设备设计一个系统。一条生产线的排风系统的多少和大小与生产线的规模和排风系统风机规格有关。中等规模生产线主生产车间可以设计 2～3 个排风系统，使用的风机规格大系统就少。为了保护环境，各系统中的排气管需要一定的排放高度，将有害气体排出的高度达到 10m 以上。玉米破碎和纤维洗涤排风系统见图 3-18。

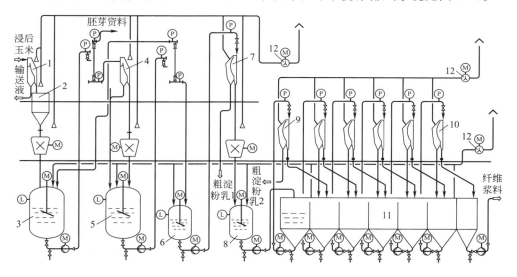

图 3-18　玉米破碎和纤维洗涤排风系统

1—浸后玉米分水筛；2—湿玉米储斗；3—头道磨罐；4—二道磨前分浆筛；5—二道磨储罐；6—针磨进料罐；

7—针磨前分浆曲筛；8—针磨后罐；9—分浆曲筛；10—2、3、4、5、6 级压力曲筛；

11—纤维洗涤槽；12—排风机

（3）除尘系统　除尘是对原有悬浮于空气中的粉尘捕集、分离，对生产过程中产生的粉尘捕集和分离，对降落在地面或物体表面的粉尘清除。防止粉尘在室内扩散的有效方法是在粉尘产生的地点直接把它们收集起来，经除尘器净化后排至室外。

① 通风除尘系统有两种形式　单独风网和集中风网。单独风网管道比较简单，风量容易调节和控制，效率较低，在动力消耗上不经济，吸出的含尘空气须单独处理，吸风量要求准确而且需经常调节，需风量较大，机器本身自带风机，附近没有可以合并的吸尘点或机器。集中风网动力消耗、设备造价和维护费用都较经济，粉尘处理和回收较简单，风网运行调节比较复杂，一个风网的风量发生

变化时影响整个网路。组合在同一风网中的各设备工作的时间相同，通风机一般布置在除尘器之后（负压、吸气式），以减轻粉尘对通风机的磨损。当通风机布置在除尘器之前时（压气式），应选用排尘用通风机。为调整方便和运行可靠，风网的总量不宜过大，吸尘点不宜过多。

干燥的玉米筛分清理时产生的粉尘浓度很高（5590mg/m³左右），经过吸风除尘装置和旋风除尘器处理后排放，排气筒高度20m，粉尘排放浓度105mg/m³左右，使用脉冲袋式除尘器处理后粉尘排放浓度28mg/m³左右。蛋白粉干燥包装工序产生的粉尘浓度比较高（1530mg/m³左右），经过吸风除尘装置和旋风除尘器处理后排放，排气筒高度20m，粉尘排放浓度50mg/m³左右，使用脉冲袋式除尘器处理后粉尘排放浓度8mg/m³左右。纤维干燥包装工序产生的粉尘浓度很高（5370mg/m³左右），经过吸风除尘装置和旋风除尘器处理后排放，排气筒高度20m，粉尘排放浓度50mg/m³左右，使用脉冲袋式除尘器处理后粉尘排放浓度29mg/m³左右。淀粉气流干燥尾气粉尘浓度7.11mg/m³左右。淀粉干燥包装工序产生的粉尘浓度很高（8020mg/m³左右），经过吸风除尘装置和旋风除尘器处理后排放，排气筒高度20m，粉尘排放浓度110mg/m³，使用脉冲袋式除尘器处理后粉尘排放浓度40mg/m³左右。

在玉米淀粉生产线上，干燥原料和产品的输送、粉碎、筛分和包装等生产过程均是粉尘产生的根源。产生粉尘的主要原因是机械力将细的干燥物料搅动而使其飞扬。

玉米淀粉生产线上产生的粉尘是可燃的有机物质，具有一定爆炸危险性。粉尘的形成过程一般没有化学变化，化学成分同所处理物料的成分基本相同，一般只有0.7%～1.3%的差别。悬浮在空气中的粉尘在密实状态下的各种物理性质，同所处理的固体物料相差很大。

② 除尘系统设计　淀粉生产线上的玉米卸车筛分工序、蛋白粉粉碎工序、纤维粉碎工序、淀粉干燥包装工序等需要安装除尘系统，用来除尘和净化环境。玉米的筛分、输送以及产品的输送、粉碎、包装等过程均可能成为粉尘源。将物料装入存仓时必然要排挤出与装入物料同体积的空气，这些空气携带粉尘由装料口逸出。

a. 玉米卸车筛分工序除尘系统　这个工序的灰尘飞扬量与季节和玉米粉尘含量有很大关系，收购新玉米的时候由于玉米的水分大，很多灰尘黏附在玉米籽粒上而不能飞扬，所以这个季节灰尘很少。

玉米干燥季节时灰尘很大，如果玉米中的粉尘含量很大则更严重。粉尘物质主要是尘土和玉米屑，还有破碎玉米撒落下来的淀粉等成分。卸车时由于玉米重力和落差使得灰尘飞扬起来形成尘雾，需要在上方安装风罩将尘雾吸走，净化环境。根据玉米卸料和筛分时产生的灰尘情况可以采用旋风除尘器除尘，这个系统的关键是吸风罩的安装点问题，卸车站台的吸风罩在上面，而产生灰尘的位置与吸风罩的距离较远，所以很难将灰尘全部吸净。滚筒筛的吸风罩安装在筛子的上方，除尘效果很好。玉米卸车筛分工序除尘系统流程见图 3-19。

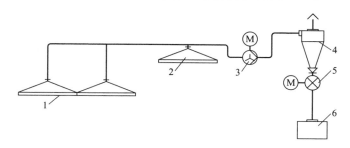

图 3-19　玉米卸车筛分工序除尘系统

1—卸车站台吸风罩；2—滚筒筛吸风罩；3—引风机；4—旋风除尘器；5—旋转卸料阀；6—灰尘箱

　　b. 蛋白粉粉碎工序除尘系统　　干燥的蛋白粉在粉碎时，粉碎机高速旋转的锤片使其部分飞扬起来形成粉尘，需要在粉碎机的上方安装风罩将其吸走。根据蛋白粉粉尘的情况，有两种除尘技术：一是采用旋风除尘器和沉降室（或水膜除尘器）配合除尘，引风机安装在旋风除尘器的后面吸风，吸出来的风再进入沉降室（或水膜除尘器）；二是采用引风机吸风，吸出来的风再进入袋滤器，袋滤器可以使用袋式除尘器、压入式布袋除尘器、脉冲除尘器等。这两种除尘技术使用的设备不同，除尘效果有一些差别。蛋白粉粉碎工序除尘系统流程见图 3-20。

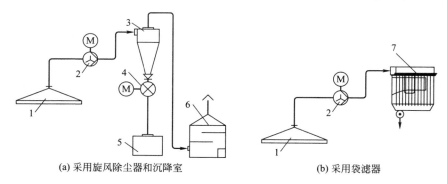

(a) 采用旋风除尘器和沉降室　　　　　　　(b) 采用袋滤器

图 3-20　蛋白粉粉碎工序除尘系统流程

1—吸风罩；2—引风机；3—旋风除尘器；4—旋转卸料器；5—粉尘箱；6—沉降室；7—袋滤器

　　c. 纤维粉碎工序除尘系统　　干燥的纤维在粉碎时，粉碎机高速旋转的锤片使其部分飞扬起来形成粉尘，需要在粉碎机的上方安装风罩将其吸走。除尘技术与蛋白粉粉碎工序除尘系统相同。

　　d. 淀粉干燥包装工序除尘系统　　淀粉干燥后由旋风分离器出来，经过自重落料或使用封闭的螺旋输送机输送，然后进入储料罐储存，在自重落料或使用封闭的螺旋输送机输送进入包装袋或包装机，这些过程都会因为设备的密封不严而泄漏出来一些淀粉，这些泄漏出来的淀粉如果飞扬起来便形成粉尘，需要在包装机的上方安装风罩将其吸走。根据淀粉粉尘的情况，有两种除尘技术：一是采用旋风除尘器和水膜除尘器配合除尘，引风机安装在旋风除尘器的后面吸风，吸出来的风再进入水膜除尘器；二是采用引风机吸风，吸出来的风再进入袋式除尘器，袋式除尘器可以使用普通袋式除尘器、压入式布袋除尘器、脉冲除尘器等。这两种除尘技术使用的设备不同，除尘效果有一些差别。淀粉干燥包装工序除尘系统流程见图 3-21。

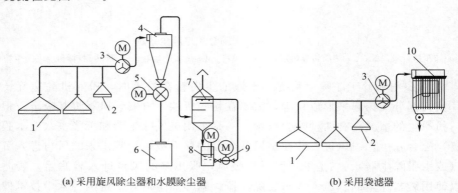

(a) 采用旋风除尘器和水膜除尘器   (b) 采用袋滤器

图 3-21   淀粉干燥包装工序除尘系统流程

1—吸尘口；2—吸风口；3—风机；4—旋风分离器；5—关风器；6—收集箱；
7—喷淋头；8—搅拌器；9—水泵；10—袋滤器

3.2.15.2   供水和循环水冷却系统

（1）供水系统   水是玉米淀粉生产的主要输送介质，是大量使用和排放的液体，供水系统是将水源（井）中的水抽上来后供生产车间使用的工序。生产线规模不大、水源（井）在工厂院内的工厂，水源（井）中的水抽上来后可以送入生产车间的水箱中储存后使用，也可以直接送入生产车间使用。生产线规模较大，水源（井）分散、多、远的工厂，水源（井）中的水进入工厂后储存在供水系统中，然后经过处理后送入各生产车间。

工厂的供水使用方向有多种，对水质量要求高和使用量多的主要是生产车间和锅炉，使用量少的是生活和消防等。生产车间使用的水有两种：一种是加入到物料中的工艺水；另一种是冷却用的冷却水。地下水可就地直接取用，水质稳定，且不易受外部污染，理化指标变化小，水温低，基本终年恒定。

由水井抽提上来的水需要经过处理后再使用，水处理方法有多种，根据水质确定采用何种方法。

① 自然沉淀　即用沉淀的方法除去水中较大颗粒的杂质，方法是使水在沉淀池中停留较长时间达到沉淀澄清的目的。

② 混凝沉淀　在水中加混凝剂，使水中的胶体物质与细小的、难以沉淀的悬浮物质相互凝聚，形成较大的易沉绒体后再进入沉淀池和澄清池中处理，使水由混浊变澄清。常用的混凝剂为硫酸铝、硫酸亚铁、三氯化铁。

③ 过滤　将水通过装有滤料的过滤池或过滤器，利用滤料与水中细微杂质间的吸附、筛滤作用，使水质得到澄清。

④ 消毒　通过物理或化学的方法杀死水中的致病微生物。通常用到的物理方法有：加热、紫外线、超声波和放射线等。化学方法有：氯、臭氧、高锰酸钾及重金属离子等药剂。其中氯消毒法，即在水中加适量的液氯和漂白粉，是目前普遍采用的方法。软化是通过降低水中钙、镁离子的含量，进而降低水的硬度的过程。软化的方法有以下几种。a. 加热法：将水加热到 $100℃$ 以上，使水中的 Ca^{2+}、Mg^{2+} 形成 $CaCO_3$、$Mg(OH)_2$ 和石膏沉淀而除去。b. 药剂法：在水中加石灰和苏打，使 Ca^{2+}、Mg^{2+} 生成 $CaCO_3$ 和 $Mg(OH)_2$ 而沉淀。c. 离子交换法：使水和离子交换剂接触，用交换剂中的 Na^+ 或 H^+ 把水中的 Ca^{2+}、Mg^{2+} 交换出来。当水中铁离子、锰离子等离子含量超标时还要进行除铁离子、锰离子等离子的处理。为减少水垢的形成，锅炉用水都必须进行软化处理，通常用离子交换法进行软化。一般不单独使用以上方法，而是根据原水的不同水源和水质及生产对水质的不同要求，联合使用几种不同的给水处理工艺。

（2）循环水冷却系统和设备

① 循环水冷却系统　淀粉工厂的循环冷却水主要是蒸发器产生和使用，设计时参考 GB/T 50050—2017《工业循环冷却水处理设计规范》中的相关要求。使用循环冷却水系统和降温装置可以减少给水消耗，降低总用水量。降温系统主要有冷却池、喷水池、自然通风冷却塔和机械通风冷却塔等。

循环冷却水有敞开式和封闭式。敞开式：冷却设备有冷却池和冷却塔，是依靠水的蒸发降低水温。冷却塔常用风机促进蒸发，一定量的冷却水被吹失，需要补给新水。由于蒸发和浓缩使盐分结垢，补充水有稀释作用，流量根据循环水浓度限值确定。通常补充水量超过蒸发与风吹的损失水量，需要排放一些循环水（排污水）以保持系统的水量平衡。在敞开式系统中，水流与大气接触，灰尘、微生物等进入循环水，还有 CO_2 的逸散和水的泄漏会改变循环水的水质，所以循环冷却水使用一段时间后需要处理。封闭式：采用封闭式冷却设备，循环水在管中流动，管外通常用风散热。除换热设备的物料泄漏外，没有其他因素改变循环水的水质。为了防止在换热设备中造成盐垢，有时冷却水需要软化。

在玉米淀粉生产系统中，水冷却系统的作用是冷却玉米浆蒸发系统的冷凝水，由玉米浆蒸发系统出来的水一般在 $36℃$ 以上，冷却后降低到 $30℃$。使用孔板式表面冷凝器的玉米浆三效蒸发系统蒸发 1t 水，需要冷却水 17m³（≤30℃）左右。

循环水冷却系统的设计需要根据工厂的实际情况确定，参数有：冷凝水温度和量，水温度和量，冷却水循环量，水冷却系统安装位置。多数工厂的水冷却系统是安装在地面以下或平面上，也有一些工厂水冷却系统是安装在车间的厂房上面或其他地方。根据冷凝水总量和温度、地区温度差别、夏天的最高温度等因素考虑使用多少台冷却塔，考虑选用圆形或方形。玉米淀粉厂冷却水的温度不需要很低，所以不需要设计水制冷系统。循环水冷却系统见图 3-22。

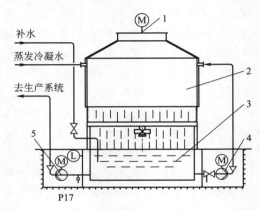

图 3-22　循环水冷却系统
1—冷却风机；2—冷却塔；3—储水池；4—循环泵；5—出水泵

② 循环水冷却系统设备　循环水冷却系统的设备有冷却塔和输水泵。冷却塔是一种将水冷却的装置，在玉米淀粉生产系统中用于玉米浆蒸发器的冷凝水循环冷却。水在冷却塔中与空气进行热交换、质交换，致使水温下降。在一定水处理情况下冷却效果是冷却塔重要性之一，在选用冷却塔时，主要考虑冷却程度、冷却水量、湿球温度是否有特殊要求，通常安装在通风比较好的地方。冷却塔是利用水和空气的接触，通过蒸发作用来散去冷凝水中废热的一种设备。工作的基本原理是：干燥（低焓值）的空气经过风机的抽动后进入冷却塔内，饱和蒸汽分压大的高温水分子向压力低的空气流动，湿热（高焓值）的水自布水管洒入塔内；当水滴和空气接触时空气与水的直接传热和水蒸气表面与空气之间存在压力差，在压力的作用下产生蒸发现象将水中的热量带走实现冷凝水降温。

冷却塔属热交换设备系统。利用空气将通过其中的水冷却，传热特点是水向空气传导热不需通过壁面，而是在直接接触过程中进行。冷却塔中水在填料中形成水膜或水滴，在与空气直接接触的过程中，同时发生热和质的传递。热传递是由于水与空气的温差，而质传递是由于水的表面蒸发形成的水蒸气不断地向空气中扩散，同时把水汽化潜热带入空气。在热量与质量的传递过程中，水冷却的过程称作蒸发冷却过程，因此水在蒸发冷却过程中所散发的热量是由两部分所组成，即接触散热（传导和对流）和蒸发散热。

a. 冷却塔分类　冷却塔按通风方式分为自然通风冷却塔、机械通风冷却塔、混合通风冷却塔。按热水和空气的接触方式分湿式冷却塔、干式冷却塔、干湿式冷却塔。按热水和空气的流动方向分逆流式冷却塔、横流（交流）式冷却塔、混流式冷却塔。按噪声级别分普通型冷却塔、低噪型冷却塔、超低噪型冷却塔、超静音型冷却塔。按通风形成分强制性通风冷却塔和自然通风冷却塔两种。强制性通风冷却塔按风机布置分为吹压式和抽压式两种。按水流和气流方向分为逆流式冷却塔、横流式冷却塔，以及在同一冷却塔内同时具有横流与逆流两种传热功能的混合流冷却塔。按外形分双曲线冷却塔、圆形冷却塔、（长）方形冷却塔。

b. 冷却塔主要结构　有传动部分、散水系统、挡水帘及散热片、本体和支架。传动部分主要有电机、减速器、风机等。减速器有皮带减速器和齿轮减速器。

常见的散水系统有三种形式：（a）圆表布水主要由中心管、喷头、分水管和吊管器组成。分水管的出水方向与垂直方向成 20° 左右。（b）逆流方塔腹胀固定式喷嘴，设计为斜面弧边形状，充分考虑了均匀分布。（c）横流方塔采用水槽加分水板将水均匀地洒在散热片上。

挡水帘及散热片采用 PVC 片材真空成型。散热片应根据水的温度以及水质要求来选择。

散热片材质有：聚乙烯，低于 42℃ 条件下使用；聚氯乙烯，使用于 $42℃ < t < 65℃$；木材散热片，温度大于 65℃。

c. 冷却塔的工作过程（以圆形逆流式冷却塔的工作过程为例）　热水自主机房通过水泵以一定的压力经过管道、横喉、曲喉、中心喉将循环水压至冷却塔的布水系统内，通过布水管上的小孔将水均匀地布洒在填料上面。干燥（低焓值）的空气在风机的作用下由底部进风窗进入塔内，热水流经填料表面时形成水膜和空气进行热交换，湿热（高焓值）的热风从顶部抽出，冷却水滴入底盆内，经出水管流入主机。一般进入塔内的空气是干燥低球温度的空气，水和空气之间明显存在着水分子的浓度差和动能压力差，当风机运行时在塔内静压的作用下，水分子不断地向空气中蒸发，成为水蒸气分子，剩余的水分子的平均动能便会降低，从而使循环水的温度下降。水分子不断地向空气中蒸发，水温就会降低。当与水接触的空气不饱和时水分子不断地向空气中蒸发，当水汽接触面上的空气达到饱和时水分子就蒸发不出去，而是处于一种动平衡状态。蒸发出去的水分子数量等于从空气中返回到水中的水分子的数量，水温保持不变。与水接触的空气越干燥，蒸发就越容易进行，水温就容易降低。冷却塔可以提高生产效率，新水补充量 5%～10%。

冷却塔原理图见图 3-23。

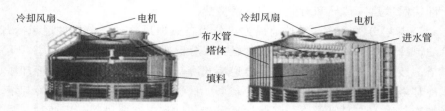

图 3-23　冷却塔原理图

3.2.15.3　蒸汽供给和冷凝水回收系统

（1）蒸汽供给系统　蒸汽是玉米淀粉生产线的动力，蒸汽供给系统是将锅炉生产出来的蒸汽供给生产用汽设备的工序。供给生产车间的蒸汽管道一般是一种压力一条管道。蒸汽管道在进入车间后首先进入分汽缸，然后由分汽缸引到各种用汽设备。在分汽缸的上面有一条进汽管和多条出汽管，还有压力表和安全阀，在分汽缸的下面有排污管。在进入各种用汽设备前的管道上通常安装一块压力表和安全阀（有特殊要求也要满足），需要设置一条主线和一条辅线，当主线出现故障时临时使用辅线。主线和辅线上各安装一个阀门，当使用自动控制阀门时要在其前后各安装一个阀门。管道可以水平安装，也可以立着安装。立着安装时蒸汽可以由上向下，也可以由下向上，还可以由上向下后再向上。进入用汽设备蒸汽管道安装图见图 3-24。

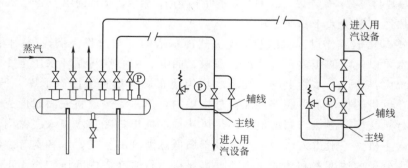

图 3-24　进入用汽设备蒸汽管道安装图

（2）冷凝水回收系统　玉米淀粉生产系统上使用蒸汽的设备和工艺很多，这些设备和工艺出来的冷凝水需要回收。冷凝水回收系统是将用汽设备排出的冷凝水回收和返回到锅炉去的工序。冷凝水回收是一项重要的节能措施，通常用汽设备排出的冷凝（凝结）水热量占蒸汽热量的 15%～30%，回收冷凝水就可回收这项热量，提高蒸汽的热能利用率。因为凝结水温度比新鲜的锅炉给水温度高，用 100℃的凝结水代替 30℃的锅炉给水约可节约燃料 12％。凝结水是品质良好的锅炉给水，回收至锅炉房可以节省大量水处理费用还可减少锅炉的排污热损失，使锅炉热效率提高 2％～3％。使用蒸汽作为热源来完成各种加热过程时蒸汽被使用的实际上仅仅是潜热，蒸汽的显热——冷凝水所具有的热量几乎全部被丢弃。要提高蒸汽使用设备的生产效率（加热效率），就必须尽快把传热效率低的冷凝水从蒸汽中排出去，蒸汽在各用汽设备中放出汽化潜热后变成同温同压下的饱和冷凝水，如果未受污染可以直接作为锅炉给水。一般饱和冷凝水具有蒸汽热能 20％左右，不回收损失热能，且增加化学水处理费用。如果将饱和冷凝水冷却后再回收会造成能源的浪费。

蒸汽在各用汽设备中放出汽化潜热后，变为近乎同温同压下的饱和凝结水，由于蒸汽的使用压力大于大气压力，所以凝结水所具有的热量可达蒸汽全热量的 20％～30％，压力、温度越高凝结水具有的热量就越多，占蒸汽总热量的比例也就越大。凝结水为最纯的蒸馏水，不含锅垢，如果回收利用可节省大量清锅费、水费及电费。冷凝水回收提高锅炉给水的水质，使蒸汽品质提高，同时减少锅炉排放冷凝水。冷凝水回收可减少锅炉补水量，使炉内及炉外水处理费用大量减少。锅炉给水温度提高，水中的含氧量减少，可避免锅炉、热机及蒸汽管路的锈蚀，冷凝水回收同时空气减少，增加热传递速度，提高效率。锅炉给水温度提高，可减少锅炉气鼓的温度差，避免钢板热胀冷缩，应力的不平衡，延长锅炉的使用寿命。锅炉补给水与炉内水的温差小，锅炉补给水时，蒸汽压力较稳定。锅炉补给水温度升高，可增加锅炉蒸发量，较能应付锅炉负荷的改变会。凝结水回收经利用后，冷凝水回收无二次蒸汽污染的现象及疏水器排水的噪声，可大幅改善工作环境闷热、噪声大的现象。锅炉补给水温度升高，减少单位蒸汽生产热能的需要量，冷凝水回收直接节省燃料消耗，提高锅炉效率。

一般凝结水回收系统可分为开放式和封闭式两大类。

开放式回收系统：将凝结水回收到锅炉的给水罐中，在凝结水的回收和利用过程中，回收管路的一端向大气敞开，通常是凝结水的集水箱向大气敞开。当凝结水的压力较低靠自压不能到达再利用场所时可利用泵对凝结水进行压送。这种系统适用于小型蒸汽供应系统，凝结水量较小、二次蒸汽量较少的系统。使用开放式回收系统应尽量减少冒汽量，从而减少热污染和工质、能量损失。

封闭式回收系统：凝结水集水箱以及所有管路都处于恒定的正压下运行，系统是封闭的，凝结水在回收利用的过程中不与大气接触。闪蒸损失很少，凝结水输送及时，凝结水本身的热量得到比较充分的利用。凝结水与空气不接触使水质保持较好的软化状态，使回水管道和附件减轻腐蚀。系统中凝结水所具有的能量大部分通过一定的回收设备直接回收到锅炉里，凝结的回收温度仅丧失在管网降温部分。由于封闭，水质有保证，减少了回收进锅炉的水处理费用。

开放式和封闭式回收系统仅仅是凝结水回收系统的大体分类，具体的凝结水回收系统根据凝结水的现场条件、凝结水的状态参数、回收目的等有不同的回收系统。

对于不同的凝结水选用何种回收方式和回收设备是至关重要的。正确选择凝结水回收系统须准确地掌握凝结水回收系统的凝结水量和凝结水的排水量。凝结水的压力和温度是选择凝结水回收系统的关键。凝结水回收系统的疏水阀的选择也是回收系统应该注意的。疏水阀选型不同，会影响凝结水被利用时的压力和温度，亦会影响回收系统的漏汽情况。为了充分利用凝结水中的蒸汽和有效利用其能量，在管路里设置凝结水扩容箱，使凝结水闪蒸产生二次蒸汽，回收闪蒸蒸汽，达到热能充分利用和解决管路里水击问题。利用蒸汽喷射式热泵将凝结水的闪蒸蒸汽升压，回收利用，做到汽水同时回收。

凝结水回收装置的完善使凝结水回收系统的回收效率大大提高，装置的选择不仅要考虑回收系统的具体现场情况，还要考虑实际的用汽条件如蒸汽的压力、温度，闪蒸蒸汽的回收方式，疏水阀的型式等。在系统选择时也并非系统的回收效率越高越好，在系统达到回收目的的同时还要考虑系统热经济性，考虑余热利用效率时要考虑经济技术性。

封闭式回收系统总体上由回收管网和回收泵站两部分组成。管网部分主要包含蒸汽疏水阀和回收管道，是在不影响用汽设备加热的前提下阻止未凝结放热蒸汽直接排出，将其中的凝结水及时疏出并输送汇集到一定距离处。泵站部分主要包含集水罐、压力调节阀、回收装置、自力阀及监控阀等，将汇集凝结水自动及时输送出去，同时对闪蒸蒸汽进行控制和处理。饱和冷凝水在输送过程中因压降而存在闪蒸形成一种汽液两相流，并随压力和温度改变而相互转化。玉米淀粉生产线蒸汽回收系统流程见图 3-25。

（3）蒸汽供给和冷凝水回收系统设备　蒸汽供给系统使用的主要设备有：分汽缸、安全阀、疏水器等。冷凝水回收系统使用的主要设备有：疏水器、闪蒸罐、冷凝水箱、输送泵等。

① 分汽缸　分汽缸（也称分汽包）是蒸汽系统的主要配套设备，用于将蒸汽分配到各路管道中去。分汽缸还有储存蒸汽、多台用汽设备并用的作用，还有一定的汽水分离能力。分汽缸是承压设备，属压力容器。分汽缸一般筒体直径是最大接管管径的 2~2.5 倍，也可以按筒体内流体流速确定。通常分汽缸有一个蒸汽进管，有多个蒸汽出管，出管的多少是根据生产线用汽设备的数量配置的，一般有 1~2 根预留管，上面还有压力表接口和安全阀接口。介质是过热蒸汽的需要安装温度计。分汽缸的底部设置有疏水装置和阀门，安装时要考虑热膨胀问题。

② 疏水器　疏水器在蒸汽加热系统中起到阻汽排水作用，可将冷凝水及时

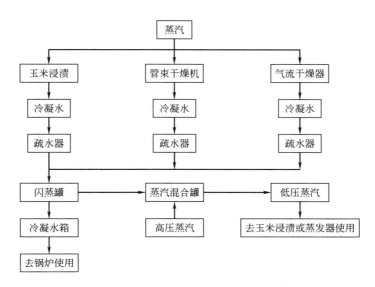

图 3-25 玉米淀粉生产线蒸汽回收系统流程

排出，防止加热蒸汽由排出管逃逸而造成物质和能源的浪费。疏水阀能自动排出蒸汽管网和设备中的凝结水、空气及其他不凝结气体，并阻止蒸汽泄漏。根据蒸汽疏水器工作原理的不同，蒸汽疏水器可分机械型、热静力型和热动力型三种类型。

a. 机械型（浮子型）疏水器是利用凝结水与蒸汽的密度差，通过凝结水液位变化使浮子升降带动阀瓣开启或关闭，达到阻汽排水目的。过冷度小，不受工作压力和温度变化的影响，有水即排，加热设备里不存水，能使加热设备达到最佳换热效率。最大背压率 80%，工作质量高。机械型疏水器有：自由浮球式疏水器、自由半浮球式疏水器、杆浮球式疏水器、倒吊桶式疏水器、组合式过热蒸汽疏水器等。

b. 热静力型疏水器是利用蒸汽和凝结水的温差引起感温元件的变形或膨胀带动阀心启闭阀门。过冷度比较大，一般为 15~40℃，能利用凝结水中的一部分显热，阀前始终存有高温凝结水，无蒸汽泄漏，节能效果显著。热静力型疏水器有：膜盒式、波纹管式、双金属片式。

c. 热动力型疏水器是靠蒸汽和凝结水通过时的流速和体积变化的不同热力学原理使阀片上下产生不同压差，驱动阀片开关阀门。工作动力是蒸汽，浪费蒸汽。结构简单、耐水击、最大背压率 50%，有噪声，阀片工作频繁。热动力型疏水器有：热动力式、圆盘式、脉冲式、孔板式。

根据疏水器选择原则并结合凝结水系统的具体情况来选用疏水器，不能单纯从最大排放量选择。首先根据加热设备和对排出凝结水的要求选择确定疏水器的型式，对于要求有最快的加热速度、加热温度控制要求严，在加热设备中不能积存凝结水，只要有水就得排，则选择能排饱和水的机械型疏水器为最好。因为它是有水就排的疏水器，能及时消除设备中因积水造成的不良后果，迅速提高和保证设备所要求的加热效率。对于有较大的受热面，对加热速度、加热温度控制要求不严的加热设备，可以允许积水，如蒸汽采暖疏水、工艺伴热管线疏水等，应选用热静力型疏水器为最好。对于中低压蒸汽输送管道，管道中产生的凝结水必须迅速完全排除，否则易造成水击事故。蒸汽中含水率提高，使蒸汽的温度降低，满足不了用汽设备工艺要求，因此中低压蒸汽输送管道选用机械型疏水器为最好。蒸汽疏水器的选择见表 3-9。

表 3-9   蒸汽疏水器的选择

加热设备和用途	疏水器选用型式	备注
蒸汽输送管网	机械型（自由浮球式、倒吊桶式）、热动力型	蒸汽压力≥4.0MPa 时用热动力型
工艺伴热管线	热静力型（双金属式、波纹管式、隔膜式）	
热变换器	机械型（自由浮球式、倒吊桶式）	
加热器、干燥器	机械型（自由浮球式、倒吊桶式）、热静力型	
暖气（散热器、对流散热器）	热静力型（双金属式温调疏水器、散热器疏水器）	

疏水器的压力一般分为：0.6MPa、1.0MPa、2.0MPa、0.6MPa、2.5MPa、4.0MPa、5.0MPa。在选用时疏水器的公称压力不能低于蒸汽使用设备的最高工作压力。同时根据疏水器公称压力、最高工作温度、安装环境等选定阀体的材料。公称压力<1.0MPa，选用铸铁或碳素铸钢。公称压力>1.0MPa，选用碳素铸钢或合金铸钢。疏水器的最高工作温度根据蒸汽使用设备所使用的蒸汽来确定，选择时应不低于使用蒸汽的温度。疏水器有卧式和立式两种安装方式，它是由管线与疏水器的连接位置来确定。疏水器的连接方式有螺纹、法兰、焊接、对夹等，必须根据疏水器的最高工作压力、最高工作温度及蒸汽使用设备相应连接部分要求来确定。

最后根据排水量的大小，选择确定疏水器的性能参数。除疏水器的压力、温度等参数应与所使用的设备条件相匹配外，疏水器各种压差下的排水量是选择疏水器的一个重要因素。如果所选用安装的疏水器排水量太小，就不能及时排除已到达该疏水器的全部凝结水，使凝结水受阻倒流，最终将造成堵塞，使设备加热效率显著降低；相反，选用排水量太大的疏水器将导致阀门关闭件过早磨损和失效。对设备或管道内产生的凝结水量必须正确地测定或根据计算式求出，为正确选用疏水器提供依据。

在确定疏水器的排水量时应根据各种用汽设备的特点、疏水器的排放形式来确定安全系数 K。一般按下式计算：

$$疏水器排水量(t/h) = 设备或管道凝结水量/时间 \times K$$

设备每小时产生的凝结水量即是设备每小时的蒸汽消耗量。安全系数 K，不是理论上所规定，也不是通过计算求得的，而是从经验中得出的数据。安全系数 K 的确定，其影响因素主要有两方面：一方面是疏水器的排水性能。由于目前疏水器对系统压差、流量变化的适用能力有限，且生产厂商为用户提供的疏水器容量都是以每小时的连续排放量表示的，而实际上大部分情况下疏水器都是间断排放的。另一方面是蒸汽使用设备的种类。蒸汽使用设备不同，其运转过程中凝结水生成的负荷特性也不同。要考虑蒸汽使用设备在启动时凝结水大量生成和正常运行时凝结水排水量的变化情况，同时还应考虑设备是连续运行或是间断运行等不同情况。如果排水特性变化大，又是间断运行的设备，那么安全系数选取要偏大，反之则偏小为好。综合各方面因素，对不同的蒸汽使用设备建议取安全系数 $K＝2\sim4$。

疏水器的品种很多，各有不同的性能。选用疏水器时首先应选其特性能满足蒸汽加热设备的最佳运行，然后才考虑其他客观条件，这样选择的疏水器才是正确和有效的。疏水器要能"识别"蒸汽和凝结水，才能起到阻汽排水作用。"识别"蒸汽和凝结水基于三个原理：密度差、温度差和相变。选择合适的疏水器，可使蒸汽加热设备达到最高工作效率。

疏水器安装要求：单独安装一个疏水器是很难达到阻汽排水作用的，它需要有辅助装置配合才能实现阻汽排水作用。疏水器的辅助装置不是要求件件必备，而是根据具体条件选用必需。用汽设备出来的冷凝水需要设置一条主线和一条辅线，当主线出现故障时临时使用辅线。疏水器系统的配置要水平安装，不能立着或上下安装。完整疏水器系统装置见图 3-26。

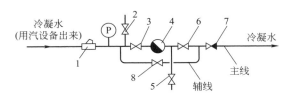

图 3-26　完整疏水器系统装置

1—过滤器；2—放空阀；3—前切断阀；4—疏水器；5—排污阀；6—后切断阀；7—止回阀；8—切断阀

当冷凝水排至大气时后切断阀、排阀、止回阀可不使用，如果疏水器本体内已带过滤器，过滤器可不设置（如自由浮球式疏水器）。如果疏水器后的凝结水管高于疏水器或有几组疏水装置共用一根凝结水管，需安装止回阀。如果疏水器本身能起止回作用也不设止回阀（如热动力型疏水器）。疏水器系统应尽量靠近用汽设备或蒸汽总管。疏水器不能串联安装，可以并联安装。每个设备的疏水应各自独立安装疏水装置，如果使用大规格的疏水器安装困难时可以采用几个小型疏水器并联安装。

当用汽设备是固定的，冷凝水出管可以直接与疏水器系统连接；当用汽设备是转动的（如管束干燥机等），冷凝水出管需要使用金属软管与疏水器系统连接。

3.3 玉米淀粉生产工艺路线

淀粉生产的基本工艺路线：玉米优选→玉米清理→玉米溶浸→玉米破碎→淀粉提取→玉米淀粉。玉米优选是选择收购适合加工工艺的原料玉米；玉米清理是指要对玉米进行必要的净化处理；玉米溶浸是指将玉米放入储罐内用亚硫酸进行一定时间的浸泡处理；玉米破碎是指将玉米颗粒进行分级碎解以使淀粉完全释放并以悬浊物的形态与水混合；淀粉提取是指利用离心力和物质密度不同或物质颗粒大小的不同对淀粉进行分离提取从而最终获得较纯净的玉米淀粉产品。玉米淀粉的生产是闭环逆流湿法工艺技术，即玉米是在一个系统内有水的作用和参与下进行各种性质的机械加工，工艺过程是闭环、逆流的物理加工过程（只有在玉米浸渍工序有一些微生物的作用）。

从水循环和干物质流向分析，整个玉米淀粉生产过程可以分为四个闭环逆流段。第一个闭环逆流段是玉米浸渍，包括浸渍液制造、玉米除砂上料、玉米浸渍、浸后玉米输送和玉米浆蒸发浓缩工序。第二个闭环逆流段是玉米磨筛、胚芽和纤维生产，包括玉米破碎、胚芽分离、胚芽洗涤脱水、纤维洗涤筛分、纤维脱水工序。第三个闭环逆流段是主分离和淀粉生产，包括蛋白质分离、淀粉洗涤精制、脱水工序。第四个闭环逆流段是麸质生产和过程水，包括麸质浓缩、脱水工序。第四个闭环逆流段的过程水是供其他三个段使用的，第一个闭环逆流段产生的冷凝水加入到过程水罐中，新水主要在第三个闭环逆流段加入。这四个闭环逆流段的特点是：各段形成独立的闭环、逆流过程，各段浆料和产生的过程水（包括输送水）在段内循环，各段输出的浆料和干物质不再返回，各段的浆料和过程水性质不同。闭环逆流技术的利用使玉米干物的回收率提高到很高的程度，得到的产品纯度很高，产品（包括中间体产品）品种很多。

玉米湿磨法工艺技术是将玉米的各组分进行分离，得到各种副产品和淀粉。包括玉米浸渍液、玉米浆、胚芽、玉米油、胚芽饼、纤维饲料、蛋白粉、淀粉等各种产品。在玉米湿磨法工艺技术中，水循环使用和物料循环加工是主要的过程和目的，只有充分运用水的循环流动技术实现闭环流程生产，才能实现生产过程干物收率高、环境污染少、能耗低、成本低、效益高的效果。在玉米湿磨法生产中水循环的意义十分重大，水的使用量是玉米的2～5倍（甚至

7 倍以上），全部生产过程都是在水的混合下进行的。水是外加入的，只参与生产过程，除玉米浆外基本不随同产品带出，都需要从生产系统排出，有的被蒸发成为水蒸气排到空中，有的被冷凝或冷却成为冷凝水循环使用，有的成为过程水加入工艺中使用。

玉米湿磨工艺技术是由干态→湿态→干态的过程，"干"是指玉米和成品本身为干态，玉米含水≤14%左右，各种副产品含水在 8%～14%（其中：玉米浆含水 55%，玉米油基本不含水）。在生产过程加入的水需要利用机械分离及热力干燥除去。

玉米湿磨法整个生产过程分为：①玉米收购、筛分净化、储存。②玉米上料、浸渍。③亚硫酸制备。④玉米破碎、胚芽分离。⑤胚芽洗涤、脱水、干燥。⑥玉米油生产。⑦纤维洗涤筛分、脱水、干燥、饲料包装。⑧蛋白质分离、脱水、干燥、蛋白粉包装。⑨淀粉洗涤、脱水、干燥、包装。⑩玉米蒸发浓缩等。

3.4　玉米淀粉生产收率指标

玉米淀粉生产规模大小是不同的，其生产的产品收率也不相同，规模的大小影响着工厂的各项管理水平。生产规模小，技术水平和控制水平低，各种产品的收率相对低一些（纤维饲料收率可能高一些）。生产规模大，技术水平和控制水平高，各种产品的收率相对高些（纤维饲料收率可能低一些）。影响生产和各种产品收率的因素还有生产工艺技术、设备性能和质量、管理水平和玉米质量。地区和年份不同，玉米的质量有差别，各种产品收率也不相同。

玉米淀粉生产的产品收率分商品收率和干基收率。商品收率是指各种产品的商品质量为计算数值的收率。干基收率是指各种产品的干基质量为计算数值的收率。商品收率主要说明生产企业的经营管理水平，干基收率主要说明生产企业的生产管理和技术水平。产品商品收率和产品干基收率计算公式如下：

$$产品商品收率(\%)=\frac{本期（计算期）商品产品生产质量(t)}{本期（计算期）商品玉米加工量(t)}\times100\%$$

$$产品干基收率(\%)=\frac{本期（计算期）干基产品生产质量(t)}{本期（计算期）干基玉米加工质量(t)}\times100\%$$

产品收率指标如表 3-10 所示。我国玉米淀粉的生产技术有很大的差别，生产技术水平高的生产线淀粉收率达到 70%（干基）以上，总收率达到 99%（干基）以上。中国各种规模玉米淀粉生产产品收率见表 3-11。

表 3-10　产品收率指标（干基）　　　　　　　　　　　　　%

产品名称	先进	一般	产品名称	先进	一般
淀粉	69	65	蛋白粉	6	7
玉米浆	6	4	纤维渣	11	12.5
胚芽	7	6.5	总干物质收率	99	95
其中：玉米油	(3)	(2.5)	干物损失	1	5
油饼	(4)	(4.0)			

注：此指标随着玉米品种的变化会有一些变化。

表 3-11　中国各种规模玉米淀粉生产产品收率　　　　　　%

产品名称	6 万～10 万吨/年		12 万吨/年以上	
	干基	商品	干基	商品
淀粉	68.5	68.5	70.0	70.0
玉米浆	6.6	12.6	7.0	13.4
胚芽	6.8	6.5	7.0	6.7
玉米油			3.2	2.7
胚芽饼			3.8	3.7
纤维饲料	9.5	9.3	9.7	9.5
蛋白粉	4.6	4.3	5.3	5.0
总收率	96.0	101.2	99.0	104.6
干物质损失率	4.0		1.0	

注：由于生产得到的各种产品实际水分含量低于产品的质量标准的数值，所以实际商品收率低于表中的数值。

3.5　玉米淀粉生产工艺流程

3.5.1　工艺流程类型

（1）开环流程　开环流程指生产过程全部用一次新鲜水。即浸泡玉米、洗胚芽、洗纤维、洗淀粉全部用新水，洗后水作为麸质水经沉淀澄清后全部排出。生产辅助用水（如输送玉米，浸泡后玉米洗水）也全用新水，而不加以重复利用，即随用随排。此流程简单，产品干物收率低、排放量大、污染环境严重。目前已杜绝使用开环流程。

（2）半闭环流程　半闭环流程是指洗涤淀粉用新鲜水，洗涤淀粉的水返回淀粉与麸质分离后分出麸质水，麸质水经浓缩后，清液做过程水去洗胚芽与纤维。往往因过程水中悬浮物含量过高，玉米浸泡也用新鲜水。这样生产系统中就有两个新鲜水入口，故称半闭环流程。此流程玉米浸泡质量容易控制，但排出废水量仍较大，目前国内工厂很少采用。

（3）闭环流程　闭环流程是当今国内外通用的先进的玉米湿磨生产流程。其特点主要是玉米湿磨提取淀粉生产全过程中，物与水合理配比和热能的反复利用形成闭路循环，从而减少了废水排放，提高了产品收率。在闭环流程中输送干玉米也是用玉米浸泡水。由于玉米在浸泡罐内需浸泡一段时间，未实现玉米浸泡的连续化。所以目前国内玉米湿磨淀粉生产闭环流程是不包括玉米浸泡过程的连续化生产流程。随着科学技术的不断进步，玉米浸泡连续化，将使玉米湿磨提取淀粉闭环流程连续化。

3.5.2 典型工艺流程介绍

（1）国外工艺流程　见图 3-27、图 3-28。

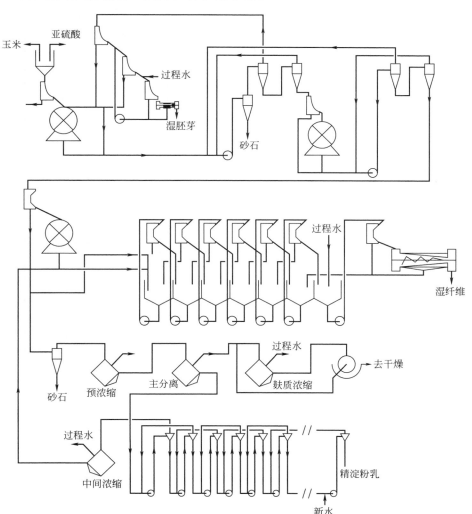

图 3-27　美国道尔·奥利沃公司流程

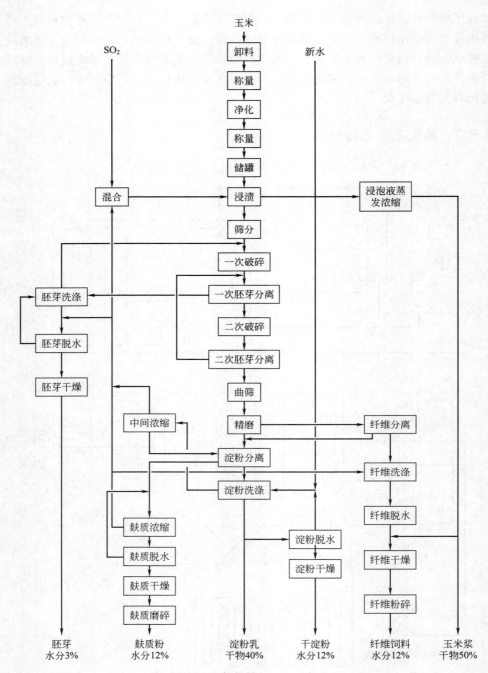

图 3-28 意大利 Cerostar 流程

（2）国内工艺流程　见图 3-29～图 3-33。

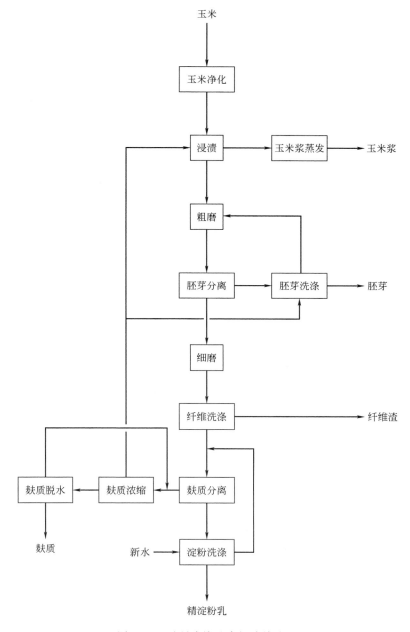

图 3-29　无预浓缩及中间浓缩流程

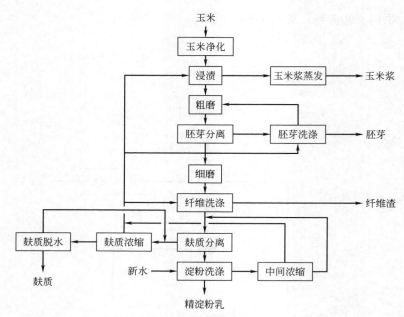

图 3-30　中间浓缩流程

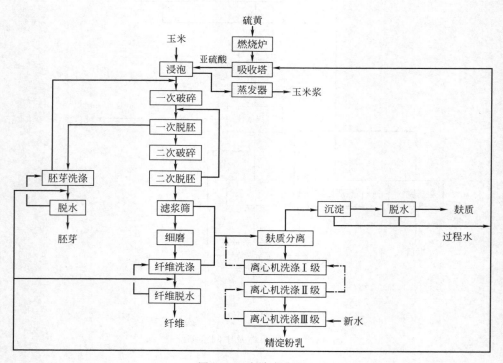

图 3-31　全分离流程

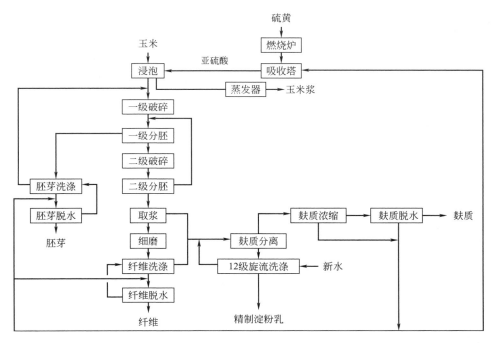

图 3-32 分离机＋旋流洗涤器流程

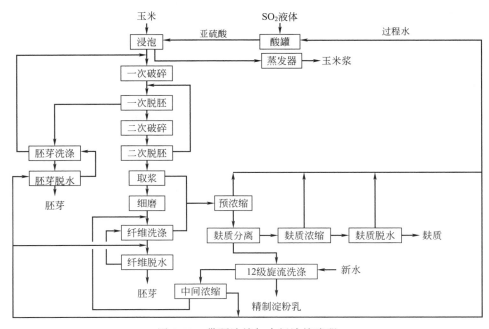

图 3-33 带预浓缩加中间浓缩流程

3.5.3 玉米湿磨改良工艺流程

总结多年的实际生产经验，结合国内外典型流程的应用实例，对日加工1000t 以上的工厂，推荐以下玉米湿磨改良工艺流程（图 3-34）。

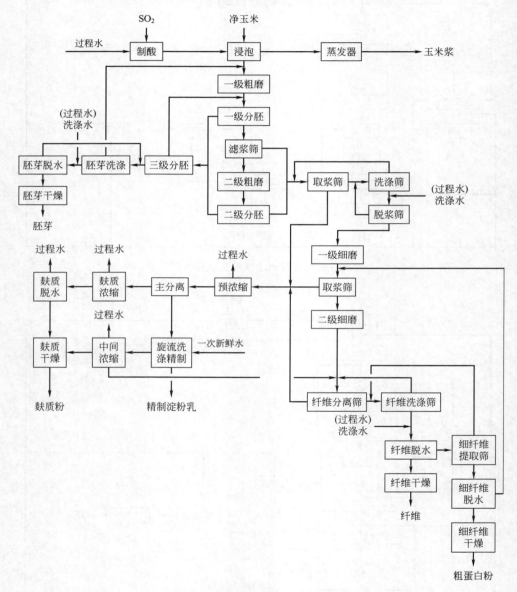

图 3-34 玉米湿磨改良工艺流程

3.5.4 玉米湿磨产品制造综合流程

玉米湿磨产品制造综合流程如图 3-35 所示。

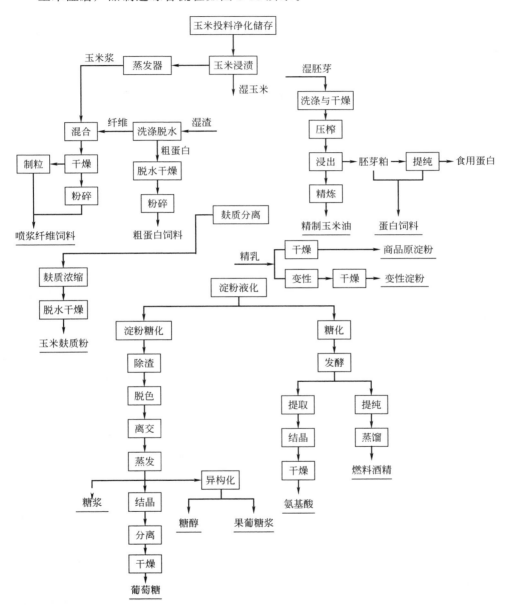

图 3-35 玉米湿磨产品制造综合流程

随着经济的发展和技术的进步，玉米在国民经济中的作用越来越大，尤其是在替代石油能源方面。正如美国玉米加工协会 2005 年度报告中指出的那样："在不久的将来，数以万计的人们可以开着用乙醇驱动的各种车辆来到购物中心，买到用玉米制成的衣物、食品、家庭用品和各种其他产品。"玉米是太阳能收集器，是人们可以依赖的再生资源。玉米湿磨加工必将成为国内金黄色的朝阳产业，而得到迅速发展。

3.6　玉米淀粉生产工艺特点

3.6.1　绿色

3.6.1.1　绿色原料

抓源头控制从玉米种植开始，进行关注、跟踪和控制，以保证原料的绿色优质。生产绿色玉米一般要求如下。

（1）产地环境　产地应远离公路主干线 500m 以上，周边 2km 以内无污染源；农田土壤、灌溉用水、大气环境质量应符合《绿色食品产地环境技术条件》（NY/T 391）的规定；地势平坦，排灌方便，耕作层深厚、土壤肥沃、保水保肥能力强的轻壤或中壤土；农机作业道路配套，并具有一定生产规模的农业生产区域。

（2）品种选择　根据当地自然条件，因地制宜地选用经国家或省种子审定委员会审定通过的优质、高产、抗逆性强的玉米品种。种子质量应符合《粮食作物种子禾谷类》（GB 4404.1）的要求。

（3）肥料使用准则

① 允许使用农家肥料中的堆肥、厩肥、沼气肥、绿肥、作物秸秆肥、饼肥和商品肥料中的商品有机肥、腐殖酸类肥料、微生物肥料、有机复合肥、无机（矿质）肥料、叶面肥料和有机无机肥。

② 在上述肥料种类不能满足生产需要的情况下，允许使用化学肥料（氮、磷、钾），但必须采用平衡施肥技术，实行有机、无机肥结合，氮、磷、钾、硼、锌配合施用；最后一次追施氮素化肥安全间隔期为 30d。

③ 禁止使用城镇垃圾和污泥、医院的粪便垃圾、含有害物质（如毒气、病原微生物、重金属等）的工业垃圾以及未经国家或省级农业部门登记的化学和生物肥料；严禁使用未经无害化处理的农家肥料和重金属含量超标的有机肥及矿质肥料。

（4）农药使用准则

① 允许使用中等毒性以下的生物源农药中的微生物源农药、动物源农药和植物源农药以及矿物源农药中的硫制剂、铜制剂，限量使用高效、低毒、低残留的有机合成农药。

② 禁止使用滴滴涕、六六六、林丹、甲氧滴滴涕、硫丹、甲拌磷、乙拌磷、久效磷、对硫磷、甲基对硫磷、甲胺膦、甲基异柳磷、治螟磷、氧化乐果、磷胺、水胺硫磷、氯唑磷、涕灭威、克百威、灭多威、丁硫克百威、丙硫克百威、杀虫脒、汞制剂、砷制剂等剧毒、高毒、高残留或具有三致毒性（致癌、致畸、致突变）的农药。

③ 每种有机合成农药在玉米的 1 个生长周期内只允许使用 1 次，并按照《农药合理使用准则》（GB/T 8321）的规定，严格控制施药量和安全间隔期，将病虫草害控制在允许经济阈值以下，确保有机合成农药在玉米中的最终残留符合《绿色食品玉米及玉米制品》（NY/T 418）的最高残留限量要求。

（5）有害生物防治　玉米的主要有害生物为牛筋草、马唐、看麦娘等一年生禾本科杂草，大、小叶斑病，玉米蚜和玉米螟等。

① 病虫害控制原则　贯彻"预防为主，综合防治"的植保方针，从农田生态系统的稳定性出发，综合运用农业防治、生物防治、物理防治和化学防治等措施，控制病虫草害的发生与危害。

② 农业防治

a. 针对当地主要病虫害，选用抗（耐）病虫品种。且品种要定期轮换，保持品种抗性，减轻病虫害发生。

b. 建立合理的耕作制度，做到玉米与毛豆、西兰花轮作换茬，并有计划地进行水旱轮作，降低病虫草害发生与危害的概率。

c. 通过合理密植和增施有机肥，实行平衡施肥以及合理灌溉，提高植株的抗（耐）病虫能力。

d. 玉米收获时，采用多功能收割机在摘穗的同时对秸秆进行粉碎还田作业，减少下茬或次年玉米螟的发生基数。

③ 物理防治　每 2.7～3.3 hm² 大田安装频振式杀虫灯或太阳能杀虫灯 1 盏，诱杀玉米螟和菜青虫等害虫。

④ 生物防治

a. 生产上严禁使用有机磷、拟除虫菊酯类等广谱性杀虫剂，选择对天敌杀伤力小的新型杀虫剂等低毒农药，提高天敌的自然控制能力，发挥天敌的控害作用。

b. 在玉米螟产卵始期至产卵盛期放赤眼蜂 2～3 次，每 667m² 放 1 万～2

万头。

c. 选用微生物源农药中的苏云金杆菌和甲维菌素盐防治玉米螟和菜青虫等。

d. 选用植物源农药苦参碱防治玉米蚜和菜青虫等。

⑤ 药剂防治

a. 农药选择与用量

ⅰ. 农田杂草在播种后至出苗前，每667m²选用96%精异丙甲草胺乳油80～100mL或90%乙草胺乳油60～100mL进行土壤处理；第一次中耕后，在杂草2～5叶期，每667m²选用33.6%苯吡唑草酮悬浮剂5～6mL或在杂草3叶期前选用50%禾宝乳油0～100mL进行茎叶处理。

ⅱ. 大、小叶斑病在发病初期，每667m²选用64%噁霜·锰锌可湿性粉剂120～170g、50%腐霉利可湿性粉剂50～100g或25%阿米西达（嘧菌酯）悬浮剂10mL进行防治。

ⅲ. 在玉米蚜始发期，每667m²选用0.3%苦参碱水剂133mL、10%吡虫啉可湿性粉剂20g或3%啶虫脒乳油15～20mL进行防治。

ⅳ. 玉米螟于玉米心叶末期、玉米花叶率达10%时，每667m²选用100亿孢子/g苏云金杆菌乳剂200mL、1%甲维盐乳油10.8～14.4mL或20%氯虫苯甲酰胺悬浮剂4～5mL进行防治，并兼治菜青虫。

b. 施药方法　选用海吉高地隙自跃式喷药机进行植保作业。作业前，一般情况下每667m²对水25～30L稀释农药，设置单位面积喷药量，并将地隙高度调节到喷头与作物顶部或厢面距离40～50cm处；当喷药机压力达到标定值时正式作业，随着机车驶入玉米地随即打开喷头开关，要求药液雾化良好，各喷头喷量均匀一致，药液在植株上或厢面上的覆盖率达100%。中途停车时要马上关闭喷头，地头转弯时要随着机组驶出而关闭喷头，避免喷药过量引起药害。同时，3级以上风天或雨前不宜进行植保作业。

c. 安全间隔期　玉米抽丝后，大田停止施药。抽丝前，田间最后一次使用的农药若是甲维菌素盐，其安全间隔期为6d，若是氯虫苯甲酰胺则为14d。

（6）农机作业准则

① 加强农机手的岗位培训，做到持证上岗。

② 农机作业前应搞好检修，防止带病作业。

③ 农机作业质量指标应符合田间生产各环节对机械操作的技术要求。

④ 农机作业中不允许有漏、渗油现象，以免污染农田土壤与玉米果穗。

（7）绿色玉米原料的质量要求

① 感官　应符合表3-12规定。

② 理化指标　应符合表3-13规定。

表 3-12　感官

项目	玉米	玉米粒
外观	大小均匀、籽粒饱满,无病虫害	大小均匀、籽粒饱满,无病虫害
色泽	具有本品固有色泽,无霉变	具有本品固有色泽,无霉变
组织状态	粒状	粒状
滋气味	具有本品固有气味,无异味	具有本品固有气味,无异味
杂质	无肉眼可见外来杂质	无肉眼可见外来杂质

表 3-13　理化指标

项目	指标
水分/%	≤14.0
杂质/%	≤1.0
不完善粒/%	≤5.0
生霉粒/%	≤1.0
固形物/%	—
可溶性固形物(20℃)/%	—
含砂量/%	—
磁性金属物/(g/kg)	—
脂肪酸值/(mgKOH/100g)	—

③ 卫生指标　应符合表 3-14 规定。

表 3-14　卫生指标

项目	指标
无机砷(以 As 计)/(mg/kg)	≤0.2
铅(以 Pb 计)/(mg/kg)	≤0.2
总汞(以 Hg 计)/(mg/kg)	≤0.01
镉(以 Cd 计)/(mg/kg)	≤0.1
锡(以 Sn 计)/(mg/kg)	—
磷化物/(mg/kg)	≤1.0
氰化物/(mg/kg)	不得检出(≤0.02)
敌敌畏/(mg/kg)	不得检出(≤0.015)
马拉硫磷/(mg/kg)	—
乙酰甲胺磷/(mg/kg)	—
克百威/(mg/kg)	≤0.1
氯氰菊酯/(mg/kg)	≤0.01
三唑酮/(mg/kg)	≤0.5
黄曲霉毒素 B_1/(μg/kg)	≤10

3.6.1.2　绿色工艺——绿色浸渍技术

玉米淀粉湿法加工工艺中所涉及的第一道工序是玉米浸泡工序，浸泡效果的好坏、浸泡时间的长短直接影响加工中淀粉成品及其副产品的收率、质量和生产成本，所以被视为最重要的一道工序。传统的玉米浸泡工艺普遍采用 0.2%～0.3% 浓度的亚硫酸溶液在 48～53℃ 条件下进行浸泡，浸泡时间为 48～72h。传统方法存在浸泡时间长、生产成本高、生产效率低、耗能高、废水排放量大等缺点，同时释放的 SO_2 气体污染环境，应用较高浓度亚硫酸溶液浸泡玉米还会在一定程度上造成设备的腐蚀、地下水污染、产品中亚硫酸残留等结果。

基于以上原因，有必要对浸泡工艺进行技术革新。近些年来，国内外的许多相关人员在玉米浸泡工艺上做了大量的研究工作。

（1）SO_2 递减浸泡法　王永等发明了一种食用级玉米淀粉生产中的玉米浸泡工艺，它是对现有逆流浸泡法技术的改进。在亚硫酸浸泡阶段中，各浸泡罐或浸泡段中浸泡液的 SO_2 浓度控制范围 0.04%～0.30%，其中进入破碎磨前的第 1 个浸泡罐或浸泡段浸泡液中 SO_2 浓度，低于进入破碎磨前的第 2 个浸泡罐或浸泡段浸泡液中 SO_2 浓度，进入破碎磨前的第 2 个浸泡罐或浸泡段浸泡液中 SO_2 浓度为各罐最高浓度，其余各浸泡罐或浸泡段浸泡液中 SO_2 浓度依亚硫酸倒罐的方向依次逐级递减，其浓度梯度差为 0.01%～0.10%。采用该工艺流程，可有效控制生产过程中 SO_2 的含量，确保产品淀粉中 SO_2 的含量稳定在 0.003% 以下。该法可缩短浸泡时间至 28～32h，淀粉收率保持不变。

（2）乳酸浸泡法　玉米浸泡过程中可生成乳酸。乳酸可降低浸泡液的 pH 值，限制其他微生物的生长，起到防止玉米及浸渍液腐败的作用。同时，乳酸还和亚硫酸结合，对提高玉米浸泡效果起协同作用，提高玉米籽粒吸水率，缩短浸泡时间，促进玉米籽粒中蛋白质和淀粉的分离，从而提高淀粉的产率和质量。在实际生产中，浸泡液中的乳酸菌的接种源是玉米和水，因此接种量很少，从而导致了浸泡过程中乳酸菌的作用不明显。为了提高乳酸菌的数量，可采用人工接种的方法，以使其充分发挥作用。

目前，已有研究人员在玉米浸泡过程中添加乳酸杆菌液，进行试验研究。试验结果表明，添加乳酸杆菌液（以浸泡水量的 10% 接入种子液）后可加强浸泡的效果，并同时证明了当亚硫酸浓度为 0.1% 时，玉米浸泡效果较好。所以，在浸泡开始时，把乳酸杆菌液以 10% 的量接种于玉米浸泡液中，同时保持亚硫酸的浓度为 0.1%，这样在浸泡温度控制为 50℃ 时，可使浸泡的时间由 68h 缩短到 32h，同时也可以使玉米淀粉的得率提高 1%。

赵寿经等从淀粉生产厂的玉米浆中筛选出耐 50℃ 高温的嗜热乳酸菌，以不同浓度的接种量接种到玉米浸泡水（含 0.2% H_2SO_3 的自来水）中，研究嗜热乳酸菌对缩短玉米浸泡时间的效果。结果表明,接入 10% 的嗜热乳酸菌可缩短玉米细胞破壁所需有效乳酸浓度到达的时间,使浸泡过程第一阶段的浸泡时间由20h 缩短为 14h,乳酸菌发酵使浸泡液的 pH 值迅速降低并保持水平。因此,在玉米浸泡过程的第 1 阶段不加入 SO_2 同样可以抑制其他微生物的生长,从而减少了环境污染。同时浸泡时间减少到 32h,淀粉收率为 65.1%。

(3) 酶浸泡法 为了优化浸泡效果,缩短浸泡时间,研究人员尝试用酶代替亚硫酸来降解蛋白质网。芬兰研制了一种新的鸡尾酒酶 (Econaste EP434),它的主要成分包括纤维素酶、半纤维素酶、果胶酶和肌醇六磷酸钙镁降解酶。其研究的初衷是为了消化玉米细胞壁中的物质和肌醇六磷酸钙镁,以防玉米浸泡液蒸发浓缩时形成污泥。在进行扩大 Econaste EP434 酶的应用范围研究时,研究人员将其用于玉米浸泡实验中。用传统的方法,在实验室规模,浸泡48h,温度为50℃,加入 0.2% SO_2,加入 Econaste EP434(70PU/g),可使总淀粉收率增加2.1%,即从 94.4% 增加到 95.5%,而淀粉纯度不变。

在证明了应用型酶 Econaste EP434 能提高淀粉收率并能改善玉米浸泡液质量之后,研究人员又对用这种酶是否能缩短浸泡时间进行了试验,试验过程中,逐步减少浸泡时间,并同时反比地增加酶剂量,浸泡时间可以减少到 12h 而淀粉收率没有任何明显的损失。采用两步法浸渍可以减少浸泡时间至 10h,淀粉回收率也高于传统浸泡,但纤维的联结淀粉含量略高,具体数据见表 3-15。

表 3-15 酶制剂浸渍、两步法浸渍和亚硫酸浸渍对比试验结果(干基) %

对比项目	0.2%SO_2 的 亚硫酸水浸渍	Econaste EP434 酶制剂 (70PU/g)浸渍	两步法浸渍
玉米浆(浸渍液)收率	5.26	5.61	2.91
胚芽收率	7.34	7.12	8.80
纤维渣收率	9.7	9.21	9.64
其中联结淀粉含量	19.01	17.16	20.99
淀粉收率	64.09	65.49	65.53
其中蛋白质含量	0.37	0.37	0.37
蛋白粉(麸质)收率	7.31	6.24	6.8
其中蛋白质含量	46.57	51.43	56.47
浸渍中干物含量	2.21	2.35	5.45
淀粉抽提率	94.4	96.5	96.5
总干物收率	95.91	95.92	98.41

（4）加入蛋白酶　任海松等以玉米为原料，设计了酶法提取玉米淀粉的工艺路线，并对此工艺进行了研究。研究表明，蛋白酶添加量为 1.5mL，浸泡液 pH 值为 3.4，浸泡温度为 50℃，浸泡时间为 14h 时，玉米淀粉得率最高，为 74.66%。赵寿经等将蛋白酶活性高的发酵液添加到玉米浸泡液中进行试验研究。试验结果表明，当玉米在含有 0.1% 的 H_2SO_3 和 0.5% 的乳酸的浸泡液中浸泡 18h 后，调节浸泡液的 pH 值为 7.0，然后加入 20% 的蛋白酶发酵液继续浸泡 6h，淀粉得率为 67.79%。此法与传统工艺相比，淀粉得率提高了 9.5%，SO_2 含量降低了 0.1%，总的玉米浸泡时间由 36h 缩短至 24h。

（5）加入纤维素酶　浸泡时间在整个生产工艺流程中比其他各步使用的时间均长，这就限制了玉米淀粉生产的效率，生产时间长，消耗的能源多。目前，世界各国研究人员正在致力于在保证浸泡效果的同时降低浸泡水中亚硫酸的浓度，缩短浸泡时间的研究。玉米籽粒的皮层主要是由纤维素构成的。由于半透性皮层的存在，阻碍了水分的进入和玉米粒内部可溶性物质向外的渗透。纤维素酶是一种复合酶，它含有 C1、Cx 酶和 β-葡萄糖苷酶等三种主要组分。另外，它还含有一定的果胶酶、半纤维素酶、蛋白酶、淀粉酶和核酸酶等，这些酶是辅助酶。通过这些酶的协同作用，可以使植物细胞壁很快分解、崩溃。纤维素酶应该能够使玉米籽粒皮层的半透性变成通透性，提高玉米浸泡效果，缩短浸泡时间。段玉权等人研究了在玉米浸泡液中添加纤维素粗酶制剂，探讨纤维素酶对玉米浸泡效果的影响。通过合理的设计实验，找出了纤维素酶最佳酶解时间和纤维素酶解最佳浓度。实验结果显示，使用 0.3% 的纤维素酶与 0.1% 的 SO_2 的浸泡液浸泡玉米 12h 后，玉米淀粉得率为 57.0%，为最佳值。

（6）高压浸泡法　高压浸泡技术是近年来发展的制取玉米淀粉的一项新技术，就是试图用高压方法来加速玉米的吸水速率，从而取代传统的亚硫酸浸泡工艺。试验证明，传统的亚硫酸工艺玉米吸水至少要 12h 才能达到饱和，而使用高压浸泡技术只需浸泡 1～2h，玉米含水就可达 40%～50%；当压力为 1.5MPa，胚乳能充分膨胀并具有弹性；当压力为 10.5MPa，仅浸泡 5min 就可使玉米含水率达 35%，甚至更高。此法与常规方法即连续浸泡工艺比较，不使用亚硫酸，可大大降低设备防腐的投资；浸泡时间大大缩短；浸泡容积小，可大大减少设备和土建的投资；能耗和污水处理费用也大幅度降低，具体数据见表 3-16。

（7）综合浸泡法

① 发酵法和酶法综合浸泡　赵寿经等人首先将玉米籽粒在含有嗜热乳酸菌的浸泡液（50℃±2℃）中发酵浸泡 12h，让玉米籽粒充分吸水至饱和，细胞壁受到乳酸的破坏；然后加入菠萝蛋白酶，继续浸泡作用 4h，使菠萝蛋白酶通过乳酸菌在细胞壁上产生的坑洞进入玉米籽粒细胞，降解包裹淀粉颗粒的蛋白质二

表 3-16 高压浸泡工艺与连续浸泡工艺参数的比较

项目	高压浸泡工艺	连续浸泡工艺
浸泡时间/h	2～3	30～50
浸泡装置容量/m³	5～6	50～85
用水量/(m³/t 玉米)	0.4～0.8	1.2～1.8
玉米干物质转入浸泡液的含量/%	0.3～0.5	5～6
废水量/(m³/t 玉米)	0.1～0.5	3～5
淀粉得率/%	70～72	67～70
浸泡及浸泡液蒸发耗能/%	50～70	100

硫键，充分释放淀粉。通过设计正交试验优化了嗜热乳酸菌发酵和菠萝蛋白酶法综合加工工艺，获得玉米淀粉的浸泡工艺条件为：浸泡水温度 50℃±2℃；嗜热乳酸菌接种量 10%；发酵液浸泡玉米籽粒时间 12h；然后加入 0.2% 菠萝蛋白酶，酶解反应 4h，精磨后分离获得淀粉。改进后的工艺过程不添加 SO_2，浸泡时间从传统的 48h 缩短至 16h，玉米得率为 65.13%±0.3%。

② 高压和复合酶联合浸泡 闵伟红发明了一种利用高压和复合酶联合浸泡从而缩短玉米淀粉生产过程中玉米浸泡时间的方法。在玉米经过浸泡前处理后，按与玉米质量比为（1～3）∶1 加入自来水，然后按 450～1350IU/g 玉米加入蛋白酶，按 15～80IU/g 玉米加入纤维素酶，搅拌均匀。打开空气压缩机，维持压力为 0.1～0.5MPa，调整浸泡温度为 30～60℃，在浸泡时间 10～20h 条件下，浸泡后玉米含水量 41.7%～45.3%，玉米淀粉得率 69.2%～71.6%，浸泡液中干物质的含量 3.6%～4.1%，蛋白质含量 0.040～0.045mg/mL。本方法克服了传统浸泡工艺存在的浸泡时间过长、能源消耗过大、SO_2 气体污染环境等缺点。

3.6.1.3 绿色产品

由于原料及工艺的绿色理念，从而保证了产出产品的绿色优质。绿色淀粉及淀粉制品的感官要求应符合表 3-17 的规定；绿色淀粉的理化指标应符合表 3-18

表 3-17 绿色淀粉及淀粉制品的感官要求

项目	要求		检验方法
	淀粉	淀粉制品	
色泽	具有各自产品固有的正常色泽		取适量试样置于白色洁净的瓷盘中，在自然光线下目测色泽、杂质和组织状态,鼻嗅气味
气味	具有各自产品固有的正常气味,无异味		
杂质	无肉眼可见外来杂质		
组织状态	均匀粉末,无结块	具有各自产品固有的状态,外形均匀一致、完整、无碎屑	

表 3-18　绿色淀粉的理化指标

项目	指标					检验方法
	玉米淀粉	小麦淀粉	马铃薯淀粉	木薯淀粉	其他食用淀粉	
水分/%	≤14.0	≤14.0	≤20.0	≤14.0	≤20.0	GB/T 12087
灰分（干基）/%	≤0.15	≤0.3	≤0.4	≤0.3	—	GB/T 22427.1
蛋白质（干基）/%	≤0.45	≤0.40	≤0.15	≤0.30	—	GB 5009.5
脂肪（干基）/%	≤0.15	≤0.10	—	—	—	GB 12309 中 4.3.7
斑点/（个/cm³）	≤0.7	≤3.0	≤5.0	≤6.0	—	GB/T 22427.4
白度/%	≥87.0	≥91.0	≥90.0	≥88.0	—	GB/T 22427.6
电导率/（μS/cm）	—	—	≤150	—	—	GB/T 8884 中附录 B
氢氰酸/（mg/kg）	—	—	—	≤10	—	GB/T 5009.36 中 4.4

的规定；污染物限量、食品添加剂限量和真菌毒素限量应符合表 3-19 的规定；绿色淀粉及淀粉制品中微生物限量应符合表 3-20 的规定。

表 3-19　污染物限量、食品添加剂限量和真菌毒素限量

项目	指标		检验方法
	淀粉	淀粉制品	
总砷（以 As 计）/（mg/kg）	≤0.3	≤0.5	GB/T 5009.11
铝（以 Al 计）/（mg/kg）	不得检出（<25）		GB/T 5009.182
苯甲酸①/（g/kg）	不得检出（<1）		GB/T 5009.29
黄曲霉毒素 B₁/（μg/kg）	≤5.0		GB/T 5009.22

① 苯甲酸仅适用于湿淀粉制品。

注：如食品安全国家标准及相关国家规定中上述项目和指标有调整，且严于本标准规定，按最新国家标准及规定执行。

表 3-20　绿色淀粉及淀粉制品中微生物限量

项目	指标		检验方法
	谷类淀粉	薯类淀粉、豆类淀粉及其他食用淀粉	
菌落总数/（CFU/g）	≤10000		GB 4789.2
大肠菌群/（MPN/g）	< 3	< 3	GB 4789.3
霉菌和酵母/（CFU/g）	≤100	≤1000	GB 4789.15

3.6.1.4　绿色加工链

　　湿法生产玉米淀粉的关键环节是玉米浸泡、胚芽分离、淀粉与蛋白质分离等。每一道工序都影响淀粉的得率。浸泡工艺是玉米淀粉生产工艺中第一道工序，这一步最为关键，不适宜的浸泡操作，不仅增加成本，而且影响淀粉成品的质量与产量。传统的浸泡工艺是把玉米籽粒浸泡在含有 0.2% ～0.3% 浓度的亚硫酸中，在 $48\sim55℃$ 的温度下保持 $48\sim72h$。浸泡过程是亚硫酸和乳酸共同作用的过程，具体分为乳酸作用、SO_2 扩散和 SO_2 作用三个阶段。但是应用较高浓度亚硫酸水溶液浸泡玉米存在的主要问题是会在一定程度上造成设备的腐蚀、地下水污染、产品中亚硫酸残留等。丛泽峰等人从淀粉生产车间的玉米浆中筛选出耐 $50℃$ 高温的嗜热乳酸菌，将其接种到玉米浸泡水中，结果表明，在玉米浸渍工艺中添加适量的嗜热乳酸菌，能够使玉米籽粒细胞壁的破壁速率加快，增强了玉米籽粒的浸泡效果，浸泡过程第 1 阶段的浸泡时间由 20h 缩短为 14h，同时大大降低了浸泡液中 SO_2 的浓度，减少了硫黄使用量。

另外，脱胚渣浆经纤维精磨后，淀粉和麸质与纤维相互剥离而均匀地混合，采用六级压力曲筛与纤维洗涤槽配合，可以将种皮与淀粉和蛋白质分离开来。分离后得到两种液体物料，其中一种是纤维浆料，这种洗涤获得的纤维含水量达 95%，需要经过离心脱水或挤压机脱水，将水分降至 $60\%\sim65\%$，然后由管束干燥降到含水量 13% 以下，干皮渣用作饲料用。纤维精磨、洗涤和筛分工序技术含量较高，工艺比较复杂，其结果决定淀粉、蛋白粉和纤维的收率，是玉米淀粉生产工艺中重要的工序。通过向纤维洗涤槽中添加一种复合纤维素酶，可以促进包裹在纤维中的淀粉和蛋白质的释放，有利于后续的纤维脱水干燥，通过添加这种复合纤维素酶，可以使机械脱水后的纤维的含水量由原来的 $60\%\sim65\%$ 下降到 $50\%\sim55\%$，大大降低了后续纤维管束干燥时能源的消耗。

玉米淀粉湿磨法生产过程中，热能的消耗主要是蒸汽的消耗。一般工厂每加工 100t 玉米需要 80t 蒸汽（随着工厂所在地气候的差异而不同）。这些蒸汽主要用于淀粉的干燥过程，胚芽、纤维和蛋白粉的干燥过程，稀玉米浆的蒸发浓缩过程以及玉米浸泡液的加温过程。在淀粉干燥过程，一般采用气流干燥工艺，用蒸汽通过空气加热器将空气加热，产生大量的冷凝水。加热后的空气与湿淀粉混合，使淀粉干燥至安全水分。胚芽、纤维和蛋白粉的干燥过程，一般采用管束干燥机，用蒸汽做热源，间接加热，生产大量的干燥尾气和蒸汽冷凝水。稀玉米浆浓缩，一般采用多效降膜蒸发器，一方面利用蒸汽做动力，推动蒸汽喷射器，形成真空，降低稀玉米的蒸发温度；另一方面利用蒸汽做热源换热。当今世界性能源紧缺，煤炭、电力等能源价格上升，致使湿磨生产成本增大，因此节能，特别是充分利用热能多次反复循环利用，是一个十分重大的课题。目前我国大型的玉米淀粉加工厂是采用蒸汽梯度配置的方法，淀粉的干燥以及副产物的干燥主要利用高压蒸汽间接加热，高压蒸汽放热后产生了大量的冷凝水，含有的热量可达蒸汽全部热量的 $20\%\sim30\%$，冷凝水采用集中回收的方式，即把淀粉气流干燥机换热器产生的冷凝水和管束干燥机产生的高温冷凝水集中在压力约为 0.2MPa 的闪蒸罐中进行闪蒸，闪蒸后的高温冷凝水通过液面传感器控制调节阀送入凝结水罐进行二次闪蒸，二次闪蒸后凝结水通过热水泵直接送淀粉气流干燥器中的翅片换热器预热组进行降温处理。降温处理后的凝结水用于淀粉洗涤；闪蒸罐排出的蒸汽（压力约 0.2MPa）也可用于浸泡工艺的加温和冷亚硫酸的加温。利用管束干燥机排出的高温尾气做热源，利用板式蒸发器可对玉米浆进行蒸发浓缩。淀粉经气流干燥后排出的尾气温度为 53～54℃，这部分高温尾气可通过阀汽换热装置引回到空气加热装置的出口端，进行循环利用。通过对蒸汽产生的余热进行回收利用，完成了热环流，做到了蒸汽余热的零排放，大大节省了煤炭资源的消耗。

3.6.2　低碳

3.6.2.1　低碳理念

从原辅料的源头抓起，开展碳排查活动，针对排碳点，进行行之有效的控制，以使产品的生命周期内的耗碳量降至最低，最终体现淀粉加工行业的低碳理念。

低碳制造是以低能耗、低污染、低排放为基础的工业生产模式，是人类社会继农业文明、工业文明之后的又一次重大进步。低碳制造属于环境意识制造（envionmentally conscious mannufacturing）、面向环境的制造（manufacturing for environment）的范畴，其实质是能源高效利用、清洁能源开发、追求绿色GDP 的问题，核心是能源技术和减排技术创新、产业结构和制度创新以及人类生存发展观念的根本性转变。

从生产流程来看，低碳生产可以理解为：在减少温室气体排放的目标约束下，所构筑的一套以低碳能源投入、低碳工艺流程、低碳排放为主要特征的生产方式和生产体系。包括运用低碳技术和调整产业结构、循环经济、资源回收、节能材料等。低碳生产是一种可持续的生产模式，与目前大力推行的清洁生产、循环经济等有着密切的联系，其更加明确地指向清洁能源结构、能源利用效率、低碳技术应用、低碳产业体系等与减少碳排放相关的生产性目标。

3.6.2.2　低碳工艺

全工艺能量衡算，针对高排碳点具体问题具体分析，以使工艺全过程在低碳的理念下设计和运行，打造以低碳为基准的加工工艺。

（1）淀粉生产中的物流平衡　在玉米淀粉的生产管理上，生产平衡计算是十分重要的管理手段，是判定生产系统科学性的基础，是决策技术改造的依据。生产平衡是根据质量守恒定律和物质不灭定律，将玉米淀粉生产过程进入的各种原料、水、蒸汽，产出各种产品、废气、废水、冷凝水等进行定量计算。通过对产品收率和各种物料、水、温度、蒸汽、循环水、生产时间等的计算，可以计算出各种原料的单耗、使用量，计算出各种产品和副产品的产量、干物损失量，计算出原料各种成分的回收量和损失量，计算出水、各种能源的消耗量，计算出各工序的生产时间和总生产时间，计算出各种产品和副产品的生产时间。根据计算得到的数据确定原料与产品间的定量转变关系，判断产品的生产过程时间、各种产品的生产比例、各种原材料的消耗、水和能源的使用等是否合理，判定各种原材料和产品、水和能源等是否浪费。玉米淀粉生产物流平衡包括生产过程物流浓度平衡和过程温度平衡两部分。

① 物流浓度平衡　在闭环逆流玉米淀粉生产技术中每道工序的物流浓度都是不同的，物流在每道工序中按照要求调节浓度，各道工序都在随时向其他工序输送物料和调节浓度，工序的物流浓度是动态的，整个工艺的各道工序物流浓度和流量是动态平衡的。在生产过程进行中物流的平衡是生产的关键，只有浓度适合的物流才能保证生产过程平衡、生产过程稳定、生产效率高、各项收率高、产品质量好、原材料和动力消耗少。

② 过程温度平衡　在闭环逆流玉米淀粉生产技术中，进入生产系统中的物料和水都是有温度的，产出的产品和排出的废水、废气也都是有温度的，温度是保证玉米加工过程的一种手段，是实现产品的一种保证。科学的温度可以使生产系统实现低能耗、高产出、清洁循环，可以实现很高的干物收率，很少的水消耗、很低的能耗，很好的社会效益和经济效益。在玉米淀粉生产过程中温度的控制和调整是十分重要的。在生产系统中各工序的过程温度按照工艺要求进行调整，使用的热源主要是蒸汽，也可以使用热水或物料进行调整。玉米淀粉生产系统的温度调整是从玉米上料工序开始的，主要有三个加热点：一是玉米上料浸渍液；二是浸渍液循环；三是淀粉洗涤精制新水。温度的调整是使用蒸汽加热液体来实现的。

（2）淀粉生产中的水平衡　玉米淀粉湿磨法生产中"水"的用量最大，要高出玉米用量的几倍，甚至几十倍，从玉米输送到各种主、副产品的制造都离不开水，而所加入的水除部分随同产品带走外，都需从系统排出。实际湿磨法淀粉生产是由干到湿再转干的过程，即"干-湿-干"，淀粉生产用玉米本身为干态，一般含水分 14％以内，而成品淀粉的水分指标也是在 14％以内，其他副产品除玉米浆外水分都低于 12％，玉米油基本不含水分。因此，生产过程加入多少水，就需利用机械及热力除去多少水，在排放这些水的同时还会带走大量干物质。从国内玉米淀粉生产厂家实际水耗可看出，一般每 1t 淀粉耗水 3t 左右，有的高达 10t 以上，低于 2t 的很少，以年产 10 万吨淀粉的生产厂为例，每日需排放废水数百吨。同时，淀粉生产厂的用水量并不均衡，高峰用水量很大，特别是玉米加料及开停车尤甚，故高峰时每小时用水量上百吨。水的环流利用是解决这一问题的唯一途径，水环流是指净水利用一次以后不直接排出系统，而是系统环流再次或多次利用，最后随成品带出，做到极少排放或不排放。水的循环利用如下：

① 淀粉洗涤顶流工艺水经离心分离后再回用到淀粉洗涤，可以减少一次水用量 30%。淀粉洗涤顶流经离心机分离后，顶流干物含量 0.3%，主要成分是淀粉（60%）和蛋白质（30%），还有 10% 的其他物质（主要是可溶性的蛋白质）。该工艺水来源稳定，流量在 $15m^3/h$。过去这部分水注入工艺水罐，现在直接用于淀粉洗涤工序替代部分工艺水使用，可减少一次水用量。通过试验后确认对成品淀粉的蛋白质含量几乎没有不利影响。

② 在浸渍岗位新增工艺水沉降罐，用来回收干物和缓冲浸渍岗位的用水，从上工序来的工艺水首先经过沉降罐沉降回收干物后再在浸渍岗位使用，沉降前后工艺水中干物含量变化如表 3-21 所示。

表 3-21　工艺水中干物含量对比

样品	干物含量/%	
	工艺水罐（过去）	工艺水沉降罐（现在）
1	0.84	0.59
2	0.76	0.56
3	0.75	0.53
4	0.69	0.57
5	0.78	0.58
平均	0.76	0.57

由表 3-21 可以看出，工艺水经过沉降后干物含量降低 25%。工艺水沉降罐回收干物，淀粉生产总干物收率提高 0.8%，其中淀粉收率提高 0.5%，麸质饲料提高 0.3%。减少淀粉生产污水排放量 150t/d，降低污水中干物含量 25%，基本做到清洁生产。

由于沉降罐的缓冲作用，可以完全保证浸渍加料操作用水高峰时生产用水，从而杜绝了一次水使用，减少一次水消耗 100t/d。

③ 淀粉洗涤、脱水工序中产生的工艺废水采用二氧化钛超滤膜进行处理，超滤膜切割分子量选为 100 万左右，可对工艺水中的淀粉颗粒进行浓缩，经超滤处理后得到的滤液可以进行回收利用，实现了废水的零排放。

（3）蒸汽平衡　在玉米淀粉生产的过程中蒸汽是作为热源使用的，蒸汽是用于新水的加热、产品的浓缩和干燥，工艺中蒸汽使用点不多。蒸汽的使用方式有两种：一种是使用换热方式即换热法；另一种是直接加入到介质中即喷入法，这种方式的热能使用效率高，但使用量很小，主要是低压蒸汽和二次蒸汽的使用，只有在浸渍液循环加热和淀粉洗涤水加热两个点使用。

玉米淀粉生产线的蒸汽使用量与生产线规模、生产技术水平、生产过程罐密封程度、收率和产品种类、管理水平、用汽设备性能、玉米浸渍时间、浸渍液循环量、蒸汽使用方式等很多因素有关。生产规模越大蒸汽使用量相对少，生产技术水平和过程罐密封程度高的生产线蒸汽使用量相对少，如生产工艺是全封闭逆流技术、生产线流程紧凑、管道短、各种用汽设备保温性能好、设备能力无过剩或过剩很少、过程罐都有上盖等。产品收率低蒸汽使用量相对低，反之产品收率高蒸汽使用量相对高。产品种类不同影响蒸汽使用量，如玉米浆不加入到纤维中干燥蒸汽使用量相对少。管理水平高的生产线蒸汽使用量相对少，如生产负荷高、各种用汽设备密闭好、不向生产过程中加入冷水、过程水温度高等。用汽设备性能高蒸汽使用量相对少，如干燥机能耗低、换热器换热系数高等。玉米浸渍时间短和浸渍液循环量小蒸汽使用量相对少。玉米上料、浸渍液加热、洗涤水蒸汽加热使用喷入法时蒸汽使用量相对少，而玉米上料、浸渍液加热、洗涤水蒸汽加热使用换热法时蒸汽使用量相对多。

蒸汽的有效利用是节能的主要技术手段，如浸渍液和淀粉洗涤水加热采用蒸汽喷入法；淀粉生产过程中副产品烘干采用管束干燥机干燥，干燥过程中产生大量的二次蒸汽，将这部分二次蒸汽集中引入洗汽塔洗涤后，然后用热泵引入蒸发工段加以有效利用，将节约大量的蒸汽能源。此外，换热器的冷凝水回收后可用于玉米浆蒸发和玉米浸渍，玉米浆蒸发产生的冷凝水用于制酸等。

（4）副产品综合利用

① 玉米胚芽的再利用　玉米胚芽是玉米淀粉生产的副产品，在我国直接用于饲料销售，价格约为 2700 元/t。玉米胚芽经干燥后，脂肪和蛋白质含量较高，脂肪占 35％～40％，蛋白质占 18％～20％。据资料分析，玉米胚芽蛋白是一种全价蛋白，易于消化吸收，是一种优质蛋白质。但目前只有国外生产该产品。据预测，玉米胚芽蛋白的市场价格约为 20000 元/t，经济效益潜力巨大。常见的玉米胚芽利用方式就是生产玉米胚芽油。玉米胚芽油富含大量人体有益物质，不饱和脂肪酸含量在 80％以上，富含维生素、赖氨酸、优质蛋白、磷脂和其他多种氨基酸等，容易被消化吸收，在欧美等发达国家享有 "健康油" "长寿油" 等美誉。长期食用玉米油能增强肌肉和心血管机能，具有预防皮肤病、提高机体免疫力、促进伤口愈合等效果；同时，玉米油还有维生素之美称，具有 "柔肌肤、美容貌" 作用。玉米胚芽油价格在 7000 元/t 左右。利用玉米胚芽生产玉米胚芽油的市场前景十分广阔。

此外，胚芽里还含有天然维生素 E 及植物甾醇、卵磷脂、胡萝卜素、GSH（谷胱甘肽）、GABA（γ-氨基丁酸）、低聚糖等，可分离利用，产品附加值很高。

② 玉米皮的综合利用　玉米皮是玉米加工淀粉的副产品，占玉米总质量的

7%～10%。玉米皮中脂肪含量 6%，可用溶剂提取玉米脂肪即得玉米纤维油，其含植物甾醇高达 10%～15%，具有很强的抗氧化能力。

玉米皮中纤维素、半纤维素含量丰富，其中纤维素 11%、半纤维素 35%、葡萄糖 32%（其中 23% 是残留淀粉产生的），可作为生产功能糖木糖、木糖醇产品的原料，且生产功能糖后的残渣可用于发酵生产燃料乙醇，实现玉米皮的全部利用，可使每吨玉米皮新增产值 8000 多元。

③ 玉米浸泡水的综合利用　玉米浸泡水用量为加工玉米总量的 45%，经浓缩后玉米浆的成分为：固形物 40%～50%，蛋白质 16%～30%，氨基酸 8%～12%，还原糖 5%～7%，维生素 0.7～1mg/L，总酸 8%～13%，乳酸 7%～12%，磷 4%～4.5%，钾 2%～2.5%。有些企业把玉米浸泡水浓缩至含固形物 20% 左右，再和玉米皮混合生产成加浆玉米皮，作为饲料原料出售。但玉米浆难干燥，含有二氧化硫、曲霉毒素、木聚糖等有毒或抗营养因子，在饲料中添加量有限，大部分玉米浸泡水直接排放到污水处理厂处理。

玉米浸泡水含有丰富的蛋白质、可溶性氨基酸和糖类，直接排放不但造成资源浪费，很不经济，而且有机物对环境造成很大的污染。玉米浸泡水是整个行业都急需解决的难题。作者利用浸泡水中的氮源、丰富的营养因子和玉米皮水解液中的碳源，采用酵母发酵生产高蛋白饲料酵母，可实现对玉米浸泡水和玉米皮的综合利用，实现清洁生产。

高蛋白饲料酵母（酵母单细胞蛋白）是解决饲料蛋白紧缺的主要途径。酵母蛋白质含量丰富，氨基酸齐全，配比组成合理，且含丰富 B 族维生素、矿物元素、微量元素、酶、碳水化合物、生理活性物质及生长促进因子，是一种营养价值高且能替代鱼粉的优质蛋白。它具有营养、诱食及益生菌增殖多种功能，促进畜禽新陈代谢，增强禽畜抗病能力，提高禽畜生长速度、繁殖能力、肉质和皮毛质量。因此利用玉米浸泡水和玉米皮发酵生产饲料酵母，意义重大，不仅使整个生产过程废水排放大大减少，实现了资源利用最大化，还具有重大的经济效益和社会效益。此外，玉米浆生产酵母的同时，还可以从玉米浆中分离提取各种生理活性物质，如肌醇等，也可提高玉米浆的附加值。

肌醇学名环己六醇，系环己六醇族的六羟基环己烷，分子式 $C_6H_{12}O_6$，分子量 180.16；外观白色结晶或结晶状粉末，无臭，味微甜，在空气中较稳定，但易吸潮，水溶液对石蕊试纸呈中性，无旋光性。肌醇熔点 224～227℃，沸点 319℃，易溶于水，微溶于酒精、甘油和乙二醇，不溶于无水丙酮、氯仿、乙醚等有机溶剂；在 50℃ 以下，可以从水中结晶为无色单斜棱晶体的二水化合物。含结晶水的肌醇，在 100～110℃ 下容易脱水，成为无水结晶体。肌醇是一种人、动物、微生物生长所必需的物质，具有与维生素 B_1、生物素等相类似的作用。植酸学名肌醇六磷酸酯，分子式 $C_6H_{16}O_{24}P_6$，分子量 660.04，是无色或微黄色黏稠液体；存在于植物种子中，其中米糠、麦麸、玉米浸渍液中含量较高。植酸具有独特的理化性能，广泛应用于石油化工、冶金、医药、食品和轻纺等行业。

目前中国普遍采用的是用玉米浸渍液与生石灰混合，生石灰中的碳酸钙（$CaCO_3$）吸附玉米浸渍液中的有机磷生产得到菲汀产品，然后使用菲汀为原料再生产肌醇。这种技术是将玉米浸渍液中的干物质完全吸收后将废水排放掉，玉米浸渍液中的营养物质（蛋白质、乳酸、糖分、矿物质等）不能回收利用，菲汀生产工艺简单，成本低廉，废水排放量大，污染严重，浪费资源，产品收率 $0.04\% \sim 0.05\%$。

使用玉米浸渍液为原料，采用膜技术工艺生产肌醇，吸附后的玉米浸渍液中的其他物质不减少，可以继续用于生产玉米浆。在生产肌醇的同时还能够生产副产品磷酸氢二钠。膜技术生产肌醇工艺先进，原料得到完全利用，产品收率 $0.14\% \sim 0.17\%$，不产生额外的废水。

膜技术生产肌醇的原料是玉米浸渍液，使用一定浓度的氢氧化钠溶液通过阴离子交换树脂柱，使植酸变为植酸钠，当解吸液浓度达到后送入反应器进行水解，水解液经过离心分离除去残渣，然后进行冷却结晶，结晶后使用离心机将磷酸氢二钠分离出去，分离后的水解液经过阴阳离子交换柱除去钙离子、氯离子等离子后，进入膜分离装置分离除去大部分水，然后进行蒸发浓缩，当溶液中的肌醇达到浓度时将其进行冷却、结晶、干燥，得到肌醇产品。

④ 玉米蛋白的综合利用　玉米蛋白中含有 60% 的蛋白质，其中醇溶蛋白和谷氨酸含量较高。玉米蛋白呈现黄色，是因为含有玉米黄色素。玉米蛋白现主要作为饲料销售，价格在 3000 元/t 左右，附加值较低。研究开发玉米蛋白高附加值产品，用于功能性食品配料、医药等行业中，将会带来更大的经济效益。

玉米黄色素作为天然色素，目前国内外开发都较热，价格在 200000 元/t，提取率可达 5%。玉米黄色素是一种天然的食品着色剂，它既是一种天然色素，又是生产保健食品的添加剂，作为天然色素已被欧美等许多国家或地区批准为食用色素。玉米醇溶蛋白可以作为被膜剂、药物的长效囊膜，价格在 120000 元/t，提取率 30% 左右。玉米黄色素和玉米醇溶蛋白可同时从玉米蛋白中提取得到。因此，利用玉米蛋白生产玉米黄色素和玉米醇溶蛋白产品，经济效益非常显著，每吨玉米蛋白可新增 43000 元/t。据报道，利用玉米蛋白生产玉米高 F 值低聚肽技术已进行了多年研究，生产的低聚肽的分子质量在 $200 \sim 1500$Da 之间，游离氨基酸含量 4.8%，F 值为 21.4，低聚肽含量大于 70%。此外，玉米蛋白中谷氨酸含量较高，可用于生产高档特鲜酱油，增加我国高档酱油的新品种。

3.6.2.3　低碳评价

最终通过碳核查验证来体现我们始终倡导的低碳生产理念。碳核查的工作内容是采用规范的温室气体排放监测手段及报告与核查制度,对企业温室气体的实际排放量实施有效的核查,并向监管机构提交核查信息,以确保温室气体排放数据的可靠性和可信度。为应对气候变化,大力发展低碳经济已成为全球共识。碳交易作为减少碳排放的市场化工具得到世界各国的重视。伴随碳交易的长足发展,碳交易中技术性最强的环节——碳核查的重要性日益凸显。碳核查是碳排放权交易体系日常运行中最主要的一部分工作,各国已纷纷出台碳核查政策制度,以保障碳核查工作的顺利开展。碳核查政策制度的重要性表现为以下三点:一是国际上的碳减排核查由于涉及国家主权问题,需要在共同认可的规则下,通过独立的第三方核查机构对有关各方的减缓(及支持)行为进行核查,以建立各方互信的基础;二是第三方核查机构在政策指导下对排放实体的实际排放量进行有效核查,客观地评估实际减排量,可以确保碳市场的公正、公开,有利于规范碳市场秩序;三是政府依据制度对第三方核查机构实施监管,可以有效降低监管成本,提高监管效率,并提高政府对碳排放监管的透明度和公信力。

诸多国际机构和国家非常重视碳核查在碳交易中的作用,纷纷开展了碳核查政策制度的研究与实践。开展相关研究工作的国际机构主要有联合国政府间气候变化专门委员会(IPCC)、国际标准化组织(ISO)和世界可持续发展工商理事会(WBCSD)/世界资源研究所(WRI)。其中,IPCC 的碳核查主要应用于清洁发展机制(CDM);ISO 主要依据 ISO14064 系列标准开展组织层次、项目层次的温室气体排放的核查工作;WBCSD/WRI 在《温室气体核算体系:企业核算与报告准则(修订版)》中阐释了核查的重要性。参与碳核查研究工作的国家主要有欧盟各国、美国、新西兰、澳大利亚、日本、韩国、印度等。其中,欧盟各国、美国、澳大利亚和日本均已出台了碳核查政策制度:欧盟的碳交易运行时间长,覆盖范围大,监管体系完备;美国没有全国性的碳交易体系,主要由部分州或企业自发组织形成多个区域性的碳交易;澳大利亚的 MRV 体系,即国家盘查汇总系统运行多年,核查政策制度健全完善;日本以东京都为重点,率先通过修订环境条例的决定,确定大型组织为减少温室气体排放的责任主体,以确保东京都民众的健康和安全。

2011 年,我国在北京市、天津市、上海市、重庆市、湖北省、广东省及深圳市开展了碳排放权交易试点,所选择的试点省市兼顾了地区差异,具有较强的代表性。国家及各个试点省市相继出台了碳核查政策制度。经过 4 年多的发展,国家及各个试点省市的碳核查政策制度已逐渐健全和完善。核查政策制度要求第三方核查机构具备较高的资质条件,包括温室气体监测、计算和测量的水平和审核企业相关报告的水平,且审定工作必须严格遵循规定程序,并具有责任制。碳排放的相关认证核查规范的制定、认证标准和工作规范的编制都已被纳入工作程序,正在加快推进研究当中。

开展碳核查的步骤如下：

核查策划：制订核查计划，包括核查时间表、核查程序、记录管理。核查机构与企业签订核查协议，明确各自责任和义务。

核查实施：文件审核；现场核查；编制核查报告；报告内部复核。

核查报告：核查报告应由核查工作负责人、核查组长、核查小组成员和技术审查员签字，加盖核查机构公章并提交主管部门审核。对核查过程中的全部记录和资料整理归档，形成核查记录存档，以备市发改委复核、查阅。

其中检查实施环节颇为重要，文件审核包括：能源审计报告、能源利用状况报告、能源统计报表、能源平衡表；主要耗能设备清单；能耗消耗日记录及月记录；能源进货验收单据、能源计量器具一览表、计量设备统计台账；电力消耗结算单、外购热力发票、其他移动源消耗量记录、购买记录；能源检测报告。

单元与排放源是否准确，核查主要耗能设备及能源品种。交叉核对：对月度统计台账数据与年度数据交叉核对；至少抽取 2 个月的日运行记录与月度数据交叉核对；至少抽取 2 个月的能源购入凭证与月度统计台账进行交叉核对。发现异常数据，要求企业提供相关证据。核对企业不同排放单元的监测报表和统计报表、碳排放状况报告、初始碳盘查及碳核查报告。

要检查相关计量器具情况；审阅台账、原始凭证等材料；根据实际情况制定抽样方案；与能源管理人员进行面谈；总结并记录核查情况。

3.6.3　环保

3.6.3.1　环保理念

随着人类对环境认识的深入，环境是资源的观点，越来越为人们所接受。空气、水、土壤、矿产资源等，都是社会的自然财富和发展生产的物质基础，构成了生产力的要素。由于空气污染严重，国外曾有空气罐头出售；由于水体污染、气候变化、地下水抽取过度，世界许多地方出现水荒；由于人口猛增、滥用耕地、土地沙漠化，使得土地匮乏等情况时有发生。工业化创造了前所未有的物质财富，也产生了难以弥补的生态创伤。由此我们可以看到，不保护环境，不保护环境资源，就会威胁到人类社会的生存，也关系到国民经济能否持续发展下去。

环境保护是我国的一项基本国策，是强国富民安天下的大事，功在当代、利在千秋。特别是近年来，环保工作受到全世界的关注，我国政府也对环保工作提出了一系列新要求，坚持以人为本，着眼于可持续发展，以节能减排为突破口，有力地推动了环境保护。

3.6.3.2　环保工艺

在现行工艺基础上针对能源、资源源头节约理念的运用，终端水、气及固废的回收转化再利用以实现最少地利用资源，最终达到环保排放零容忍的目标。

（1）玉米淀粉废水处理工艺

① 玉米淀粉废水性质　淀粉废水是一种高浓度有机废水，有害无毒，化学耗氧量高，可生化性比较好。在玉米淀粉生产线上，废水主要产生在玉米浸渍、玉米输送、玉米浆蒸发浓缩、蛋白粉生产等工序，还有各工序跑冒滴漏，蒸发器洗涤水，浸渍罐和各罐洗涤水、冷凝水等。在生产正常进行时，大多数工序的废水流出点是不连续、不定时、波动和变化的。玉米浸渍液的排出是不连续的，浸后玉米输送时废水的排出可以是连续的，也可以是不连续的，在浸渍液储罐储存的浸渍液沉淀物排放是不连续的，蒸发浓缩液的排放是不定时的，浸渍后玉米洗涤废水排放是定时的，浸渍罐洗涤废水排放是不定时的，蒸发器洗涤废水排放是不定时的，各罐洗涤废水排放是不定时的。只有麸质浓缩工序排放出来的废水是连续的，麸质浓缩工序也是大量废水排放源头。在排放的废水中，有一些是使用后排放的，如浸后玉米洗涤水、浸渍罐和各罐的洗涤水等；也有一些是新水配制的 CIP 水，如蒸发器的洗涤水、各罐事故 CIP 水等。废水的主要成分是淀粉、糖、蛋白质、氨基酸、维生素、脂肪、纤维等有机物和酸、碱等无机成分，还有很多的泥沙。

淀粉生产得到的废水指标和流量与生产线的规模、技术水平、管理水平等因素有关。排放的废水分两种：一是生产工艺产生的高浓度有机废水；二是洗涤产生的中等浓度有机废水。高浓度有机废水有：浸渍废水、蛋白质废水、跑冒滴漏物料等。这部分废水 COD_{Cr} 8000～15000mg/L，SS 1000～3000mg/L，总氮240～540mg/L，磷酸盐（以 P 计）15～130mg/L，pH4.2～5。其中浸渍废水 COD_{Cr} 高的达到 20000mg/L 以上。如果使用浸渍水生产菲汀，COD_{Cr} 和 BOD_5 则更高（达23000mg/L 以上）。中等浓度有机废水有：设备、滤布洗涤废水，蒸发冷凝液等。这部分废水 COD_{Cr} 2000～3500mg/L，氨氮≤20mg/L，磷酸盐（以 P 计）14～32mg/L。淀粉生产各种废水混合后的 COD_{Cr}：BOD_5 是 1：（0.4～0.6），浊度很高。麸质回收好的生产线混合废水 COD_{Cr}<8000mg/L，SS 1500mg/L 左右，氨氮 150mg/L 左右，总磷 78～120mg/L。

根据淀粉废水各项污染物指标的含量特点，在考虑对有机污染物去除的同时，也要考虑对氨氮和磷的去除。脱除氨氮的技术主要是生物脱氮，去除磷的技术有化学除磷工艺和生物除磷工艺。玉米淀粉废水水质见表 3-22。

常用的处理淀粉废水方法总体上可分为化学絮凝沉淀法和生化法，两种处理方法在实际应用中各有优缺点。生化法也称生物法、生化处理、生物处理。絮凝沉淀法是一种成本较低的水处理方法，废水处理效果很大程度取决于絮凝剂的性能，絮凝剂是关键。絮凝剂分为无机絮凝剂、合成有机分子絮凝剂、天然高分子絮凝剂和复合型絮凝剂。生化法是利用微生物新陈代谢功能，将废水中呈溶解和

表 3-22　玉米淀粉废水水质

废水	$COD_{Cr}/(mg/L)$	$BOD_5/(mg/L)$	SS/(mg/L)	pH
浸渍废水	12600～18400	5300～10000		
过程废水	3200～5300	1300～2600		
洗涤水	1200～4700	480～2300		
混合废水	7500～12000	3100～6000	1000～1670	4.3～5.2

胶体状态的有机污染物降解并转化为无害物质，使废水得以净化的方法，处理高浓度有机废水时费用低、处理效率高。

② 废水生化处理技术

a. 好氧法　好氧法也称好氧生化、好氧生物处理，是在有氧（O_2）条件下，利用好氧微生物来氧化分解污水中可生物降解的有机物，有机物被转化为 CO_2、H_2O、NH_3 或 NO^{2-}、NO^{3-}、PO_4^{3-}、SO_4^{2-} 等，基本无害，处理后废水无异臭。好氧处理要求充分供氧，对环境条件要求不太严格。好氧过程是以分子态氧作为受氢体，有机物分解比较彻底，释放的能量多，故有机物转化速率快，处理设备内停留时间短、设备体积小。好氧法分为活性污泥法和生物膜法。

ⅰ. 活性污泥法　活性污泥法是依靠曝气池中悬浮流动着的活性污泥来分解有机物的，是利用悬浮生长的微生物絮体处理有机废水的一类好氧生物处理方法。曝气池中微生物以絮状体形式悬浮于曝气池混合液中不断生长繁殖（悬浮生长），它由好氧性微生物（包括细菌、真菌、原生动物和后生动物）及其代谢的和吸附的有机物、无机物组成，具有降解废水中有机污染物（也有些部分可利用无机物）的能力，显示生物化学活性。

活性污泥法的主体构筑物是曝气池，废水经过适当预处理后进入曝气池与池内的活性污泥混合成混合液。在池内充分曝气，一方面使活性污泥处于悬浮状态，废水与活性污泥充分接触；另一方面通过曝气向活性污泥供氧，保持好氧条件，保证微生物的正常生长与繁殖。废水中有机物在曝气池内被活性污泥吸附、吸收和氧化分解后，混合液进入二次沉淀池，进行固液分离，净化的废水排出。大部分二沉池的沉淀污泥回流入曝气池进口，与进入曝气池的废水混合。污泥回流的目的是使曝气池内保持足够数量的活性污泥。参与分解废水中有机物的微生物的增殖速度，都慢于微生物在曝气池内的平均停留时间，如果经过浓缩的活性污泥不回流到曝气池，具有净化功能的微生物将会逐渐减少。污泥回流后，净增殖的细胞物质将作为剩余污泥排入污泥处理系统。

ⅱ. 生物膜法　生物膜法是依靠固着于载体表面的微生物膜来净化有机物，是使废水与生物膜接触，进行固、液相的物质交换，利用膜内微生物将有机物氧化，使废水获得净化，同时生物膜内微生物不断生长与繁殖。生物膜在载体上的生长过程是：当有机废水或由活性污泥悬浮液培养而成的接种液流过载体时水中的悬浮物及微生物吸附于固相表面上，微生物利用有机底物而生长繁殖，逐渐在载体表面形成一层黏液状的生物膜。这层生物膜具有生物化学活性，又进一步吸附、分解废水中的悬浮、胶体和溶解状态的污染物。反应器中微生物附着在载体的表面上形成一种生物膜，当废水流经其表面时生物膜、水和空气相互接触，发生生物化学反应（附着生长）。

生物膜中的微生物主要有细菌（好氧、厌氧及兼氧细菌）、真菌、放线菌、原生动物（主要是纤毛虫）以及一些肉眼可见的蠕虫、昆虫的幼虫。其中藻类、较高等生物比活性污泥法多见。微生物沿水流方向在种属和数目上具有一定的分布。在塔式生物滤池中这种分层现象更为明显。在填料上层以异养细菌和营养水平较低的鞭毛虫或肉足虫为主，在填料下层则可能出现世代期长的硝化菌和营养水平较高的固着型纤毛虫。真菌在生物膜中普遍存在，在条件合适时可能成为优势种。在填充式生物膜法装置中，当气温较高和负荷较低时还容易孳生灰蝇，它的幼虫色白透明，头粗尾细，常分布在生物膜表面，成虫后在生物膜周围翔栖。

生物膜法分三类：润壁型生物膜法，废水和空气沿固定的或转动的接触介质表面的生物膜流过（如生物滤池和生物转盘等）；浸没型生物膜法，接触滤料固定在曝气池内，完全浸没在水中，采用鼓风曝气（如生物接触氧化）；流动床型生物膜法，使附着有生物膜的活性炭、砂等小粒径接触介质悬浮流动于曝气池中（如生物流化床）。

生物过滤的基本流程与活性污泥法相似，由初次沉淀、生物滤池、二次沉淀三部分组成。在生物过滤中为了防止滤层堵塞，需设置初次沉淀池，预先去除废水中的悬浮物。二次沉淀池用以分离脱落的生物膜。由于生物膜的含水率比活性污泥小，污泥沉淀速度较大，二次沉淀池容积较小。由于生物固着生长不需要回流接种，在一般生物过滤中无二次沉淀池污泥回流。为了稀释原废水和保证对滤料层的冲刷，一般生物滤池（尤其是高负荷滤池及塔式生物滤池）常采用出水回流。生物滤池可根据设备型式不同分为普遍生物滤池和塔式生物滤池。也可根据承受废水负荷大小分为低负荷生物滤池（普通生物滤池）和高负荷生物滤池。

b. 厌氧法　厌氧法也称厌氧生物处理、厌氧生化、厌氧消化，它是指在无分子氧条件下通过厌氧微生物（包括兼氧微生物）的作用，将废水中的各种复杂有机物分解转化成甲烷和二氧化碳等物质的过程。是以化合态氧、碳、硫、氢等为受氢体。厌氧法既适用于高浓度有机废水，又适用于中、低浓度有机废水。

厌氧法不需要充氧，产生沼气。当废水有机物达一定浓度后，沼气能量可以抵偿消耗能量，有机物浓度愈高，剩余能量愈多。厌氧法负荷 $2\sim10kg\ COD_{Cr}/(m^3\cdot d)$，高达 $50kg\ COD_{Cr}/(m^3\cdot d)$，无传氧限制，可积聚更高的生物量。厌氧法去除 1kg COD_{Cr} 产生 $0.02\sim0.1$kg 生物量，氮、磷营养需要量较少。厌氧微生物增殖速率低，产酸菌产率 $0.15\sim0.34$kg VSS/kg COD_{Cr}，产甲烷菌产率 0.03kg VSS/kg COD_{Cr}。厌氧微生物有可能对好氧微生物不能降解的一些有机物进行降解或部分降解。反应过程较为复杂，厌氧消化是由多种不同性质、不同功能的微生物协同工作的一个连续的微生物过程。厌氧生物处理过程对温度、pH 等环境因素较敏感。处理出水水质较差，需进一步利用好氧法进行处理。气味较大，对氨氮的去除效果不好等。

厌氧生物处理先是厌氧菌和兼性菌，后是另一类厌氧菌。有机物被转化为 CH_4、NH_3、胺化物或氮气、H_2S 等，产物复杂，出水有异臭。厌氧处理要求绝对厌氧的环境，对环境条件（pH、温度）要求严格，有机物氧化不彻底，释放的能量少，有机物转化速率慢，需要时间长，设备体积庞大。厌氧消化过程中的主要微生物有：发酵细菌（产酸细菌）、产氢产乙酸菌、产甲烷菌等。厌氧法工艺按微生物生长状态可分为厌氧活性污泥法和厌氧生物膜法。厌氧活性污泥法有：普通消化池、厌氧生物滤池、厌氧接触法、升流式厌氧污泥床反应器、膨胀颗粒污泥床反应器等。

ⅰ. 厌氧接触法　　在消化池后设沉淀池，将沉淀污泥回流至消化池，形成了厌氧接触法，不需要曝气而需要脱气。对悬浮物高的有机废水（如肉类加工废水等）效果很好，悬浮颗粒成为微生物的载体，并且很容易在沉淀池中沉淀。在混合接触池中，要进行适当搅拌以使污泥保持悬浮状态。搅拌可以用机械方法，也可以用泵循环池水。厌氧接触法特点：通过污泥回流，保持消化池内污泥浓度较高，一般为 $10\sim15$g/L，耐冲击能力强。有机容积负荷高，中温时负荷 $2\sim10$kg $COD_{Cr}/(m^3 \cdot d)$，去除率 $70\%\sim80\%$；负荷 $0.5\sim2.5$kg $BOD_5/(m^3 \cdot d)$，去除率 $80\%\sim90\%$。水力停留时间小于 10d。

ⅱ. 升流式厌氧污泥床反应器（UASB）　　工艺特征是在反应器的上部适当位置设计有适合于废水的气、固、液的三相分离器，反应器中部为污泥悬浮层区，其间设置有软性填料，填料表面易存留微生物，在其空隙中则截留了大量悬浮状态下生长的微生物。废水通过填料层时有机物被截留、吸附及代谢分解，下部为污泥床区。反应器的水力停留时间比较短，具有很高的容积负荷。UASB 运行时保温 $30\sim35$℃，COD_{Cr} 去除率 $70\%\sim90\%$，BOD_5 去除率大于 85%。UASB 反应器结构简单，处理效率高，适用于处理可溶性废水，要求废水含有较低的悬浮固体量。UASB 反应器是将污泥的沉降与回流设置在一个装置内，没有搅拌装置和供微生物附着的填料。颗粒污泥的形成使微生物自然固定化，改善了微生物的环境条件，增加了工艺的稳定性，出水悬浮固体含量低。UASB 反应器的结构是集生物反应和沉淀于一体。升流式厌氧污泥床反应器（UASB）结构原理见图 3-36。

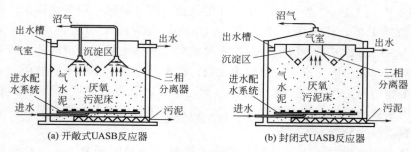

图 3-36　升流式厌氧污泥床反应器（UASB）结构原理

ⅲ. 膨胀颗粒污泥床反应器（EGSB）　膨胀颗粒污泥床反应器是在 UASB 反应器的基础上发展起来的第三代高效厌氧生物反应器，由荷兰 Wageingen 农业大学 Lettinga 等在 20 世纪 90 年代初开发的。

EGSB 反应器是固体流态化技术在有机废水生物处理领域的具体应用。固体流态化技术是一种改善固体颗粒与流体间接触，并使其呈现流体性状的技术。根据载体流态化原理，EGSB 反应器中装有一定量的颗粒污泥载体，当有机废水及其所产生的废气自下而上地流过颗粒污泥床层时，载体与液体间会出现不同的相对运动，床层呈现不同的工作状态。在废水液体表面上升流速较低时，反应器中的颗粒污泥保持相对静止，废水从颗粒间隙内穿过，床层的空隙率保持稳定，其压降随着液体表面上升流速的提高而增大。当流速达到一定数值时，压降与单位床层的载体重量相等。继续增加流速床层空隙便开始增加，床层也相应膨胀，载体间依然保持相互接触。当液体表面上升流速超过临界流化速度后污泥颗粒即呈悬浮状态，颗粒床被流态化，继续增加进水流速，床层的空隙率也随之增加，床层的压降相对稳定。从载体流态化的工作状况可以看出，EGSB 反应器的工作区为流态化的初期，即膨胀阶段（容积膨胀率为 10%～30%），在此条件下，进水流速较低，一方面可保证进水基质与污泥颗粒的充分接触和混合，加速生化反应进程；另一方面有利于减轻或消除静态床中常见的底部负荷过重的状况，增加了反应器对有机负荷，特别是对毒性物质的承受能力。

颗粒污泥床层处于膨胀状态，使进水与颗粒污泥充分接触，提高了传质效率，有利于基质和代谢产物在颗粒污泥内外的扩散、传送，保证了反应器在较高的容积负荷条件下正常运行。COD_{Cr} 负荷高，可达 $8～15kg\ COD_{Cr}/(m^3 \cdot d)$。水力上升流速高，达到 2.5～6m/h（最高可达 10m/h），COD_{Cr} 去除负荷高。厌氧颗粒污泥活性高，沉降性能好，粒径和强度较大，抗冲击负荷能力强。适用范围广，可用于悬浮物（SS）含量高的和对微生物有毒性的废水处理。反应器为塔式结构，高径比很大，占地面积小。在低温和处理低浓度有机废水时有明显优势。膨胀颗粒污泥床反应器结构原理见图 3-37。

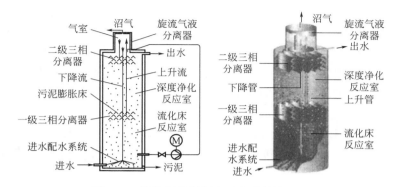

图 3-37 膨胀颗粒污泥床反应器结构原理

膨胀颗粒污泥床反应器内形成沉降性能良好的颗粒污泥，由产气和大回流比的进水均匀分布形成良好的自然搅拌作用，设计科学的三相分离器使沉淀性能良好的污泥能保留在反应器内。具有较好的环境与经济效益，是非常经济的技术，特别是对中等以上浓度的废水更是经济。能源需求很少，处理设备负荷高、占地面积少。反应器产生的剩余污泥量少，剩余污泥脱水性能好。对营养物的需求最小，BOD_5：N：P 为（350～500）：5：1。可处理高浓度的有机废水。反应器菌种可以在中止供给废水与营养的情况下保留其生物活性与良好的沉淀至少一年以上。

c. 废水生物脱氮及除磷

ⅰ. 废水生物脱氮基本过程

● 氨化废水中的含氮有机物，在生物处理过程中被好氧或厌氧异养型微生物氧化分解为氨氮的过程。

● 硝化废水中的氨氮在好氧自养型微生物（统称硝化菌）作用下被转化为 NO_2^- 和 NO_3^- 的过程。

● 反硝化废水中的 NO_2^- 和/或 NO_3^- 在缺氧条件下，在反硝化菌（异养型细菌）的作用下被还原为 N_2 的过程。

ⅱ. 废水生物除磷　通常磷是以磷酸盐（$H_2PO_4^-$、HPO_4^{2-}、PO_4^{3-}）、聚合磷酸盐和有机磷等形式存在于废水中，细菌一般是从外部环境摄取一定量的磷来满足其生理需要，特殊细菌——磷细菌可以过量、超出其生理需要从外部摄取磷，并以聚合磷酸盐形式储存在细胞内，如果从系统中排出这种高磷污泥，则能达到除磷的效果。生物除磷基本过程如下：

● 除磷菌过量摄取磷。好氧条件下，除磷菌利用废水中 BOD 或体内储存的聚 β-羟基丁酸氧化分解所释放的能量来摄取废水中磷，一部分磷被用来合成 ATP，大部分磷则被合成为聚合磷酸盐而储存在细胞内。

• 除磷菌磷释放。在厌氧条件下除磷菌能分解体内的聚磷酸盐而产生ATP，并利用 ATP 将废水中的有机物摄入细胞内，以聚 β-羟基丁酸等有机颗粒形式储存于细胞内，同时还将分解聚磷酸盐所产生的磷酸排出体外。

• 富磷污泥排放。在好氧条件下所摄取的磷比在厌氧条件下所释放的磷多，废水生物除磷工艺是利用除磷菌的这一过程将多余剩余污泥排出系统而达到除磷的目的。

③ 废水处理工艺技术　可以应用的玉米淀粉废水生化处理工艺技术有多种，这些方法适用不同地区的不同水质和水量特点，大量使用厌氧-好氧技术，多使用 EGSB 和 UASB 反应器。

a. 废水处理工艺流程　在废水处理工艺中，将不同浓度的废水分开处理，即浸渍废水、过程废水、"跑冒滴漏"废水等生产车间的高浓度有机废水为一条废水线，其他低浓度有机废水为一条废水线。废水采用过滤、调节池沉淀、厌氧、硝化、反硝化、气浮工艺技术处理。玉米淀粉废水处理工艺技术流程见图 3-38。

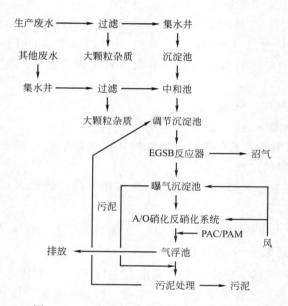

图 3-38　玉米淀粉废水处理工艺技术流程

b. 工艺要点　废水在送入水泵和主体构筑物之前，均需设置格栅以拦截较大杂物，设置筛网以截留较细悬浮物，还需要调节、缓冲废水的水量和水质，这就是废水预处理。废水预处理属于物理性质或机械性质的，目的是去除那些在性质上或大小上不利于后续处理工程的物质。

ⅰ. 集水井　生产车间的废水一般是从地下流过来的，需要使用输送泵将其提升进入下道工序的池中，一个废水流入口需要 1 个集水井。如果废水可以自流进入下道工序的池中，则不需要使用集水井。

ⅱ．过滤　废水来自生产车间和其他废水。生产车间的高浓度有机废水进入调节沉淀池之前使用格栅过滤，将大颗粒的物质过滤出去。生产系统控制出现问题时，废水中还有一些玉米物质。其他废水在进入调节沉淀池之前也使用格栅过滤，将大颗粒物质过滤出去。

格栅一般倾斜（45°～60°）安装在进水泵站集水井的进口处，用来截留废水中粗大的悬浮物和漂浮物，以免堵塞水泵及处理构筑物的管道。格栅本身的水流阻力不大，水头损失只有几厘米，阻力主要产生于筛余物堵塞栅条。一般当格栅的水头损失达到 10～15cm 时就该清洗格栅。格栅有平面和曲面两种结构形式。按格栅栅条的间隙分：粗格栅（50～100mm）、中格栅（10～40mm）、细格栅（3～10mm）三种。一般采用粗、中两道格栅，或粗、中、细三道格栅。有人工清理格栅和机械清除格栅等多种形式。为了回收废水中的玉米物质，可以先将车间废水进入一个回收池，使废水中较大的颗粒物质（淀粉、蛋白质和纤维等）沉淀下来，然后回收。回收池出水再自流进入调节沉淀池。

ⅲ．沉淀　沉淀作用是实现悬浮颗粒与水分离，可以去除水中的砂粒。同时还使密度轻的物质上浮，清理出去。沉淀池负荷 $1.0m^3/(m^2 \cdot h)$，水力停留时间 3h。

ⅳ．中和　废水呈酸性，为确保厌氧的正常工作，在中和池中调节 pH 到 6.8～7.2，水力停留时间 5h。

ⅴ．调节沉淀池　为了使后面的工序正常工作，不受废水高低峰流量或浓度变化的影响，需在废水处理设施之前设置调节沉淀池。主要作用：调节水量，均和水质，调节水温，临时储存事故排水，生物预处理（如预曝气）。由生产车间排出的废水温度一般为 18～26℃，24h 不均衡、连续和不连续、不稳定排放。由于处理场与生产车间的距离一般都比较远，进入废水处理场时的温度都很低。水量和水质变化严重影响废水处理装置的正常运行，在调节沉淀池中采用预曝气能氧化一些有机物，能使水量及水质更加均匀。调节沉淀池需要设在反应器前。调节沉淀池的容积主要根据废水流量、浓度变化及均和程度决定，一般是储存 7～9h 的废水量，水力停留时间 8h。调节沉淀池出水方式可以是地下由泵吸出、地面自然流出等。调节沉淀池形式有：圆形、方形、（自然）多边形等，可建在地下或地上；结构有：混凝土、钢筋混凝土、石结构和自然体等。

各种废水经过过滤后进入调节沉淀池中，在调节沉淀池中进行调节、均衡、曝气，使各种废水的温度、浓度等性质趋向一致和稳定，使水量稳定，并将小颗粒物质沉淀下来并回收。废水在调节沉淀池的时间比较长，经过调节沉淀池后的废水进入反应器。

　　ⅵ. EGSB 反应器　　EGSB 反应器是废水处理技术的中心，进入的废水浓度与沼气产生量有直接关系，过低的浓度产生的沼气量比较少。废水进入 EGSB 反应器是进行厌氧处理，在 EGSB 反应器内产生沼气。水力停留时间 24h，COD_{Cr} 和 BOD_5 去除很多。设置两层三相分离装置，脉冲进水，有机负荷 $10.0kg\ COD_{Cr}/(m^3 \cdot d)$。EGSB 反应器封闭运行，水力上升流速 5～6m/h，容积负荷 11～14kg $COD_{Cr}/(m^3 \cdot d)$，大部分水循环，循环量 70%。产生的沼气进入沼气柜储存，可以供锅炉和发电机使用，也可以供家庭用户使用，多余部分燃烧。

　　在厌氧状态下理论上分解 $1kg\ COD_{Cr}$ 可以产生 $0.5m^3$ 沼气，处理 $1t\ COD_{Cr}$ 产生 50kg 厌氧污泥。

　　ⅶ. 曝气沉淀池　　厌氧出水的含氧量很低，不能直接进入好氧系统，所以需要进入曝气沉淀池作为一个过渡处理，水力停留时间 12h。曝气沉淀是厌氧与好氧处理单元之间的重要工艺，它可以去除厌氧出水中夹带的污泥，吹脱 H_2S 等有害气体，增加水中的溶解氧。厌氧出水后的管线中会产生大量的结晶体，通过曝气后使水中的溶解氧到达一定数值后可以使大量的结晶体析出，并在曝气沉淀池中沉淀。曝气沉淀池是通过活性污泥对废水中的有机物进行降解，同时利用活性污泥自身的吸附絮凝作用，使废水中微小物质相互碰撞、粘接，产生絮凝作用，使颗粒变大，有利于沉淀分离。曝气沉淀池所需的氧气由鼓风装置供给。曝气沉淀池出水进入下道工序处理。

　　ⅷ. A/O 硝化反硝化系统　　这个系统由缺氧段（A）和好氧段（O）组成，即分缺氧池和好氧池两段，具有生物脱氮和除磷功能。A/O 是缺氧-好氧生物脱氮除磷工艺的简称。

　　缺氧池是在缺氧条件下通过混合液回流，以原废水中的有机物作为反硝化细菌的碳源，使废水中的 NO_2^-、NO_3^- 还原成 N_2，达到脱氮的作用，使在去除有机物的同时氨氮得到有效降解。缺氧池内设有穿孔曝气管，控制溶解氧 <0.5mg/L。

　　缺氧池出水自流进入好氧池进行硝化反应，大量的有机物在此得以去除，氨氮的去除主要集中在缺氧-好氧段，氨氮去除生物反硝化反应如下：

$$6NO_3^- + 2CH_3OH \longrightarrow 6NO_2^- + 2CO_2 + 4H_2O$$

$$6NO_2^- + 3CH_3OH \longrightarrow 3N_2 + 3CO_2 + 3H_2O + 6OH^-$$

　　这是在缺氧条件下通过反硝化菌的作用，将 NO_2^- 和 NO_3^- 还原成 N_2 的过程。在生物反硝化过程中同时也使有机物氧化分解，降低废水中污染物含量。

　　ⅸ. 气浮　　废水经生化处理后进入高效混凝气浮系统进行进一步处理，确保废水达标排放。混凝气浮系统运行稳定，不受季节影响。混凝反应的处理对象是水中微小的悬浮物和胶体性杂质，这些物质在水中能长时间地保持分散悬浮状态，有很强的稳定性。加入适量的混凝剂可以使其脱稳、絮凝，结合形成大的絮凝颗粒而利于分离。经 A/O 处理后的废水经加药（无机高分子聚凝剂）使废水中低级化合物经药剂胶联、架桥，将水中的有机杂质凝聚在一起形成颗粒絮凝，使用溶气水释放系统使絮花上升到气浮池表面形成污泥而排出，废水停留45min，回流量 30%。经以上处理后出水再经过活性炭吸附能将水中的色度及没有被分解的有机物和无机物质吸附掉，从而保证整体出水达标排放。气浮池处理合格的废水排放掉，不合格的返回到接触氧化池或气浮池中再行处理，得到的污泥进入污泥浓缩池中处理。

　　Ⅹ．污泥处理　　得到的两种污泥在池中混合，混合后进行处理。处理采用污泥脱水机进行。污泥浓缩池上清液、脱水机滤液回流至调节沉淀池作进一步处理。常用的污泥脱水机有板框压滤机和带式压滤机。板框压滤机为间歇式工作，带式压滤机可连续工作。

　　污泥中的水是结合水，有三种状态：一种是絮体内和细胞间隙存在的水——间隙水；一种是固体表面的临界面水；还有水合水。用机械脱水可除去间隙水的一部分。由于生物污泥粒子表面积很大，大部分结合水属于临界面水，而这种水用机械方法是不能除去的，需要通过药剂来改变水的存在状态。使用的药剂有聚合氯化铝（PAC）和聚丙烯酰胺（PAM）。脱水后的滤饼含水在 80% 以下。污泥含水 99%，浓缩时间 14h，压滤后含水 60% 左右，成饼状。

　　(2) 避免二氧化硫污染的有效措施　　二氧化硫是玉米淀粉生产过程必不可少的物质，是首选的玉米浸渍剂，也是生产过程的抑菌剂，但是二氧化硫又是对人体和环境的有害物质，也是产品卫生指标的主控项目，《中国药典》淀粉二氧化硫标准控制在 0.004% 以内，而多数食用产品都控制在 30mg/kg 以内，看似食用产品比药用产品控制还严格，但实际上药用产品一般都是用作辅料，相对服用的量极少，而食用产品则食用量很大，因此需要控制严一些。有的企业为了特殊用户的要求，将淀粉的二氧化硫指标控制在 10mg/kg 以内。控制二氧化硫措施：严格控制生产过程亚硫酸耗量或硫黄耗量，一般亚硫酸耗量 1t 玉米用 1.2～1.4m³，其中 0.5m³ 被玉米吸收，使玉米水分由 16% 增加至 45%，其余 0.7～0.8m³ 从浸渍系统排出（包括随浸渍水带走），硫黄耗量一般在 1～2kg/t 玉米，尽可能控制在低线水平；严格控制亚硫酸浓度，按 SO_2 计一般目前控制在 0.12%～0.2%（过去控制在 0.2%～0.3%），不少现代化工厂控制在 0.12% 以内；采用密闭设备，防止跑、冒、滴、漏，尽可能减少亚硫酸流失；控制好空气中 SO_2 含量，硫黄炉燃烧后进入吸收部位的 SO_2 含量不应低于 10%，吸收后尾气 SO_2 含量不得高于 0.3%，排放高度不低于 30m，厂房空气中 SO_2 含量应低于 0.03mg/kg；尽可能降低产品中 SO_2 含量，特别是成品淀粉，更应从多方面加以注意，如亚硫酸浓度采用低线，浸后玉米用工艺水洗涤，生产过程保持清洁卫生，防止微生物污染，以免多加亚硫酸，加强淀粉的精制，尽可能提高淀粉乳浓度，加强洗涤，适当增加洗水用量，采用高效脱水机，最大限度降低脱后湿淀粉水分等。

（3）避免硫化氢、盐酸、磷以及粉尘污染的有效措施　硫化氢属有毒气体，淀粉及淀粉糖生产过程原本不会有 H_2S，但淀粉工厂常有因 H_2S 气体造成人员中毒事件，主要是残存的有机物质在缺乏空气情况下腐败，其本身的硫就会生成 H_2S，特别是蛋白质腐败更易产生，因此生产设备应时常保持清洁卫生，不能留有死角，尤其是停产期间各种贮罐，更应冲洗干净，以免产生 H_2S。

气体盐酸即氯化氢（HCl），是淀粉糖生产常用的化工辅料，极易挥发产生氯化氢气体，具有很强的腐蚀性，对设备、厂房、人身都有危害，应注意采用密闭设备，不能外溢。

淀粉生产过程排出污水中的磷，主要是有机磷，在浸渍过程随浸渍液排出，如能全部回收浸渍液，浓缩为玉米浆出售或渗入饲料中干燥为蛋白饲料出售，基本上可解决磷排放问题；若稀浸渍液制菲汀，则菲汀滤液亦应浓缩后利用，而不能直接排放。

消除粉尘首先是避免生产过程产生粉尘，如密闭尘源防止外溢，在除尘措施上可采取湿法防尘、通风除尘、设置吸尘装置等；对从事粉尘岗位的作业人员也应配备必要的防护用品，如防尘口罩、防尘面具、防尘头盔等。

（4）有机肥的生产　利用淀粉厂污泥处理场的污泥为主要原料，经过堆积发酵、破碎、配料、造粒等工序生产有机肥料。发酵是将污泥中所含的大分子有机质（纤维素、木质素、蛋白质、淀粉、糖等）转化为植物易于吸收的物质（氨基酸类、腐殖酸类等），并大量增殖有益微生物菌群，产生对作物生长有刺激作用的活性酶。堆积发酵的污泥含水 30％ 左右，是一种优质的有机肥料，再针对施用的作物与土壤情况加入适量的氮、磷、钾及硅、锰、硫、铁等微量元素，然后造粒得到的有机肥具有养分全面并兼有生物活性的双重功效。有机肥生产工艺流程见图 3-39。

图 3-39　有机肥生产工艺流程

3.6.3.3　环保评价

淀粉工业有关环保指标如下：

（1）废水排放　执行 GB 8978—1996 标准。

pH 6～9。

化学需氧量 COD（mg/L）：一级≤100，二级≤150，三级≤500。

五日生化需氧量 BOD_5（mg/L）：一级≤20；二级≤30；三级≤300。

悬浮物 SS（mg/L）：一级≤70；二级≤150；三级≤400。

总氰化物（mg/L）：一级≤0.5；二级≤0.5；三级≤0.5。

硫化物（mg/L）：一级≤1.0；二级≤1.0；三级≤1.0。

氨氮（mg/L）：一级≤15；二级≤25；三级—。

磷酸盐（以 P 计）（mg/L）：一级≤0.5；二级≤1；三级—。

（2）大气排放　执行 GB 16297 标准。

（3）其他控制标准　二氧化硫：排气筒高度 30m，排放量小于 34kg/h。硫化氢：排放量小于 1.3kg/h。氯化氢：排放量小于 1.4kg/h。生产性粉尘：排放浓度小于 150mg/m³。

（4）空气洁净度标准　空气洁净度等级规定划分为四个等级，具体见表 3-23。

表 3-23　空气洁净度等级

等级	每立方米空气中≥0.5μm 尘粒数	每立方米（每升）空气中≥5μm 尘粒数
100 级	≤35×100	
1000 级	≤35×1000	≤250
10000 级	≤35×10000	≤2500
100000 级	≤35×100000	≤25000

注：对于空气洁净度为 100 级的洁净室内大于或等于 5μm 尘粒的计算应进行多次采样。当其多次出现时，方可认为该测试数据是可靠的。

（5）噪声　符合 GB 12348—2008《工业企业厂界环境噪声排放标准》规定。噪声一般分为机械性噪声、空气动力性噪声、电磁性噪声三类。淀粉工厂的噪声主要是机械性噪声，集中在淀粉提取及精制工序，如破碎机、针形冲击磨、淀粉分离机、旋流器泵等噪声特别大。

噪声对人体的影响：噪声对人体的影响是多方面的，50dB(A) 以上开始影响睡眠和休息，特别是老年人和患病者对噪声更敏感；70dB(A) 以上干扰交谈，妨碍听清信号，造成心烦意乱、注意力不集中，影响工作效率，甚至发生意外事故；长期接触 90dB(A) 以上的噪声，会造成听力损失和职业性耳聋，甚至影响其他系统的正常生理功能。

控制噪声的措施：吸声、消声、隔声，但这些措施多数是针对室内墙壁而言。对于机械设备主要还是设备本身的性能，运转部位是否有减震装置，润滑是否良好，安装是否到位等；也可将噪声大的设备尽可能集中安装，采取封闭式隔音或自控操作、远离操作人员等都可减少噪声的危害，必要时操作人员可佩戴耳塞、耳罩或头盔来保护听力。耳塞、耳罩由软塑料、软橡胶或纤维棉制成。佩戴合适型号的耳塞、耳罩，隔声效果可达 20~40dB(A)。

3.6.4　循环

3.6.4.1　循环理念

循环经济本质上是一种生态经济。传统经济是一种由"资源→产品→污染排放"单向流动的线性经济，其特征是高开采、低利用、高排放。与传统经济相比，循环经济的不同之处在于："循环经济"以资源高效利用和循环利用为目的，以"物质闭路循环和能量梯次使用"为特征，以"减量化、再利用、再循环（资源化）"为原则，表现为"两高两低"，即低消耗、低污染、高利用率和高循环率，所有的物质和能量在不断循环中得到合理持久利用，以节约环境资源，把污染物的排放降低到尽可能小的程度甚至为零，实现经济系统与环境之间的物质平衡。

运用生态学规律把生产活动组成"资源→产品→再生资源"的反馈式流程，以实现"低开采、高利用、低排放"，以最大限度利用进入系统的物质和能量，提高资源利用率，最大限度地减少污染物排放，提升生产运行质量和效益。

3.6.4.2　循环工艺

（1）工艺水的循环　玉米淀粉湿磨生产中用水量大，工艺水循环利用可以有效减少一次水使用量。要把淀粉生产中除淀粉洗涤工序外所有一次水使用点全部取消，多次循环利用工艺水是最佳选择。循环利用工艺水还可以降低淀粉生产中污水排放，减少环境污染。工艺水循环流程如图 3-40 所示。

① 水环流遵循的原则

a. 净水加至湿淀粉最后一道工序，也就是净水用在最后一次洗涤淀粉，如采用 12 级旋流器洗涤淀粉，则净水只用来洗涤 11 级洗后的淀粉，其他各用水点均不用净水。

b. 充分利用过程水，所谓过程水即生产过程排出的水，又称工艺水，过程水主要是从分离麸质工序分出的麸质水经浓缩排出的上清液，即澄清麸质水。

c. 工艺水循环使用要严格按照逆流原理，保持水与物料有一定的浓度差，使工艺水发挥最大效果，根据循环水的水质及其中干物含量确定回水部位，采取

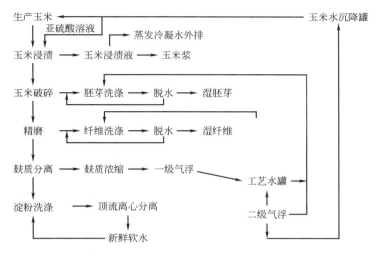

图 3-40　玉米淀粉湿磨法工艺水循环流程

严格指标保持循环水的质量，使工艺水既有效地循环利用又不会影响产品的质量。

d. 注意利用循环水的热量，根据循环水的水质及温度情况，确定回水部位。

e. 采取有效措施和严格合理的控制指标，保持循环水的质量，过程水中悬浮物含量不得超过 0.08%，也不得含有其他有害物质，既能最大限度地利用，又不会影响产品的品质。

f. 注意水的平衡，根据物料平衡计算，并在满足各工序工艺技术指标的基础上，作出水的平衡，根据水的平衡选择适当的控制设备，以保证系统的平衡生产。

g. 保持必要的循环水储备装置，不仅能维持正常生产还要保证开停车的需要。

h. 注意生产过程的防腐和清洁卫生，循环水要保持一定的 SO_2 浓度，一般不得低于 0.03%。

② 水环流重要关注点　玉米淀粉厂的环境污染主要是废水排放，造成淀粉生产总干物收率偏低的主要原因也是由于大量携带干物质（主要是不溶蛋白质、可溶蛋白质、无机盐、糖类）的工艺水及浸泡水。

a. 淀粉湿法闭环生产中，只有淀粉洗涤工序加入一次水，按照玉米破碎量 400t/d，淀粉洗涤一次水用量 1600t/d。其他工序包括亚硫酸制备、玉米洗涤输送都使用工艺水替代一次水；污水从浸渍工序（玉米输送水）排放。

b. 浸渍工序玉米加料时，短时间内需要大量工艺水，过去由于没有工艺水缓冲，造成玉米加料时需要一次水补充，其他时间工艺水白白浪费排掉。

③ 水的循环利用措施

a. 淀粉洗涤顶流工艺水经离心分离后再回用到淀粉洗涤，可以减少一次水用量30%。淀粉洗涤顶流经离心机分离后，顶流干物含量0.3%，主要成分是淀粉（60%）和蛋白质（30%），还有10%的其他物质（主要是可溶性的蛋白质）。该工艺水来源稳定，流量在15m³/h。过去这部分水注入工艺水罐，现在直接用于淀粉洗涤工序替代部分工艺水使用，可减少一次水用量。通过试验后确认对成品淀粉的蛋白质含量几乎没有不利影响。

b. 在浸渍岗位新增工艺水沉降罐，用来回收干物和缓冲浸渍岗位的用水，从上工序来的工艺水首先经过沉降罐沉降回收干物后再在浸渍岗位使用，研究发现，工艺水经过沉降后干物含量降低25%。工艺水沉降罐回收干物，淀粉生产总干物收率提高0.8%，其中淀粉收率提高0.5%，麸质饲料提高0.3%。减少淀粉生产污水排放量150t/d，降低污水中干物含量25%，基本做到清洁生产。由于沉降罐的缓冲作用，可以完全保证浸渍加料操作用水高峰时生产用水，从而杜绝了一次水使用，减少一次水消耗100t/d。

c. 脱水后湿淀粉，含水33%～36%，这些水分干燥后，可冷凝回收用于生产过程，约相当于玉米加工量的30%。

d. 稀玉米浆，含水92%～94%，蒸发时成为汽气水，水量较大，相当于玉米加工量的80%左右，回收利用困难较大，因蒸发时带有玉米浆泡沫，含蛋白质，又为酸性，温度高，多数工厂没有利用。

e. 湿胚芽，含水55%～60%，相对量较少，约为玉米加工量的10%以内，干燥后可冷凝回收。

f. 湿纤维，含水65%～70%，为玉米加工量的15%左右，也可干燥后冷却回收。

g. 麸质水，一般含水98%以上，量极大，此部分水经麸质浓缩分出的上清液，为玉米加工量的4倍以上，可全部作为过程水循环利用。

（2）热能的循环　玉米淀粉湿磨法生产过程中，热能的消耗主要是蒸汽的消耗。这些蒸汽主要用于淀粉的干燥过程，胚芽、纤维和蛋白粉的干燥过程，稀玉米浆的蒸发浓缩过程以及玉米浸泡液的加温过程。在淀粉干燥过程，一般采用气流干燥工艺，用蒸汽通过空气加热器将空气加热，产生大量的冷凝水。加热后的空气与湿淀粉混合，使淀粉干燥至安全水分。胚芽、纤维和蛋白粉的干燥过程，一般采用管束干燥机，用蒸汽做热源，间接加热，生产大量的干燥尾气和蒸汽冷凝水。稀玉米浆浓缩，一般采用多效降膜蒸发器，一方面利用蒸汽做动力，推动蒸汽喷射器，形成真空，降低稀玉米的蒸发温度；另一方面利用蒸汽做热源换热。当今世界性能源紧缺，煤炭、电力等能源价格上升，致使湿磨生产成本增大，因此节能，特别是充分利用热能多次反复循环利用，是一个十分重大的课题。一般工厂，是将空气加热器、管束干燥机、板式换热器等产生的冷凝水，首先经过闪蒸罐，进一步分离低压蒸汽（又称闪蒸蒸汽）和冷凝水，将冷凝水返回锅炉，作为锅炉补充水，既利用了热源，又节约了水源，完成了热环流。利用闪蒸蒸汽加热淀粉气流干燥的空气预热器或用于稀玉米浆蒸发系统。现在也有的工厂开始利用管束干燥机的尾气。这部分气体含有部分热能和细小的有机颗粒。经过洗涤、净化后，尾气的热能可以用在玉米浆蒸发系统。也可以考虑利用玉米浆蒸发系统循环水的热量。在工艺过程中，必要的管道、阀门和设备应采用各种保温措施，尽量减少热损失。这样，基本上可以做到热平衡，并且伴随着水环流而实现热环流。

淀粉生产过程中的蒸汽冷凝水主要来自浸泡加热的蒸汽冷凝水、管束干燥机产生的冷凝水、气流干燥机产生的冷凝水以及蒸发器产生的冷凝水。由于蒸发器产生的冷凝水水质较差，只能在使用废热蒸发器时，用作管束干燥机废汽的洗涤。在没有废热蒸发器的淀粉厂，蒸发器的冷凝水只能排放。其他设备产生的冷凝水水质较好，可以用在很多地方。在不同的淀粉厂，冷凝水可以有不同的利用方式。

① 回到锅炉系统　主要针对有自备锅炉的淀粉厂，可以利用很少的投资，将冷凝水收集回到锅炉系统重复利用。

② 用于蒸发器加热　有些淀粉厂，将冷凝水回收，经过闪蒸罐闪蒸，产生二次蒸汽，用作蒸发器的热源。利用废热系统的蒸发器，还可以将管束干燥机的尾气回收，通过净化处理设备，一并使用。

来自副产品干燥工段管束干燥机的废汽不可避免地会带入少量粉尘，湿汽利用时必须除去其中的粉尘，否则长时间使用，蒸发器管壁很容易因为细小颗粒长期黏结，造成堵管，影响换热效率。一般有三个步骤对废汽进行综合处理：一是管束干燥机壳程密封且采用压力门出料方式，以尽量减少冷空气的流入，从而提高湿汽温度与降低粉尘的排出；二是湿汽经旋风除尘器除去粒径稍大的粉尘，旋风除尘器应保温，防止湿汽冷凝；三是废热中的粉尘用高温水（或蒸汽）喷淋洗涤，进入到废热吸收塔的底部，然后与自上而下的循环水充分接触，其中的热量被循环水吸收（蒸汽冷凝为水，其中空气的温度降低），剩余低温湿空气由顶部引风机排出。

目前国内的废热蒸发器也比较多，但大多采用将冷凝水和废汽直接接触进行清洗。最新废热蒸发器在废汽处理过程中，加入了特殊介质，该介质既有效地清理废汽中的杂质，又能提高废汽的闪蒸效果，避免因颗粒黏结在管壁上降低换热效果的作用更加明显。

由循环泵将废热闪蒸罐中的低温循环水抽出送到废热吸收塔（废热吸收塔的

内部有特殊介质）的顶部，然后自上而下与干燥机废汽充分接触后变为高温循环水，再进入废热闪蒸罐中闪蒸，从而得到不含空气的低压饱和蒸汽，进入蒸发浓缩系统做热源。为减少含尘废水的排放，高温洗涤水应循环利用。洗涤水的利用原则是既保证洗涤温度，又减少废水排放，尽量提高废水浓度。含尘浓液可同玉米浆一块掺入纤维进行干燥。

干燥机冷凝水闪蒸罐的作用是：将管束干燥系统的生蒸汽产生的高温冷凝水、蒸发系统的生蒸汽产生的高温冷凝水、气流干燥机换热器产生的高温冷凝水集中回收，闪蒸后产生低压饱和蒸汽，进入蒸发浓缩系统做热源。闪蒸后的低温冷凝水由泵打到锅炉房回用。

废热吸收塔、冷凝水闪蒸罐的液位可自动控制。利用产品干燥余热蒸发玉米浸泡液的蒸发器，可减少一次蒸汽的用量。

③ 用作淀粉洗涤旋流器洗水　有些淀粉厂将冷凝水直接加到淀粉洗涤旋流器洗水罐中，由于冷凝水温度太高，$100 \sim 120℃$，而洗水温度只需 $39℃$ 左右，因此直接将冷凝水用作十二级旋流器洗水，冷凝水使用率太低。笔者建议将冷凝水回收，通过淀粉烘干气流干燥机的换热器，经过换热，降低冷凝水的温度，同时也节省了气流干燥机的蒸汽耗量。

冷凝水采用闭路回收方式，避免开放式冷凝水回收方式降低热能。回收系统由回收管网和回收泵站两部分组成。管网部分主要包含蒸汽疏水阀和回收管道；泵站部分主要包含闪蒸罐、压力调节阀、回收装置、安全阀及必要的监控阀门和仪表等。管网部分的主要作用是在保证不影响用汽设备的加热工艺的前提下，阻止未凝结放热的蒸汽直接排出，而将其中的凝结水及时地疏出，并输送汇集至一定距离处；而泵站部分的主要作用则是将已集中的凝结水及时地进一步输送至合适的利用处，同时对闪蒸蒸汽进行控制和处理。

冷凝水采用集中回收的方式，即把淀粉气流干燥机换热器产生的冷凝水和管束干燥机产生的高温冷凝水以及浸泡加热的冷凝水集中在压力约为 $0.2MPa$ 的闪蒸罐中进行闪蒸，闪蒸后的高温冷凝水通过液面传感器控制调节阀送入凝结水罐进行二次闪蒸，二次闪蒸后凝结水通过热水泵直接送淀粉气流干燥器中的翅片换热器预热组进行降温处理。降温处理后的凝结水用于淀粉洗涤，不足部分用清水补充及调温。

闪蒸罐排出的蒸汽（压力约 $0.2MPa$）可用于浸泡工艺的加温和冷亚硫酸的加温。闪蒸蒸汽不足时通过压力调节阀从分汽缸来生蒸汽进行补偿；过剩时通过安全阀排空。二次闪蒸后蒸汽直接排空或作其他用途。

④ 用作浴池和暖气　有些厂家，将剩余蒸汽冷凝水用作浴池和办公暖气使用，由于浴池用水的集中性以及暖气使用的季节性，使得冷凝水利用率不高。

3.6.5　高效

3.6.5.1　高效理念

高效理念就是实现人机智能一体化系统，人机一体化就是突出人在制造系统中的核心地位，同时在智能机器的配合下，更好地发挥出人的潜能，使人机之间表现出一种平等共事、相互理解、相互协作的关系，使二者在不同层次上各显其能，相辅相成。在智能制造系统中，高素质、高智能的人将发挥更好的作用，机器智能和人的智能将真正地集成在一起，互相配合，相得益彰。

3.6.5.2　高效工艺——淀粉生产自动控制工艺

目前，规模化的玉米淀粉企业都装置了现代化的计算机操作控制中心（简称OCC），来对生产全过程进行控制，同时也是生产的指挥中心。控制系统可执行常规控制系统的全部标准化控制功能，还可提供复杂的程序以优化操作，减少能源消耗，保证产品质量，减少劳动力及停车时间。

计算机控制系统主要功能是：对工艺过程的流量、压力、温度、液位、密度等参数进行自动控制；为整个生产过程提供准确顺序的开、停车；故障报警和设备工作状况的模拟和监视，控制系统可以把工厂的某一点、某一区域，甚至整个工厂连同操作的时间、信息都显示在荧光屏上。计算机还可提供系统管理资料，包括生产报告、能源利用、质量控制报告、装运和存盘记录，并由打印机把警报和紧急事件全部记录下来。计算机是生产系统的心脏，操作人员必须严格按操作规程进行操作。

淀粉生产设备从玉米净化、浸渍、破碎、纤维筛分、蛋白质分离、淀粉乳精制、脱水、干燥、包装整个生产线共有几十台至几百台驱动电机，几百个阀门。保证产品质量指标需要稳定各单机设备工作状态，需要在不同工序保证液位、压力、流量、pH、浓度、温度等三十几个过程指标。电调方法上应在单机设备中设置基本闭环调节回路，在设备间设置二次闭环回路，针对设备的非线性在系统整体参数协调方面要设置三次调节回路，最终平衡系统稳定运行应设置四次闭环回路。这样组成的调节系统实现生产线平稳工作，在保证产品质量指标前提下实现高效、低耗、增值的目的。

淀粉生产是一个封闭动态的过程，各环节的压力、流量、浓度、温度、密度、酸度、水分等指标依靠人工调节，达不到很高的工艺要求，所以采用工艺操作的自动控制、自动调节就显得格外重要。自动控制浸渍液的排放量及排放质量；自动控制分离机的淀粉乳底流浓度，自动控制洗水量；自动控制旋流洗涤器的洗水压力、洗水量，保证淀粉洗涤效果；自动控制整个生产系统的物料平衡、物料密度、流量、管网压力、CIP清洗、淀粉水分及工艺平衡，保证生产稳定、高效运行和产品质量。

（1）玉米浸渍自动控制工艺

① 技术方案

a. 设计原则　设计方案要满足对浸渍罐的温度、流量、pH、液位和阀位的检测和过程控制基本要求。还要着重考虑以下方面：ⅰ. 在软件功能上扩展管理功能（如生产过程的工艺参数追溯、产品质量与过程参数的关系分析等），充分发掘和利用采集数据的价值。在软件的模块结构中增加能实现全厂联网和数据共享的对外数据接口模块，为下一步实现全厂生产过程的计算机控制预留接口。ⅱ. 在仪表和执行机构选型上尽可能与现有设备保持一致，完好设备特别是高价值的设备在新系统中继续使用，如手动控制用的手操器、伺服放大器、电动阀等，最大限度地保护企业的现有投资。

b. 系统组成　从提高可靠性考虑系统的控制操作部分有人工手动操作和计算机自动控制两套独立的操作机构。正常情况下，由计算机自动控制蒸汽调节阀，调节浸渍罐温度。在计算机系统失效或需要人工干预时，把调节方式转变为手动操作方式，实现人工调节。计算机控制系统的数显仪表把数字化数据通过通信口输出，计算机轮流从每个仪表通信口直接读取数据。由于玉米浸渍罐的温度变化特性是大惯性大滞后，用 D/A 卡作为温度控制的输出，用智能仪表作为二次仪表兼作数据采集，计算机与智能仪表通信获取数据，并完成自动控制与数据管理功能。

c. 系统组成特点　ⅰ. 对浸渍罐最主要的工艺参数是温度，在工作台仪表盘上配置多块有数据通信口的数显仪，以便人员直观了解浸渍罐的温度。ⅱ 对于液位和阀位各配 1 台多通道高速数据采集器，轮换显示各罐的液位和阀开度，兼作数据采集器。ⅲ. 计算机从温度数显仪和无纸记录仪读取各罐的温度、pH、液位及阀位数据供程序处理，并以此作为依据计算控制输出。

玉米浸渍罐自动控制系统见图 3-41。每一个浸渍罐的液位变送器（上、下两个液位变送器）集中在显示器上显示液位，当液位超过控制的范围时自动调节进、出液的阀门开度，使液位保持平衡。每一个浸渍罐的温度变送器集中在显示器上显示温度，当温度超过（高于或低于）控制的数值时带转换器的温度传感器自动调节蒸汽阀门开度，控制进入的蒸汽量减少或增大，保证浸渍罐的浸渍温度在控制的范围内。

② 软件系统设计

a. 软件系统组成　根据技术方案对软件系统提出设计原则，软件除了具备对浸渍罐的工艺参数实现自动控制外，还要增加数据分析处理和数据共享功能。新开发软件是基于数据库及网络数据共享的控制系统，这是计算机控制系统的发展趋势。

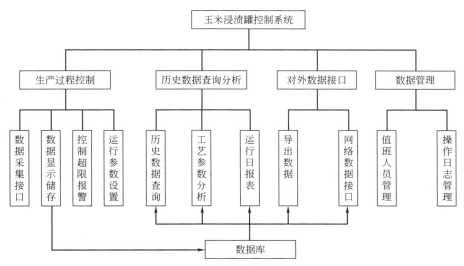

图 3-41　玉米浸渍罐自动控制系统

b. 软件模块功能　（a）生产过程控制：该模块是系统的主要模块，实现数据采集、处理显示、存储、控制输出等生产过程控制的全部功能。（b）参数设置：对与系统运行有关的参数（如采集器参数、控制参数、报警上下限等）提供维护修改功能，以满足按用户环境定制系统的需要。（c）数据采集接口：对挂接在总线上的数据采集器或数显仪表，以 MODBUS-RTU 进行通信，用轮询的方式读取各采集点的数据，并存入环形队列以备其他模块引用。（d）数据显示、储存：采集的实时数据以仪表牌、指示器、趋势图等多种方式直观进行显示，供人员及时了解生产过程工艺参数。在每种显示方式中，对各罐的罐内温度都安排显示位置，以免操作人员观察不到。把指定时间点的数据存入数据库，作为历史数据供以后查询分析及共享引用。（e）控制、超限报警：以 PID 算法为主，以经验预估值对 PID 计算输出进行修正，使超调量控制在工艺参数允许的范围内，达到最佳的控制效果。按照设定的参数对温度、液位以声光提示进行预警、报警，提示值班人员。（f）历史数据查询：该模块提供了对采集数据的发掘和再处理功能，体现系统管理功能的设计原则。该功能用于对以往数据的追溯，可以对数据库中任意时间的数据搜索、查询。当生产过程出现异常时通过历史数据可以帮助分析查找发生问题的原因。（g）工艺参数分析：通过对一定时间段的历史数据与同期生产的产量、产品质量指标进行对比分析，寻找最佳的工艺过程参数，为生产工艺的改进和革新提供参考依据。（h）运行日报表：生成当日浸渍罐各时段的温度、液位值报表。（i）对外数据接口：为其他系统提供数据交换和共享功能。（j）导出数据：从数据库中把需要的历史数据导出为指定格式的数据文件，供其他应用程序使用。（k）网络数据接口：供将来全厂控制网络中的其他计算机调用数据。（l）系统管理：提供系统自身需要的维护管理功能。（m）值班人员管理：建立控制室值班人员名单，对每个人可执行的操作授权。如系统的参数设置只能由负责人调整，其他值班人员只能进行数据显示等一般操作。（n）操作日志管理：记录值班人员在计算机上的重要操作过程，作为日后分析生产过程的依据。

（2）玉米湿磨自动控制工艺　玉米湿磨的控制参数不多，是根据液位控制各进出的料管和流量。控制的设备是一道磨后贮罐、二道磨后贮罐、三道磨进料罐、三道磨后贮罐和粗淀粉乳罐。

各罐的液位变送器（上、下两个液位变送器）集中在显示器上显示液位，当液位超过控制的范围时自动调节后面管道的分配阀门开度，使罐的液位保持平衡。在各罐的适当位置安装液位计，当罐的液位在设定值以下时测量仪的信号反馈给管道上的出料分配阀，分配阀将物料返回到本罐中。当罐的液位在设定值以上时测量仪的信号反馈给管道上的出料分配阀，分配阀将物料输送到下道工序去。

（3）蛋白质分离和淀粉乳精制自动控制工艺　蛋白质分离和淀粉乳精制的控制参数较多，是根据浓度控制各进出的料管，同时还要控制洗涤水温度。控制的设备分两部分，一是主分离机，二是十二级淀粉洗涤旋流器，它们可以联动控制，也可以单独控制。

在主分离机的出料管道上安装一台浓度测量仪（变送器），当出料浓度在设定值以下时，测量仪的信号反馈给出料分配阀，分配阀将出料返回到主分离机的进料罐中；当出料浓度在设定值以上时，分配阀将出料送到十二级淀粉洗涤旋流器的进料罐中。在主分离机的洗水进口管道上安装一台流量仪，该台流量仪将流量控制在设定范围内。在十二级淀粉洗涤旋流器的出料管道上安装一台浓度测量仪（变送器），当出料浓度在设定值以下时，测量仪的信号反馈给出料分配阀，分配阀将出料返回到十二级淀粉洗涤旋流器的进料罐中；当出料浓度在设定值以上时，分配阀将出料送到精淀粉乳罐中。具体控制技术是：将旋风分离器出料口干淀粉湿度（水分）信号 TIC 反馈给进料螺旋调速信号 DIC，根据干淀粉湿度（水分）调节进料螺旋调速。

（4）淀粉刮刀脱水自动控制工艺　淀粉刮刀脱水控制系统具有足够的弹性去调节各种个性工艺过程及装置。下面介绍几种控制系统形式。

① 简易型　这种系统的电控系统大都由常规电气控制元器件组成，可以对系统实行自动/手动操作，具有主要设备运行监测、故障报警和联锁保护等功能。该系统可以满足单台成套设备的控制要求，在生产运行中实现自动控制。

② 通用型　可编程控制器（PLC控制系统）性能稳定，抗干扰能力强，工

作安全可靠，而且配置灵活，具有软件编程功能。PLC 控制系统是完备并弹性的配方管理选择，具有从启动、进料、刮料、洗涤等工序自动调整功能，自由无缝切换。PLC 控制系统的触摸屏操作界面显示多种主要工艺参数，具有几十种各设备异常状态监测报警和联锁保护功能，整个工作系统更加安全可靠，实现全自动运行，可以做到现场无人操作。

③ 智能型　多层次平台控制界面 PLC＋PC 机联控，数据采集和输出。智能型系统除具有单独的基于 PLC 或 PC 控制系统外，还可以通过通信接口与现场 PLC 机或通过用户指定的通信网络方式与中控室 PC 机进行联网通信，与客户 DCS 无缝对接，单独构成组态实时监控。

④ 电控系统主要功能　a. 具有上述 PLC 电控系统全自动控制功能。b. 在 PC 机监视器上动态显示各主要设备的生产流程、各种设备的工作状态以及相关的主要参数画面。c. 具有各种重要工艺参数历史趋势图。d. 可以显示和打印日、月、年生产报表。e. 现场 PC 机或中控室上位机可以监控多台刮刀离心机成套装置运行状态，具有对各成套装置分别进行启、停等控制功能。f. 系统具有多级操作权限设置功能，防止未经授权人员的操作。

（5）淀粉气流干燥自动控制技术　淀粉气流干燥控制的参数较少，可以控制淀粉干燥后的水分方法有两种。第一种方法是湿淀粉进料量稳定的条件下，根据干燥的尾气温度调节进入散热器的蒸汽量。在淀粉气流干燥的尾风管上安装温度变送器，这台温度变送器信号反馈给进入散热器的蒸汽自动控制阀，当尾风管的温度变化时蒸汽自动控制阀的开度随着降小或增大，使进入气流干燥器的热风温度降低或升高，从而实现控制干燥后的淀粉水分大小。具体控制技术是：将尾气温度信号 TIC 反馈给蒸汽调节信号 FIC，根据尾气温度高低控制蒸汽调节阀开度。第二种方法是进入散热器蒸汽量稳定的条件下，根据测量干燥后的淀粉水分调节进入干燥器的湿淀粉进料量。在淀粉气流干燥的旋风分离器出料口安装一台水分在线检测控制器，这台控制器信号反馈给进入气流干燥器的进料螺旋调速电机，调速电机根据得到的信号减少或增加转速，使螺旋的进料量减少或增加，从而实现控制干燥后的淀粉水分大小。具体控制技术是：将旋风分离器出料口干淀粉湿度（水分）信号 TIC 反馈给进料螺旋调速信号 DIC，根据干淀粉湿度（水分）调节进料螺旋调速。

（6）生物环保清洗工艺　原位清洗简称 CIP（cleaning in place），又称在位清洗或自动清洗。原位清洗是指不用拆开或移动装置，即采用高温、高浓度的洗净液，对设备装置加以强力作用，把与食品的接触面洗净的方法，在无须人工拆开或打开的前提下，在闭合的回路中进行循环清洗、消毒。CIP 能保证一定的清洗效果，提高产品的安全性；节约操作时间，提高效率；节约劳动力，保障操作安全；节约水、蒸汽等能源，减少洗涤剂用量；生产设备可实现大型化，自动化水平高；延长生产设备的使用寿命。CIP 系统的特点：①CIP 系统的经济运行成本低，结构紧凑，占地面积小，安装、维护方便，能有效地对缸罐容器及管道等生产设备进行就地清洗，其整个清洗过程均在密闭的生产设备、缸罐容器和管道中运行，从而大大减少了二次污染机会。②该系统可根据生产需要分为一路至四路。尤其是二路及二路以上，既能分区同时清洗同一个或两个以上区域，也能在生产过程中边生产边清洗。这样在生产时就大大缩短了 CIP 清洗的时间。

在设备上配备正反向自动清洗系统，在工艺中配备逆流自动洗涤系统，全部管网配备 CIP 在线自动清洗系统。能够定期地对设备和管道系统的黏附物进行全面清洗，使细菌难以滋生，从而保证产品质量，达到国标优级水平。

3.6.5.3　高效设备

（1）高效的破碎、分离设备　玉米破碎后精磨前应设有脱水曲筛，先提出部分粉浆，再进入精磨，使纤维渣联结淀粉减少到 10% 左右。淀粉精制应采用预浓缩，主分离机及旋流分离器，并采用节能效果好的负压干燥技术。主分离机对与淀粉连接不紧密的蛋白质、可溶性蛋白质和大颗粒的蛋白质分离效果好。主分离机将粗淀粉乳中大量的蛋白质和维生素、脂肪、灰分、大部分水与淀粉分离开来。而十二级淀粉旋流洗涤器对与淀粉连接十分紧密的蛋白质分离效果好。逐步淘汰石磨、转筒筛、溜槽等陈旧的、干物收率低的、污染严重的破碎、分离设备。

将麸质从浓麸质液中与水分离得到固体湿麸质的工艺中，传统麸质水的脱水处理是采用沉淀池浓缩和板框过滤设备，这些设备的耗电量小，过程水回收率低、质量不高，占地面积大，人员多，劳动强度大，生产环境不好，自动化控制程度不高。因此应采用碟片分离机对麸质水进行浓缩，采用真空吸滤机对麸质水进行脱水，采用管束干燥机干燥技术、蛋白质负压干燥技术对麸质水进行干燥，使用这些设备虽然耗电量较大，但过程水回收率高、质量高，占地面积小，人员少，劳动强度小，生产环境好，自动化控制程度高。因此应逐步淘汰沉淀池浓缩、板框过滤等落后的设备。

此外在淀粉精磨工序中可以采用性能比较好的精磨设备，如高压微破碎技术。高压微破碎技术（又称高压分解技术，简称 HD 技术）是一项新兴的细磨技术。它的原理类似于高压均质器，首先用泵将初破碎并分离了胚芽的物料在高压下通过一个特别的分离阀，物料通过此阀时由很小的缝隙喷出，压力突然降低而形成很高的速度，物料受到强力的剪切和碰撞，细胞被强烈地破碎，从而使淀粉颗粒与纤维、蛋白质分离。这种高压分解技术与常规的针磨相比，淀粉颗粒得到了同样的释放，纤维碎片保留得更完整，以致通过筛分时更易与淀粉分离。

在德国和奥地利进行的工厂中间试验（10t/h 玉米）表明，经过四级高压微

破碎，纤维收率占总玉米量的 6.2%，其中淀粉含量占总淀粉的 1.1%。但常规
工艺纤维为 8%，其中淀粉含量占总淀粉的 1.4%。并且最难分解的角质玉米，
使用 HD 技术也能得到满意的分解效果。研究者还通过扫描电镜对淀粉颗粒的图
像及淀粉的糊化温度等进行了观察，结果表明，高压处理常常使淀粉颗粒受到损
伤，但完整的淀粉颗粒仍占多数。高压分解技术生产的淀粉具有较高的糊化温度
和较低的冷黏度。从应用的角度来讲，高压分解工艺生产的淀粉，与常规方法生
产的产品相比没有明显区别。这种工艺的特点还表现为它的灵活性，特别适合于
同时加工多种原料的工厂。应用高压分解技术加工马铃薯和木薯淀粉的试验厂
（15～20t/h）已在荷兰和泰国建成投产。采用高压分解技术加工玉米淀粉常需与
加压浸泡配合。采用这种新工艺，由于不需用亚硫酸，这样就大大地降低了管道
设备的腐蚀程度，同时减少了浸泡设备，减少了建厂投资 1/10～1/6。工艺水中
蛋白质的含量大幅度下降，环境污染问题也得到了很大的缓解。新工艺浸泡时间
短，整个加工周期也短，用水量也较常规工艺节省，但动力消耗需增加 2～3 倍。
这种工艺的关键设备加压浸泡罐和高压分解阀的结构和材质还需进一步改进，此
技术的应用将导致淀粉制取工艺的深刻变革，对于玉米淀粉和小麦淀粉尤其
重要。

　　（2）高效的蒸发、烘干设备　淀粉生产过程中，蒸发浓缩采用新型多效板式
浓缩蒸发器代替目前使用的传统的蒸发器，每吨产品蒸汽量消耗可以降低到
0.2t 左右，可以节约大量的蒸汽消耗。在淀粉生产行业，板式蒸发器具有如下
优势，得到了广泛的应用。

　　① 可达性好。板式换热器由固定在框架上的一组换热板片构成，板片之间
以密封垫相互隔开，或者两片板片以钎焊的方式形成一种盒子式的构件，中间是
蒸汽通道。换热板片很容易拆下，可以很方便地对整个换热表面进行目测检查。
如果发生流道堵塞、结垢等问题，可以将板片拆下，对换热表面进行人工清洁。
个别板片损坏，可以进行更换。板片数量可以方便地予以增加或减少。

　　② 当产品变化或工艺调整时，必要的话，可以通过增减板片的数量来调整
设备的处理能力，从而得到更加理想的处理效果。可以降低至原生产能力
的 40%。

　　③ 在同等换热面积下，板式换热器的高度远小于管式换热器。板式换热器
对房间的高度要求很低，即使对于大型的蒸发器，也可以做到设备整体高度在
5m 以下，这意味着厂房的结构更加简单，造价也更低。由于体积的减小，整套
设备的安装更加容易，无须起重机或其他特殊装备，设备安装费用相应降低。

　　④ 产品在蒸发器内停留时间短。很多待蒸发的产品具有热敏性，在较高温
度下停留一段时间会使部分成分遭到破坏，产品风味下降，颜色变深。板式换热
器换热系数是管式换热器的 2～4 倍，同时由于占据空间体积小，可以设计更大

的换热面积，这样，待蒸发液体在换热器内的停留时间可以缩短至 $1/3 \sim 1/4$，大大地提高了产品质量。

⑤ 由于换热系数高，液体可以更快地通过换热器，换热器内保留液体的体积也减少至 $1/2 \sim 1/4$，这样，在蒸发过程开始时，整个蒸发器可以在更短时间内达到平衡状态。

⑥ 对于高黏度的液体，板式换热器更加适用。因为换热系数高，液体可以以很快的速度通过板式换热器，在板片表面花纹的作用下，形成强烈的湍流，从而不易在换热表面黏附；另外，即使对于高黏度的液体，仍然可以达到较高的换热系数。板式换热器型的蒸发器在处理较高黏度的液体方面，有一定优势。

⑦ 板片的花纹所导致的高湍流度，不仅有利于换热，而且也使在位清洗更加快捷和有效。一旦发生无法清洗的严重结垢，还可以更换板片。

⑧ 各效之间的温差比管壳式小，做多效蒸发器时，第一效的温度可以更低，可以增加效数或对产品有更温和的处理。

采用负压脉冲气流烘干机，配置热风分配调节装置，循环使用部分干燥气等，每吨淀粉耗标准煤已下降到 0.1t 以下，大大降低了蒸汽的耗量，目前国内部分厂家已采用。

（3）高效的在线检测设备　对于企业，产品质量的好坏直接关系到企业的成败。要获得优质的产品质量，离不开质量指标的控制，这样检测数据就成为生产指标控制的重要依据。然而依据常规方法，检测数据是非常滞后于生产的，例如蛋白质常规检测时间为 2h，非常不利于产品质量指标的控制。在这种情况下，选择快速而又准确的仪器就成为必然的选择。对于生产企业来讲，近红外品质分析仪就是一种非常合适的检测仪器，该仪器能够在十几秒时间内检测出水分、蛋白质、含油率、纤维素、灰分等指标。这样生产就能够及时了解某项指标质量控制情况，并及时对生产工艺进行调整，从而确保产品质量的稳定。

① 近红外分析的基本原理　近红外品质分析仪是利用近红外（NIR）光谱技术和统计学方法相结合来测定样品中不同成分的百分比含量。研究表明，特定的成分只吸收特殊波长的光源。例如，水分吸收波长为 $1.94\mu m$ 的近红外光，蛋白质吸收波长为 $2.18\mu m$ 的近红外光，油脂吸收 $2.31\mu m$ 和 $2.33\mu m$ 的近红外光。这样，当用一个波段非常窄的某一特定波长的近红外光去照射一个样品时，样品吸收的光与反射回来的光成反比。近红外分析仪正是通过反射回来的光来计算被样品吸收的光的数量，从而计算出吸收这种光的成分的含量。

传统的淀粉生产质量控制过程为生产现场取样→实验室分析→检测数据反馈→车间调整工艺确保产品质量，此过程检测周期长、反馈速度慢，耗费人力和检测成本，当发现指标不合格时，已经产生了大量不合格品。将基于近红外分析和 PAT 技术开发的在线近红外分析仪应用于淀粉工业生产，通过在线近红外分析仪与可编程逻辑控制器（PLC）控制系统对接，实现对过程变异实时预警和自动控制，可达到生产监控、减少质量波动的目的。

② 近红外品质分析仪的应用开发

a. 近红外品质分析仪的校准　近红外品质分析仪按照测定样品性质来分类，主要分为只能够测定粉末状样品和硬粒状与液态样品两种类型，每个企业可以根据自身产品特点选择合适的仪器。淀粉生产中涉及的产品有淀粉、蛋白粉、玉米糠麸、胚芽 4 种固态产品，另外还有玉米浆 1 种液态产品。例如，使用波通 9140 型号近红外品质分析仪，对于淀粉产品可以直接进行测量，对于蛋白质、玉米糠麸和胚芽则需要粉碎成粉末状后才能够测定，所以在测定前先使用粉碎磨将颗粒状样品粉碎，粉碎后样品应能够通过 40 目分样筛。

近红外分析仪在投入使用前，首先要对仪器进行校准后，才能够完全投入使用。校准 NIR 过程中，样品选择和样品实验室数据的准确性非常关键，选择的样品尽可能覆盖需要检测该样品的所有指标数据，如需要测定蛋白粉蛋白质含量，需要测定蛋白质含量在 55%～65% 之间，对于 55%～65% 之间每个百分点的样品都要准备 2 个以上的样品。对于准备好的样品实验室数据测定结果必须准确无误，测定时需专人负责，测定至少 2 个平行样。

b. 淀粉样品校准近红外品质分析仪情况举例

（a）样品的搜集　对于淀粉产品，经过对 NIR 校准后，应能够测定淀粉水分和灰分等指标，淀粉水分波动范围一般在 11%～14% 之间，灰分一般在 0.09%～0.13% 之间，所以在对淀粉 NIR 开发前，准备了 50 个不同指标范围的样品，并均匀覆盖了所有波段的指标范围，所有样品指标测定时，为保证检测结果的准确性，每个样品指标至少测定了 2 个平行样。对于蛋白质产品，经过 NIR 校准后，应能够测定蛋白粉水分、蛋白质含量和灰分等指标，蛋白粉水分波动一般在 7%～11%，蛋白质含量一般在 55%～64% 之间，灰分一般在 1.0%～3.0% 之间，本次对蛋白粉共准备了 60 个样品，并均匀覆盖了所有波段的指标范围。

（b）近红外品质分析仪的校准过程　样品搜集过程中，要及时对该样品进行 NIR 扫描，确保将该样品信息输入到近红外仪器内，在扫描时一定要将样品编号输入准确；将近红外仪器内的淀粉样品信息使用专用软件下载到微机中，然后将下载的数据和实验室测定结果汇总后，发送到仪器厂商技术服务部；近红外技术专工负责开发出近红外校准曲线，然后将相关参数输入到近红外分析仪中；然后开始测定淀粉样品，对近红外测定数据与实验室数据进行对比。

如果近红外测定结果未达到预期效果，则需要调整曲线截距或重新进行开发，直至达到预期效果后，近红外仪器正式投入使用。

3.6.6 优质

3.6.6.1 优质原料

符合加工工艺本身所需技术指标要求，并满足终端质量需求的原料称为优质原料。玉米质量指标分为化学成分指标、物理指标和外观指标。在玉米质量的化学成分指标中水分含量是随着时间和条件而快速变化的，淀粉、蛋白质、脂肪、纤维和灰分等干基含量在一定的时间（1 年）内变化很小。蛋白质是衡量玉米营养价值的参数，淀粉是衡量玉米能量的参数。玉米在应用于食品中和食用时要求玉米的化学成分含量是平衡的，同时要求玉米的物理指标要好，以保证食用者的身体健康。玉米应用于饲料加工中要求玉米的化学成分主要是蛋白质和淀粉，同时也要求脂肪和灰分。玉米应用于淀粉和发酵工业中要求玉米的化学成分主要是淀粉，同时也要求脂肪和蛋白质，玉米淀粉含量的高低是决定可以生产出多少淀粉产品的基础参数，脂肪和蛋白质含量的高低是决定可以生产多少高附加值副产品的基础参数。玉米的物理指标也是玉米质量的一个主要质量参数，主要是体积质量、不完善粒和杂质指标，在不完善粒指标中的生霉粒指标是玉米损坏程度的参数，生霉粒指标是玉米被微生物（霉菌）污染程度的参数，它决定着玉米加工产品的微生物指标的高低；杂质是玉米中含有非玉米类物质的参数。玉米质量指标中的化学成分指标、物理指标和外观指标是互相联系和互相影响的，一方面，指标高影响全部指标都上升；另一方面，指标低影响全部指标都下降。淀粉工业用玉米以淀粉含量定等，等级指标及其他质量指标见表 3-24。

表 3-24 淀粉工业用玉米等级及质量指标

等级	淀粉(干基)/%	杂质/%	水分/%	不完善粒/%		色泽、气味
				总量	生霉粒	
1	≥75					
2	≥72	≤1.0	≤14.0	≤5.0	≤1.0	正常
3	≥69					

3.6.6.2 优质技术

在绿色、低碳、环保、循环、高效、优质理念框架下的高效工艺称为优质技术。改革开放以来，由于我国引进了多条玉米淀粉（包括淀粉糖和变性淀粉）生产线的生产技术和设备，极大地促进了我国玉米淀粉生产技术的进步，促进了玉米淀粉设备的开发，提高了玉米淀粉设备的性能，设备制造厂的水平在提高，设备的技术水平和性能在进步。中国的淀粉设备制造更加专业化，消化吸收了多种国外引进的淀粉生产设备，开始配套制造出年生产 10 万吨以下规模的系列设备，很多设备代替了进口（泵、胚芽分离器、除石器、旋流除砂器、淀粉洗涤旋流器、凸齿磨、针磨、真空转鼓吸滤机、刮刀离心机等）。并且一些专业设备使其更适合中国的国情，很多种大型设备得到开发和使用，各种规模的工艺技术在发展中得到进步。淀粉生产的自动控制技术得到更多应用，新水用量降低，过程水用量提高，工艺技术日趋完善，产品得率和一些质量指标达到世界水平。2003年以后，我国的淀粉生产技术发生了一些细微的变化，管理技术和计量手段更加全面，使用亚硫酸浓度在 0.20% 以下，浸渍时间缩短到 48h。淀粉产品中含蛋白质降低到 0.30%（0.30%～0.40%）（干基），淀粉产品和副产品质量稳定，废水处理技术更加成熟，水循环利用更加科学，水消耗量减少到 $3m^3/t$ 淀粉（高的达到 $11m^3/t$ 淀粉），大规模高水平的生产线淀粉收率达到 70%（干基）以上，干物总收率达到 99%（干基）以上。这个阶段我国开发制造了大型的淀粉设备和计算机控制技术的设备（如刮刀离心机、碟片分离机、淀粉洗涤旋流器、真空转鼓吸滤机等），不同规模的设备形成系列化，开发了多种适应国情的淀粉生产技术和设备，一些性能完善、实用性能更好的专业设备得到开发和应用。

（1）淀粉生产自动控制技术　自动化控制技术在工业生产中已经广泛应用，它是伴随电子技术、计算机技术的发展而发展完善的。现代计算机技术、数字化控制技术的发展逐渐取代了经典的模拟控制技术，尤其是对人工智能研究的深化，模糊数学理论在数字控制技术上体现出优势，继而诞生模糊控制理论与方法并广泛应用在工程上。现代通信技术、网络技术的扩展延伸使实际应用中的自动化控制系统更趋于经济实用。

淀粉生产是一个封闭动态的过程，各环节的压力、流量、浓度、温度、密度、酸度、水分等指标依靠人工调节达不到很高的工艺要求，所以采用工艺操作的自动控制、自动调节就显得格外重要。自动控制浸渍液的排放量及排放质量；自动控制分离机的淀粉乳底流浓度，自动控制洗水量；自动控制旋流洗涤器的洗水压力、洗水量，保证淀粉洗涤效果；自动控制整个生产系统的物料平衡、物料密度、流量、管网压力、CIP 清洗、淀粉水分及工艺平衡，保证生产稳定、高效运行和产品质量。

（2）废水处理技术　在玉米淀粉生产线上，废水主要产生在玉米浸渍、玉米输送、玉米浆蒸发浓缩、蛋白粉生产等工序，还有各工序跑、冒、滴、漏，蒸发器洗涤水，浸渍罐和各罐洗涤水、冷凝水等。在淀粉生产过程中玉米所含的部分有机物、无机物都会转移到废水中，通常废水的量是玉米加工量的 7 倍以上，这种废水的特点是有机物含量较高，COD 值通常在 10000mg/L 左右。如果将生产工艺中的废水直接排放到环境水体中，将造成水体缺氧，使水生动物窒息死亡，导致大面积环境污染。国外应用超滤技术去除玉米淀粉排放废水中的 COD，并浓缩回收可溶性蛋白质。

超滤（UF）技术是一种压力驱动型膜分离技术，它以膜两侧静压差为推动力，将不同分子量的物质进行选择性分离的关键在于超滤膜。不对称微孔结构的超滤膜的特点是：在滤膜的表面上有一层极薄的致密层（孔径小至 2～15nm），下部较厚的是结构较疏松的支撑层（孔径大于 15nm）。这种不对称结构使得大分子溶质随溶液切向流经膜表面时，由于液体的快速流动，既不容易进入致密细孔引起膜内堵塞，也不容易停留在膜面上形成表面的堵塞，而是被膜阻留在截留液（或称浓缩液）中。而小分子溶质和溶剂则在压力驱动下穿过致密层上的微孔后能顺利穿过下部的疏松支持层，进入膜的另一侧，形成透过液（或称滤出液），从而使超滤膜在连续运行中保持较恒定的产量和分离效果。被分离组分的直径为 0.01～0.1μm，其操作静压差一般为 0.1～0.5MPa，被分离的对象是分子量一般大于 500～1000000 的大分子和胶体粒子。

国外应用超滤技术去除玉米淀粉排放废水中的 COD，并浓缩回收可溶性蛋白质。超滤膜分离兼有分离、浓缩和提纯的作用，是一种高效、低能耗、分子级过滤、设备简单、无相变、无污染和易操作的分离技术，在废水处理中有着广阔的应用前景。甘肃省膜科学技术研究院利用平板超滤膜设备对马铃薯淀粉废水进行了回收蛋白质的中试实验，结果证明，超滤膜对淀粉生产废水中的蛋白质截留率大于 90%，COD 去除率大于 50%。顾春雷等采用膜技术处理淀粉加工废水，用切割分子量 10 万和 1.5 万的超滤回收蛋白质，再用纳滤膜回收淀粉废水中的低聚糖，结果证明：利用膜集成技术可以回收马铃薯淀粉废水中蛋白质总量的 97% 和低聚糖总量的 90%，最后反渗透液可以达标排放。

玉米浸渍液是玉米湿磨法工艺产生的一种副产品，浓度 3～4°Bé，含有的干物质是蛋白质、乳酸、糖分、维生素、灰分等。使用玉米浸渍液为原料，采用膜技术工艺生产肌醇，吸附后的玉米浸渍液中的其他物质不减少，可以继续用于生产玉米浆。在生产肌醇的同时还能生产副产品磷酸氢二钠。膜技术生产肌醇工艺先进，原料得到完全利用，产品收率 0.14%～0.17%，不产生额外的废水。

膜技术生产肌醇的原料是玉米浸渍液，使用一定浓度的氢氧化钠溶液通过阴离子交换树脂柱，使植酸变为植酸钠，当解吸液浓度达到后送入反应器进行水解，水解液经过离心分离除去残渣，然后进行冷却结晶，结晶后使用离心机将磷酸氢二钠分离出去，分离后的水解液经过阴阳离子交换柱除去钙离子、氯离子等离子后，进入膜分离装置分离除去大部分水，然后进行蒸发浓缩，当溶液中的肌醇达到浓度时将其进行冷却、结晶、干燥，得到成品肌醇产品。

使用玉米浸渍液采用膜法生产肌醇的工艺技术是先进的技术，工艺路线科学，原料中干物质全部回收，主产品和副产品质量好。膜法生产肌醇工艺流程见

图 3-42。

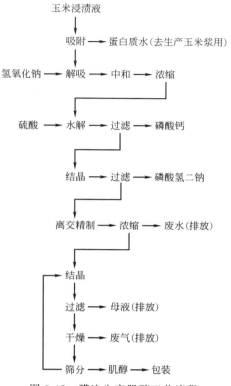

图 3-42　膜法生产肌醇工艺流程

使用膜法技术生产肌醇的工艺过程是：将浸渍液过滤，然后采用离子交换树脂提取出来植酸，然后加入 NaOH，将植酸（$C_6H_{18}O_{24}P_6$）转化为植酸钠（$Na_{12}C_6H_6O_{24}P_6$）并提取出来，再将植酸钠经过水解、中和、蒸发浓缩、再水解、过滤、结晶、再过滤生产出副产品磷酸氢二钠，过滤或再进行精制、蒸发浓缩、结晶、过滤、干燥、筛分生产出肌醇（$C_6H_{12}O_6$）产品。在第二次水解液过滤后产生一些磷酸氢二钠（Na_2HPO_4），在第三次过滤时产生一些母液，第二次过滤精制后的液体采用离子交换树脂进行精制。产品中肌醇含量达到 98.0%以上，副产品磷酸氢二钠的纯度在 98.0%以上。

（3）绿色浸渍技术　国内外玉米淀粉生产主要采用湿法加工工艺，传统湿法加工工艺中的浸泡条件是在含有 0.2%～0.25% SO_2 的 50℃±2℃的浸泡水中浸泡 48h，利用 SO_2 来破坏包裹淀粉颗粒的蛋白质网状结构。但是，SO_2 对生产设备具有腐蚀作用，并对环境有一定的污染，而且在淀粉产品中有亚硫酸残留。利用生物技术，在玉米浸渍过程添加一种由芬兰研制的 Econase EP434 酶制剂，该酶制剂原用于猪饲料，具有肌醇六磷酸钙镁（菲汀）、纤维素、半纤维素和果胶等降解酶的作用，并可缩短浸渍时间，提高浸后玉米粒的质量。

采用该酶在日处理 500t 规模的装置进行了以下试验。试验条件：浸渍时间 48h；浸渍温度 50℃；对比介质为 0.2% SO_2 的亚硫酸水及 Econase EP434 酶制剂（70PU/g）。试验结果见表 3-25。

表 3-25　酶制剂和亚硫酸浸渍对比试验结果（干基）　　　　　　　　　%

对比项目	0.2% SO_2 的亚硫酸水浸渍	Econase EP434 酶制剂(70PU/g)浸渍
玉米浆（浸渍液）收率	5.26	5.61
胚芽收率	7.34	7.12
纤维渣收率	9.7	9.21
其中联结淀粉含量	19.01	17.16
淀粉收率	64.09	65.49
其中蛋白质含量	0.37	0.37
蛋白质（麸质）收率	7.31	6.24
其中蛋白质含量	46.57	51.43
浸液中干物质含量	2.21	2.35
淀粉抽提率	94.4	96.5
总干物收率	95.91	95.92

表 3-25 中三项主要指标，酶法浸渍的淀粉收率、淀粉抽提率和总干物收率均高于亚硫酸浸渍，淀粉抽提率高出 2.1%，淀粉收率高出 1.4%，而且主要质量指标淀粉中蛋白质含量并未因加入酶而增高，蛋白质指标均能达到当前淀粉标准的一级要求。

还有研究采用两步法浸渍，第一步采用 Econase EP434 酶 135PU/g 玉米与 0.2% SO_2 的亚硫酸同时加入，浸渍 6h 后抽出稀玉米浆（浸渍液），浸后玉米粒经粗磨、脱胚；第二步仅加入 Econase EP434 酶 135PU/g 玉米，再浸渍 4h，两个阶段浸渍温度均为 50℃。然后按传统方法细磨、筛分、分离、洗涤等制得淀粉，这样可以大大缩短浸渍时间。试验结果见表 3-26。

表 3-26 的数据说明，采用两步法浸渍效果很好，浸渍时间只有传统浸渍工艺的 1/5，仅 10h，而主要指标三大得率（淀粉收率、淀粉抽提率和总干物收率）均高于对照试验数据，同时也高于单纯用 Econase EP434 酶按传统方法浸渍的数据，且总干物收率还高出 2% 以上。

表 3-26　两步法浸渍和亚硫酸浸渍对比试验结果（干基）　　　　　％

对比项目	0.2% SO$_2$的亚硫酸水浸渍	两步法浸渍
玉米浆（浸渍液）收率	5.26	2.91
胚芽收率	7.34	8.80
纤维渣收率	9.7	9.64
其中联结淀粉含量	19.01	20.99
淀粉收率	64.09	65.53
其中蛋白质含量	0.37	0.37
蛋白质（麸质）收率	7.31	6.8
其中蛋白质含量	46.57	56.47
浸液中干物质含量	2.21	5.45
淀粉抽提率	94.4	96.5
总干物收率	95.91	98.41

　　诺维信公司曾在中国淀粉工业协会五届二次常务理事会和理事会讲座上介绍了其研究发现的酶法浸渍的优点：替代 SO$_2$，改善环境，减少污染，提高设备利用率，减少投资；提高淀粉、蛋白质的分离效率。综上所述酶法浸渍的前景看好，如能研发出活力单位更高、价格更便宜的酶制剂，就更具广泛推广应用的价值，就能使传统湿磨法工艺向前推动一大步。

3.6.6.3　优质产品

　　产出满足并超出客户期望的产品称为优质产品。玉米淀粉生产的产品有淀粉、蛋白粉、纤维饲料和胚芽饼（粕）等产品。淀粉产品有 3 个国家标准，其他产品有行业标准。玉米淀粉产品 3 个标准是：GB 12309—1990《工业玉米淀粉》、GB/T 8885—2017《食用玉米淀粉》、CP 2015《药用玉米淀粉》。

　　（1）玉米淀粉的质量要求　玉米淀粉是玉米经过湿磨法加工从胚乳中提取出来的物质，玉米淀粉是白色粉末状产品，主要化学成分是淀粉。玉米淀粉的质量指标有外观（物理）指标、卫生指标和化学成分指标。工业玉米淀粉质量指标见表 3-27，食用玉米淀粉质量指标见表 3-28。药用玉米淀粉参考质量指标见表 3-29。

表 3-27　工业玉米淀粉质量指标（GB 12309—1990）

项目		指标		
		优级品	一级品	二级品
感官要求	外观	白色或微带浅黄色阴影的粉末，具有光泽		
	气味	具有玉米淀粉固有的特殊气味，无异味		
理化指标	水分/%	≤14.0		
	细度/%	≥99.8	≥99.5	≥99.0
	斑点/（个/cm^2）	≤0.4	≤1.2	≤2.0

续表

项目		指标		
		优级品	一级品	二级品
理化指标	酸度(中和100g绝干淀粉消耗0.1mol/L氢氧化钠的体积)/mL	≤12.0	≤18.0	≤25.0
	灰分(干基)/%	≤0.10	≤0.15	≤0.20
	蛋白质(干基)/%	≤0.40	≤0.50	≤0.80
	脂肪(干基)/%	≤0.10	≤0.15	≤0.25
	二氧化硫/%	≤0.004	—	
	铁盐(Fe)/%	≤0.002		

表 3-28　食用玉米淀粉质量指标（GB/T 8885—2017）

项目		指标		
		优级品	一级品	二级品
感官要求	外观	白色或微带浅黄色阴影的粉末,具有光泽		
	气味	具有玉米淀粉固有的特殊气味,无异味		
理化指标	水分/%	≤14.0		
	酸度(干基)/°T	≤1.50	≤1.80	≤2.00
	灰分(干基)/%	≤0.10	≤0.15	≤0.18
	蛋白质(干基)/%	≤0.35	≤0.40	≤0.45
	斑点/(个/cm²)	≤0.4	≤0.7	≤1.0
	脂肪(干基)/%	≤0.10	≤0.15	≤0.20
	细度/%	≥99.5	≥99.0	≥98.5
	白度/%	≥88.0	≥87.0	≥85.0

表 3-29　药用玉米淀粉参考质量指标

项目	法定标准	内控标准
性状	应符合规定	应符合规定
鉴别	应符合本品项下规定	应符合规定
酸度	pH4.5～7.0	pH4.5～7.0
二氧化硫	二氧化硫不得过0.004%	二氧化硫不得过0.004%
氧化物质	不得过0.002%	不得过0.002%
干燥失重	不得过≤14.0%	不得过≤13.8%
灰分	不得过≤0.3%	不得过≤0.3%
重金属	重金属不得过百万分之二十	重金属不得过百万分之二十
铁盐	不得过≤0.001%	应符合规定
微生物限度	需氧菌总数不得过10000CFU	需氧菌总数≤800个/g
微生物限度	霉菌和酵母菌数≤100CFU	霉菌和酵母菌数≤90CFU
微生物限度	不得检出大肠埃希氏菌	不得检出大肠埃希氏菌

（2）蛋白粉的质量要求　蛋白粉（麸质粉）是从玉米胚乳中提取出来的玉米蛋白质,主要成分是蛋白质和淀粉,还有色素等。蛋白粉是金黄色粉末状产品。

主要用作各种动物的饲料，还用于提取黄色素、用于发酵工业培养基。蛋白粉外观（物理）指标见表 3-30，蛋白粉化学成分指标见表 3-31。

表 3-30 蛋白粉外观（物理）指标

项目	指标
外观	金黄色小颗粒或粉末,无异物
气味	具有玉米蛋白质的特殊气味,无异味

表 3-31 蛋白粉化学成分指标 ％

成分	指标	成分	指标
水分	≤10.0	纤维	≤2
蛋白质(干基)	≥46.0	灰分	≤1.5
脂肪(干基)	≤2.0		

（3）纤维饲料的质量要求 纤维饲料（玉米蛋白饲料）是从玉米中提取出来的玉米种皮，还有加入的玉米浆，主要化学成分是纤维和蛋白质。纤维饲料是黄褐色颗粒或粉末状产品。纤维饲料的用途是用作各种动物的饲料。纤维饲料外观（物理）指标见表 3-32，纤维饲料化学成分指标见表 3-33。

表 3-32 纤维饲料外观（物理）指标

项目	指标
外观	黄褐色颗粒或粉末,无焦煳物
气味	具有玉米种皮和玉米的气味,无异味

表 3-33 纤维饲料化学成分指标 ％

成分	指标	成分	指标
水分	≤12.0	脂肪(干基)	≤5.0
蛋白质(干基)	≥18.0	灰分	≤5.0

（4）胚芽饼的质量要求 胚芽饼是玉米胚芽经过压榨将大部分脂肪提出后的物料，是浅褐色块状产品。胚芽粕是胚芽或胚芽饼经过浸出后的物料，是浅褐色小块状产品。胚芽饼（粕）的主要成分是蛋白质，用作各种动物的饲料。胚芽饼（粕）质量指标见表 3-34。

3.6.7 工艺简捷

在保证质量需求的前提下，精益求精，尽可能地缩短工艺流程。例如用于玉

表 3-34　胚芽饼（粕）质量指标　　　　　　　　%

项目	指标	
	压榨胚芽饼	浸出胚芽饼
外观、色泽、气味	褐色或浅黄色块状	
水分	≤1.5	≤10.0
蛋白质(干基)	≥14.0	≥18.0
脂肪(干基)	≤20.0	≤1.5
灰分	≤1.5	≤1.8

米淀粉生产使用的玉米在收获和装卸过程中会混入一定量的砂石及泥土，不同地区收获的玉米中混入的砂石和泥土的量是不同的，这些混入砂石和泥土的玉米进入生产企业时首先要进行筛分净化处理，筛分净化时可以将大于和小于玉米颗粒的杂质清理出去，但与玉米颗粒大小差不多的砂石是不能筛分净化出去的，同时夹杂在玉米颗粒中和附着在玉米颗粒表面的细小的泥沙也不能全部被筛分净化出去。因此在玉米淀粉生产过程中，大多数企业在玉米上料时采用除砂旋流器或除砂槽对玉米进行第一次除砂，然后在后端采用浸后玉米除石器对浸渍后的玉米进行第二次去石，由于设备数量多，工艺复杂，其操作要求也很高，很多在生产线上不能实现很好的除石效果。对以上问题，很多企业进行了改进，研发出玉米跳汰去石机，玉米跳汰去石机的原理是利用机体内的气囊使水形成起伏，使筛面上的砂石及玉米由于密度不同而分层，砂石密度大，落到底层；玉米密度小，悬浮在上层，受水流影响上层玉米随着水流进入上料系统，而砂石则从下部排出。玉米跳汰去石机的使用，使玉米中的砂石及金属物等很好地分离出来。采用玉米跳汰去石机在浸泡前将砂石或灰尘除掉，然后后端相应取消输送水除砂、淀粉乳除砂等除砂石设备，同时大大降低了破碎工序破碎磨及针磨的磨损周期，也降低了生产过程中输送管道和泵的磨损，降低了相关配件的更换频次，从而间接地节约了生产成本，提高了经济效益。

　　蛋白质分离和淀粉乳精制是淀粉生产重要的工序，是产生淀粉和蛋白粉的关键工序，是影响淀粉和蛋白粉得率的工序，是决定工艺水用量和产生过程水量的工序。在玉米淀粉生产技术中，蛋白质分离和淀粉洗涤精制工艺通常是采用二级碟片分离机与十二级淀粉旋流洗涤器串联的工艺技术，此技术工艺流程长，耗电量大，可以将两级初分离、十二级旋流分离改为一级初分离、九级旋流分离，在质量不变的情况下缩短了工艺流程，减少了设备，降低了电能消耗。

3.6.8　节能高效

　　采用闭环流程工艺，"闭环"流程是玉米湿磨提取淀粉生产工艺的核心。闭环流程包括物环流、水环流和热环流。物环流指主物料只从一口提出，无论经过多少道工序都环流归入一个提出口。例如纤维无论经过几级洗涤，淀粉与麸质只能有一个出口进入分离工序；同样粗淀粉乳经过 12 级旋流洗涤后，也只有一个精淀粉乳出口。水环流指生产全过程一次新鲜水只从淀粉洗涤旋流器末级加入，然后按逆流循环原理，反复利用后由玉米浸泡水排出。玉米湿磨提取淀粉生产过程的热环流含两层意义。第一层意义是玉米浸泡需在 50℃ 左右温度下进行从而获得热量；为降低物料黏度，整个生产过程都需在 35～45℃ 温度下进行，所以生产全过程切忌进入冷水，即全生产系统是在热过程下进行。第二层意义指热能的利用也要遵循逆流原理，充分利用温度梯度实现节能。

我国目前存在的许多年产千吨级的淀粉厂，水基本上没有循环利用而全部排出厂外，水耗是国外先进淀粉企业的 3～10 倍不等，电耗、气耗分别是国外先进淀粉企业的 1.5 倍和 2 倍，成本比年产 10 万吨的淀粉厂要高 15%～20%。以现有乡镇小淀粉企业生产状况来看，由于原料利用率低和粗放生产过程，每年全国共有 20 万吨粮食、6 万吨煤、1 亿度电、至少 1500 万吨水被浪费。因此，对于生产设备落后、技术及管理力量薄弱、副产物不能综合利用、原材料浪费及环境污染严重的淀粉企业有必要进行清洁生产，使淀粉生产加工从原料开始，使用先进的工艺生产技术，配套使用性能优良的专业设备，分别将各工序的指标控制在最佳状态，使生产全过程在一种科学的程序中运行，实现闭环生产，从而实现排出的废水、废气、废物最少，原材料消耗最低，产品的收率和质量最好的目标。

对于淀粉行业来说，采用闭环逆流循环工艺技术，即在淀粉洗涤时使用新水，其他过程均使用过程的工艺水，最后将工艺水用作浸泡水成为生产玉米浆的原料，整个生产过程中只排出蒸发冷凝水和各干燥工序排出的废气，这样的清洁工艺技术没有向外排放废物的出口，即使生产过程有瞬时的泄漏，物料也可以回收到工艺中而不至于排放掉。泵用冷却水实行闭路循环。烘干设备产生的蒸汽冷凝水收集后直接与自来水混合用于淀粉的旋流洗涤。生产过程中只从淀粉洗涤的最后一级加入新鲜水，系统多余的工艺水、淀粉刮刀离心机脱水后的滤液和溢流水进行分离处理后，排放一定量的清液，这时清液干物含量一般在 0.3% 以下，从而避免大量干物质从废水中带走，同时也保证补充一定量的新鲜水，防止系统内细菌的增加。由于此处排放的清液较易分离，因而减轻了污水处理的负担。

（1）节能高效的工艺控制参数　　工艺参数的控制是淀粉节能高效生产技术的重要管理手段，只要各工序工艺指标严格按设计范围进行控制，才能保证淀粉清洁生产工艺技术的准确实施，实现节能高效生产技术的目的。

玉米向浸渍罐中输送时，输送水作为浸渍液循环使用，这样既能增加玉米浆浓度，又能回收干物（0.1%～0.6%），同时可以节约新水（3～5m³/t 玉米）；玉米浸渍用酸使用工艺水配制或工艺水加少量新水配制，用酸量为 0.9～1.15m³/t 玉米，此工序可节省新水 0.6～1.15m³/t 玉米。浸后玉米洗涤采用工艺水，用量 0.5～0.8m³/t 玉米，洗涤后的水加入到稀玉米浆中，这样可多回收干物 0.05%～0.1%；浸后玉米输送采用工艺水循环使用，玉米与水的比例为 1:（3～5），这样可节省新水 1.3～2.5m³/t 玉米，每罐最后余下的输送水亦加入到稀玉米浆中；磨碎工序用水利用纤维挤压机挤出的工艺水，可节省新水 0.5～2m³/t 玉米；分离机使用工艺水，可节水 0.1～0.2m³/t 玉米；12 级旋流器使用新水和脱水离心机回来的滤液混合水，脱水离心机的滤液用于十二级旋流器的洗水，可节省新水 1.0m³/t 玉米；胚芽挤压机出来的工艺水回到纤维洗涤槽中或与纤维挤压机出来的工艺水一同去磨碎工序使用；蛋白粉脱水下来的工艺水进入工艺水罐作工艺水使用。在清洁生产工艺中，严格控制向工艺过程加入新水。

（2）节能高效工艺的设备选择　正确选择设备也是节能高效生产技术的一个重要条件，只有性能优良的设备才能将玉米磨碎、筛分、分离开来，并达到工艺要求的指标。使用二级凸齿磨破碎浸泡好的玉米，使用胚芽分离器分离胚芽，胚芽得率可达到 6.5%～7.4%（干基玉米）；而使用漂浮槽分离胚芽，胚芽的得率在 3.8%～5.3%（干基玉米）。在分离胚芽后对破碎两次的玉米进行第三次精磨，国外的针磨可使纤维中的联结淀粉控制在 8%～13% 之间（干基），国产在 10%～18% 之间（干基），而其他设备在 20%～39% 之间（干基），这样就使淀粉和蛋白粉的产量（得率）下降很多，都进入到了纤维饲料中。

对淀粉和蛋白质进行分离时，使用分离机和旋流器配合使用，可得到优质的产品，用水也少。在对麸质水进行浓缩时，对工艺水进行二次处理是必要的，较好的工艺是使用气浮槽，这样得到的工艺水含干物质在 0.3% 以下。

使用淀粉乳脱水后的滤液时，先进的工艺技术是使用分离机或浓缩系统将滤液再处理，这样得到的滤液含干物质在 0.15% 以下，这部分水就可以做淀粉洗涤用水使用，从而减少了新水的用量，又减少了工艺排放水量和干物质流失。

（3）污染治理措施　鉴于淀粉加工废水的 COD_{Cr}、BOD_5、SS、氨氮和总磷等各项污染物指标的含量均较大，因此在进行工艺设计时必须考虑在对有机污染物去除的同时，对氨氮和磷的去除。目前对污水中氨氮脱除的主要技术为生物脱氮，而对磷的去除方法既有化学除磷工艺，也有生物除磷工艺。下面推荐介绍几种带有脱氮除磷功能的污水处理工艺，在这几个工艺中可通过增加水处理工序来获得更好的出水水质。

推荐处理工艺一的流程为：

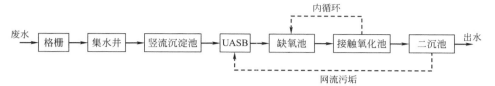

该工艺对淀粉废水的处理可达效率如表 3-35 所示。

表 3-35　推荐处理工艺一对淀粉废水处理的可达效率

指标	COD_{Cr}	BOD_5	SS	氨氮	总氮
去除率	≥99%	≥98%	≥85%	≥80%	80%

利用该工艺处理普通淀粉废水，日处理量 1000t，总投资为 400 万元，直接运行费用为 1.0 元/t 废水，若考虑厌氧过程中沼气作为能源用于发电的效益，则沼气产生的效益可等于或大于污水处理的费用。

此工艺除对有机物有良好的处理效果外，具有同步脱氮除磷作用，其中厌氧段主要作用是去除有机污染物和释放磷，缺氧段的主要作用是反硝化脱氮，由于具有同步去除有机污染物、脱氮、除磷作用，因而目前该工艺广泛应用在需要脱氮除磷的污水处理方案中。该工艺内部存在较大的回流量，因此相对来说，污水处理的运行成本要略高。

推荐处理工艺二的流程为：

该工艺对淀粉废水的处理可达效率如表 3-36 所示。

表 3-36　推荐处理工艺二对淀粉废水处理的可达效率

指标	COD_{Cr}	BOD_5	SS	氨氮	总氮
去除率	≥98%	≥98%	≥91%	≥80%	80%

利用该工艺处理淀粉废水，日处理量 1000t，总投资为 350 万元，直接运行费用为 0.75 元/t 废水。与前工艺相似，本工艺若考虑厌氧发酵产生沼气的效益，则污水处理的费用可大大节省。

此工艺的厌氧处理工序 EGSB 具有较好地去除有机物的效果，而 SBR 可通过调节其运行程序，从而达到脱氮除磷的功能，目前 SBR 具有多种变异工艺，脱氮除磷率可超过 80%。

推荐处理工艺三的流程为：

废水 → 格栅 → 集水井 → 沉淀池 → EGSB/UASB → 氧化沟 → 化学除磷 → 出水

该工艺对淀粉废水的处理可达效率如表 3-37 所示。

表 3-37   推荐处理工艺三对淀粉废水处理的可达效率

指标	COD_{Cr}	BOD_5	SS	氨氮	总氮
去除率	≥98%	≥98%	≥91%	≥80%	90%

利用该工艺处理淀粉废水，日处理量 1000t，总投资为 370 万元，直接运行费用为 1.4 元/t 废水。

此工艺处理对淀粉废水的有机物、氮、磷均有较好的处理效果，厌氧阶段既可以采用 EGSB 工艺，也可采用 UASB 工艺，主要用于去除有机污染物。氧化沟在去除有机污染物的同时，具有较好的脱氮功能。本工艺的一个特点就是采用化学除磷的方法，化学除磷是较为彻底的除磷方式，但因为需要投加絮凝剂（铝盐、铁盐和石灰等），从而提高了污水处理的成本。

在上述所有的处理工艺中，均可通过在出水前增加混凝气浮或过滤等物理化学工艺，从而达到提高出水的水质效果。对于玉米等原料的浸泡液必须单独进行蒸发浓缩回收干物质，从而一方面减少了排出废水中污染物的浓度，另一方面还可消除浸泡液的硫化物对后续污水处理生化工艺的影响。

3.6.9   质量保证

3.6.9.1   工艺为质量服务

工艺路线以质量达成为最终目标。生产工艺是生产技术人员统筹兼顾、综合分析各种因果关系后所确定的保证产品质量、提高生产效率和降低成本的一条加工产品的路线。生产对象（产品）按工艺过程运行，依次通过每个加工工序。工艺卡中对每个工序的详细说明是指导工人生产和帮助管理人员掌握产品加工过程的主要技术文件。因此，生产工艺是保证产品质量的关键因素之一。只有产品全面满足用户的需求，质量保证才具有足够的信任度。实践证明，只有严格把好质量关，赢得信誉，企业才能争得市场。工艺过程中的质量控制主要是严格控制工艺，同时也包括操作者的技术水平以及采用先进的加工方法，以保证最终的产品质量。

玉米淀粉的生产过程控制是比较复杂的一个系统，系统数据是动态的。控制的参数主要有：浓度、温度、pH、流量、时间、压力、质量、液位和电机电流等。控制的成分主要有：淀粉、蛋白质、脂肪、纤维。过程控制的作用是调节各种参数的变化和成分在物料中的含量（浓度）变化。

玉米淀粉生产工艺控制指标见表 3-38～表 3-45。

表 3-38 玉米淀粉生产工艺控制指标（上料和浸渍）

项目	控制指标
净化玉米	含水：自然
玉米除砂上料罐清理	1 次/罐
浸渍溶液浓度（含 SO_2）	0.12%～0.26%
浸渍液加入温度	48～50℃
浸渍罐升温时间	≤2h
浸渍时间	40～46h
浸渍温度	(51±1)℃
各浸渍罐中浸渍液浓度变化范围	4～4.6°Bé，0～8%（干基）
各浸渍罐中浸渍液酸度变化范围	0.15～1.00°T
各浸渍罐中浸渍液 SO_2 变化范围	0.008%～0.12%
浸渍液循环温度	(51±1)℃
排出的浸渍液（稀玉米浆）浓度	4～4.5°Bé，7.1%～8%（干基）
浸渍后玉米水分	≥43.0%
浸后玉米除石器进料压力	0.15MPa
浸后玉米除石器洗涤水进水压力	0.2MPa
浸后输送玉米：水	1：(3.5～4)
浸后洗涤水温度	≥45℃
输送水温度	≥45℃

表 3-39 玉米淀粉生产工艺控制指标（破碎、胚芽分离和精磨）

项目	控制指标
一道磨玉米破碎程度	4～6 瓣/粒
一次破碎时浓度	45%（干基）
一次破碎程度	含整粒玉米≤5/10dm³
一道磨后储罐浓度	7～8°Bé，12.44%～14.22%（干基）
二道磨玉米破碎程度	10～12 瓣/粒
二次破碎时浓度	16°Bé，28%（干基）
二次破碎程度	不含整粒玉米
二道磨后储罐浓度	8～9°Bé，14.22%～16%（干基）
二次破碎前筛子的筛上物和筛下物干物质比例	45：55
针磨前曲筛供料压力	≥0.2MPa
针磨前曲筛进料浓度	13°Bé，23%（干基）
粗淀粉乳(1)浓度	5～7°Bé，8.89%～12.44%（干基）
针磨进料浓度	14°Bé，25%（干基）
三道磨前曲筛得到的淀粉和蛋白质	42%（占全部淀粉和蛋白质）
针磨破碎后浓度	9～11°Bé，16%～20%（干基）

表 3-40　玉米淀粉生产工艺控制指标（胚芽洗涤、脱水和干燥）

项目	控制指标
一级胚芽分离器进料浓度	7～9°Bé,12.44%～16%（干基）
一级胚芽分离器溢流和底流之比（干物质）	22∶78
一级 K1 溢流浓度（胚芽浆料）	9～10°Bé,16%～18%（干基）
一级 K2 溢流浓度	8°Bé,14.22%（干基）
一级 K2 底流浓度	11°Bé,20%（干基）
二级胚芽分离器进料浓度	9～11°Bé,16%～20%（干基）
二级 K1 溢流浓度	9°Bé,16%（干基）
二级 K2 溢流浓度	9°Bé,16%（干基）
二级胚芽分离器 K1 溢流和底流之比（干物质）	25∶75
二级胚芽分离器 K2 溢流和底流之比（干物质）	50∶50
二级 K2 底流浓度	12.5°Bé,22%（干基）
一、二级旋流器进料压力	0.4～0.6MPa
洗涤后胚芽含干物质	25%
脱水后胚芽含水	≤55%
胚芽洗涤和脱水得到的过程水	1.5°Bé,2.6%（干基）
总淀粉含量	≤4%
游离淀粉含量	≤2%
进胚芽管束蒸汽压力	≤0.8MPa
尾气温度	≥95℃
干胚芽水分	≤12%
干胚芽种皮含量	≤12%
干胚芽脂肪含量	≥50%

表 3-41　玉米淀粉生产工艺控制指标（蛋白质分离、淀粉洗涤）

项目	控制指标
粗淀粉乳(1)(2)浓度	5～7°Bé,8.89%～12.44%（干基）
进料刷式过滤器进料压力	02～0.3MPa
主分离机进料温度	≤35℃
主分离机底流蛋白质含量	5%～7%
主分离机底流浓度	12～14°Bé,21.32%～24.9%（干基）
主分离机顶流浓度	0.6°Bé,1.2%（干基）
十二级旋流器 1 级进料压力	0.7～0.9MPa
十二级旋流器 1 级顶流压力	0.1～0.3MPa
十二级旋流器 1 级底流压力	0.2～0.4MPa
十二级旋流器 1 级进料浓度	12～14°Bé,21.32%～24.9%（干基）
十二级旋流器 1 级顶流浓度	4°Bé,7.1%（干基）
十二级旋流器 1 级顶流干物量	22%（对进料干物量）
十二级旋流器 2 级顶流浓度	5°Bé,8.9%（干基）
十二级旋流器 12 级进料压力	0.7～1.0MPa
十二级旋流器 12 级顶流压力	0.2～0.4MPa
十二级旋流器 12 级底流压力	0.2～0.4MPa
十二级旋流器 12 级底流浓度	20～22°Bé,35.5%～39.1%（干基）
洗水温度	30℃
十二级旋流器 12 级底流蛋白质含量	≤0.5%
十二级旋流器 12 级底流淀粉乳 pH	4.5～6.8

表 3-42 玉米淀粉生产工艺控制指标（淀粉脱水、包装）

项目	控制指标
刮刀离心进料浓度	20～22°Bé,35.5%～39.1%（干基）
脱水后湿淀粉水分	≤39%
脱水后滤液和撇液浓度	3°Bé,5.33%（干基）
干淀粉蛋白质含量	≤0.35%
蒸汽压力	≤1.0MPa
热风进口温度	130～175℃
尾气压力	－(0.47～0.55)MPa
尾气温度	(50±5)℃
干燥后淀粉水分	13.5%～14.0%
干淀粉白度	≥89%
干淀粉细度	≥99%
干淀粉酸度	≤2.5°T
干淀粉 SO_2 含量	≤40mg/kg
干淀粉 pH	5.5～6.5
包装单袋质量范围(40kg 塑编袋)	40kg,40.07～40.27kg
包装单袋质量范围(25kg 塑编袋)	25kg,25.05～25.18kg
包装单袋质量范围(25kg 自锁袋)	25kg,25.24～2537kg
包装 1t 质量范围(40kg 塑编袋)	1000.75～1007.75kg
包装 1t 质量范围(25kg 塑编袋)	1001.00～1008.00kg
包装 1t 质量范围(25kg 自锁袋)	1008.60～1015.60kg
批号	清楚、正确、端正

表 3-43 玉米淀粉生产工艺控制指标（玉米浆的生产）

项目	控制指标
浸渍液(稀玉米浆)浓度	3.5～4.6°Bé,6.0%～8.0%（干基）
一效真空度	13～16kPa
二效真空度	53～56kPa
三效真空度	87kPa
一效温度	93～95℃
二效温度	78～80℃
三效温度	55～60℃
冷却器压力	－0.07～0.09MPa
冷却水进口温度	25～36℃
冷却水出口温度	35～40℃,40～45℃
循环水量(蒸发量 10t/h)	200～300t/h
蒸发冷凝水出口温度	50℃
蒸发后玉米浆浓度	≥20°Bé,含干物 45%

表 3-44　玉米淀粉生产工艺控制指标（蛋白粉的生产）

项目	控制指标
麸质浓缩机进料浓度	1.5°Bé,2.6%（干基）
麸质浓缩机顶流浓度	0.2°Bé,0.35%（干基）
麸质浓缩机底流浓度	7~8.5°Bé,12.44%~15%（干基）
浓缩机返料量	7~12m³/h
工艺水干物含量	≤0.3%
真空转鼓吸滤机进料浓度	7~8.5°Bé,12.44%~15%（干基）
真空转鼓吸滤机滤饼水分	≤62%
真空转鼓吸滤机真空度	−(0.06~0.085)MPa
真空转鼓吸滤机洗水压力	0.2~0.5MPa
进管束干燥器麸质水分	40%
蒸汽压力	≤0.8MPa
干燥器尾气温度	≥80℃
干燥后蛋白粉水分含量	7%~10%
干燥后蛋白粉蛋白质含量	≥60%
蛋白粉饲料细度	50目筛,99%
包装单袋质量范围	25kg,24.95~25.07kg
包装1t质量范围	1000kg,1000.00~1003.00kg
批号	清楚、正确、端正

表 3-45　玉米淀粉生产工艺控制指标（纤维洗涤、筛分和饲料生产）

项目	控制指标
纤维洗涤1级曲筛筛下物浓度[粗淀粉乳(2)]	5~7°Bé,8.89%~12.44%（干基）
1级曲筛进料压力	≥0.25MPa
2~6级曲筛供料压力	≥0.15MPa
六级曲筛冲洗次数	1~2次/班
筛分后纤维含干物质	15%
脱水后纤维中总淀粉含量	≤15%
脱水后纤维中联结淀粉含量	≤10%
脱水后纤维中游离淀粉含量	≤5%
脱水后纤维含水	60%
纤维脱水得到的过程水	2.3°Bé,4%（干基）
进干燥机的纤维含水	40%
干燥后纤维含水	6%~10%
蒸汽压力	≤0.8MPa
尾气温度	≥80℃
饲料蛋白质含量	≥18%
饲料水分	≤12%
粉剂饲料细度	30目筛,99%
颗粒饲料粒度	ϕ4~6mm,95%
包装单袋质量范围	40kg,39.80~40.20kg
包装1t质量范围	1000kg,1000.00~1005.00kg
批号	清楚、正确、端正

世界上发达国家的现代化淀粉生产都建立了工艺控制系统（PCS）和合理的控制程序（PLC），以确保最佳的工艺自控，保证正常安全生产，减少事故，减少操作量，降低成本，增加产量。国内已有少数大型工厂开始推广应用生产过程的自动控制。

淀粉生产中的主要自动控制工艺有：

① 浸泡工段的浸泡罐均设有液位指示、调节，浸泡液温度自动调节及浸泡罐各种物料进、出料阀等五个阀门的程序控制及连锁。

② 磨筛工段为了保证洗涤效果，洗涤水加热器出口均设有温度自动调节、各流量指示调节及报警连锁。为了保证离心机的安全稳定运行，一般各离心机都设有单独的 PLC 控制系统，进行流量、压力及安全连锁控制，使工艺指标符合要求。对胚芽洗涤水流量、纤维洗涤水流量、淀粉洗涤水流量进行指示调节报警。各贮槽液位均设有自动调节报警连锁。同时，为了确保产品质量，十二级末级旋流器出口设有浓度自动分析、调节、报警等系统。刮刀离心机采用独立的 PLC 控制系统，以确保设备在安全可靠运行的前提下提高产品质量。

③ 淀粉、纤维、蛋白质干燥，根据各个干燥器的出口尾气温度均设有温度反馈状态调节系统，以确保产品水分含量的稳定。同时备料斗均设指示报警及干燥装置设备启、停程序控制系统。

3.6.9.2　工艺以质量为保证

质量完美是工艺追求的目标。玉米在生产淀粉过程中，经历了较长的生产周期，在质量和数量上发生了很大变化。要保证淀粉及副产品的质量，提高收率、降低成本，中间体的质量控制至关重要。通过从玉米原料开始直到最后出成品的各生产阶段的产品进行质量及数量检验与分析，可以确定干物质的利用程度，了解各工序干物质的损失，避免将不合格产品送到下道工序，以保证产品及副产品的质量。

中间产品的检验内容应根据生产工艺的要求而定。一般对于影响产品质量、产品收率、生产效率的参数都应进行检验和分析。由于生产过程的连续性和时效性，检验的方法力求简单、快速、准确。检验结果的反馈力求迅速、直观。采样应随机进行，采样批次应制度化。检验以化验室为主，各岗位自检、互检为辅，力求使各岗位的工艺指标都能严格控制。

中间产品的检验内容与要求还应根据厂型大小、生产技术水平高低灵活掌握。一般情况下可参照表 3-46 内容进行检验。

表 3-46　中间产品检验内容

产品名称	检验内容	单位	控制指标	每次采样数/每班测定次数	采样点
H_2SO_3	SO_2 含量	%	0.25～0.35	2/2	H_2SO_3 罐

续表

产品名称	检验内容	单位	控制指标	每次采样数/每班测定次数	采样点
净玉米	水分	%	≤15.0	1/3	入浸泡罐前的干玉米
	砂石杂质	%	≤0.5	1/3	
	谷物杂质	%	≤3.0	1/3	
	碎粒	%	≤3.0	1/3	
浸泡液	SO_2含量	%	0.03～0.2	2/2	浸泡罐
	温度	℃	48～52	1/6	
稀玉米浆	SO_2含量	%	≤0.03	1/1	浸泡罐
	浓度	%	6.0～8.0	1/1	
	酸度	°T	＞10	1/1	
浸泡后玉米	水分	%	≥42	1/1	浸泡罐
	可溶性物质	%	≤2.5	1/1	
第一次破碎后的粗浆	整粒	%	≤1.0	1/3	破碎机
	浓度	°Bé	5.5～7.0	1/8	
第二次破碎后的粗浆	联结胚芽	%	≤0.3	1/2	破碎机
	浓度	°Bé	7.0～8.0	1/8	
洗后胚芽含淀粉	含量	%	＜14	1/1	挤干机入口
洗涤后粗渣	游离淀粉含量	%	≤1.0	1/1	末级曲筛
	结合淀粉含量	%	≤12	1/1	
洗涤后细渣	游离淀粉含量	%	≤4.5	1/1	脱水筛
	结合淀粉含量	%	≤33.0	1/1	
进针磨物料	浓度	°Bé	≤13.0	1/4	针磨
出针磨物料	结合淀粉含量	%	≤20.0	1/1	
末级曲筛底流	浓度	°Bé	≤1.0	1/2	末级曲筛
洗槽内 H_2SO_3浓度	SO_2含量	%	0.02～0.03	1/2	中间洗槽
渣皮挤干后含水	水分	%	60～65	2/1	渣皮挤干机
胚芽挤干后含水	水分	%	55～60	2/1	胚芽挤干机
淀粉乳	浓度	°Bé	5.5～7.5	1/4	分离机进口或储浆罐
	细渣含量	%	≤0.10	1/1	
	SO_2含量	%	0.025～0.045	1/1	
一级分离机	底流浓度	°Bé	13～16	2/8	一级分离机
	顶流含淀粉		少许	2/8	

续表

产品名称	检验内容	单位	控制指标	每次采样数/每班测定次数	采样点
二级分离机	底流浓度	°Bé	14～17	2/4	二级分离机
	顶流浓度	%	0～2	2/4	
三级分离机	底流浓度	°Bé	17～19	2/4	三级分离机
四级分离机	底流浓度	°Bé	19～21	2/8	四级分离机
进入洗涤旋流器的淀粉乳	浓度	°Bé	13～15	2/4	旋流器进口
最后一级旋流器的淀粉乳	浓度	°Bé	20～22	2/8	旋流器出口
	含蛋白	%	≤0.5	2/1	精浆罐
湿淀粉	水分	%	≤38	2/2	脱水机
稀麸质	干物含量	%	≥1.5	2/1	入沉淀罐口
	淀粉含量	%	≤20.0	2/1	
沉淀浓缩后麸质	干物含量	%	10～15	2/1	浓缩机或沉淀罐口
	淀粉含量	%	≤30.0	2/4	
麸质饼含水	水分	%	45～55	2/1	压滤机
澄清的麸质水	干物	%	≤0.15	2/1	浓缩机或沉淀罐

（1）中间体产品的质量指标　玉米淀粉生产的中间产品有：浸渍液、胚芽、麸质、纤维、淀粉乳共 5 种。这 5 种中间体产品的生产过程是玉米淀粉生产必须经过的工艺过程，这 5 种中间体产品的质量和收率是决定各种最终产品质量和收率的决定性条件，所以必须严格控制这 5 种中间体产品的质量和收率，只有控制好这 5 种中间体产品的生产工艺参数，才能保证各种最终产品的质量和收率达到很高水平。

在这 5 种中间体产品中，玉米浸渍液是用于生产玉米浆用，也可以先生产肌醇后再生产玉米浆。胚芽是用于生产玉米油用，生产出的玉米油可以作为产品出售，也可以深加工生产精制玉米油和色拉油，在压榨和浸出玉米油后还生产出胚芽饼（粕）中间体产品，胚芽饼（粕）可以作为产品出售，也可以加入到纤维中生产饲料用。麸质是用于生产蛋白粉用。纤维在加入玉米浆后生产纤维饲料。淀粉乳是用于生产淀粉或深加工使用。

玉米淀粉生产中间体产品质量指标见表 3-47，胚芽饼和胚芽粕质量指标见表 3-48。

在玉米淀粉生产中，这 5 种中间体产品的质量和收率是可以在一定范围（产品质量标准范围）内进行调整的。调整的依据有：第一，使用的原料玉米中某种成分发生变化（不同收获年份的玉米、保存不当或保存时间过长的玉米质量会发

表 3-47　玉米淀粉生产中间体产品质量指标

项目	浸渍液	胚芽	麸质	纤维	淀粉乳
浓度/°Bé	≥3.5		≥3		20±1
水分/%	≤96.2	≤4			
干物质含量/%	≥4.8	≥96			
淀粉含量(干基)/%		3~4			
蛋白质含量(干基)/%	≥50		≥60	≥18	≤0.37
脂肪含量(干基)/%		47~49	≤2.0		≤0.15
灰分/%	≤15	≤1.1	≤3.0	≤3.0	≤0.15
不溶物含量(干基)/%	2.26				
其他物质含量(干基)/%		49.3~50.3			
温度/℃	50~55				
pH	3.8~4.2				

表 3-48　胚芽饼和胚芽粕的质量指标　　　　　　　　　　%

项目	指标	
	胚芽饼	胚芽粕
水分	≤1.0	≤10.0
蛋白质(干基)	≥14.0	≥18.0
脂肪(干基)	≤20.0	≤1.5
灰分	≤1.5	≤1.8

生变化），需要保证某种产品的质量时，一些产品的收率就需要调整，调整的同时其他产品的质量也在变化；第二，产品质量发生变化，当产品市场对某种产品的质量要求变化时，一些产品的收率就需要调整；第三，产品收率发生变化，当一种或几种产品的收率进行调整时，一些产品的质量就需要调整。在玉米淀粉的生产过程中，不论产品的质量和收率如何调整，都是在保证主要产品质量达到质量标准为基础的。中间体产品的质量和收率的调整直接影响最终产品的质量和收率的变化，所以中间体产品质量和收率的调整是不可以超出产品质量标准范围的，不能使最终产品的质量调整到影响产品指标（性能）的程度，既符合产品质量出厂的标准，同时又保证实现各种最终产品收率的优化提高。中间体产品的质量控制是保证最终产品质量和收率的一个主要过程，同时也是保证最终产品质量的条件，在生产过程中的任何工序生产多余设计规定的物料都会导致中间体产品的增加和影响中间体产品产量和质量，也影响最终产品的质量和收率。

（2）淀粉产品的质量指标　我国玉米淀粉根据其用途不同分为工业玉米淀

粉、食用玉米淀粉和药用玉米淀粉。各种淀粉质量标准见表 3-27～表 3-29。

3.7　玉米淀粉生产工艺控制

3.7.1　系统物料平衡控制

（1）浸渍工序物料平衡　玉米浸渍工艺技术采用连续逆流循环浸渍流程，即浸渍液是在浸渍罐中逆着玉米加入浸渍罐的顺序方向连续流动进行的。向玉米浸渍时间最长的浸渍罐中连续定量加入浸渍溶液（新液），浸渍液一边连续在罐内自身保温循环，一边连续向下一个罐内定量输送，由玉米浸渍时间最短的浸渍罐内连续定量输出浸渍液，从而保持玉米浸渍的最好传质效果。浸渍时浸渍液是连续循环加温的。用于玉米除砂、上料使用的浸渍液是浸渍时间最长的浸渍液（老液）。

在玉米的逆流浸渍过程中，浸渍溶液的加入量是由玉米的含水量、玉米中可以浸渍出来的干物含量、浸渍液浓度等因素决定的。如：1t 玉米（含水 14.0%）含水 140kg，含干物 860kg。在逆流浸渍过程中可以被浸出的干物是 6.5%（ds），即 1t 玉米可以浸出的干物质量是 55.9kg，这些干物中水质量是 9.1kg。那么 1t 玉米被浸出后剩余的干物质量是 860－55.9＝804.1(kg)，这些干物中含有玉米原来的水质量是 140－9.1＝130.9(kg)。浸渍完成后，1t 玉米剩余的804.1kg 干物是进入下道工序生产的玉米质量，这些干物含水 42.0%，即804.1kg 干物的玉米中水质量 582.28kg。

582.28kg 水中有 582.28－130.9＝451.38(kg) 是浸渍溶液进入玉米中的水。1t 玉米浸渍后剩余的干物质量和浸入水的质量合计是：804.1＋582.28＝1386.38(kg)，即 1t 玉米浸渍后得到浸后湿玉米 1386.38kg。

当 1t 玉米被提出的干物是 6.5%（ds）、浸渍液浓度是 7.5%（4.2°Bé）时，浸渍 1t 玉米得到的浸渍液中浸渍溶液是 745.43－9.1＝736.33(kg)，那么，浸渍 1t 玉米共需要使用的浸渍溶液是：451.38＋736.33＝1187.71(kg)，即浸渍 1t玉米需要浸渍溶液 1187.71kg。

浸渍 1t 玉米得到的浸渍液是：1187.71－451.38＋55.9＝792.23(kg)，其中：水 736.33kg，干物 55.9kg，这些水质量加上浸渍出的干物质量就是浸渍液的质量，即 1t 玉米在逆流浸渍时可以得到浸渍液 792.23kg。

使用玉米含水量高时，保持浸渍液浓度不变化，浸渍时就应该相应地减少浸渍溶液的用量。同理，使用的玉米含水量低时，浸渍时就应相应地增加浸渍溶液的用量。当玉米含水 22.0%时，浸渍 1t 玉米使用的浸渍溶液减少到 945.79kg，得到浸渍液 676kg。

当玉米可以浸渍出的干物是 6.5%（玉米含水 14.0%），浸渍 1t 玉米使用的浸渍溶液是 1187.71kg，浸渍出干物是 55.9kg。而当玉米可以浸渍出的干物是 6.0%时（玉米含水 14.0%），浸渍 1t 玉米使用的浸渍溶液是 971.79kg，浸渍出的干物是 51.6kg。

在玉米的逆流循环浸渍过程中，每小时浸渍溶液的加入量是根据浸渍玉米的含水量、玉米浸渍时间（周期）、浸渍后玉米含水量、玉米籽粒中可溶性物质浸出量、浸渍液浓度等因素来计算；而每个浸渍罐向下一个浸渍罐倒出浸渍液量是在浸渍溶液加入量和浸渍液排出量确定后，根据每个浸渍罐中玉米吸水程度计算。100t 玉米（含水 14%）浸渍物料流量图见图 3-43，100t 玉米（含水 20%）浸渍物料流量图见图 3-44。玉米浸渍的吸水率是 14%～28%，它与玉米水分、浸渍技术、浸渍时间、浸渍温度等因素有关。玉米的干物质浸出率是 5%～6.8%，它与玉米成熟程度、浸渍温度、浸渍技术等因素有关。玉米的浸渍液得率是 0.76～0.85t/t 玉米，它与玉米水分含量、浸渍溶液加入量和浓度等因素有关。

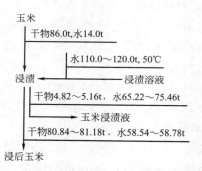

图 3-43　100t 玉米（含水 14%）浸渍物料流量图

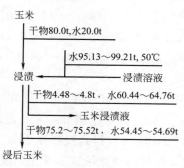

图 3-44　100t 玉米（含水 20%）浸渍物料流量图

玉米逆流循环浸渍技术能够将玉米籽粒中的可溶性物质、灰分大部分浸渍出来，玉米中的干物可以浸渍出来 5.6％～6.3％。浸渍后玉米中的胚乳和种皮百分含量增加，胚芽百分含量减少。浸渍后玉米中的淀粉和脂肪百分含量增加，蛋白质、灰分和可溶性物质百分含量减少。

（2）破碎和胚芽分离工序物料平衡和计算　破碎采用一次破碎、一级胚芽分离、二次破碎、二级胚芽分离工艺，胚芽分离采用二级旋流器。浸渍后的玉米进入破碎和胚芽分离工序后，物料的浓度变化幅度很大，浓度随着生产的进行随时都在变化。破碎和胚芽分离工序是生产控制的主要工序，也是控制点最多的工序。使用凸齿磨两次破碎能够将玉米籽粒中的胚芽基本全部与胚乳分离开来，使用两级胚芽旋流分离器可以将 90％以上的胚芽分离出来，特别是分离组（K1、K3）、检查组（K2、K4）和回流技术的配合使用使得胚芽的得率更高和质量更好。100t 玉米胚芽分离物料流量图见图 3-45。

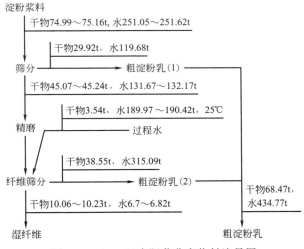

图 3-45　100t 玉米胚芽分离物料流量图

（3）纤维细磨、洗涤筛分工序物料平衡和计算　二道磨后淀粉浆料进入压力曲筛分浆后将粗淀粉乳（1）分开，筛上物进入针磨中破碎。纤维洗涤筛分使用六级压力曲筛与纤维洗涤槽配合，采用逆流洗涤筛分技术。

纤维细磨、洗涤筛分工序的物料浓度变化幅度不是很大，这是因为洗涤得到的纤维浆料和粗淀粉乳浓度变化范围不大，所以这个工序控制的重点是加入工艺中的各种水量。

针磨破碎、纤维逆流洗涤工艺的联合使用，可以实现纤维中的联结淀粉在16％以下。

100t 玉米纤维细磨、洗涤筛分物料流量图见图 3-46。

（4）蛋白质分离和淀粉乳精制工序物料平衡和计算　蛋白质分离和淀粉乳精

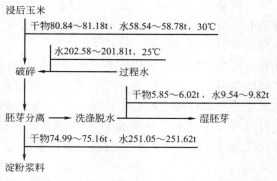

图 3-46　100t 玉米纤维细磨、洗涤筛分物料流量图

制采用碟片分离机与十二级淀粉旋流洗涤器逆流洗涤技术。这种技术蛋白质的分离量大，淀粉洗涤效果好，蛋白粉中蛋白质含量高。分离机底流中蛋白质含量达到 5%～6%（ds），淀粉产品中蛋白质含量达到 0.40%（ds）以下，脂肪、灰分含量达到 0.11%（ds）以下。蛋白粉中蛋白质达到 60%（ds）以上。

100t 玉米蛋白质分离、淀粉乳精制物料流量图见图 3-47。

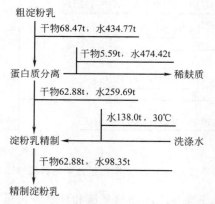

图 3-47　100t 玉米蛋白质分离、淀粉乳精制物料流量图

（5）淀粉脱水、干燥工序物料平衡和计算　淀粉乳经过脱水后产生滤液（撇液）和湿淀粉，湿淀粉采用一级气流干燥技术将其干燥到合格的水分。

淀粉的干燥技术分为正压和负压气流干燥技术两种。一级气流干燥技术的优点有很多，主要优点是：干燥时间短，水与热的交换系数高，产品质量高，能源消耗少，排放的废气中淀粉含量低，淀粉损失少，排放的废气不需要再经过回收。

将湿淀粉喂入气流干燥系统中，湿淀粉在气流干燥系统中经过吸热、汽化、扩散、分离，将淀粉颗粒内部和外部的水分除去。干燥的作用是将淀粉颗粒含有的水分蒸发除去，达到淀粉要求的水分含量。干燥是通过热空气与湿淀粉接触来实现的，干燥后得到含水≤14％的商品淀粉，然后贮存和包装。在干燥时产生大量的废气，通过引风机吸出后排放到空中。

100t 玉米淀粉脱水和干燥物料流量图见图 3-48。

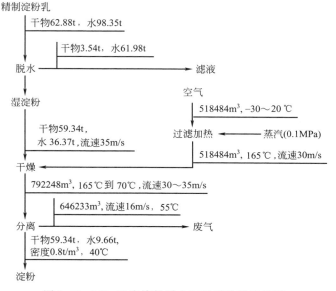

图 3-48　100t 玉米淀粉脱水和干燥物料流量图

3.7.2　系统水平衡控制

在闭环逆流玉米淀粉生产过程中，物流平衡的调整是浓度的调节，而浓度的调节是靠水的调节来实现和保证的。在整个玉米淀粉生产过程中，新水加入点很少，过程水加入点很多，所以新水的使用是玉米淀粉生产控制的关键，只有在保证新水的使用量科学合理时玉米淀粉的生产控制才能达到很好的水平。新水的使用量少，产品干物质收率高。好的控制过程水循环使用率可以达到65％以上。

在闭环逆流玉米淀粉生产技术中进入生产系统中的水是玉米干物量的1.74倍以上，其中由玉米带来少部分水，占9.5％以上；大部分水是在生产过程中由淀粉洗涤旋流器加入的，占90％左右；还有少量是从淀粉刮刀离心机加入的。其他工序严禁使用新水，如果在其他工序也加入新水，会使生产系统的浓度降低、温度下降，平衡破坏。在生产中过程水的循环使用量很大，新水使用量小于过程水循环使用量。

在闭环逆流玉米淀粉生产技术中水的产出方式有很多种，产出点有很多。在浸渍液蒸发浓缩时很多的水以冷凝水方式排出，占42％～51％；各种产品干燥时将大量的水以废气方式排入大气中，占36％～39％；在各种产品中的水以产品方式产出，占12%左右；少量的是以废水方式排放，占1%～7%。在麸质浓缩工序产生的过程水大部分再返回进入生产系统中使用，占90%以上；少部分排放，占10%以下。如果麸质浓缩工序产生的过程水不够使用，则需要向过程水罐中补充新水。另外还有很多洗涤水、排放水、跑冒滴漏水等以废水形式排放，这些废水有的是过程水，有的是洗涤水。亚硫酸制备使用过程水，浸后玉米的输送使用过程水，胚芽和纤维洗涤使用过程水。浸后玉米的洗涤水使用过程水；蒸发器的洗涤水使用新水配制的CIP水；浸渍罐和各罐的洗涤水可以使用新水配制成CIP水，也可以使用过程水配制成CIP水。

3.7.3　系统能量平衡控制

在玉米淀粉生产的过程中蒸汽是作为能量热源使用的，蒸汽是用于新水的加热、产品的浓缩和干燥，工艺中蒸汽使用点不多。蒸汽的使用方式有两种：一种是使用换热方式即换热法；另一种是直接加入到介质中即喷入法，这种方式的热能使用效率高，但使用量很小，主要是低压蒸汽和二次蒸汽的使用，只有在浸渍液循环加热和淀粉洗涤水加热两个点使用。

（1）蒸汽使用量

① 玉米上料　玉米上料使用老浸渍液，蒸汽使用喷入法时将1t 45℃的浸渍液加热到50℃，需要0.6MPa蒸汽8kg。蒸汽使用换热法时将1t 45℃的浸渍液加热到50℃，需要0.6MPa蒸汽11.2kg。

② 玉米浸渍　蒸汽使用喷入法时将1t 49℃的浸渍液加热到50℃，需要0.6MPa蒸汽1.6kg。蒸汽使用换热法时将1t 49℃的浸渍液加热到50℃，需要0.6MPa蒸汽2.24kg。

③ 玉米浆蒸发　玉米浆蒸发能耗0.3～0.32kg蒸汽（0.6MPa）/1kg水（3效）、0.26～0.28kg蒸汽（0.6MPa）/1kg水（4效），蒸发1t水需要蒸汽0.31t（3效）、蒸发1t水需要蒸汽0.27t（4效）。

④ 副产品干燥（使用管束）　干燥胚芽能耗1.42～1.45kg蒸汽/1kg水，蒸发1t水需要蒸汽1.44t。干燥纤维能耗1.38～1.42kg蒸汽/1kg水，蒸发1t水需要蒸汽1.4t。干燥蛋白粉能耗1.65～1.75kg蒸汽/1kg水，蒸发1t水需要蒸汽1.7t。

如果副产品干燥使用转筒干燥机，则使用热风为热源，不需要蒸汽。

⑤ 淀粉干燥　淀粉气流干燥能耗1.9～2.1kg蒸汽/1kg水，蒸发1t水需要蒸汽（10^6Pa）2.0t。

⑥ 淀粉洗涤水加热　蒸汽使用喷入法时将1t 16℃的水加热到35℃，需要0.6MPa蒸汽30.4kg。蒸汽使用换热法时将1t 16℃的水加热到35℃，需要

0.6MPa 蒸汽 40.6kg。

当玉米上料、浸渍液加热、洗涤水蒸汽加热使用喷入法，玉米浆不加入纤维中时生产 1t 淀粉蒸汽使用量是 1.906t，当玉米浆加入纤维中时生产 1t 淀粉蒸汽使用量是 2.076t。当玉米上料、浸渍液加热、洗涤水蒸汽加热使用换热法，玉米浆不加入纤维中时生产 1t 淀粉蒸汽使用量是 1.957t，当玉米浆加入纤维中时生产 1t 淀粉蒸汽使用量是 2.127t。

玉米淀粉生产线的蒸汽使用量与生产线规模、生产技术水平、生产过程罐密封程度、收率和产品种类、管理水平、用汽设备性能、玉米浸渍时间、浸渍液循环量、蒸汽使用方式等很多因素有关。生产规模越大蒸汽使用量相对少，生产技术水平和过程罐密封程度高的生产线蒸汽使用量相对少，如：生产工艺是全封闭逆流技术、生产线流程紧凑、管道短、各种用汽设备保温性能好、设备能力无过剩或过剩很少、过程罐都有上盖等。产品收率低蒸汽使用量相对低，反之产品收率高蒸汽使用量相对高。产品种类不同影响蒸汽使用量，如：玉米浆不加入到纤维中干燥蒸汽使用量相对少。管理水平高的生产线蒸汽使用量相对少，如：生产负荷高、各种用汽设备密闭好、不向生产过程中加入冷水、过程水温度高等。用汽设备性能高蒸汽使用量相对少，如：干燥机能耗低、换热器换热系数高等。玉米浸渍时间短和浸渍液循环量小蒸汽使用量相对少。如果玉米上料、浸渍液加热、洗涤水蒸汽加热使用喷入法时蒸汽使用量相对少，而玉米上料、浸渍液加热、洗涤水蒸汽加热使用换热法时蒸汽使用量相对多。

（2）冷凝水产生量

① 玉米上料　玉米上料蒸汽使用换热法时将 1t 45℃ 的浸渍液加热到 50℃，产生冷凝水 11.2kg。

② 玉米浸渍　蒸汽使用换热法时将 1t 49℃ 的浸渍液加热到 50℃，产生冷凝水 2.24kg。

③ 玉米浆蒸发　玉米浆蒸发时产生冷凝水 0.31kg/1kg 水（3 效），0.27kg/1kg 水（4 效）。冷凝水的生产量是蒸发水量＋蒸汽冷凝水的量。

④ 副产品干燥（使用管束）　胚芽干燥蒸发 1t 水产生冷凝水 1.44t，纤维干燥蒸发 1t 水产生冷凝水 1.4t，蛋白粉干燥蒸发 1t 水产生冷凝水 1.7t。如果副产品干燥使用转筒干燥机，则不产生冷凝水。

⑤ 淀粉干燥　蒸发 1t 水产生冷凝水 2.0t。

⑥ 淀粉洗涤水加热　蒸汽使用换热法时将 1t 16℃ 的水加热到 35℃，产生冷凝水 40.6kg。

玉米淀粉生产蒸汽使用点、冷凝水产出点见图 3-49。

蒸汽的有效利用是节能的主要技术手段，如：浸渍液和淀粉洗涤水加热采用蒸汽喷入法，管束干燥的废气回收用于玉米浆蒸发和玉米浸渍，换热器的冷凝水

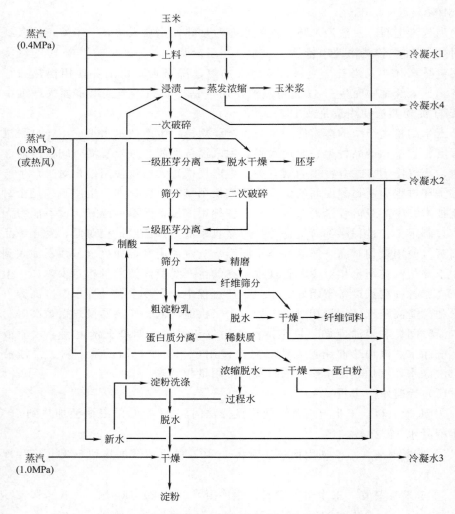

图 3-49　玉米淀粉生产蒸汽使用点、冷凝水产出点

注：1. 本图是使用蒸汽为热源进行生产的，如果胚芽、纤维饲料、蛋白粉的干燥使用
热风为热源，不产生冷凝水 2。2. 如果上料、浸渍、制酸、新水的加热使用喷入法，
不产生冷凝水 1

回收后用于玉米浆蒸发和玉米浸渍，玉米浆蒸发产生的冷凝水用于制酸等。冷凝水产出点与蒸汽使用点基本相同或少于蒸汽使用点。

3.7.4　系统质量保证控制

玉米淀粉的生产过程控制是比较复杂的一个系统，系统质量保证控制参见

3.6.9 内容。

玉米淀粉生产工艺控制指标见表 3-38～表 3-45。

3.7.5 系统工艺自动化控制

自动化控制技术在工业生产中已经广泛应用，它是伴随电子技术、计算机技术的发展而发展完善的。现代计算机技术、数字化控制技术的发展逐渐取代了经典的模拟控制技术，尤其是对人工智能研究的深化，模糊数学理论在数字控制技术上体现出优势，继而诞生模糊控制理论与方法并在工程上广泛应用。现代通信技术、网络技术的扩展延伸使实际应用中的自动化控制系统更趋于经济实用。

3.7.5.1 系统工艺自动化控制的功能

根据工艺控制的要求编制的自动化控制系统可实现多种控制功能和辅助功能。

（1）控制功能 自动化控制系统具有六种控制功能。

① 生产线自动启动与停止 根据工厂要求和工艺需求可使生产线或分工段按设定的程序，以相应的时间间隔顺序启动或停止设备运行，单键操作即可启动或停止生产线或分工段的设备运行，避免人为失误的存在。

② 设备异常自动处理 设备出现异常时按照设定好的连锁关系进行处理，如部分停车或全部停车，并改变相应的工艺控制点的设定，及时将异常的损失降低到最低点。

③ 根据连锁关系控制设备开停 将相应的设备连接起来，利用一项或多项参数自动控制设备和控制点，如将罐的料位与搅拌和输送泵连锁，根据罐的料位控制浆料的搅拌和输送泵的自动开停和工作。

④ 工艺控制点调整 通过工艺控制点数值的简单设置，控制工艺按照预定的方案运行。调整的过程为：设定完设定值后，PC 及 PLD 将自动、平稳地调节输出值，使调节阀门发生动作，最终使实际值达到设定值，具有自动、准确、及时等优点。

⑤ 自动、手动转换设定值 为方便操作及意外处理，自控程序均设有设备、控制点的手动、自动控制，可在实时控制中自如选择，实现无扰切换。

⑥ 自动进行 CIP（就地清洗系统） 操作自控程序中设有与正常开停车不同的 CIP 程序，保证了生产线全部自动控制的实现。设备配备有正反自动清洗系统，工艺配备有逆流自动洗涤系统，定期对系统设备和管道进行全面的灭菌清洗。

（2）辅助功能 自动化控制系统具有七种辅助功能。

① 多级开放参数　一级开放的参数为正常的操作参数,如设备的开停、设定点的设定值等;二级开放为设备之间的连锁控制程序;三级开放参数为自控设备之间的通信协议等;四级开放参数为工控软件的主程序。根据需要设置不同的操作权限,用不同的密码等方式进行保护。

② 远程监控　通过用户自己的局域网或互联网将实时的控制画面、实时曲线、历史曲线发送到远离车间的远程监测点。

③ 远程协助　若生产中出现本单位技术人员无法解决的问题,可通过互联网与设计公司的计算机联网,将当前的生产控制画面同步传输到设计公司,设计公司的技术人员直接参与操作与控制,协同解决问题。

④ 生产线运行情况记录　采用工控程序中可产生详细的报表、实时曲线、历史曲线及设备运行记录。

⑤ 与其他具备单片等程序控制的连接　配备的工控计算机及 PLC 具有完备的计算机接口,可方便地与其他设备(如包装机、工控仪表和密度计等)连接。

⑥ 声光报警输出　对任意的控制点均可设定多个报警点,以不同的方式发出声光报警,可外接声光报警,引起操作人员的注意或与计算机的控制同步。

⑦ 完备的后备操作方法　当计算机、PLC 等出现问题时可直接在控制柜上的 PID 调节仪上进行工艺控制点的操作,利用现场开关开停设备,相比之下少了连锁控制、报表等功能;当计算机、PLC、PID 调节仪等出现问题时可直接利用调节阀门手操器、设备的现场开关等继续生产;当检测单元的仪表或执行机构的阀门等出现问题时,可参考现场显示的仪表(如压力表)等,或者用取样口的物料情况作为参考值;当执行机构的阀门等出现问题时,可全部打开调节阀门后用其后的手动阀门调节。从以上的措施可看出即使自控系统瘫痪也不会使生产停止下来,从而使生产线在短暂的生产期内保持连续生产。后备方法是当自动控制系统出现异常时使用的。

3.7.5.2　自动化控制系统组成

自动化控制系统由检测单元、运算单元、执行单元三部分组成。

(1) 检测单元

① 组成　在管道上安装压力、温度、密度、流量、pH 计等传感器,在罐及容器上安装液位计、料位开关等,在 MCC(电机配电中心)的动力配电柜中安装电流变换器等,在电磁调速电机、变频调速电机等控制转速的设备上增加计算机控制接口,并且可根据客户的实力及要求安装厂区及车间的自动监控系统,作为辅助监控、检测。

② 功能　采集压力、温度、密度、流量、pH、液位、料位、转速电流等信号,送往 OCC(中央控制室),从而监测设备的运转、工艺控制点的运行情况。

（2）运算单元

① 组成　由高性能的工业控制计算机（PC）、PLC（可编程程序控制器）、PID（比例、积分、微分）调节仪等组成。

② 功能　利用 PC 的强大功能，将检测单元采集的数据进行汇总，经过自动分析后依据人工设定的连锁关系可以对设备的开停、转速等进行自动控制，自动设定控制点的工艺值，也可根据设定值自动调整调节阀的开度值及电磁阀的开关，并可存储所采集的数据。

（3）执行单元

① 组成　对工艺控制点的控制由气动调节阀、气动三通阀、电磁阀等完成，由计算机和 PLC 发出的到设备动力配电柜的指令可直接控制接触器、调速器等，从而实现对设备（主要是电机）的开停、转速等控制功能。

② 功能　将 OCC 送来的信号转换成阀门、电机等动作的开停和设定值，从而实现对生产线的自动控制。

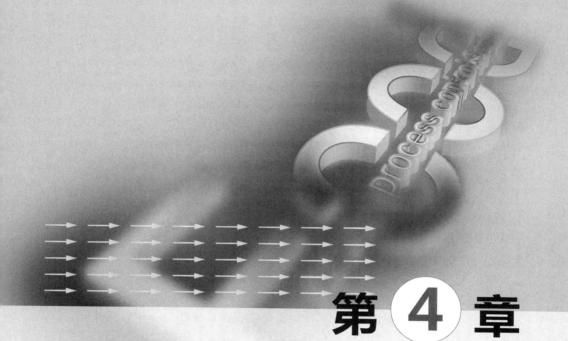

第 **4** 章

玉米淀粉生产设备

4.1　输送设备

4.1.1　固体物料输送设备

在玉米淀粉生产系统中，固体是颗粒、片状和粉状的物质。生产中的原料、半成品和成品是固体状态的，需要以一定流量由一处输送到另一处，是一种属于自然动力过程的单元操作。用于输送固体物料的设备可以代替或者减轻体力劳动，提高工作效率，适应大规模生产的要求。输送固体的设备一般可以分为连续运输设备、地面搬运机和悬置运输设备两大类。连续运输设备：主要应用于运输量稳定连续的物料，有带式运输机、斗式运输机、螺旋运输机等。地面搬运机和悬置运输设备：主要应用于成批的物料，有无轨行车、有轨行车、架空索道及专用运输设备。

在玉米淀粉生产线上使用的固体输送设备很多，主要有：斗式提升机、带式输送机、刮板输送机、螺旋输送机等。

4.1.1.1　斗式提升机

斗式提升机（图 4-1）简称斗提机，在玉米淀粉生产线上用于提升玉米、干燥的胚芽、纤维、蛋白粉等。是一种具有挠性牵引构件的连续输送机械，可用于水平、倾斜和垂直方向输送散体物料。斗式提升机输送量大、提升高度大、能耗小（能耗为气力输送的 1/5～1/10）、密封性好。斗提机按安装形式可分为固定式和移动式，按牵引构件不同又可分为带式和链式，常用的为固定式带式斗提机。

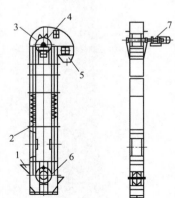

图 4-1　斗式提升机结构图

1—进料口；2—畚斗；3—斗提带；4—头轮；

5—出料口；6—尾轮；7—驱动装置

斗式提升机由外部机壳形成封闭式结构，外壳上部为机头、中部为机筒、下部为机座。提升速度 $1.0 \sim 2.5 \mathrm{m/s}$，有的达 $5 \mathrm{m/s}$。卸载时物料主要依靠离心力抛出，按卸载方式不同，物料具有不同的抛出曲线，机壳顶部、出料口的形状和尺寸是根据抛出曲线确定。供料方式分为料斗在底部挖取和向料斗注入物料两种。畚斗带是斗提机的牵引构件，作用是承载、传递动力，每隔一定的距离安装承载物料的畚斗。常用的畚斗带有帆布带和橡胶带两种。帆布带主要适用于输送量和提升高度不大、物料和工作环境较干燥的斗提机。橡胶带适用于输送量和提升高度较大的斗提机。畚斗是盛装输送物料构件，有金属畚斗和塑料畚斗。常用的畚斗按外形结构可分为深斗、浅斗和无底畚斗，适用于不同的物料。畚斗用特定的螺栓固定安装。畚斗带和畚斗是斗式提升机的易损件。

斗式提升机是连续性输送机械，斗提机的工作过程分为三个阶段：装料过程、提升过程和卸料过程。装料过程：是畚斗在通过底座下半部分时挖取物料的过程，装料方式有顺向进料和逆向进料两种，工程实际中较常用的是逆向进料。提升过程：畚斗绕过底轮水平中心线始至头轮水平中心线止的过程，即物料随畚斗垂直上升的过程，畚头带有足够的张力是平稳提升、防止撒料的保证。卸料过程：物料随畚斗通过头轮上半部分时离开畚斗从卸料口卸出的过程，卸料方法有离心式、重力式和混合式三种。离心式适用于流动性、散落性较好的物料；含水分较多、散落性较差的物料宜采用重力式卸料；混合式卸料对物料适应性较好。

选用斗式提升机时需要根据生产要求确定进料方式，根据物料种类及有关条件，确定斗形式。输送流动性和散落性较好的物料可选用深型或无底畚斗，采用离心卸料。输送含水较多、黏性较大、流动性和散落性较差的物料应选用浅型畚斗，采用重力式卸料。对于一般物料均可考虑采用混合式卸料。根据输送高度，确定中间机筒的节数。根据工艺所需的输送量，确定斗提机的规格型号。根据输送物料的腐蚀性和质量要求选择制造材质。

4.1.1.2　带式输送机

带式输送机也称胶带输送机、皮带输送机等，在玉米淀粉生产线上用于输送玉米、干燥的胚芽、纤维等，还用于输送袋包装物料。带式输送机是连续性装卸输送机械。输送量大、输送距离长、可多点进卸料、不损伤被输送物料、工作平稳可靠、噪声小。

按带式输送机所用机架不同可分为固定式和移动式。固定式用于较长距离的输送；移动式是在机架上安装行走轮，用于倾斜方向物料短距离装卸输送。固定带式输送机：头部机架和尾部机架是固定在地面上的钢架结构，上面分别装有传动滚筒或改向滚筒及其他部件；中部机架一般由型钢焊成，固定在地面。移动带式输送机使用在需要经常改变工作地点的场合，要求结构轻巧、紧凑，便于移动，输送能力通常并不很大；带宽一般小于 800mm，机长在 20m 以内，装有行走轮及机架升降机构，可由人力推行和改变输送倾角。

固定带式输送机主要由输送带、驱动轮、张紧轮、支承装置、进料装置、卸料装置和机架等部分组成，详见图 4-2。移动带式输送机主要结构与固定带式输送机的主要结构相同，另外还有控制移动的脚轮及调整角度及高度的调紧装置。

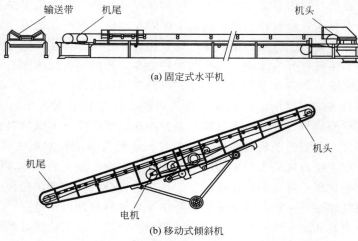

(a) 固定式水平机

(b) 移动式倾斜机

图 4-2   固定带式输送机结构图

带式输送机是依靠输送带的运动来输进物料的输送机，输送带绕过传动滚筒首尾相连并张紧，当驱动装置带动传动滚筒旋转时，滚筒与输送带之间的摩擦力使输送带载着物料运动。带式输送机的输送能力大、运距大、可输送的物料品种多、结构比较简单、营运费用较低。带式输送机输送线路可以是水平的，也可上坡或下坡，当在托辊的布置上采取一些措施后，在水平面里也可以稍微拐一些弯。除输送物料外，还可完成堆料和转载等工作，特殊的带式输送机还可运载人员。

选用带式输送机时需要根据生产要求及工作条件，确定所选输送机的机型。较长距离水平或倾角较小散料或袋包装物输送，选用固定式水平胶带输送机；短距离倾斜方向散料、袋包装物或装卸选用移动式胶带输送机。根据物料是散装或包装及输送量大小，确定支承托辊的型式。无载分支均应选用平直单托辊；有载分支输送包装物料时选用平直单托辊；输送散装物料时选用不同型式的槽形托辊。根据生产需要的输送量确定输送带宽度，依据输送长度及有关条件确定型号规格。

4.1.1.3   刮板输送机

刮板输送机在玉米淀粉生产线上用于输送玉米、干燥的胚芽、纤维、蛋白粉等。是一种具有挠性牵引构件的连续输送机械，可用于水平、倾斜和垂直方向输送物料。刮板输送机结构简单，密封性好，进卸料装置简单，可多点进卸料，布置形式灵活，可同时多方向完成物料的输送。

常用的刮板输送机为固定式安装，它分为水平型（MS）、垂直型（MC）和混合型（MZ）三种。垂直型最大工作倾角达 90°，最大提升高度 30m。混合型是将水平型和垂直型组合的刮板输送机，提升高度一般为 20m，上水平段输送距离小于 30m。

刮板输送机主要结构有：刮板链条、头尾链轮、机槽、进料口、卸料口、驱动装置和张紧装置，详见图 4-3。头尾链轮是驱动轮和张紧轮，链条作为牵引构件被环绕支承于头尾链轮和机槽内，安装在链条上的刮板为输送物料构件，物料在封闭形机槽内通过连续运转的刮板链条实现输送。刮板输送机的驱动装置安装在头部驱动轮端，张紧装置在尾部张紧轮端，通常采用滑块螺杆式张紧装置。刮板链条是刮板和链条连接于一体而形成的，作用是承载、传递动力和输送物料。常用的链条有模锻链、滚子链、双板链三种，链节要求有足够的强度和耐磨性。刮板根据结构不同分为：T 型、U1 型、V1 型、O 型和 O4 型。它们的包围系数不同，适用于不同物料和不同型式的刮板输送机。一般情况下，水平型刮板输送机选用 T 型、U1 型刮板；垂直型刮板输送机选用 V1 型、O 型和 O4 型刮板；混合型刮板输送机选用 V1 型刮板。输送物料的散落性好，选用包围系数大的刮板，更好保证物料的稳定输送。机槽是刮板输送机的外壳，它起到密封和支承其他构件的作用，还是物料输送的内腔，有良好的耐磨性。

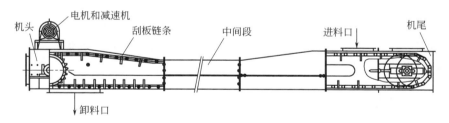

图 4-3　刮板输送机结构图

4.1.1.4　螺旋输送机

螺旋输送机俗称绞龙，在玉米淀粉生产线上用于输送纤维、蛋白粉、淀粉等。螺旋输送机是一种用于短距离水平（可以倾斜和垂直）输送物料的连续性输送机械，是以一刚性的螺旋体作为主要部件输送物料的。螺旋输送机结构简单，外形尺寸小，密封性好，可实现多点进卸料，对物料有搅拌混合作用，能耗较高，对物料破碎作用较强。螺旋输送机分为固定式和移动式，常用固定式水平慢速螺旋输送机。螺旋输送机的输送距离可以达到 70m 以内，螺旋直径在1250mm 以下，输送倾角小于 20°。螺旋输送机可在多处装料、卸料，密封性好，可输送温度低于 200℃的物料，磨损和能耗大。输送湿淀粉的螺旋输送机，需要耐腐蚀材料的叶片，需要耐腐蚀材料的高强度轴。

螺旋输送机主要结构有：螺旋体、轴承、料槽和驱动装置，详见图 4-4。螺旋输送机是利用旋转的螺旋叶片推动散状物料在槽中前进的输送机，能输送粉状、粒状和小块状物料。输送干燥、黏性小的粉、粒状物料时用实体叶片螺旋；输送黏性较大的或块状物料时用带式叶片螺旋；输送易结团物料时用桨式叶片螺旋，这种螺旋除推动物料外还有打散的作用。

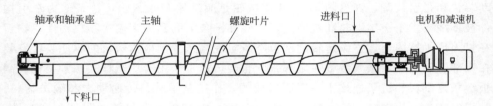

图 4-4　螺旋输送机结构图

选用螺旋输送机时需要根据生产要求选用合适的机型，水平或小倾角短距离输送应选用水平慢速（LSS 型）螺旋输送机，高度不大的垂直或大倾角输送选用垂直快速（LSL 型）螺旋输送机。根据输送物料性质不同确定螺旋叶片形式。输送散落性较好的物料选用满面式叶片，输送油料类黏性大、易黏结的物料时选用带式叶片。输送原粮类物料时一般不选用螺旋输送机，这是为了减少物料被破碎。根据工艺设备的布置要求确定螺旋叶片的旋向、螺旋轴的转向及螺旋体的组合。根据进出料的点数和位置确定出料口，中间或两端卸料的螺旋输送机采用旋向不同的叶片组合成一个螺旋体。根据生产要求的输送量确定螺旋输送机的型号规格，根据输送物料的腐蚀性和质量要求选择制造材质。

4.1.2　液体物料输送设备

在玉米淀粉生产系统中，液体是含有玉米颗粒、破碎玉米、玉米种皮、淀粉和蛋白质乳的水，pH 为 3.5～6.0，浓度为 0.2%～33%。

流体以一定流量沿着管道由一处输送到另一处，是一种属于流体动力过程的单元操作。生产过程处理的物料基本都是流体，按工艺要求在各种设备和罐之间输送这些物料，流体输送是实现生产的重要环节。生产过程中输送的物料性质（如密度、黏度、腐蚀性、易燃性与易爆性等）各不相同，流体的温度从 10℃至 50℃，压力从高真空到 0.7MPa。当送料点的流体能位足够高时流体能够按所要求的输送量自行流至低能位的受料点，否则就需用流体输送机械对流体补给能量。流体从输送机械取得机械能，用来补偿受料点和送料点间的能位差，并克服流体在管道或渠道内流动时所受到的流动阻力。由于流动阻力随流速的增大而增大，因此要求流体输送机械加给单位质量流体的机械能随流速的增大而增加。

泵是玉米淀粉整个生产线的液体物料输送设备，在生产过程中被输送的物料浓度变化很大，从接近清水到几十波美度的物料。物料的颗粒大小差别很大，粒度从几十毫米到几微米，形状有片状、长条状、不规则颗粒状等各种形状。输送物料的高度从几米到几十米，输送压力在 0.2～0.7MPa。液体性质在酸性—中性—碱性之间变化。泵还是玉米淀粉整个生产线的耗能设备，选择的泵电机工作电流要达到 85% 以上。合理选择泵类的结构型式、型号、制造材质、扬程、流量、耐腐蚀程度等参数。叶轮和轴封是泵的易损件。

液体输送机械通称泵。在生产过程中被输送的液体性质各不相同，需要的流量和压力相差很大，可以选用的泵型式、型号和规格有很多。泵的型式繁多，输送不同物料使用不同型式的泵。根据泵的工作原理将泵分为三种。①动力式泵（叶片式泵）：包括离心泵、轴流泵和旋涡泵等，这类泵产生的压头随输送流量而变化。②容积式泵：包括往复泵、齿轮泵和螺杆泵等，这类泵产生的压头几乎与输送流量无关。③流体作用泵：包括以高速射流为动力的喷射泵，以高压气体（压缩空气）为动力的空气升液器。

泵是输送液体或使液体增压的机械，将原动机的机械能或其他外部能量通过叶轮传送给液体，使液体能量增加，将液体输送到高处或要求有压力的地方。泵主要用来输送液体，如水、油、酸碱液、乳化液、悬乳液和液态金属等，也可输送液体-气体混合物以及含悬浮固体物的液体。

4.1.2.1 泵结构

离心泵的过流部件分吸入室、压出室、叶轮三个部分。吸入室的作用是使液体均匀地流进叶轮。压出室的作用是收集液体，并将液体导向排出管，同时降低液体的速度使动能进一步变成压力能。叶轮室是泵的核心，是过流部件的核心。泵通过叶轮对液体做功，使其能量增加。

离心泵的基本构造由五部分组成：叶轮、泵体（泵壳）、泵轴、轴承和轴封装置。主要工作部件是叶轮和泵体（图4-5），特殊离心泵还装有导轮、平衡盘等。

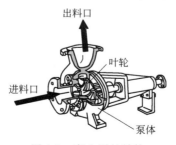

图 4-5　离心泵的结构

（1）叶轮   是离心泵的核心部分，它转速高出力大，安装在泵轴上，有若干弯曲的叶片，叶轮在泵轴带动下旋转。叶轮的作用是将原动机的机械能直接传给液体，以增加液体的静压能和动能（主要增加静压能）。叶轮上的内外表面要求光滑，以减少水流的摩擦损失，有单吸和双吸两种吸液方式。叶轮由电动机或其他原动机驱动做高速旋转（常用的转速 1400～2900r/min），液体受叶轮上叶片的作用而随之旋转。叶轮一般有 6～12 片后弯叶片。

① 按液体流出方向将叶轮分为三类。径流式叶轮（离心式叶轮）：液体沿着与轴线垂直的方向流出；斜流式叶轮（混流式叶轮）：液体沿着轴线倾斜的方向流出；轴流式叶轮：液体流出的方向与轴线平行。

② 按液体吸入方式将叶轮分为两类：单吸叶轮（从一侧吸入液体）、双吸叶轮（从两侧吸入液体）。

③ 按盖板形式将叶轮分为开式、半开（闭）式和闭式三种结构。开式叶轮在叶片两侧无盖板，制造简单、清洗方便，适用于输送含有较大量悬浮物的物料，效率较低，输送的液体压力不高。半开（闭）式叶轮在吸入口一侧无盖板，而在另一侧有盖板，适用于输送易沉淀或含有颗粒的物料，效率也较低。闭式叶轮在叶片两侧有前后盖板，效率高，适用于输送不含杂质的清洁液体。

泵叶轮结构图见图 4-6。

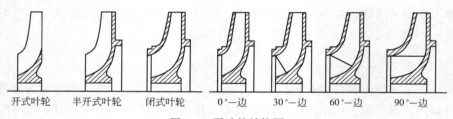

| 开式叶轮 | 半开式叶轮 | 闭式叶轮 | 0°一边 | 30°一边 | 60°一边 | 90°一边 |

图 4-6 泵叶轮结构图

（2）泵体（泵壳）   是能量转换装置，是离心泵的主体。起到支撑固定作用，是将叶轮封闭在一定的空间，汇集由叶轮甩出的液体，以便吸入和压出液体，并与安装轴承的托架相连接。泵壳多做成蜗壳形（故又称蜗壳）。泵体的流道截面积是逐渐扩大的，从叶轮四周甩出的高速液体流速逐渐降低，使部分动能有效地转换为静压能。

① 泵体的型式有四种。a. 水平剖分式：是在通过轴心的水平剖分面上分开，拆卸泵体时不拆卸吸入和排出管道。b. 垂直剖分式：是在垂直轴心的垂直面上剖分，不易泄漏，在维修时须拆卸进口管道。c. 倾斜剖分式：是从前端吸入、上面排出，泵体在通过轴心的倾斜面上剖分，检修时不拆卸吸入和排出管道，只拆开上半部泵壳即可。d. 筒体式：对于压力非常高的泵用单层泵体难以承受其压力，所以采用双层泵体。筒体式泵壳承受较高压力，其内安装水平剖分式或垂

直剖分式的转子，锅炉上水泵多是筒体式多级离心泵。

② 按照泵体的支承型式分为五种。a. 标准支承式：一般是卧式，在泵体两侧带有支脚，支脚用螺栓固定在底座上。b. 中心支承式：下侧的支脚安装在底座上，适应输送高温流体。c. 悬臂式：是一整体，并将泵体与吸入盖的组合件安装在轴承托架上，结构紧凑，拆卸方便。d. 管道式：是作为管道的一部分与管道连接在一起的，并由管道支承，检修时不需要拆下与管道连接的泵体。e. 悬挂式：泵体安装在排出管道上，泵体在排出管以下部分悬挂在吸入罐上，泵壳是垂直剖分式。

（3）泵轴　泵轴是使联轴器和电机相连接，是将电机的转距传给叶轮、将电机的动能传输给叶轮、带动叶轮转动的部件，是传递机械能的主要部件。

（4）轴承　轴承是安装在泵轴上支撑泵轴的构件，有滚动轴承和滑动轴承两种。滚动轴承使用的润滑剂加油要适当，一般为 2/3～3/4 的体积。滑动轴承使用透明油作润滑剂，加油到油位线。泵运行过程中轴承的最高温度 85℃，一般运行温度 60℃左右。泵轴和前后端盖间的填料函称轴封，是防止泵壳内液体沿轴漏出或外界空气漏入泵壳内，达到密封和防止进气引起泵汽蚀的目的。

（5）轴封　形式有带有骨架的橡胶密封、填料密封和机械密封三种。填料一般用浸油或涂有石墨的石棉绳。机械密封主要是靠装在轴上的动环与固定在泵壳上的静环之间端面做相对运动而达到密封的目的。在轴封上连接有密封水的进入口和排出口。如果离心泵的吸口安装高度在液面以上，需要在泵的吸入管口安装一个底阀和滤网，底阀是防止泵内的液体由吸入管倒流吸入储槽，滤网是防止吸入液体中的杂物进入吸入管和泵内。离心泵结构简单，流量和压头适用范围大，振动小，操作简便。离心泵的扬程和效率随液体流量而变化。对应于泵的最高效率点的流量和压头，是泵性能的额定值。泵选择在额定值附近运转时能耗最节省。

4.1.2.2　泵选用和安装

在锅炉车间上水使用的是多级离心泵，在玉米淀粉生产线上使用的是单级离心泵，主要使用的是单吸泵，也有使用双吸泵。单吸离心泵大量使用在各部位的物料输送，主要使用卧式离心泵，还使用立式离心泵（液下泵）。双吸泵主要用于向浸渍罐输送玉米和浸后玉米的输送。离心泵选型的依据是工艺流程，涉及流量、扬程、液体性质、管路布置以及操作运转条件等。首先要考虑输送液体中的物料颗粒形状、大小、密度、物料其他性质，考虑输送的液体浓度、黏度、温度、腐蚀性、液体性质、输送高度和距离等，考虑泵结构、叶轮形式、流量、扬程、性能曲线、功率、制造材质、使用性能等，考虑使用泵的位置、泵的安装方式等各种因素，综合选择泵的型号规格。

　　根据输送液体的性质及操作条件确定所用的类型，根据所要求的流量与扬程选用泵的型号。流量是选泵的重要性能数据之一，它直接关系到整个装置的生产能力和输送量，取正常流量的 1.2 倍作为最大流量。扬程是选泵的又一重要性能数据，一般增加 5%～10% 余量。如果生产中流量有变动，以最大流量为准，扬程以输送系统在最大流量下的扬程为准。为了保证操作条件并具有一定的潜力，选用的泵可稍大一些，但不能过大。

　　液体性质包括物理性质、化学性质和其他性质。物理性质包括温度、浓度、黏度、固体颗粒直径和气体含量等。化学性质主要指液体的化学腐蚀性和毒性，是选用泵材料和选用哪一种轴封形式的重要依据。系统的管路布置条件指的是送液高度、送液距离、送液走向、吸入侧最低液面、排出侧最高液面等一些数据和管道规格及其长度、材料、管件规格、数量等。操作条件的内容很多，如液体的吸入侧压力、排出侧容器压力、环境温度、是间隙还是连续工作、泵的位置是固定还是可移等。

　　根据装置的布置、安装条件、水位条件、运转条件确定选择卧式、立式和其他型式的泵。根据液体性质，确定选择清水泵、热水泵、化工泵或耐腐蚀泵等。安装在防爆区域的泵根据防爆炸等级采用相应的防爆电动机。根据流量大小确定选单吸泵还是双吸泵。根据扬程高低选单级泵还是多级泵，选高转速泵还是低转速泵。确定选用什么系列的泵后可按流量和扬程两个性能参数在泵型谱图或者系列特性曲线上确定具体型号。对正常运转的泵，一般只用一台。当流量很大，一台泵达不到流量要求时，当需要有 50% 的备用率时可以选用两台泵。根据物料输送的位置和作用要求，在 1 台储罐的下面可以安装 1 台输送泵或两台以上的输送泵。如果多台储罐的物料性质一样，而输送的位置和作用相同，也可以在两台以上的储罐下面安装 1 台输送泵。

　　选用的泵型式和性能要符合装置流量、扬程、压力、温度、汽蚀流量、吸程等工艺参数的要求。选用的泵必须满足物料特性的要求，对输送腐蚀性介质的泵，要求对流部件采用耐腐蚀性材料。对输送含固体颗粒介质的泵，要求对流部件采用耐磨材料，必要时轴封采用清洁液体冲洗。机械方面可靠性高、噪声低、振动小。经济上要综合考虑设备费、运转费、维修费和管理费的总成本最低。有计量要求时选用计量泵。对启动频繁或援泵不便的场合，应选用具有自吸性能的自吸式离心泵。

　　在玉米淀粉生产线，离心泵的选择还要特别注意扬程，因为很多泵的扬程是实现生产效果的重要条件，如胚芽分离泵、纤维洗涤泵、分离机进料泵、淀粉旋流洗涤器泵等。

　　离心泵是水平安装，吸口安装形式有在液位下面水平抽吸液体物料，有在液位下面向下抽吸液体物料，有从上面深入池中抽吸底部液体物料，这种形式需要在吸口管上的立管和横管连接位置安装一个密封储水罐。泵的扬程可以是 1 条管道（即输送去 1 个位置或 1 个作用），也可以是 2 条以上的管道（即输送去多个位置或多个作用）。双吸离心泵是水平安装，吸口在液位下面抽吸液体物料。液下泵一般是立式安装，通常使用在地下池中，是从上面深入池中抽吸底部液体物料，为了防止进入大颗粒和包装物等杂质，通常在液下泵的泵头吸入口安装过滤网。

　　离心泵安装图见图 4-7，双吸离心泵安装图见图 4-8，液下泵安装图见图 4-9。

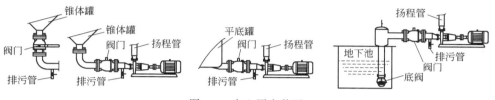

图 4-7　离心泵安装图

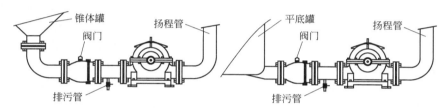

图 4-8　双吸离心泵安装图

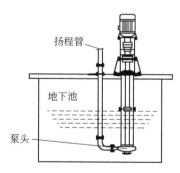

图 4-9　液下泵安装图

4.1.2.3　泵密封冷却水

　　泵的密封元件需要冷却，需要设计一套密封冷却水系统。泵的密封冷却水有四个作用：一是冷却密封元件，将动环与静环摩擦产生的热量带走，使其冷却；二是起到辅助密封的作用，密封冷却水充满密封，帮助密封；三是冲洗密封，将进入密封环内的物料冲洗出去，避免有杂质引起密封损坏；四是密封水可以在密封面之间形成液膜，使密封面磨损减小，冷却密封面，提高密封效果，防止密封面干磨。

密封冷却水系统有两种形式：一种形式是集中密封冷却水系统；另一种形式是单独密封冷却水系统。

① 集中密封冷却水系统　这个系统由一台水罐、一台泵、若干条连接多台泵的去水和回水管组成。罐是盛装密封冷却水的，容积不是很大，盛装的水量是循环水量的 5~8 倍，这些水是循环使用的。密封冷却水在泵的密封元件处会有少量进入泵内，其他部位也会有一些流失，所以需要向水罐中适量补充新水。密封水泵将罐中的密封冷却水输送进入各台泵的轴封，各台泵出来的密封水再回到密封水罐，这样多台泵的密封水就形成了一个循环系统。连接各台泵的去水和回水管很细，为了回水的方便和节约回水管用量，可以在多台泵的附近、一定高度的位置安装一个冷却水回水槽，将各台泵回水管中的水引到回水槽里，然后使用一个大直径的管回流到水罐里。一般在多台泵的附近设置一个回水槽，一个车间可以设置多个这样的回水槽。长时间运行的密封冷却水系统会在回水管出口形成絮凝物，絮凝物主要是微生物和淀粉形成的，可以在回水管进水罐的位置安装一台过滤器将其过滤出去，从而不堵塞水管，保证去水和回水管的畅通。

② 单独密封冷却水系统　这个系统是在每一台泵上设计一个水循环系统，这个水循环系统由一个很小的水罐和两根水管组成，水罐中装满冷却水，水罐的两侧各安装有一个水管，两个水管与泵的密封水口连接，通常进水管位置高于出水管位置。在泵运行时产生的机械能加热了泵轴封中的水，热的密封水排出轴封后沿着一侧的水管进入水罐，水罐中的水则由另一侧的水管进入轴封中，这样一台泵的密封水就形成了一个单独的自循环系统，这种泵密封冷却水系统是先进、科学和节能的技术。这种泵密封冷却水系统对泵的轴封有特别的要求，需要泵的轴封有叶轮功能。泵密封冷却水系统图见图 4-10。

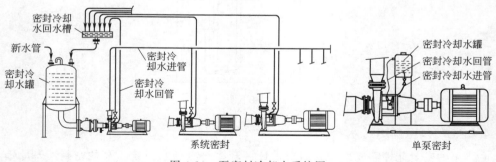

图 4-10　泵密封冷却水系统图

4.1.3　气体物料输送设备

在玉米淀粉生产线上，可以使用气力输送系统的物料（产品）有胚芽、纤维饲料、蛋白粉和淀粉。

气力输送又称气流输送，是利用气流的能量在密闭管道内沿气流方向输送颗粒状物料，是流态化技术的一种具体应用。在输送过程中还可同时进行物料的加热、冷却、干燥和气流分级等物理操作。流过的单位重量气体得到能量的大小是气体输送机械的重要性能，用风压来表示气体输送机械使单位体积气体所获得的机械能。由于气体密度小，有可压缩性。

气力输送特点：结构简单，操作方便，可以水平、垂直或倾斜方向输送，占用地面和空间少，输送线路灵活，防尘效果好，不污染环境和物料，在输送的同时还能完成干燥、加热、冷却和混合等过程，能量消耗大。输送管道两端的气体压力差使管道中的气体流动，当气流的速度达到一定值时管道中的物料即在气流的动力作用下被送走，管道中物料的流动状态随气流速度、物料特性和气流中所含物料量的不同而变化。气流速度越大物料在管道中就越接近于均匀分布的悬浮状态，气流速度渐次减小时在水平管道中的物料逐渐沉降，靠近管底处的物料量增加，一部分物料甚至堆积在管底边滑动前进。当气流速度小于一定值而物料又较多时在水平管道中的物料堆积层将局部增厚，直至堵塞不动，而在垂直管道中的物料则沉降下来。

在水平管道内气流的动力方向同物料颗粒的重力方向垂直，因而共悬浮和运动状态更为复杂。在选择气流速度时通常以垂直管道内的悬浮速度为依据。在实际的气力输送管道中由于物料相互之间和同管壁之间的摩擦、碰撞以及管道内气流的不均匀等多种原因，实际所需的气流速度远比物料的悬浮速度为大。

4.1.3.1 气力输送分类

气力输送根据物料在输送管道中的密集程度分：密相输送和稀相输送。

密相输送：固体含量高于 $100kg/m^3$ 或混合比（R）＞2 的输送过程，操作气速较低，用较高的气压压送。密相输送的输送能力大，输送距离较长，物料破损和设备磨损较小，能耗也较省。

稀相输送：固体含量低于 $100kg/m^3$ 或混合比（R）为 0.1～25 的输送过程，操作气速较高（18～30m/s）。稀相输送采用较高的气流速度和较低的固气比，输送距离可达数百米，输送气体是空气，物料在管道中呈悬浮状态。稀相输送按管道内气体压力（也是根据在管道中形成气流的方法）分：负压（吸送）式、正压（压送）式和混合式三种技术。

（1）负压（吸送）式技术　输送系统用以输送的气体压力低于大气压的称负压（吸送）式输送，这种方式可靠、成熟。特点：环保的可靠性最好，管路内的粉尘不会泄漏于环境。设备的制造、维护要求低，可操作性强。使用的压力（真空度）小，安全性高。气体取自大气，气体的温度即为当时当地的环境气温。输送为连续式，亦可间断，管道内无积存。易实现多点进料、多点卸料的输送工程目标。气体动力源一般为离心式通风机，使用寿命长，适宜短距离输送，一般不超过 100m，对工艺过程中的输送尤为适宜。对输送物料的适应性强，粉料、颗粒料均可顺利输送。

负压（吸送）式输送一般用离心式通风机作动力源，将管路及中间的仓式容器抽成一定的真空状态，促成进风口在大气压的作用下形成物料粉粒料与气体的两相流，经输送管道输入旋风分离器。两相流在旋风分离器内由于离心力及重力作用下，使大部分物料与气体分离。少量的物料与气体进入除尘器，通过滤袋作用使粉料与气体分离。气体排入大气。负压（吸送）式输送淀粉、蛋白粉、纤维等可以降低物料温度 4~7℃。

（2）正压（压送）式技术　正压（压送）式技术管路内压力高于大气压，卸料方便，输送距离较长，用加料器将粉粒送入有压力的管道中。正压式气力输送装置是利用装在输送系统起点的风机或空气压缩机将正压空气通入供料器处与物料混合，形成双相流经输料管送到分离器或储仓内。物料分离卸出，空气经过过滤后逸入大气，这种系统适合于从一处进料向数处卸料。

正压（压送）式技术输送装置采用的供料器有：喷嘴式供料器、叶轮式供料器、螺旋式供料器、存积式供料器。喷嘴式供料器是压缩空气经喷嘴产生高速气流，将物料吸入供料器，并随气流进入输料管。这种供料器的空气消耗量大，输送能力与输送距离均有限。叶轮式供料器的下部为输料管，或在输料管中装有喷嘴。通常用在输料管内和供料处的压力差小于 0.06MPa 的系统中输送摩擦性小的粉粒料。螺旋式供料器又称螺旋泵，是利用螺距逐渐减小的螺旋叶片将物料压实，有时可在螺旋槽的出口处装一个重锤活门，下部是装有喷嘴的混合室，靠喷嘴喷出的气流将物料送入混合室。通常采用的空气压力达 0.3MPa。它的能量消耗较大，工作部件容易磨损，仅适合输送粉料。

（3）混合式输送技术　混合式气力输送装置由吸送式和压送式组合而成，共用的风机置于其间。它具有两者的特点，可在数处进料和数处卸料。

4.1.3.2　气力输送系统设计

在玉米淀粉生产线上可以使用气力输送系统的是干燥后的胚芽、蛋白粉、纤维饲料和淀粉产品，将它们输送到比较远的包装车间。

（1）胚芽气力输送系统　胚芽颗粒比较大，相对密度大，沉降性大，输送性不高，可以采用正压（压送）技术。正压（压送）输送系统是使用罗茨鼓风机制造的风输送胚芽，罗茨鼓风机安装在气力输送管的前端，风直接吹入输送管中，胚芽使用加料器加入管道中，风将混合的胚芽输送到胚芽储罐，胚芽储罐的上方安装一个出风管排风。也可以在胚芽储罐上安装一台小圆罐切向卸料，小圆罐卸料的胚芽落入胚芽储罐。胚芽储罐的出料可以采用斜底自重下料，也可以采用平底输送下料。胚芽正压（压送）式输送系统流程见图 4-11。

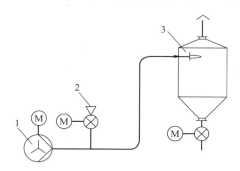

图 4-11　胚芽正压（压送）式输送系统流程

1—罗茨鼓风机；2—加料器；3—胚芽储罐

（2）纤维气力输送系统　纤维颗粒比较大，相对密度不大，沉降性不大，输送性高，可以采用正压（压送）式技术，还可以采用负压（吸送）式技术。正压（压送）式输送系统是使用罗茨鼓风机制造的风输送纤维，罗茨鼓风机安装在气力输送管的前端，风直接吹入输送管中，纤维使用加料器加入管道中，在纤维储罐上安装一台小圆罐切向卸料，小圆罐卸料的纤维落入纤维储罐。也可以直接将风管中的纤维输送到纤维储罐中。负压（吸送）式输送系统是使用离心式通风机吸引的风输送纤维，气力输送管的末端安装旋风分离器，旋风分离器的末端安装离心式通风机。纤维落入吸风口后即被吸入气力输送管道，然后进入旋风分离器，旋风分离器将纤维分离出来进入纤维储罐。纤维储罐的出料采用斜底振动下料。纤维输送系统流程见图 4-12。

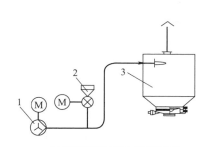
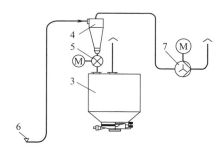

(a) 纤维正压(压送)式输送系统　　　　　　(b) 纤维负压(吸送)式输送系统

图 4-12　纤维输送系统流程

1—罗茨鼓风机；2—加料器；3—纤维储罐；4—旋风除尘器；

5—旋转卸料阀；6—吸入口；7—引风机

（3）蛋白粉气力输送系统　蛋白粉颗粒不大，很多是粉状，相对密度大，沉降性大，输送性高，可以采用正压（压送）式技术，还可以采用负压（吸送）式技术。蛋白粉气力输送系统与纤维气力输送系统相同。

（4）淀粉气力输送系统 淀粉颗粒不大，粉状，相对密度大，沉降性大，输送性高，采用正压（压送）式技术，也可以采用负压（吸送）式技术。正压（压送）式输送系统是使用罗茨鼓风机制造的风输送淀粉，罗茨鼓风机安装在气力输送管的前端，风直接吹入输送管中，淀粉使用加料器加入管道中，风将混合的淀粉输送到旋风分离器后卸料进入淀粉储罐，旋风分离器出来的可以使用除尘器再一次回收淀粉。负压（吸送）式输送系统是使用离心式通风机吸引的风输送淀粉，气力输送管的末端安装旋风分离器，旋风分离器的末端安装离心式通风机。淀粉落入吸风口后即被吸入气力输送管道，然后进入旋风分离器，旋风分离器将淀粉分离出来进入淀粉储罐。淀粉储罐的出料采用斜底振动下料。淀粉输送系统流程见图 4-13。

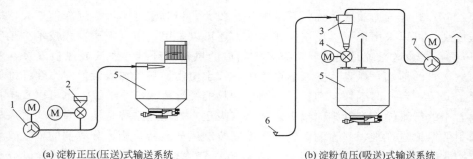

(a) 淀粉正压(压送)式输送系统　　　　　(b) 淀粉负压(吸送)式输送系统

图 4-13　淀粉输送系统流程

1—罗茨鼓风机；2—加料器；3—旋风除尘器；4—旋转卸料阀；

5—淀粉储罐；6—吸入口；7—引风机

4.2　破碎设备

4.2.1　凸齿磨

凸齿磨是淀粉生产系统的动力设备，也是主要的设备，是专业用于浸后玉米破碎的设备，是一种立式圆盘形设备。

（1）凸齿磨破碎原理 凸齿磨是由壳体和前端盖将两个齿盘（动齿盘、静齿盘）包裹起来，物料由静齿盘中心进入两个齿盘中间，在凸齿的撞击和高速旋转的动齿盘下带动，离心力将物料抛向齿盘的四周。经过两个齿盘破碎后的物料在齿盘的四周被甩出，由壳体的下部出料口流出。玉米的破碎是利用两个齿盘

（动齿盘、静齿盘）的相对转动，齿盘上的凸齿将玉米籽粒撞击挤压破碎。凸齿磨齿盘是圆形，小型凸齿磨的齿盘是一个圆形整块，大型凸齿磨的齿盘是由4～6个分块组成的圆形整块。在齿盘上分布多圈凸齿，凸齿截面是梯形。决定凸齿磨破碎能力的参数是凸齿的高度、凸齿的梯形尺寸和长度、两排凸齿的间距，而凸齿的高度是主要因素。两个齿盘（动齿盘、静齿盘）是凸齿磨的主要机构，动齿盘磨损得比静齿盘快。由于凸齿磨有一个齿盘转动，也称单动盘凸齿磨。电机与转动盘的连接有联轴器直联和皮带传动两种形式。在生产使用中，当一道磨台数是二道磨台数的 2 倍时，二道磨电机功率比一道磨电机功率大；当一道磨台数同二道磨台数相同时，二道磨电机功率比一道磨电机功率小。

凸齿磨的生产能力和破碎效果与凸齿盘的圆周线速度、凸齿的形状和尺寸、两凸齿间的距离有关。凸齿磨的转速越高，物料获得的离心力越大，凸齿磨的生产能力就大，物料被打碎的程度更好。当凸齿盘圆周线速度在 46～60m/s 时，浸后玉米可以获得很好的破碎效果，所以凸齿磨的转速都控制在这个线速度范围内。

（2）凸齿磨结构　凸齿磨主要结构有：壳体、前端盖、转动轴、齿盘（动齿盘、静齿盘）、调节机构、机座和传动机构等。①壳体：是凸齿磨的外部结构，是保护齿盘和物料在一个封闭空间内的部件。②前端盖：是封闭磨壳和固定静齿盘的部件，物料从前端盖的中心进入磨内。前端盖是使用螺栓和固定销与壳体固定的，是可以打开的。③转动轴：是电机带动齿盘（动齿盘）转动的部件，是安装和定位动齿盘的部件。④齿盘（动齿盘、静齿盘）：是破碎玉米的部件，动齿盘和静齿盘是互相插入咬合的。在齿盘（动齿盘、静齿盘）上铸造有很多圈的凸齿。静齿盘固定在前端盖上不能转动，动齿盘是固定在转动的主轴上的、能转动，并且可以向前、向后调节，使两个齿盘的间隙变小和变大。⑤调节机构：是调节转动轴和动齿盘轴向移动的机构，用来调节动齿盘和静齿盘的齿盘间隙。大型凸齿磨调节机构在三角带的后面，小型凸齿磨调节机构在联轴器的前面。⑥机座：是固定壳体、转动轴和电机的部件，调整电机的转向可以改变凸齿磨的转向。⑦传动机构：是将电机的动能通过转动轴传递给动齿盘的部件，带动动齿盘转动。大型凸齿磨的传动机构有三角带和异径皮带轮等，小型凸齿磨的传动机构是联轴器。凸齿磨配套安装有湿玉米储斗、重力曲筛、储罐、输送泵等设备。凸齿磨齿盘见图 4-14。

中国制造的凸齿磨型号有 60、80、100、120、150，美国 Fluid Quip 公司制造的凸齿磨型号有 136、152，美国 Andritz Sprout-Bauer 公司制造的凸齿磨型号有 46、61、91、132。凸齿磨外形图见图 4-15，凸齿磨技术参数见表 4-1，各种规模玉米淀粉生产凸齿磨选型见表 4-2。

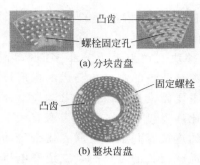

(a) 分块齿盘

(b) 整块齿盘

图 4-14　凸齿磨齿盘

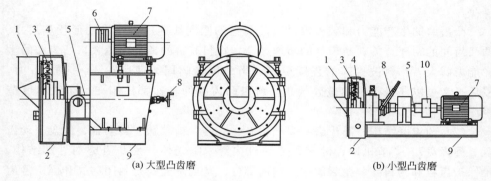

(a) 大型凸齿磨　　　　　　　　　　　　(b) 小型凸齿磨

图 4-15　凸齿磨外形图

1—进料口；2—出料口；3—静齿；4—动齿；5—转动轴；6—传动皮带；

7—电机；8—手轮；9—底座；10—联轴器

表 4-1　凸齿磨技术参数

型号	齿盘直径 /mm	线速度 /(m/s)	产量 /(t/h)	功率 /kW	主轴转速 /(r/min)
60	600	45.2	3～6	18.5/22	1440
80	800	41.0	6～12	37	980
100	1000	50.8	12～20	45/55	970
120	1200	54.0	20～25	55/75	860
150	1500	53.4	45～70	90/110	680

	项目		型号 80	型号 120
一次破碎	商品玉米处理量/(t/h)		4～8	8～15
	脱胚率/%		85	85
	玉米破碎程度		4～6 瓣	4～6 瓣
二次破碎	商品玉米处理量/(t/h)		6～12	20～25
	脱胚率/%		15	15
	玉米破碎程度		10～15 瓣	10～12 瓣

表 4-2　各种规模玉米淀粉生产凸齿磨选型

规模/万吨	规格	一道磨		二道磨	
		数量/台	电机功率/kW	数量/台	电机功率/kW
10	100 型	1	45.0	1	37.0
12	100 型	1	45.0	1	45.0
15	100 型	2	45.0	1	55.0
20	100 型	2	55.0	2	45.0
30	120 型	2	75.0	2	55.0
40	150 型	2	90.0	1	110.0
50	150 型	2	110.0	2	90.0

4.2.2　针磨

针磨也称冲击磨，是淀粉生产的动力设备。针磨是高速旋转的设备，是利用高速旋转的动盘将物料抛向动针和静针，从而将物料打碎。

(1) 针磨破碎原理　针磨工作时物料由针磨传动总承左右两侧进入高速旋转的转子中心，在强大的离心力作用下物料被快速甩向圆周而分散，并受到四周高速旋转的动针和固定不动的静针反复多次的强烈撞击，同时物料之间也互相撞击，物料经猛烈冲击后角质胚乳与纤维分开，纤维因联结得结实而未被过度撕碎，大部分呈片状存在。经动针和静针破碎后的浆料落入出料斗而由出口排出，针磨破碎后粗细渣之比一般是（2.5～3）∶1。针磨的动盘直径越大和圆周线速度越高，物料被抛出的距离越远，获得的离心力越大，物料破碎的效果越好，玉米的种皮与胚乳分离得干净。玉米淀粉生产使用的针磨动盘圆周线速度不能小于130m/s，否则效果很不好。

(2) 针磨结构和技术参数　针磨主要结构有：支架、总承、外壳、破碎系统、传动系统等。①支架：是针磨的支撑结构，是固定破碎系统、外壳和电机的部件。在支架上还安装有一个振动开关，当针磨运行时的振动大于设定的振幅时，针磨的电机会自动断电停机，保护安全。②总承：是连接电机带动动盘转动的部件，包括传动轴、轴承和润滑系统，在总承的下端安装动盘。润滑系统是保证轴承运行的油冷却系统。③外壳：是一个锥体圆筒形，是保护物料、破碎系统在一个封闭空间内的部件，是使破碎后的物料收集和流入指定位置的部件，外壳的圆周用螺栓与静盘连接。④破碎系统：是破碎物料的部件，包括静盘、动盘、静针、动针。动盘是由传动轴带动转动的部件，是将落入的物料甩出的部件，在动盘的圆周上安装动针。静盘是安装静针的部件，静针是将动盘甩出的物料截挡的部件。静针和动针是破碎物料的部件，固定在动盘圆周上的针称动针，固定在静盘圆周上的针称静针，静针在动针的外面。⑤传动系统：是将电机的动能通过总承传递给动盘的系统，带动动盘高速转动，包括电机和三角皮带，电机带动多根三角皮带，三角皮带带动总承转动，总承带动动盘和动针转动。

针磨配套安装的有压力曲筛、储罐和输送泵等设备。国内制造的针磨有685、750、1000型，美国Entoleter公司制造的针磨有30、60型。

国内针磨结构见图4-16，针磨技术参数见表4-3，针磨内物料撞击和流动形象见图4-17。

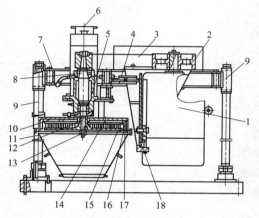

图 4-16　国内针磨结构

1—主电机；2—电机皮带轮；3—皮带；4—调节螺杆；5,8—总承；6—进料口；7—机架；

9—立柱；10—振动开关；11—出料斗；12—主轴；13—动盘；14—挡料环；

15—动针；16—静针；17—静盘；18—电机座板

表 4-3　针磨技术参数

项目	LZM 685	LZM 750	LZM 1000
动盘外直径/mm	685	750	1000
动盘转速/(r/min)	3750/4100	3580	3100
动盘外线速度/(m/s)	134/146		162
进磨游离淀粉含量/%	≤10	≤10	≤10
生产能力(商品玉米)/(t/h)	3～5	3～5	10～15
年加工玉米量/万吨	2/2/2.8	6.0	8.0
磨后纤维渣中联结淀粉含量/%	≤15	≤15	≤15
磨后物料中粗细渣之比	≥2.5∶1	≥2.5∶1	≥2.5∶1
机器噪声(加水)/dB(A)	≤90	≤90	≤90
主电机功率/kW	55/75	90	200
润滑油压/MPa	0.10～0.15	0.10～0.15	0.10～0.15

续表

项目		LZM 685	LZM 750	LZM 1000
油泵电机功率/kW		0.75	0.75	0.75
机器外形尺寸(长×宽×高)/cm		240×140×162	230×130×176	358×195×1294
机器质量/kg		1800	2000	4500
工艺指标	进料浓度/(g/L)	210~340		
	干物质含量/%	20~30		
	游离淀粉含量/%	≤10		
	联结淀粉含量/%	≤15		
	物料中粗细渣之比	(2.5~3)∶1		

 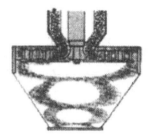

(a) 撞击图   (b) 流动图

图 4-17　针磨内物料撞击和流动形象

4.3　分离设备

4.3.1　重力分离

重力曲筛（分水筛）是将大颗粒物料与小颗粒物料和水分离的无动力装置，它的工作部分是由不锈钢楔形棒拼制而成，呈一定弧度的筛面。用来筛分玉米颗粒与水、破碎后大颗粒物料与小颗粒物料和水、胚芽与小颗粒物料和水。用于浸后玉米脱水、二道磨前分浆使用的两种重力曲筛的结构有一定差别。浸后玉米脱水用重力曲筛的进料腔较大，曲筛的筛面圆弧半径较小；二道磨前分浆用重力曲筛进料腔较小，曲筛的筛面圆弧半径较大。

重力曲筛结构分筛框、料腔、布料口、筛面、支架四部分。制造材料是不锈钢。筛框是保护物料，固定料腔、筛面和连接管线的部件。料腔是四方体，里面储存一定量的物料，作用是卸掉物料的进料压力，使物料平稳流进筛面的部件，保护进入的物料不喷出。料腔与布料口连接，布料口有在料腔下面的，有从料腔里侧的一面流出的，在料腔下面的布料口是很扁的长方形。筛面是筛分物料的部件，有缠绕式和嵌焊式两种，是由不锈钢楔形棒拼制而成，呈一定弧度，用来筛分玉米与水、浆料与水，物料中的水和小颗粒物料在筛片的缝隙中流入筛下，大颗粒的玉米（或物料）不能通过筛片而从筛片上流入下道工序。重力曲筛的分水是依靠物料的重量下流实现的，所以筛片的主要筛分段是筛片的下 2/3 部分。筛片由紧靠在两侧筛框边的压板压紧在框上，可以拆卸下来。支架是支撑和固定重力曲筛的部件。浸后玉米脱水用重力曲筛安装在头道磨的上面，二道磨前分浆用重力曲筛安装在二道磨的上面。重力曲筛弧度 50，筛面宽有很多规格，筛缝宽 1mm、1.5mm、2mm、2.5mm、3mm 等，弧长 800mm。

重力曲筛结构见图 4-18，重力曲筛技术参数见表 4-4，各种规模玉米淀粉生产重力曲筛选型见表 4-5。

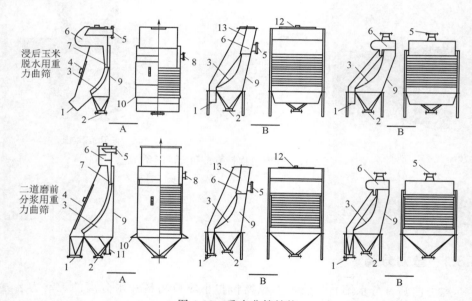

图 4-18 重力曲筛结构

1—筛上物下料口；2—筛下物下料口；3—筛面；4—前门盖；5—进料管；6—料腔；
7—布料口；8—排气管；9—外壳；10—固定件；11—回流管；12—盖板；13—料板；
A 型是美国制造形式；B 型是中国制造形式

4.3.2 筛体分离

筛分是使松散物料通过一层或数层筛面，按筛孔大小分成不同粒级产品的过程。在筛分过程中物料通过筛面按粒度分层和分离。影响筛分效率的主要因素有：物料性质（包括粒度、黏度和形状等）、设备结构和操作条件等。筛分设备

表 4-4　重力曲筛技术参数

型号	筛面包角 /(°)	筛面长度 /mm	筛面宽度 /mm	筛理面积 /m²	筛缝宽度/mm	
					浸后玉米脱水用重力曲筛	二道磨前分浆用重力曲筛
QW60			600	0.48		
QW80			800	0.64		
QW100			1000	0.80		
QW120			1200	0.96		
QW150	50	800	1500	1.20	3	2.5
QW180			1800	1.44		
QW220			2200	1.76		
QW260			2600	2.08		
QW320			3200	2.56		

表 4-5　各种规模玉米淀粉生产重力曲筛选型

规模/万吨	浸后玉米脱水用重力曲筛		二道磨前分浆用重力曲筛	
	规格	数量/台	规格	数量/台
10	100 型	1	80 型	1
12	120 型	1	100 型	1
15	150 型	1	120 型	1
20	100 型	2	150 型	1
30	150 型	2	220 型	1
40	220 型	2	150 型	2
50	260 型	2	220 型	2

的基本工作部分是筛面，其上有一定形状和尺寸的筛孔。通常在一个筛面上可以得到两种产品，留在筛面上的物料称筛上物，透过筛面的物料称筛下物。在几个筛孔尺寸依次不同的筛面上进行筛分时可得到不同粒度级别的产物，通过筛分所得到产物的数目总是比筛面数目多一个。

筛分主要作用有两个方面：一是对原料中的杂质进行清理；二是将原料或产品按粒径进行分级。包括原料玉米的杂质清理、粉碎饲料分级。筛分效果的好坏对产品的质量和产量具有很大影响。

筛孔直径、网丝直径、筛面倾角均影响颗粒能通过筛孔的最大粒径。①颗粒与筛孔形状：计算以球形颗粒和圆形筛孔为基础，在生产实际中筛分物料大多为不规则颗粒，筛孔既有圆形又有矩形，物料颗粒接触筛孔时的状态（直立、横向）对颗粒能否通过影响很大，一般对于圆柱形颗粒矩形筛孔的通过性能较好，而对于尺寸差别不大的不规则颗粒圆孔的通过性能较好。②筛面开孔率：筛面开孔率越大通过性能越好，在保证筛面强度的情况下编织筛比冲孔筛获得较高的开孔率，前者的通过性能优于后者。③物料层厚度：使用平面筛时如通过筛面的物料层过厚，则料层上部的小颗粒通过筛孔困难，会引起误筛率上升，在原料清理中将增大净原料损失；在颗粒分级中将降低产量（上层筛料层过厚）、影响产品质量（下层筛料层过厚）。料层过薄筛分产量降低。④筛体运动状态：筛分过程进行的必要条件之一是筛选物料与筛面之间存在适宜的相对运动，产生这种相对运动的方法可以是筛面做水平往复直线运动（回转）、垂直往复直线运动（振动）或二者的组合。筛体仅有水平往复运动或垂直往复运动时筛分效果都不理想。垂直往复运动由于物料缺乏与筛面的水平相对运动，易造成料层厚薄不均。⑤物料特性：物料的粒度、含水率、摩擦特性、流动性等都与筛分过程有关。物料颗粒粒径存在差异是物料组分筛分分离的前提，而且这种差异越大，筛分过程越容易进行。物料含水率越高、内外摩擦角越大、流动性越差，其颗粒通过筛孔的性能就越差。

4.3.2.1　滚筒筛

（1）滚筒筛筛分原理　滚筒筛是一种安装有两层筛面的动力设备，筛面的形状有圆筒形和锥筒形两种，绕中心轴旋转，玉米在筛筒内做翻转运动而被分级。圆筒形筛面的滚筒是倾斜安装的，锥筒形筛面的滚筒是水平安装的。滚筒筛在工作时玉米只与部分筛面接触，不能完全与筛面接触，适用于玉米的初清理。滚筒筛是转动筛分设备，净化玉米的质量较高。滚筒筛的使用比较灵活，可以移动使用，也可以固定使用。玉米由滚筒筛的落料管进入滚筒筛内的筛面上，被旋转的筛面带动而升起，上升一定高度后落下。玉米颗粒大、重则上升的高度小，玉米颗粒小、轻则上升的高度大。同时随着滚筒的转动，玉米向下方流动，在滚筒旋转和玉米流动的过程中，玉米被两层不同规格的筛面分级成为三种，一是大于玉米的大杂，二是需要的玉米，三是小于玉米的小杂。大杂由里层筛的出料口流出，需要的玉米由两层筛的出料口流出，小杂由外部筛面筛出后收集。

（2）滚筒筛结构和技术参数　滚筒筛主要结构有滚筒、机架、外壳、传动机构等部分。①滚筒：是安装筛面的部件，筛面是筛分物料的部件，是滚筒筛的主体结构。倾斜 $5°\sim7°$ 安装。滚筒筛的筛面有编织网和开孔网两种，编织网比开孔网的筛分量大。编织网孔径是：里层筛网 $(24\sim26)mm\times(24\sim26)mm$，外层筛网 $(4\sim6)mm\times(4\sim6)mm$。开孔网孔径是：里层筛网 $\phi22\sim24mm$，外层筛网 $\phi4\sim6mm$。筛网孔径大小可以根据地区不同、玉米品种不同做适当调整，在同一地区可以根据本地当年的玉米收获情况、季节不同作适当调整，新玉米和干燥玉米的筛网大小不同，冬季和其他季节筛网的大小也不同。②机架：是支撑和安装滚筒、外壳和电机的部件。③外壳：是保护滚筒筛的部件，作用是保护物料在外壳内流动，外壳包括落料管、下料斗和下料口。落料管是将物料引入滚筒筛内的部件。下料斗是将筛分后的小杂物料收集并引出的部件。下料口有合格物料下料口和大杂物料下料口两个，合格物料下料口是将两层筛面中间的物料引出的部件，大杂物料下料口是将大杂物料引出的部件。④传动机构：是将电机的动能传递给滚筒的机构，带动滚筒转动，包括电机、传动轮等。转速为 7~11r/min。滚筒筛通常安装在玉米卸车站台附近，并与卸车站台和玉米储仓相连，配套有皮带输送机（或刮板输送机）和斗式提升机。

滚筒筛结构图见图 4-19，各种规模玉米淀粉生产滚筒筛选型见表 4-6。

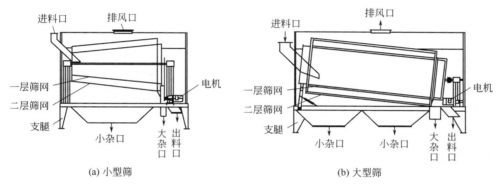

图 4-19 滚筒筛结构图

表 4-6   各种规模玉米淀粉生产滚筒筛选型

规模/万吨	滚筒筛产量/(t/h)
10	50
12	60
15	75
20	100
30	150
40	200
50	250

注：表中数据是生产线上滚筒筛最小选型产量，是按 10h/d 工作时间计算。

4.3.2.2 压力曲筛

（1）压力曲筛筛分原理   物料在压力曲筛筛片上的筛分情况可以分为三部分，在筛片上部小于 1/3 的部位以上是强力筛分区，进入的物料压力高，筛分强度极大，85％以上的小颗粒物料被筛分出去，一些大颗粒胚乳被切碎，物料在喷嘴出口成散射状高速喷向筛面。在筛片中部大于 1/3 的部位是缓流筛分区，到这里物料的压力逐渐消失，筛分强度逐渐变弱，筛分能力很小，物料在筛面上快速流过，筛面上的物料很薄且不完全均匀分布。在筛片下部小于 1/3 的部位是重力静压区，这时物料已经没有压力，成堆积状积存在筛面上，是依靠上面流下来的物料重量推动下流，流出的主要是水，过滤是这个阶段的主要作用。筛片对物料的筛分能力与筛条的棱角锋利程度有直接关系，物料在由上面的筛条流到下面筛条的过程中实现筛条的棱角对料浆产生切割作用，约有 1/4 筛缝厚度的一层浆料及其中的细粒被棱角分割而被筛下。曲筛片的分级粒度大致是筛条筛缝的一半。随着筛条棱的磨损，通过筛孔的粒度将减小。压力曲筛筛分原理和曲筛片尺寸见图 4-20。

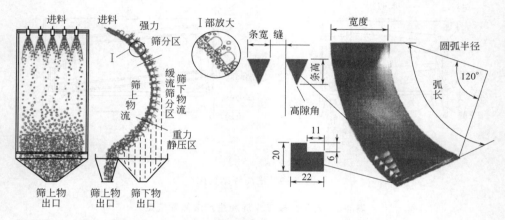

图 4-20　压力曲筛筛分原理和曲筛片尺寸（单位：μm）

（2）压力曲筛结构和参数　压力曲筛结构有：筛框、进料腔、喷嘴、筛片、支架等。①筛框：是固定筛片、进料腔、喷嘴和下料口的部件，具有保护物料在要求的空间内的作用。②进料腔：是分配物料进入喷嘴、平衡缓解物料压力的部件。③喷嘴：是使液体物料高压快速切线喷到曲筛片上的部件。④筛片：是筛分物料的部件，是压力曲筛的主要技术部件。筛片由紧靠在两侧筛框边的压板压紧在框上，可以拆卸下来。筛片的筛条有两种：一种是将圆形钢丝缠绕在圆形钢丝（ϕ2～3mm）上后挤压、研磨形成的（即缠绕式），研磨后成具有顶角的半圆形；第二种是将楔形钢丝挤压在圆形钢丝（ϕ2～3mm）上后研磨形成的（即挤压式），研磨后成具有顶角的楔形。筛片材质是 316 或 316L。中国制造的压力曲筛筛片是使用 ϕ2mm 圆形钢丝缠绕、挤压、研磨制成的缠绕式筛片，美国 Johnson Screens 制造的压力曲筛筛片是使用 0.5mm 楔形钢丝挤压、研磨制成的挤压式筛片。压力曲筛筛片表面光滑平整，筛缝均匀。筛分时物料受到压力冲击沿着弧形筛面快速流过，物料流速一般是 20～24m/s，具有很大的冲击力。在流过曲筛片时小于筛缝宽度的物料颗粒和水通过筛条顶角时被截留而由筛缝进入曲筛片下部成为筛下物，同时由于压力冲击的作用，一部分大于筛缝宽度的胚乳颗粒被筛条顶角切碎而进入曲筛下部也成为筛下物，还有一部分软的稍大一些胚乳颗粒被挤压而进入曲筛下部，也有很少部分软的种皮被顺着筛缝挤下而进入曲筛下部，大颗粒片状种皮和大颗粒角质胚乳没有通过曲筛片在筛面上留下成为筛上物。

⑤支架：是支撑和固定曲筛的部件。

在玉米淀粉生产过程中，由于淀粉吸水而使得颗粒体积膨胀，湿淀粉颗粒在 6～32μm（平均为 19μm 左右），湿麸质颗粒在 2～3μm，纤维最小颗粒为 78μm。压力曲筛要求筛缝宽度是分级颗粒平均大小的 2 倍，那么可以通过淀粉乳的筛缝宽度是 38～64μm，所以选择 50μm 曲筛片作为分浆筛，选择 75μm 曲筛片作为纤维洗涤筛，可以保证纤维不会进入到淀粉乳中。纤维脱水可以使用 100μm、120μm、150μm 的曲筛片。

用于纤维洗涤筛分的压力曲筛弧度 120°，筛面宽 585mm、710mm，筛缝宽 50μm、75μm、100μm、120μm、150μm 等，筛面圆弧半径 762mm，弧长 1590mm。585 型压力曲筛安装 4 个喷嘴，710 型压力曲筛安装 5 个喷嘴。喷嘴规格（内径）ϕ12.7mm（1/2in）、ϕ19.1mm（3/4in）、ϕ25.4mm（1in）。使用筛缝宽 50μm 的曲筛安装 ϕ12.7mm 或 ϕ19.1mm 喷嘴，使用筛缝宽 75μm 的曲筛安装 ϕ19.1mm 喷嘴，使用筛缝宽 100～150μm 的曲筛安装 ϕ25.4mm 喷嘴。

压力曲筛的筛分能力与喷嘴直径、进料压力、筛缝宽度、筛片面积、重力加速度等参数有关，最适进料压力 0.28～0.42MPa。585 型压力曲筛筛分量是 34～46m³/h，710 型压力曲筛筛分量是 40～58m³/h。压力曲筛有单联、双联和三联等规格形式。压力曲筛结构见图 4-21，压力曲筛技术参数见表 4-7，各种规模玉

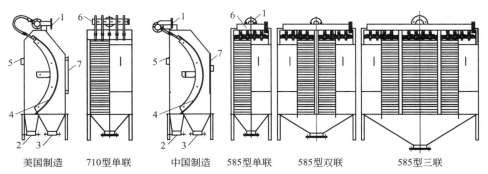

图 4-21　压力曲筛结构

1—进料口；2—筛上物下料口；3—筛下物下料口；4—曲筛片；

5—前门盖；6—进料室；7—后门盖

米淀粉生产压力曲筛选型见表 4-8。

表 4-7 压力曲筛技术参数

型号	筛面弧度/(°)	筛缝宽度/μm	物料处理量/(m³/h)	进料压力/MPa	筛面宽度/mm	筛面圆弧半径/mm
QS585（单联）	120	50、75、100、120	34～46	0.2～0.4	585	762
QS585（双联）			70～100		585×2	
QS585（三联）			110～140		585×3	
QS710（单联）			60～80		710	
QS710（双联）			120～150		710×2	
QS710（三联）			180～220		710×3	

表 4-8 各种规模玉米淀粉生产压力曲筛选型

规模/万吨	一级曲筛		一级/六级曲筛	
	规格型号	数量/台	规格型号	数量/台
10	710 型	4	710 型	3
12	710 型	5	710 型	3
15	710 型	6	710 型	4
20	710 型	8	710 型	5
30	710 型	12	710 型	8
40	710 型	14	710 型	10
50	710 型	16	710 型	12

针磨前压力曲筛配置原则是：685 型针磨配置 1 台 585 型压力曲筛，750 型针磨配置 1 台 710 型压力曲筛，100 型针磨配置 2 台 710 型压力曲筛。

4.3.3 旋流分离

（1）胚芽旋流分离管分离原理　胚芽旋流分离器是由多支胚芽旋流分离管和其他部件组成的设备。旋流分离管分离原理是采用离心分离的方法将液体中相对密度不同的物料分离开，是从液体中分离固体，分离的液体密度比较大。液体沿外壁由上向下旋转运动，沿着壳体内部距中心最远的一层由大量的重相物质形成外涡流。大量的水和轻相物质沿径向运动到中心区域，旋转的水和轻相物质在锥体内部向上沿中心旋转形成内涡流。外涡流是大量相对密度大的物料和少部分水，内涡流是相对密度小的物料和大量的水。旋流分离管是依靠离心力实现分离的离心沉降操作。

液体物料在旋流分离管内的旋转分离运动分：切向运动、轴向运动和径向运动。切向速度决定液体中的颗粒物料离心力大小，外涡流的中心速度向下，内涡流的中心速度向上。内涡流中心速度向上逐渐增大，在排出管底部达到最大值。相对密度大的物料在离心力作用下快速向外壁运动，即相对密度大的物料离心力大而抛向离中心最远处。到达外壁的物料在压力和重力共同作用下沿内壁向下运动由底流口排出。内涡流从旋流管顶部向下高速旋转时，大部分液体带着相对密度小的物料沿筒壁旋转向中心向上运动，到达顶部后从顶流管排出。根据涡流方程切线速度与涡流体的直径成反比，离心力越大，内涡流的速度增加越快，分离效果越好，所以胚芽旋流分离管的分离是由内涡流和外涡流完成的，分离效果主要取决于内涡流的加速度，内涡流中心处是负压。影响胚芽分离管的性能参数是直径、圆锥体高度、进料口面积与顶流和底流口面积、顶流管深入旋流管内的长度和深入管的锥度、长度等。胚芽旋流分离管的锥角是 $10°\sim11°$。胚芽旋流分离管工作原理见图 4-22。

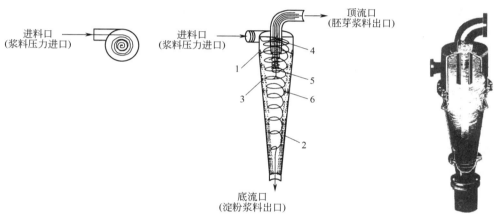

图 4-22　胚芽旋流分离管工作原理

1—圆柱体；2—圆锥体；3—重相颗粒；4—轻相物质；5—内涡旋液体；6—外涡旋液体

（2）胚芽旋流分离器结构和技术参数　胚芽旋流分离器是专业用于将破碎后玉米浆料中的胚芽与胚乳分离的设备。胚芽旋流分离器主要结构有：旋流分离管、连接管件、各种料管、阀门、机架等。①旋流分离管：是分离胚芽的部件，是胚芽旋流分离器的主要技术部件，直径有 6in❶、8in、9in 三种规格，使用的主要是 6in 和 9in 两种。制造材质有不锈钢和尼龙两种。②连接管件：是连接旋流分离管和各种料管（进料管、顶流管和底流管）的管件，易磨损件。③各种料管：是将物料引入和引出的管道，包括进料管、顶流管和底流管。④阀门：是控制旋流分离管进料、顶流和底流的部件，也是连接旋流分离管和各种料管的管

❶ 1in＝2.54cm。

件。⑤机架：是立撑和固定旋流分离管，连接管件、各种料管、阀门的部件。

胚芽旋流分离器是由多个旋流分离管组成，旋流分离管进料段是一个圆柱体，旋流分离段是一个圆锥体。在圆柱体上平面的中心出来的是顶流（溢流）口，在圆锥体下端出来的是底流口。物料在一定的压力下切线进入圆柱体内，然后产生旋转运动进入圆锥体，相对密度小的胚芽和部分种皮等物料在旋转过程中受到圆锥体四周管壁越来越大的压力而逐渐向上运动，最后由顶流口排出，相对密度大的胚乳和联结在胚乳上的种皮等物料沿着管壁向下运动由底流口出来。胚芽旋流分离器分为单级和双级两种形式。单级胚芽旋流分离器只有 1 组分离器，即只有 K1 组。双级胚芽旋流分离器有 2 组分离器，即有 K1 和 K2 两组。在双级结构形式的胚芽旋流分离器中，第 1 组胚芽旋流分离器为分离组（K1），第 2 组胚芽旋流分离器为检查组（K2），分离组（K1）和检查组（K2）的连接相同，检查组（K2）的旋流管数比分离组（K1）的旋流管数少，分离组（K1）的底流是检查组（K2）的进料，分离组（K1）的顶流是去下道工序，检查组（K2）的顶流回本工序。每组胚芽旋流分离器的胚芽旋流分离管个数可以根据生产量大小增加或减少。胚芽旋流分离器安装在凸齿磨的上面。

单级胚芽旋流分离器外形见图 4-23，双级胚芽旋流分离器外形见图 4-24，胚芽旋流分离器技术参数见表 4-9，各种规模玉米淀粉生产胚芽旋流分离器选型见表 4-10。

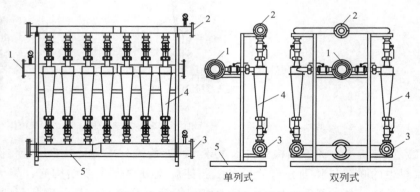

图 4-23　单级胚芽旋流分离器外形

1—进料管；2—顶流管；3—底流管；4—旋流管；5—支架

表 4-9　胚芽旋流分离器技术参数

参数	型号		
	DPX-15（6in）	DPX-20（8in）	DPX-22（9in）
单管生产能力/(t/h)	2.5～3	4.5～6	6～10
进料压力/MPa	0.5～0.6	0.6～0.7	0.6～0.7

续表

参数	型号		
	DPX-15(6in)	DPX-20(8in)	DPX-22(9in)
游离胚芽分离率/%	≥98		
分离后种皮含量/%	≤10		
适用生产量(淀粉)/(万吨/年)	10 以下	8~20	15 以上
圆柱体直径/mm	150	200	225
圆锥管长度/mm	600	810	910
进料口直径/mm	25/38	48	50
顶流口直径/mm	25/38	48	50
底流口直径/mm	45	60	73
外形尺寸(长×宽×高)	[680+(n+1)×230] ×555×1785	[780+(n+1)×300] ×605×2080	[850+(n+1)×350] ×680×21900

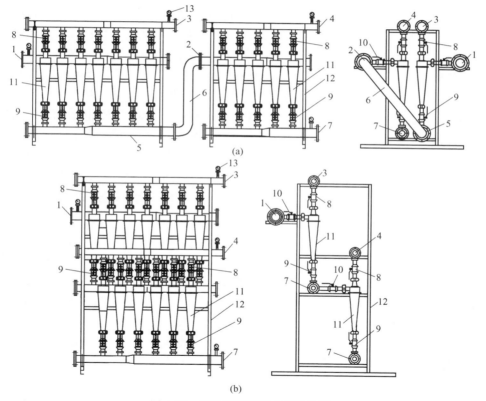

图 4-24 双级胚芽旋流分离器外形

(a) 并列布置(本图将 K1 和 K2 两级展开为一个平面图);(b) 上下布置

1——一级进料管;2——二级进料管;3——一级顶流管;4——二级顶流管;5——一级底流管;

6——一、二级连接管;7——二级底流管;8——顶流控制阀;9——底流控制阀;

10——进料控制阀;11——旋流管;12——支架;13——压力表

表 4-10　各种规模玉米淀粉生产胚芽旋流分离器选型

规模/万吨	规格
10	9in-(5＋4)个/级
12	9in-(6＋4)个/级
15	9in-(8＋6)个/级
20	9in-(10＋8)个/级
30	9in-(15＋12)个/级
40	9in-(19＋15)个/级
50	9in-(19＋15)个/级

注：1in＝2.54cm。

4.3.4　碟片分离

碟片分离机是用于淀粉的蛋白质分离和麸质浓缩设备。碟片分离机是淀粉生产重要的大型动力分离设备，属于离心沉降分离设备，用于分离尺寸小的颗粒，作用力是离心力。用于淀粉分离使用的分离机是碟片分离机（也称碟式分离机）。碟片分离机是沉降式离心机中的一种，用于分离难分离的物料（如黏性液体与细小固体颗粒组成的悬浮液或密度相近的液体组成的乳浊液等）。碟片分离机是利用离心力分离液体与固体颗粒或液体与液体的混合物中各组分的机械，又称离心分离机，简称离心机。碟片分离机可以完成两种操作：液相-液相分离（即乳浊液的分离），这种分离称分离操作；液相-固相分离（即低浓度悬浮液的分离），这种分离称澄清操作。碟片分离机是利用悬浮液（乳浊液）密度不同的各组分物质在离心力场中迅速沉降分层的原理实现液-液（液相-固相）分离。淀粉生产使用的碟片分离机为周边喷嘴型，转鼓周边有一组喷嘴，喷嘴口径可调整以适应不同的原料。

（1）分离机分离原理　碟片分离机主要操作参数：转鼓转速，轻液与重液分界面的位置，加料速度等。碟片分离机主要结构参数：转鼓内直径，当量沉降面积，碟片的尺寸与碟片数量。当液体在动压头的作用下，经进料管流入高速旋转的碟片之间的间隙时便产生了离心力，其中密度较大的固体颗粒在离心力作用下向上层碟片的下表面运动，而后在离心力作用下被向外甩出，沿碟片下表面向转子外围下滑，而液体则由于密度小，在后续液体的推动下沿着碟片的隙道向转子中心流动然后沿中心轴上升，从套管中排出。对于两种密度不同或互不相溶的液体的分离，轻相在后续液体的推动下沿中心向上流动，重相在离心力作用下沿周围向下流动，从而得到分离。物料在重力场中进行沉降时，重力场是均匀的，物料中固体粒子或液体所受的力是不变的。在离心场内物料产生的离心力随着旋转半径的不同而不同，离心力场要比重力场大得多，所以采用离心分离机就可使悬浮粒子沉降速度大大加快，达到良好的分离效果。

（2）分离机结构和技术参数　碟片分离机按照传动方式分悬挂式和立轴式等。传动部件有使用蜗轮和蜗杆的，有使用三角皮带的。三角皮带有安装在上面的（悬挂式），有安装在下面的。

碟片分离机主要结构有：机座、壳体、转鼓、碟片、传动系统等。①机座：是整个设备的基础和固定部件，分离机的机座很大很重，具有稳定、减震的作用。②壳体：是保证转鼓和液体物料在一个密闭的容积内工作和流动的部件，具有连接各种进出料管、固定转鼓、固定其他部件的作用。③转鼓：是保护碟片在一个封闭的容器内工作的部件，是使液体物料在碟片内产生离心力后分离成为两相物料并从不同的流道分流出来的部件，是主要的技术部件，内部安装很多的碟片。转鼓安装有若干个喷嘴，碟片分离机的喷嘴孔径有 $\phi2mm$、$\phi1.8mm$、$\phi1.6mm$ 规格，根据产量和分离质量要求配用。转鼓装在立轴上，转鼓通过传动装置由电动机带动而高速旋转。有一个围绕主轴高速旋转的圆筒称转鼓，转鼓内安装一组互相套叠在一起的碟形部件碟片，碟片与碟片之间有很小的间隙。悬浮液（乳浊液）由位于转鼓中心的进料管加入转鼓后分散进入各层碟片，被迅速带动与转鼓同速旋转。在离心力作用下液体通过碟片之间的间隙时，固体颗粒在离心力作用下沉降到碟片上形成沉淀。沉淀沿碟片表面滑动而脱离碟片并由距离轴心最远的喷嘴排出形成重相，轻相液体由碟片中心向上从出液口排出转鼓。碟片的作用是缩短固体颗粒的沉降距离、扩大转鼓的沉降面积。转鼓转速越高分离效果越好，转鼓中安装碟片数量多分离机的生产能力大。④碟片：是使液体物料产生离心力并且分离的部件，是使物料产生离心力的技术部件。洗涤水由转鼓的下端进入，然后分散进入碟片中与物料混合。碟片的锥角 $45°$ 左右，碟片之间的间隙用碟片背面的狭条（或脊）来控制，碟片间隙 $0.8\sim1.3mm$。每只碟片在离开轴线一定距离的圆周上开有多个对称分布的圆孔，许多这样的碟片叠置起来时，对应的圆孔就形成垂直的通道。当具有一定压力和流速的液体进入时，在高速旋转下，液体通过碟片上的这些垂直通道进入碟片间的隙道后，也被带着高速旋转具有了离心力。这时两种相对密度不同的液体获得不同的离心沉降速度，相对密度大的液体获得的离心沉降速度大于后续液体的流速，从垂直圆孔通道在碟片间的隙道内向外运动，并连续向鼓壁沉降；相对密度小的液体获得的离心沉降速度小于后续液体的流速，在后续液体的推动下被迫反方向向轴心方向流动，流动至转鼓中心的进料管周围被连续排出。这样两种相对密度不同的液体在碟片间的隙道流动的过程中被分开。⑤传动系统：是将电机产生的动能传递给转鼓的部件，是带动转鼓、碟片、转鼓和碟片内液体物料转动的系统，包括电机、减速装置或三角皮带等。

淀粉用碟片分离机是一种利用高速旋转的碟片产生的离心力将淀粉乳中相对密度不同的蛋白质与淀粉分离的设备，分离的物料是淀粉乳，分离的物质成分主要是淀粉、蛋白质和水三相，还有细渣、脂肪、维生素和灰分等。在主分离机的前面安装旋转过滤器，配套安装有进料储罐和输送泵、出料储罐和输送泵等设备。麸质浓缩机的前面是主分离机，后面是麸质脱水设备，配套安装有进料储罐和输送泵、出料储罐和输送泵等设备。

用于淀粉生产使用的碟片分离机分：淀粉分离机和麸质浓缩机。淀粉分离机是用于淀粉主分离的，麸质浓缩机是用于麸质浓缩的。碟片分离机有：DPF 系列、CH 系列、DA 系列。DPF 系列型号有：445、500、530、550、560、800、935、1000。CH 系列型号有：30、36。DPF 系列和 CH 系列碟片分离机是国内制造，DA 系列碟片分离机是德国 Westfalia 公司制造。DA230、DA250 和 SDA260 型碟片分离机是淀粉工业使用的大型分离机。DA 系列淀粉分离机转鼓分离原理见图 4-25，DA 系列麸质浓缩机转鼓分离原理见图 4-26，DA 系列碟片分离机主要技术参数见表 4-11，各种规模玉米淀粉生产分离机选型见表 4-12。

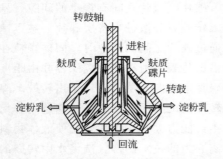

图 4-25　DA 系列淀粉分离机转鼓分离原理

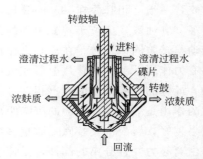

图 4-26　DA 系列麸质浓缩机转鼓分离原理

表 4-11　DA 系列碟片分离机主要技术参数

项目	DA230	DA250	SDA260
转速/(r/min)	3300	3300	3300
喷嘴数/个	20	20	20
进料浓度	预浓缩 9～10°Bé，主分离 10°Bé，麸质浓缩 20～25g/L，澄清 4～5°Bé	预浓缩 9～10°Bé，主分离 10°Bé，麸质浓缩 20～25g/L，澄清 4～5°Bé	预浓缩 7～8°Bé，主分离 7～9°Bé，麸质浓缩 20～25g/L，澄清 3～4°Bé
出料浓度	预浓缩 14°Bé，主分离 19～20°Bé，麸质浓缩140～160g/L，澄清 14°Bé	预浓缩 14°Bé，主分离 19～20°Bé，麸质浓缩140～160g/L，澄清 14°Bé	预浓缩 13°Bé，主分离 18～20°Bé，麸质浓缩 130～140g/L，澄清 13°Bé
生产能力/(t/h)	预浓缩 175，主分离 190，麸质浓缩 140～145，澄清 180～195	预浓缩 250，主分离 290，麸质浓缩 140～160，澄清 240～260	预浓缩 220～230，主分离和麸质浓缩 210～230，澄清 220～240
工作温度/℃	45	45	45
电机功率/kW	120/225	120/225	120/225
外形尺寸(长×宽×高)/cm	360×150×250	360×200×300	

表 4-12　各种规模玉米淀粉生产分离机选型

规模 /万吨	主分离机				麸质浓缩机			
	型号	数量/台	型号	数量/台	型号	数量/台	型号	数量/台
10	DPX520	5	CH36	2	DPF500	3	CH36	2
12	DPX520	6	CH36	2	DPF500	3	CH36	2
15			CH36	3			CH36	3
20			CH36	4			CH36	4
30			CH36	5			CH36	5
40			CH36	7			CH36	7
50			CH36	9			CH36	9

4.4　脱水设备

4.4.1　压滤脱水

板框压滤机简称压滤机，是以压力差为推动力的间歇过滤设备，从悬浮液中分离出固体颗粒，是悬浮液固、液两相过滤的设备，是将固、液两相料浆通过过滤介质而实现固、液分离。在压力作用下，悬浮液中的液体通过多孔介质的孔道而固体颗粒被截留下来实现固、液分离，所用的过滤介质是滤板和滤布。板框压滤机密闭性好，过滤压力高，过滤面积大，操作灵活，构造简单，可承受较大压力，劳动强度大，间歇操作，效率低，洗涤方便。板框压滤机在每一个生产周期中依次进行过滤、洗涤、卸料、清理、装合等步骤的循环操作。

板框压滤机整体分为过滤和机架两部分。过滤部分是由滤板、滤框和滤布组成的机构，机架部分是对过滤部分进行压紧的机构。

压滤机组成结构有：固定头板、可移动的尾板、滤框、滤布、滤板（图4-27）。所有的滤框、滤板都是搁挂在横梁上，并可沿横梁水平方向移动。活塞杆的前端与可拉动压紧板连接，当活塞在液压推力下推动压紧板，将所有框、板压紧在机架中，达到液压工作压力后，用锁紧螺母锁紧而保压。关闭液压站电机后，即可进料过滤。

板框压滤机的排水可分为明流和暗流两种形式。滤液通过板框两侧的出水孔直接排出机外的为明流式，明流的好处在于可以观测每一块滤板的出液情况，通过排出滤液的透明度直接发现问题。滤液通过板框和后顶板的暗流孔排出的形式称为暗流式。板框压滤机由多块滤板（洗涤板）和滤框交替排列组成，滤板和滤框的数量视生产能力和滤浆的情况可以增减。组装时，滤板与滤框之间加

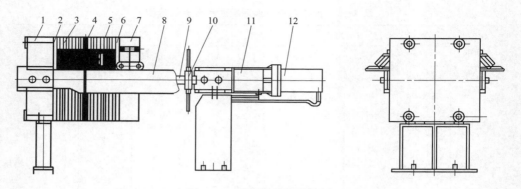

图 4-27　板框压滤机结构图

1—止推板；2—头桩；3—滤框；4—滤布；5—滤板；6—尾板；7—压紧板；
8—横梁；9—活塞杆；10—锁紧螺母；11—液压缸座；12—液压缸

滤布，借手动螺杆或液压机构将其压紧，两相邻滤布之间的框间为过滤空间。滤布除起过滤介质的作用外，同时还起到密封垫圈的作用，防止板与框之间的泄漏。滤板和滤框的四个角上开有通孔，组装后形成滤浆、洗涤液和滤液的通道。

　　板框压滤机压紧方式有：手动压紧、机械压紧和液压压紧。手动压紧：是以螺旋式机械千斤顶推动中顶板将滤板压紧。机械压紧：压紧机构由电动机、蜗轮蜗杆减速器、大小齿轮、丝杆和螺母组成。压紧时电动机正转，带动减速器使丝杆在螺母中转动，推动中顶板将板框压紧。当电机电流达到一定数值时（即最大压紧力）关闭电源，停止转动。退回时电机反转即可。液压压紧：由液压站、油缸、丝杆、锁紧螺母组成。液压站的组成有：电机、集成块、齿轮泵、溢流阀（调节压力）、手动换向阀、油箱。液压压紧时推动手动阀，使液压站通过齿轮泵提供高压油，使活塞杆与丝杆顶出，推动中顶板将板框压紧。当压力达到溢流阀设定的压力值（压力表显示）时，手动阀复位，并关闭电机电源，压紧动作完成。退回时反方向推动手动阀，活塞杆、丝杆、中顶板开始收回。

　　手动板框压滤机由过滤部件和机架部件组成。过滤部件有：滤框、滤布、滤板。机架部件有：手轮、千斤顶、端板、横梁等。机架部件的作用是对过滤部件进行压紧。

　　液压压紧板框压滤机由主机（机架和滤室）、液压部件和电气等部分组成。主机部分：由两根横梁（其两端分别固定在止推板和液压缸座的两侧面）构成机架。在左右横梁上垂直搁置、依次排列着由滤框、滤板、滤布组成的若干滤室，并可沿横梁做水平方向移动。压紧板与活塞杆铰接。由液压缸活塞驱使前后移动，压紧滤框、滤板，达到液压工作压力后，旋转锁紧螺母锁紧保压。再关闭电机，即可进料过滤。液压部件：由液压辅件（油箱和滤油器）、液压泵、阀、液压缸和管路等组成。液压用油需经 $20\mu m$ 孔径过滤，加油至液面线上限，电动机驱动油泵，压力油经电磁阀进入液压缸推动活塞完成滤室的压紧和放松工序。

板框压滤机的工作过程：压紧滤板、进料、滤饼压榨、滤饼洗涤、滤饼吹扫、卸料。待过滤的料液通过输料泵在一定的压力下，从后顶板的进料孔进入到各个滤室，通过滤布，固体物被截留在滤室中，并逐步形成滤饼；液体则通过板框上的出水孔排出机外。

过滤过程：滤浆由总管入框→框内形成滤饼→滤液穿过饼和布经每板上旋塞排出（明流），或从板流出的滤液汇集于某总管排出（暗流）。滤浆由滤框上方通孔进入滤框空间，固体颗粒被滤布截留，在框内形成滤饼；滤液则穿过滤饼和滤布而流向两侧的滤板，然后沿滤板的沟槽向下流动，由滤板下方的通孔排出。排出口处装有旋塞，可观察滤液流出的澄清情况。如果其中一块滤板上的滤布破裂，则流出的滤液必然混浊，可关闭旋塞，待操作结束时更换。此种结构滤液排出的方式称明流式。另一种暗流式的滤液是由板框通孔组成的密闭滤液通道集中流出，这种结构较简单，且可减少滤液与空气的接触。

洗涤过程：洗涤液由总管入板→滤布→滤饼→滤布→非洗涤板排出。当滤框内充满滤饼后应停止过滤进行洗涤。洗涤液由洗涤滤板上方进入，穿过两层滤布和整个滤饼厚度，从相间的滤板下方流出，洗涤速率仅为过滤结束时过滤速度的 $1/4$。

4.4.2　吸滤脱水

麸质脱水使用的设备有真空转鼓吸滤机和板框压滤机，这两种设备的性质都是用于过滤，将麸质从液体中提取出来。

真空转鼓吸滤机是以真空负压为动力的恒压、连续过滤设备。从悬浮液中分离出固体颗粒，是在真空负压作用下，悬浮液中的液体通过多孔介质的孔道而固体颗粒被截留下来实现固、液分离，所用的过滤介质是滤板和滤布。真空转鼓吸滤机自动化程度高，能够自动连续操作，过滤适应性好，能处理黏性、可压缩性滤饼及容易堵塞滤布的物料，真空度受到热液体或挥发性液体的蒸汽压的限制，推动力小。真空转鼓吸滤机是依靠真空泵抽真空，使滤布内外形成一定的压力差（即真空度），把液相吸走，固相过滤在滤布上。真空度一般在 $0.053\sim 0.08MPa$，过滤 $0.01\sim 1.0mm$ 颗粒的悬浮液。

真空转鼓吸滤机是用于将稀麸质液中的蛋白粉由液体中吸滤出来，是一种使用真空泵抽吸而在设备的内腔产生真空的设备，转鼓在盛有浆料的槽体内慢慢回转，麸质由于真空作用而吸附在转鼓的外表面滤布上，当旋转到 $240°$ 左右时即完成脱水而卸料，卸料后的滤布进行洗涤（洗布），然后进入料液槽中进行下一个循环。转鼓内分有很多（$10\sim 22$）个扇形格，每格与转鼓端面上的带孔圆盘相通，这个转动盘与装在支架上的固定盘借弹簧压力压紧叠合，这两个互相叠合而又相对转动的圆盘组成一副分配头。

真空转鼓吸滤机转鼓的鼓壁开孔，鼓面上铺以支撑板和滤布，构成过滤面。转鼓内过滤面下的空间有若干彼此独立的扇形滤室，滤室是由滤板构成的。每个滤室有管道与分配头连接，分配头连接真空泵，泵抽真空时，使滤布内外形成一定真空度，滤液透过滤布被抽走，固体物料被截留在滤布上形成滤饼。各滤室通过分配头轮流接通真空系统，转鼓每旋转一周，顺序经过四个区依次完成吸滤、脱水、卸料和洗涤等操作。在包裹转鼓的整个滤布面上，吸滤区约占 1/4，脱水区约占 1/3，卸料区约占 1/6，洗涤区约占 1/10，转鼓盲区占转鼓面积 1/5，各区之间有过渡段。过滤时转鼓下部浸没在悬浮液中缓慢旋转，浸没角约 115°，沉没在悬浮液内的滤室与真空系统连通，滤液被吸出过滤机，物料则被吸附在过滤面上形成滤饼。滤室随转鼓旋转离开悬浮液后，继续吸去滤饼中饱含的液体，然后经过卸料区后落入螺旋输送机上送往下道工序。

真空转鼓吸滤机的过滤面积最大达 $200m^2$，转鼓转速的快慢可调节滤渣的厚度。转鼓转速 $0.1\sim10r/min$。

真空转鼓吸滤机通过与转鼓同步运转的滤布在真空（负压）作用下实现液体中的麸质与水分离，靠洗涤水喷淋实现滤布的再生。真空转鼓吸滤机在 1min 的过滤时间内吸附的滤饼厚度大于 5mm，干物质相对密度及粒度适中，干物质沉降速度小于 12mm/s。

真空转鼓吸滤机结构见图 4-28。

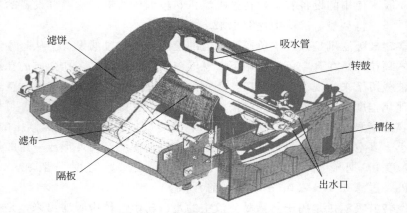

图 4-28　真空转鼓吸滤机结构图

4.4.3　挤压脱水

脱水挤压机是用于玉米胚芽、纤维挤压脱水的专用设备，是将生产过程得到的含水量很高的玉米胚芽、纤维内外的水在螺旋挤压下脱去一部分的设备。

（1）脱水挤压机原理 脱水挤压机是依靠主轴螺旋叶片与圆锥体筛网之间产生的双重压缩比将物料推挤和压缩，实现物料的前进和脱水。脱水挤压机单位螺旋叶片使进来的物料容积随着向前推进愈来愈小，将其中的水挤压出来。壳体内部装有圆锥体筛网，被挤压出来的水通过圆锥体筛网排出。在壳体两侧装有洗涤水管，供圆锥体筛网堵塞时通水洗涤使用。

（2）脱水挤压机结构 脱水挤压机主要结构有：机座、主轴、筛网、挡料环、上盖、下料盒、电机等。机座是固定主轴、筛网、上盖、下料盒、电机等部件的结构。主轴是用于带动挤压螺旋将物料中的水分挤压出去的部件，是接受动力而转动。传动方式：电动机→皮带轮→齿轮→减速机→主轴。在主轴上焊接有变径的螺旋叶片，进料端螺旋叶片直径比出料端螺旋叶片直径大。筛网是固定在机座上，包围主轴的部件。筛网分内外两种结构形式，内筛网是 2mm 厚不锈钢板，开有 ϕ2 孔，贴衬在外筛网内；外筛网是 16mm 厚不锈钢板，开有 ϕ32 孔，分 3 节，是半开对装式。挤压出来的水和小颗粒物料从筛网中出来，筛网是锥体形。挡料环是安装在主轴出料端的部件，可以轴向前后旋转移动来控制出料量和出料的水分。上盖是在上部遮盖筛网的部件。下料盒是接装挤压出来的过程水，并将其引导流入指定的罐中。

用于胚芽的脱水挤压机和用于纤维的脱水挤压机在螺旋结构和构造细节上是有一定区别的，P 型适用于胚芽的使用。胚芽脱水挤压机安装在胚芽干燥机的上面，纤维脱水挤压机安装在纤维干燥机的上面。

脱水挤压机有国内制造和德国 Vetter 公司制造的。脱水挤压机结构见图 4-29，技术参数见表 4-13。各种规模玉米淀粉生产脱水挤压机选型见表 4-14。

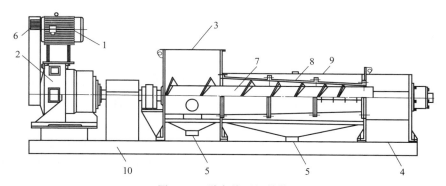

图 4-29 脱水挤压机结构

1—电机；2—减速机；3—进料；4—下料口；5—脱水出口；
6—传动皮带；7—螺旋主轴；8—筛网；9—上盖；10—机架

表 4-13   脱水挤压机技术参数

规格	转速 /(r/min)	电机功率 /kW	进料量(湿料) /(kg/h)	外形尺寸 (长×宽×高)/cm
250	12～16	4	2000	280×70×110
300	12～16	5.5	3000	310×82×120
350	8～14	7.5	3500	360×90×125
350P	8～14	11	3000	360×90×125
400	8～14	15	8000	420×115×128
500	8～14	22～30	13000	538×135×157
500P	8～14	22～30	8000	502×135×157
600	8～14	37	17000	572×113×180
650	8～14	45	20000	666×158×175

表 4-14   各种规模玉米淀粉生产脱水挤压机选型

规模/万吨	胚芽脱水挤压机		纤维脱水挤压机	
	规格型号	数量/台	规格型号	数量/台
10	500 型	1	600 型	1
12	600 型	1	500 型	2
15	600 型	2	500 型	3
20	600 型	3	500 型	4
30	600 型	4	500 型	5
40	600 型	5	500 型	6
50	600 型	5	500 型	6

4.4.4   离心脱水

刮刀离心机全称为卧式刮刀卸料离心机，是淀粉生产系统主要的大型动力设备，国内生产的刮刀离心机有 GK 系列（普通）刮刀离心机和 GKH 系列（虹吸）刮刀离心机两类。还有国外生产的刮刀离心机，适合分离含固相物粒度＞0.015mm、浓度 25%～60%的悬浮液。

（1）刮刀离心机脱水原理   分离性能是刮刀离心机最基本的功能，包括：分离效果、洗涤效果、处理能力、自动化程度等。物料性质包括：物料黏度、粒度及其分布、密度、浆料干物质含量等。

GK 型刮刀离心机是连续运转、间歇操作的过滤式离心机，经过循环进料、分离、脱水、卸料、洗网等工序，操作过程均在全速状态下完成。控制方式为自动控制和手动控制。GK 型刮刀离心机工作过程：进料→脱液→洗涤→卸料。这个过程是循环进行的，工序自动操作持续时间为 60min。

GK 系列刮刀离心机工作原理：发出指令后主电机启动并自动升速，空转鼓全速运转，当达到预定速度后进料管上的进料阀自动开启，物料由进料管进入转鼓，在离心力作用下大部分液体经滤网、滤布及转鼓上的小孔被甩出，经机壳排液口流出机外，湿淀粉留在转鼓内。一定时间进料阀自动关闭进料停止，滤饼在转鼓内被甩干。刮刀自动升起将湿淀粉刮下，刮下的湿淀粉由接料斗排出机外。然后自动进水洗网，开始下一个循环。淀粉乳进料过程由时间料控器控制，直到转鼓内最大限度充满时结束。在进料过程中过滤同时开始。洗涤水由时间流量阀控制，通过洗涤管的喷射孔将洗涤水喷滤网上。GK 型刮刀离心机的主要结构除不具有撇液功能、出料螺旋、自动系统外，其他与 GKH 型的主要结构基本相同。

GKH 系列（虹吸）刮刀离心机具有自动撇液功能（虹吸作用），是一种大型转动离心脱水设备，是一种自动控制、连续循环工作、虹吸过滤的卧式刮刀卸料离心机，是在 GK 系列（普通）刮刀离心机的基础上综合采用沉降、虹吸、过滤原理和反冲装置，使离心机的分离性能更完备，适用于高黏度、含超细颗粒悬浮液的分离。虹吸原理可增加过滤推动力，透过过滤介质的滤液全部进入滤液室，滤液通过虹吸管（撇液管）排出转鼓，调节虹吸管吸入口位置可改变虹吸室内液面深度，以改变过滤推动力，调节过滤速度、处理能力、滤饼含水量以及洗涤效率。反冲装置可在需要时向虹吸室内加入反冲液，洗涤液经过滤介质流向转鼓内，使过滤介质恢复过滤性能，得以再生。GKH 系列（虹吸）刮刀离心机在全速运转下自动实现进料、脱水、撇液、洗涤、卸料、洗网等工序。GKH 系列（虹吸）刮刀离心机的分离因数高，湿淀粉含水少，生产量大，每个生产周期可程序地进行。动作元件采用电气-液压自动控制。加料、初过滤、洗涤、精过滤、卸料全过程监护。

GKH 系列（虹吸）刮刀离心机的淀粉脱水过程是：进料→脱水→撇液→洗涤→脱水→卸料→反冲。这个过程是循环进行的。在刮刀离心机工作一定时间（循环多次）后要使用洗涤水洗涤一次滤布。离心机的进料、停止进料（进料和停止进料一般是两次以上）、撇液、停止撇液、脱水、刮料、停止刮料、出料螺旋启动、出料螺旋停止等全部程序和过程所用时间都是设计固定的。

GKH 系列（虹吸）刮刀离心机工作原理：发出指令后主电机启动并自动升速，空转鼓全速运转，当达到预定速度后进料管上的进料阀自动开启，物料由进料管进入转鼓，同时虹吸管旋转到某一中间位置，淀粉乳加料结束后虹吸管转到最低位置。进入转鼓中的淀粉乳在离心力作用下，水和小颗粒的物质穿过滤布和内转鼓壁滤孔排出内转鼓，汇集到内外转鼓间的间隙内，穿过虹吸室的通孔进入虹吸室，再由虹吸装置抽走排出机外。同时干物质被截留在内转鼓脱水形成环形滤饼层。进料达到预定容积后停止进料，进一步分离，此时可进行洗涤。洗涤、分离结束，刮刀自动提升，将固相物刮下，经输料螺旋排出机外，然后自动洗网，开始下一个循环。当滤饼层达到一定厚度时滤液再难于透过滤饼，滤饼会积存一定厚度的轻质滤液，这些滤液进入虹吸腔通过虹吸管（撇液管）排出。调节虹吸管吸入口位置可改变虹吸室内液面深度，以改变过滤推动力，调节过滤速度、处理能力、滤饼含水量和洗涤效率。虹吸对滤网内物料产生负压的吸力，既增加了过滤推动力，又增加分离因数，获得更佳分离效果。淀粉乳进料过程由时间料控器控制，直到转鼓被允许最大限度充满。在进料过程中滤液在离心力作用下通过滤网和滤布后经转鼓壁上的小孔进入虹吸转鼓，再由虹吸撇液管排出机外（初滤阶段）。物料甩干到一定时间后，根据工艺要求离心机会自动减速到洗涤速度。洗涤阀自动打开，当洗涤液达到一定厚度时洗涤阀自动关闭，离心机自动升速至高速进一步甩干（精滤）。运转一定时间后物料得到充分的脱水，此时进行卸料，离心机自动减速到设定速度后，卸料阀打开，卸料油缸工作，刮刀自动旋转上升，湿淀粉被刮下进入螺旋出料器的料斗中，螺旋出料器将料推出。刮刀上升到离滤布一定的距离时刮刀装置上的挡块接近开关，刮刀停止上升，并停留一段时间（大约 15s）后快速退回，卸料完成后进行洗网，控制虹吸管的上下旋转可以对滤网底面进行脉动式反冲洗，洗网结束后自动进入下一周期。洗网时洗涤水由时间流量阀控制，通过洗涤管和喷射孔将洗涤液喷到滤网上洗涤滤液后的滤饼。反冲洗装置在需要时向虹吸室和溢流室内加入反冲洗水，冲洗水经转鼓底部的小孔被加压从滤网反面渗入残余滤饼层使残余滤饼获得洗涤，使滤网恢复过滤性能获得再生。反冲洗水由反冲管注入虹吸室，同时反冲洗水对下一循环进入的淀粉乳产生缓冲池作用而得到均匀分布的滤饼。反冲洗水的使用提高了滤布效率和延长了滤布使用寿命。

GKH 系列（虹吸）刮刀离心机过滤介质再生阶段：从外部向虹吸室冲洗，冲洗液从滤液室经过滤饼介质流向转鼓内部，实现过滤介质的反向冲洗，使过滤介质恢复过滤性能。GKH 系列（虹吸）刮刀离心机可通过调节虹吸管吸液口的位置来调节过滤速度而不必改变转鼓转速。GKH 系列（虹吸）刮刀离心机对悬浮液浓度或进料量的波动不敏感，操作中各工序的持续时间可任意调节，还可对滤饼进行良好的洗涤。

（2）刮刀离心机结构和技术参数　GKH 系列（虹吸）刮刀离心机主要结构有：机座、壳体、端盖、转鼓、进料喷嘴、刮刀、出料螺旋、传动系统、液压系统、电控系统等。①机座：是安装各种结构的部件，由于刮刀离心机的进料、脱水和出料过程中的物料重量是不断变化的，所以机座的重量很重。②壳体：是安装端盖、转鼓、进料喷嘴、刮刀、出料螺旋和连接系统的部件，壳体和端盖组成的容器是淀粉乳进料、脱水、刮料、出料的容器。③端盖：是封闭壳体的部件，是安装出料螺旋的部件。④转鼓：是填装淀粉乳、脱水、湿淀粉层储存的圆形槽式部件。在转鼓的外壁开有很多的小孔。在转鼓内安装有两层金属滤网和一层滤布，第一层金属滤网的网径比较粗，网孔比较大；第二层金属滤网的网径比较细，网孔比较小。滤布和滤网使用一段时间后会刮坏，刮坏的滤布会使刮刀离心机产生剧烈震动，这时要停车更换滤布。⑤进料喷嘴：是淀粉乳进料的部件，进料喷嘴将淀粉乳均匀地喷入转鼓内。⑥刮刀：是将脱水后的湿淀粉层刮下来的部件，刮刀使用一段时间后被磨钝，当刮刀的刃被磨钝后要维修后再使用。⑦出料螺旋：是将刮刀刮下来的湿淀粉输送出刮刀离心机的部件。⑧传动系统：是将电机的动能传递给转鼓的系统，带动转鼓转动，包括电机、减速机、三角皮带、皮带轮和阻尼器等。减速机将电机的速度减到要求的范围。三角皮带——传递减速机的转速和减速。皮带轮——连接皮带的传动转速。阻尼器——使用液力偶合器。⑨液压系统：是控制刮刀、进料阀、进水阀等的系统。⑩电控系统：是控制刮刀离心机运行的电气控制系统，包括运行程序控制、轴承温度检测等系统。

由于刮刀离心机分离的物料有一定的腐蚀性，与物料接触部分的材质需要耐腐蚀，保证安全使用和不污染产品，使用的材质有 304、321、316L 等。刮刀离心机所处的工作环境具有易燃易爆的粉尘，电控系统要采取防爆隔离栅、非接触式制动系统、静电接地、使用防爆按钮等。刮刀离心机安装在混凝土的基础上，配套一台平衡罐进料，GKH 系列还需要配套一台水罐。

GK1250 和 GKH1250 刮刀离心机结构分别如图 4-30 和图 4-31 所示，GK 系列和 GKH 系列刮刀离心机工作过程分别见图 4-32 和图 4-33，两种系列刮刀离心机的技术参数分别见表 4-15 和表 4-16，各种规模玉米淀粉生产刮刀离心机选型见表 4-17。

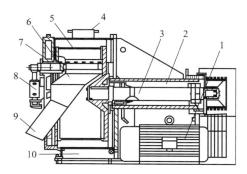

图 4-30　GK1250 刮刀离心机结构

1—电机；2—轴承箱；3—主轴；4—机壳；5—转鼓；6—刮刀；
7—门盖；8—刮刀油缸；9—下料口；10—机座

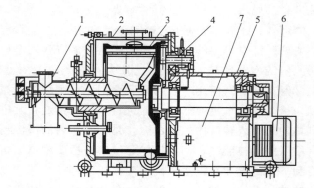

图 4-31　GKH1250 刮刀离心机结构

1—出料螺旋；2—壳体；3—转鼓；4—虹吸管；5—机座；

6—传动系统；7—液压和气动系统

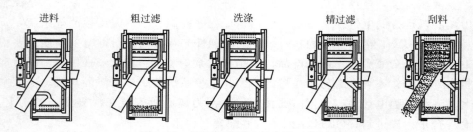

图 4-32　GK 系列刮刀离心机工作过程

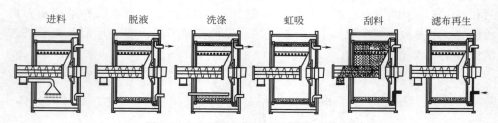

图 4-33　GKH 系列刮刀离心机工作过程

表 4-15　GK 系列刮刀离心机技术参数

项目	GK800	GK1250	GK1600	GK1800
转鼓直径/mm	800	1250	1600	1800
转鼓长度/mm	400	625	800	1250
转鼓容积/L	95	230	660	1314
装料限度/kg	120	350	821	1945
转鼓转速/(r/min)	1530	1200	950	800
过滤面积/m²	1.00	2.36	4.01	7.00

续表

项目	GK800	GK1250	GK1600	GK1800
分离因数(f)	1030	1007	809	645
电机型号	Y200L-4	Y225M-4		Y315S-4
电机功率/kW	30	45	90	160
机器质量/kg	4000	9500	15000	19800
外形尺寸(长×宽×高)/cm	215×170×149	300×243×191	300×245×195	425×352×288

表 4-16 GKH 系列刮刀离心机技术参数

项目	GKH800	GKH1250	GKH1600	GKH1800
转鼓直径/mm	800	1250	1600	1800
转鼓长度/mm	450	625	1000	1250
转鼓容积/L	100	355	830	1325
装料限度/kg	125	450	996	1660
转鼓转速/(r/min)	1500	1200	950	800
过滤面积/m²	1.13	2.36	4.98	7.00
分离因数(f)	1080	1007	799	645
产量(湿基)/(t/h)	0.8~1.2	3.5~4.5	6.5~7.5	
电机型号		Y280S-4		Y315M12-4
电机功率/kW	45	75	132	200
机器质量/kg	3500	11100	16550	23500
外形尺寸(长×宽×高)/cm	2250×1800×1395	352×243×191	405×276×230	495×352×288

表 4-17 各种规模玉米淀粉生产刮刀离心机选型

规模/万吨	规格型号	数量/台	规模/万吨	规格型号	数量/台
10	1250 型	7	30	1600 型	9
	1600 型	4		1800 型	6
12	1600 型	4	40	1600 型	13
	1800 型	2		1800 型	8
15	1600 型	5	50	1600 型	
	1800 型	3		1800 型	
20	1600 型	7			
	1800 型	4			

4.5 干燥设备

4.5.1 管束干燥

管束干燥机是淀粉生产系统的大型设备，是专业用于槽渣类物料干燥的设备，是一种直接加热接触式传热干燥器。管束干燥机是在一个卧式圆柱体内安装一个旋转的管束芯子，管束芯子是由很多支加热管组成的。蒸汽在管束芯子的加热管内通过，物料在卧式圆柱体内和管束外面的空隙中运行，物料接触管束芯子的外表面而干燥。在玉米淀粉生产中，管束干燥机是用于干燥胚芽、纤维饲料和蛋白粉的设备。管束干燥机生产能力大，连续操作，需要返料，操作方便；物料干燥迅速，热效率高；设备结构科学，故障少，维护量小；适应范围广，可以干燥颗粒状物料和附着性较强的物料；设备占地面积小，适合干燥含水 45% 以下的物料；特别适用于干燥温度在 150℃ 以下的物料。

(1) 管束干燥机干燥原理　管束的芯子管内通蒸汽，管外、外壳内是被干燥的物料，热交换是在管束芯子的外表面进行的，干燥时产生的废汽由引风机从管束干燥机的上部排出，蒸汽从管束一端进入，冷凝水从另一端排出，蒸汽与物料可以是顺流或逆流方向。湿物料从干燥机的一端进入，被固定在旋转管束架上的料铲抄起升举到 130°～165° 区间下落，然后落到管束芯子之间，湿物料在与管束接触过程中获得干燥。转动的管束芯子和料铲带动物料扬起和推动物料前进，一直推到另一端的出料口。管束干燥机内的平料铲使物料翻动和混合，使物料做圆周运动，将管束底部的物料带动到上面来。输送料铲使物料由管束的进料端输送到出料端，卸料料铲使物料排出管束干燥机。对混合状态起作用的主要是平料铲，它将物料升举起来，这种料铲能保证物料良好地倾撒和将其均匀地分散，均匀布置的管束料铲使物料在翻动的过程中趋向完全混合。

在管束内的下半部和芯子中间物料料层堆积密实，主要进行的是物料吸热、汽化和水形成水汽过程。在管束内的上半部物料料层松散、扬起、下落和输送，主要进行的是物料混合、搅拌、输送、水汽与物料分离、排汽作用。而上半部顶端顺转动方向以后的料铲上是没有物料的。在管束内的上半部，由管束干燥机两端的百叶窗进入的风是将蒸发的水汽从管束的顶部排出的动力，如果风量很小管束干燥机的效率下降很多。进入管束芯子中的蒸汽是在管内向外散射出热量，热量与物料接触后将物料表面和内部的水分汽化，当这些物料被带动运行到管束的上部空间时，这些被汽化的水蒸气由风带走。不同物料的含水量、黏度、细度等性质不同，管束干燥机的进料水分含量要求也不同。对于大颗粒、黏度不大的物料（如胚芽）进料水分可以高一些；而对于小颗粒、有一定黏度的物料（如纤维、蛋白糟）进料水分控制在 45% 以下为适宜。当物料的水分很高时，要加入一定量的干燥物料混入到湿料中（俗称返料），以降低进入干燥机中的物料水分含量。管束干燥机的散热面积利用率和颗粒覆盖系数比较高，使物料达到最佳的干燥效果。管束干燥机属于搅拌型传导换热干燥机，干燥过程中的搅拌混合程度也影响着干燥效果。管束旋转时将物料多次与加热面（管束芯子）接触后，脱离加热面到达干燥机的出料端。在干燥过程中，由于含水量的变化，物料的状态和性质也会随之发生变化。

管束干燥机是将热能以传导的方式通过金属壁面传给湿物料，是传导干燥（间接加热干燥），是热源通过导热面与物料接触进而将水分蒸发的，是利用导热面散发的热量与物料进行热交换实现干燥的，这种干燥方法的生产能力主要由换热面积和温度差决定，而温度差由热风温度和物料温度决定。传导干燥温度低（150℃以下），耗热 660kcal[❶]/kg 水，用汽量 3kg/kg 水，尾气粉尘含量 400 mg/kg，设备寿命长。

管束干燥机干燥原理见图 4-34，传导干燥原理见图 4-35。

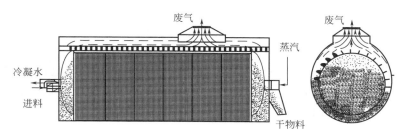

图 4-34　管束干燥机干燥原理

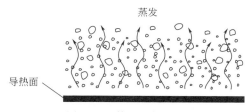

图 4-35　传导干燥原理

管束干燥机使用的热源为饱和蒸汽，热源压力 0.4～0.8MPa，温度范围 142.92～169.61℃。管束干燥机的热效率 60%～80%，随热风温度的提高而提高，与进风量和排风量有关。衡量管束干燥机生产能力的主要参数是蒸发强度，是单位时间和面积水分蒸发能力，即管束干燥机在单位时间内 1m² 的加热面积可以蒸发的水量。管束干燥机蒸发强度 1.5～5.8kg/(m²·h)，它与物料有效接触率有关，与冷凝水排出有关，还随物料的性质而变化，原则上温度愈高蒸发强度愈高。物料颗粒大蒸发强度小，颗粒含不易蒸发的成分多（如脂肪等）蒸发强度小。不同物料的蒸发强度是不同的，胚芽蒸发强度 2.5～3.6kg/(m²·h)，蛋白粉蒸发强度 4.5～4.7kg/(m²·h)，纤维蒸发强度 4.5～4.8kg/(m²·h)，如果

----

❶ 1kcal＝4.1840kJ。

纤维中加入玉米浆蒸发强度增大。管束干燥机的蒸发强度受进料、进风和出料系统密封程度的影响很大，进料口进风过大或过小、观察口打开或不密闭都影响其效果和蒸汽消耗量。

管束干燥机面积传热系数 20.3W/(m² · h · K)，蒸发 1kg 水需要 1.25～1.8kg 蒸汽。管束干燥机芯子的圆周速度 0.7～1.3m/s，转速 5～12r/min。管束干燥机物料的填充率较大，为 35%～45%。物料干燥时间 15～30min，根据物料含水率和干燥程度来调节物料在干燥机内的停留时间。管束干燥机干燥的湿物料含水率范围 20%～45%。用于干燥胚芽、蛋白粉和纤维的技术参数如下。

干燥胚芽：进料含水 56%，出料含水 4%～8%，物料停留时间 30～39min，蒸发强度 3.0～3.99kg/(m² · h)。胚芽进入时干燥机内温度 90～120℃，出料温度 90～95℃，最大允许工作温度 200℃。进料调整到最佳运行状态时间 25min。噪声（距设备 1m 范围内）≤78dB(A)。

干燥蛋白粉：进料最大含水 45%，出料含水 8%～10%，返料量 22%，蒸发强度 4.7～5.36kg/(m² · h)。麸质进入时干燥机内温度 100℃，出料温度 90～100℃，最大允许工作温度 200℃。噪声（距设备 1m 范围内）≤70dB(A)，加上其他设备噪声＜80dB(A)。

干燥纤维：进料最大含水 45%，出料含水 8%～10%，返料量 22%，蒸发强度 4.7～5.25kg/(m² · h)。纤维进入时干燥机内温度 100℃，出料温度 90～100℃，最大允许工作温度 200℃。噪声（距设备 1m 范围内）≤70dB(A)，加上其他设备噪声≤76dB(A)。

（2）管束干燥机结构和技术参数　管束干燥机主要结构有机座、外壳、管束芯子、进料螺旋、出料盒、传动系统和蒸汽系统。①机座：是安装外壳、固定管束芯子和传动系统等部件的基础结构。②外壳：是保护物料和管束等部件的结构，是一个圆柱体卧式结构，外壳分上壳体和下壳体两部分。在偏于进料端的上壳体上面开有一个排气口，用于排去干燥产生的废气。在上壳体上的一个侧面开有很多入孔，用于观察物料和维修使用。在上壳体的两端侧面上部各开有一个百叶窗，用于通风和观察物料。在下壳体的出料端下部开有一个排料口，用于出料。在下壳体一个侧面的下部开几个方孔，用于故障排料和维修使用。上壳体厚度在 3mm 以上，下壳体厚度在 5mm 以上。③管束芯子：是由两端的两个封头和很多根加热管组成的热交换部件，是管束的核心，是安装在外壳内转动的部件。两端的两个封头中心内外由空心传动轴定位，在封头内的轴开有对列的四排多个孔，在封头外面是安装轴承的位置。传动轴是锻件空心轴，传动轴外分别连接旋转接头和蒸汽金属软管。传动端是主传动轴，主传动轴上安装大齿圈。蒸汽从被动端传动轴心进入封头后分布进入换热管，换热管将蒸汽的热散发出去，然后逐渐冷凝流向另一端的封头，然后由主传动轴端的封头轴心出来。封头由半圆形封头和端面管板组成，之间可以焊接，也可以使用螺栓固定，封头使用16MnR。进汽端的封头内设计有多头筋板将封头分成多个蒸汽室，在出汽端的封头内也设计有多块筋板，同时设计多个盛水盒，在管束芯子由底部旋转到中部时，盛水盒内的冷凝水随着芯子的转动倒进轴孔而由轴心排出。在半圆形封头上安装有 2～4 个椭圆形入孔，用于检修时使用。加热管一般使用 $\phi51mm\times(3\sim3.5)mm$ 锅炉管，由于加热管很长，需要将两个封头中间的加热管安装几个支撑加强筋板，支撑加强筋板间的距离与封头板的距离为 2m 左右。在管束芯子外圆圆周顺着加热管的方向均匀分布有多根料铲安装角钢，在料铲安装角钢上固定有三种形式的料铲。料铲是将物料搅拌和输送的部件，料铲有平料铲、输送料铲和卸料料铲。平料铲是主要、大量使用的，是平行安装的。输送料铲是 40° 左右安装的料铲，各根料铲安装角钢上的输送料铲是错开安装的。输送料铲的安装数量是根据干燥的物料特性（水分）确定的，安装数量决定着物料输送速度。卸料料铲比较大（高），是倾斜安装在出料端的料铲安装角钢上。料铲使物料翻动和向前运动，料铲的安装有一个安装图，安装图规定了每一个料铲安装角钢上三种形式料铲的安装布置，还有用于不同物料干燥时三种形式料铲的调整形式。④进料螺旋：干燥胚芽时可以在上面落料进入管束干燥机而不使用进料螺旋，纤维饲料和蛋白粉需要使用进料螺旋。进料螺旋有横向安装在管束干燥机的进料端下外壳处和顺向安装在管束干燥机的进料端下端板处，横向安装在管束干燥机的进料端下外壳处方便返料设备的安装。⑤出料盒：是一个方形口外安装一个方形管，夹装一块挡料板调节出料量，安装一个取样器。⑥传动系统：是使管束芯子转动的动力系统，带动管束芯子转动，由减速机、大齿圈、小齿圈、阻尼器、皮带、电机等组成。减速机是将电机输出的转速减低的设备。大齿圈和小齿圈也是减速的部件，同时还具有减抗阻的作用。大齿圈和小齿圈铸钢高频渗碳淬火处理。在电机的皮带轮外侧安装阻尼器，阻尼器是管束干燥机传动系统上一个十分重要的设备，采用液力偶合器。管束干燥机传动方式：电机→皮带→减速机→小齿圈→大齿圈→主传动轴。规格比较小的管束干燥机（250m² 以下）有使用链轮传动的。⑦蒸汽系统：是管束干燥机的蒸汽供给系统和冷凝水回收系统。配置有：压力表、温度计、安全阀、蒸汽调节阀、金属软管、旋转接头、排出阀和输水器。

管束干燥机配套的设备有：引风机、旋风分离器、进料螺旋、返料螺旋、出料螺旋等。引风机是将管束干燥机产生的废气引出的设备，可以提高管束干燥机的生产能力，使用具有集水盒结构的引风机。旋风分离器是回收废气中的干物质的设备，进料位置与管束干燥机距离较远时需要进料螺旋。返料螺旋是将管束干燥机出来的干燥物料返回到管束干燥机的设备，同时具有混合均匀物料的作用。出料螺旋是将管束干燥机出来的干燥物输送走的设备。管束干燥机结构见图4-36。

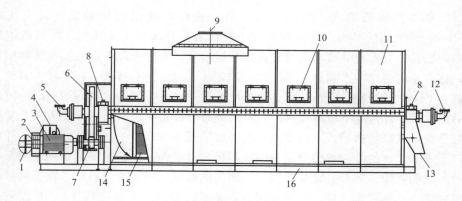

图 4-36   管束干燥机结构

1—阻尼器；2—皮带；3—电机；4—减速机；5—旋转接头；6—大齿圈；7—小齿圈；
8—轴承座；9—排风口；10—观察门；11—上壳体；12—旋转接头；13—出料口；
14—封头；15—管束芯子；16—机座

在玉米淀粉生产使用中，管束干燥机要根据干燥的物料颗粒大小、料体积质量、空隙率、物料表面积、物料散热性能、进料水分、物料在管束干燥机内的覆盖率、物料扬升后密度等参数来选用，还要考虑物料在管束干燥机内的干燥强度、单位水分蒸发量等参数来选择使用。胚芽、蛋白粉和纤维的干燥特性有一些是相近的，有一些是不同的，其干燥强度不相同，选用的干燥面积也不相同。如：胚芽颗粒大，体积质量中等，物料表面积小，物料散热性能不好，体积质量较大，空隙率大，在机内覆盖率不大，扬升后密度小，干燥强度小。蛋白粉颗粒小，体积质量大，物料表面积较大，物料散热性能好，体积质量大，空隙率小，在机内覆盖率小，扬升后密度大，干燥强度大。纤维颗粒扁平，体积质量小，物料表面积大，物料散热性能好，体积质量小，空隙率大，在机内覆盖率大，扬升后密度小，干燥强度大。同时还要充分考虑管束干燥机的结构、性能、质量、配套的引风、返料等系统的复杂程度等因素。

根据理论计算和综合各种因素，使用管束干燥机时用于干燥胚芽按 1 万吨/年产量用 55m² 选用管束干燥机的面积，用于干燥蛋白粉按 1 万吨/年产量用 45m² 选用管束干燥机的面积，用于干燥纤维按 1 万吨/年产量用 100m² 选用管束干燥机的面积，加玉米浆按 1 万吨/年产量用 25m² 选用管束干燥机的面积。各种规模玉米淀粉生产管束干燥机选型面积见表 4-18。

4.5.2   气流干燥

淀粉气流干燥器是一个将淀粉颗粒内部和外部的水分蒸发后分离而使淀粉干燥的设备，是一个由加热、喂料、干燥、分离和输送等设备组成的系统。典型的

表 4-18　各种规模玉米淀粉生产管束干燥机选型面积　　　　　m²

规模/万吨	胚芽管束干燥机	蛋白粉管束干燥机	纤维管束干燥机	
			不加玉米浆	加玉米浆
6	350	300	600	150
10	550	450	1000	250
12	660	550	1200	300
15	830	680	1500	370
20	1100	900	2000	500
30	1660	1350	3000	750
40	2200	1800	4000	1000
50	2700	2200	5000	1200

淀粉气流干燥器为长管式气流干燥器，干燥管长一般在 18～30m，由直管、弯管和变径管等组成，物料及热空气在干燥管的下端进入，干燥后的物料则由干燥管的上端进入旋风分离器，旋风分离器将物料与潮气分离。在气流干燥过程中热空气的上升流速大于物料颗粒的自由沉降速度，空气在气流干燥中既是干燥介质，又是固体物料的输送介质。气流干燥器是对湿物料进行干燥的设备，属于一种对流干燥器。

气流干燥也称瞬间干燥，是加热介质（空气）与被干燥的固体物料直接接触的过程，是利用高速流动的热气流使湿淀粉悬浮于气流中，在气流流动过程中进行干燥；是加热介质以对流传热方式将热量传给物料，使物料中的大部分水分汽化，从而获得干燥的固体产品；是使热空气与被干燥物料直接接触，对流传热传质，并使被干燥物料均匀地悬浮于流体中，因而两相接触面积大，强化了传热与传质过程。气流干燥是固体流态化中稀相输送在干燥方面的应用。气流干燥具有空室结构、紧凑、流量大、生产能力大、操作连续方便。在气流干燥系统中，喂料、干燥、分离、排气、输送等单元过程可以联合操作，易于自动控制。热气流和固体直接接触，热量以对流传热方式由热气流传给湿固体，产生的水汽由气流带走。湿物料在干燥管内与高速流动的热空气激烈迅猛地混合、冲撞，湿淀粉被急骤分散成细粉状，瞬间被热空气包裹而进行干燥。气固两相间传热传质的表面积大，普通直管气流干燥器的体积传热系数 2300～7000W/(m³·K)，气固两相接触时间短，适用于热敏性和低熔点物料的干燥。干燥速率快、干燥时间短，只要数秒钟（一般为 5s 左右），干燥物料性质不发生变化，可实现自动化连续生产。适应性广，最大粒度可达 10mm 散粒状物料，含水量为 10%～40%。气体流速较高，颗粒有一定磨损，因此对晶体形状有一定要求的物料不宜采用。对管壁黏附性很强的物料，以及需要干燥到临界湿含量的物料，也不宜采用此种干燥方法。气流干燥器的附属设备较大，操作气速高。气流干燥不适于黏附性很强的物料，如精制的葡萄糖等。气流干燥器中被干燥的物料处于高度分散状态，分散地悬浮在气流中，气固两相接触面积大大增加，物料全部表面积都参与传热和传质，有效传热、传质面积大，容积传热系数高，最高可达 1000kcal/(m³·h·℃)，对含非结合水分的物料，容积传热系数达 1000~3000kcal/(m³·h·℃)。气流干燥器的热损失在 5% 左右，热效率较高。在较高的气流速度（20~40m/s）作用下，气固两相的相对速度较高，体积传热系数大，热效率高，干燥强度大。在高温下辐射传热是主要的传热方式，可以达到很高的热效率，在热空气温度 170℃ 以上、尾气排出温度 60~100℃ 时热效率 60%~75%。气流干燥操作气速大，对分散性良好的物料取操作气速 20~40m/s，物料排出气流干燥器的温度接近于空气的湿球温度，60~70℃。气流干燥的流动阻力降较大，一般为 2500~4500Pa，需要选用高压或中压离心式通风机，动力消耗较大，需要选用尺寸大的旋风分离器和除尘器。气流干燥对于干燥载荷很敏感，物料输送量过大时气流干燥不能正常操作。气流的湿度对干燥速率和产品的最终含水量有影响，产品含水量低时汽化水分的能耗较高，宜在接近常压条件下操作。

4.5.2.1　气流干燥分类

气流干燥的分类方法很多，通常是按照干燥管的形状、长度、风机安装位置和干燥级数分类。

按照干燥管的形状可以将气流干燥分为直管气流干燥、脉冲管气流干燥等类型。直管气流干燥的整个干燥管直径相同。脉冲管气流干燥是在干燥管的中间增加 1~2 段直径大于干燥管的缓冲管，交替缩小和扩大的管径使颗粒运动交替加速或减速，造成空气和颗粒的相对速度及传热面积变化，使气流和颗粒做不等速流动，气流和颗粒间的相对速度与传热面积都较大，强化传热传质速率，在扩大管中气流速度大大下降，相应地增加了干燥时间。脉冲管适用于黏性不大或无黏性的滤饼装物料的干燥。

按照干燥管的长度可以将气流干燥分为长管气流干燥器（10m 以上）、短管气流干燥器（4m）等。

在气流干燥过程中空气是靠风机来输送，风机可以安装在气流系统的前部，也可装在尾部或中部。按照风机安装的位置可以将气流干燥分为：正压气流干燥（风机安装在气流系统前部，即安装在干燥管的前面，使用风机同时直接吸入物料和热风，然后由风机的叶轮抛入干燥管中，废气由旋风分离器排出）；负压气流干燥（风机安装在气流系统尾部，即安装在旋风分离器的后面，使用抛料器将湿物料由叶轮抛入干燥管中，而热风由旋风分离器后面的风机吸入，湿物料进入干燥管中与热风混合，废气由旋风分离器吸出后进入风机，然后由风机排出）。

正压气流干燥排出的尾气中干物料比负压气流干燥排出的尾气中干物料多，干燥后物料的性质有很小的差别。

正压气流干燥有：一级正压气流干燥，二级正压气流干燥。负压气流干燥有：一级负压气流干燥，二级负压气流干燥。实际上二级负压气流干燥是由一级负压气流干燥和一级负压气流冷却（输送）器组成。

按照使用干燥管和旋风分离器的组成可以将气流干燥分为：一级气流干燥系统，使用一组热源、一支干燥管、一组旋风分离器、一台风机；二级气流干燥系统，使用一（二）组热源、二支干燥管、二组旋风分离器、二台风机。

各种气流干燥见图 4-37。

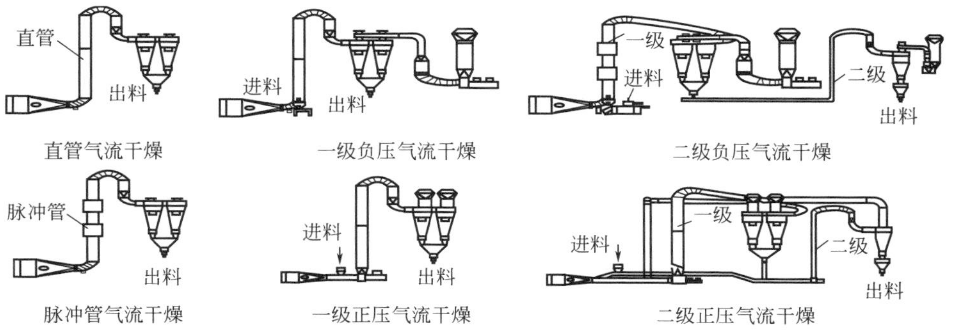

图 4-37　各种气流干燥

4.5.2.2　气流干燥原理

气流干燥是将热能以对流的方式传给与其直接接触的湿物料，是对流干燥（直接加热干燥）。干燥是热空气与湿物质和水的传热和传质过程，在干燥进行时首先进行的是传热，当物料的温度与空气的温度平衡时，热空气经过湿物料，热量传递到湿物料颗粒的表面，传热过程结束。然后进行传质过程，物料颗粒表面的水分被汽化和带走，物料颗粒表面与内部出现水分浓度差，颗粒内部的水分扩散到表面。干燥过程推动力是物料表面水分压＞热空气中的水分压。在一定温度下含水的湿物料都有一定的蒸汽压，当此蒸汽压大于周围气体中的水汽分压时湿物料中的水分被汽化。汽化需要的热量由其他热源通过各种形式提供，或来自周围热气体。含水物料的蒸汽压与水分在物料中存在的方式有关。

湿物料的干燥过程分为恒速干燥和降速干燥两个阶段，分界点的物料含水量称临界含水量（x_c），x_c 取决于物料的性质和结构，与气速、温度和湿度以及干燥器的类型有关。在恒速干燥阶段物料的含水量大于临界含水量，物料表面布满非结合水。如果热量的供应来自热气，则物料的表面温度等于气体的湿球温度。恒速干燥阶段的干燥速率与物料的性质和含水量无关，取决于干燥系统的结构、气体的流速和性质，汽化的水分全部为非结合水。在降速干燥阶段物料的含水量低于临界含水量，干燥速率的变化规律与物料的性质和结构（特别是水分存在方式）有关，水分在物料颗粒内部的扩散起重要作用。减少物料粒度能够有效地提高干燥速率。降速干燥阶段汽化除去的水分包括剩余的非结合水和部分结合水，物料的温度在干燥过程中逐渐升高。干燥速率曲线如图 4-38 所示。

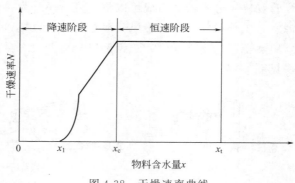

图 4-38　干燥速率曲线

在气流干燥过程中，物料颗粒在气流中的运动分为加速运动阶段和等速运动阶段。在加速运动阶段中颗粒受到的曳力与浮力之和大于重力，具有向上的加速度，因此颗粒与气流的相对运动速度是一个变量。随颗粒运动速度增大，曳力逐渐减小，直至 3 个力的矢量和为零，颗粒进入等速运动阶段，此时气流与颗粒间的相对速度为一常数。颗粒与气流的相对运动情况对颗粒与气流之间的传热速率影响较大，在初始干燥阶段，颗粒刚进入干燥管时上升速度为零，与具有较高速度的热气流相遇，获得向上的速度，此时两相间的对流传热系数很大，物料颗粒不断加速上升，进入加速运动干燥阶段，固体颗粒在加速阶段所获得的热量占整个干燥阶段获得热量的一半以上。在干燥后期，当固体物料的上升速度接近至达到气流速度时对流传热系数大大减小，干燥效率降低。在干燥过程中不断改变气固两相的相对速度，增加颗粒周围边界层处的湍流强度，尽可能扩大气固两相的接触面积，增加两相的接触时间。

气流干燥器是以大气加热作干燥介质的，进入加热器前的气体温度即为当时当地的环境气温，大气的温度高和湿度低，有利于干燥，而夏季雨天潮湿、空气湿度很大，不利于气流干燥器能力的发挥，影响产量。由于我国各地一年四季的温度、湿度变化很大，当季节变化时空气的温度和湿度也发生变化，影响气流干燥器的生产量，将气流干燥器的进风口设在室内，取室内的空气作为进风，这样可以很好地减少因为空气因素影响气流干燥器的生产能力。气流干燥后段是降速干燥阶段，要求产品含水率低，干燥难度就大，需要干燥时间越长，热效率也越低，因此也影响产量。热风温度是干燥中最敏感的一个条件。热风温度越高所含热能越多，同时热风的相对湿度也越低，吸收水分、携带水分的能力也越强，有利干燥，干燥热效率很高。淀粉气流干燥的热风温度高达 170℃，出风温度一般均在 50℃ 以下。

淀粉的干燥过程是水变为蒸汽后扩散到空间的过程，一方面淀粉颗粒表面的水分首先汽化，另一方面淀粉颗粒内部的水分扩散到颗粒表面后汽化，水分被汽化后成为湿气，在混合气体的蒸汽分压低于该温度下液体的饱和蒸汽压时产生的湿气还是气体状态，湿气随着气体而排出，淀粉气流干燥就是利用这一原理进行的。为充分利用气流干燥中颗粒加速运动段具有很高的传热和传质作用以强化干燥过程，可采用变径气流管，即"脉冲"。加入的物料颗粒首先进入管径小的干燥管内，气流以较高速度流过使颗粒产生加速运动。高速气流遇到管道截面突然扩大，速度突然减慢，与后面继续冲入的高速气流不停碰撞、摩擦，被干燥的物料颗粒在低速下沉降强化了干燥过程。干燥管径突然扩大，由于颗粒运动的惯性，使该段内颗粒速度大于气流速度。颗粒在运动过程中由于气流阻力而不断减速，直至减速终了时，干燥管径再突然缩小，颗粒又被加速。重复交替地使管径缩小与扩大使颗粒的运动速度在加速后又减速，无恒速运动，气流与颗粒间的相对速度与传热面积均较大，强化了传热传质速率。在扩大段气流速度下降也相应地增加了干燥时间。

湿淀粉气流干燥过程分为四个阶段。第一阶段为吸热，这个阶段是湿淀粉吸收热量，湿淀粉和其中的水被热空气加热，而热空气被湿淀粉和其中的水冷却。第二阶段为汽化，经过热交换阶段加热后的水分随着温度的继续升高，当温度达到一定值时水分被汽化，随着水分的汽化空间的湿度在增加。影响汽化速度的因素主要是热蒸汽流动速度和水含量，热蒸汽流动速度快汽化速度也快，水分含量高汽化速度快。第三阶段为扩散，由于淀粉颗粒表面水分的汽化，使淀粉颗粒内部与表面产生了温度差、湿度差和压力差，淀粉颗粒内部的温度低、湿度小、压力小，因而淀粉颗粒内部的水分便迅速扩散出来到颗粒表面，然后被汽化。第四阶段为分离，汽化后的水分还是气体，在引力的作用下使用旋风分离器使其与淀粉颗粒分离。气流干燥原理见图 4-39。

湿淀粉经抛料器连续加入干燥管的下部，然后被高速热气流分散和输送，在气固并流的流动过程中进行热量传递和质量传递，使物料得以干燥。干燥的淀粉随气流进入旋风分离器，分离后由其下部的出料口排出，废气由其上部的出风口排出。淀粉刚进入干燥管时上升速度为零，此时气体与淀粉颗粒之间的相对速度最大，淀粉颗粒密集度也最高，故体积传热系数最高。干燥管入口段是整个气流干燥中最有效的区段，在干燥管高度为 1～3m 处热气传给湿淀粉的热量可达总传热量 1/2～3/4。在这以上淀粉颗粒与气流之间的相对速度等于颗粒的沉降速度，传热系数不很大。

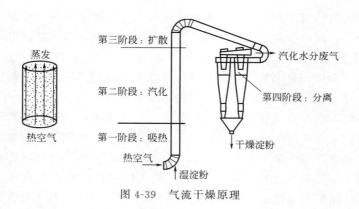

图 4-39 气流干燥原理

4.5.2.3 淀粉气流干燥系统组成

气流干燥系统的生产能力范围很大，小到每小时几百千克，大到每小时几十吨。气流干燥系统的组成设备有：储料器、抛料器、干燥管、抛料弯头、旋风分离器、旋转卸料阀、引风机、换热器、空气过滤器、蒸汽系统等。辅助设备有：螺旋输送机、出料螺旋、集料斗等。

储料器是暂时储存并混合湿淀粉的容器，能均匀地供给抛料器湿淀粉。抛料器是将湿淀粉抛入干燥管中的动力设备。干燥管是将湿淀粉中的水分蒸发出去的部件。旋风分离器是将干燥的淀粉和水蒸气分离的部件。旋转卸料阀是封闭旋风分离器出料口的设备。引风机是产生风的动力设备，是将热空气由空气过滤器、空气加热器、干燥管和旋风分离器中吸引出来或输送出去的设备。风管是输送风的管道，在引风机的前面是引风管，在引风机的后面是排风管。连接多台旋风分离器的出风管是两排长方形管或方形管，并且在对应的旋风分离器出风口上面开设等径的防爆口，防爆口的作用是当干燥系统内压过大时卸爆，保护系统的设备和现场安全。将两排出风管连接在一起的是一个长方形管或方形管，这个管变形后连接进入引风管。换热器是将蒸汽的热量散发出来的金属设备，采用螺旋翅片式散热器。空气过滤器是过滤进入干燥系统内空气中的颗粒杂质、水等的部件，是净化空气、保证淀粉在干燥阶段不受外来因素影响质量的部件，气流干燥使用的是干净的空气。空气过滤器安装在加热器的前面，过滤布是无纺布，使用角钢或槽钢作支撑架。材质是耐高温的纤维。蒸汽系统是供给散热器加热源的系统，包括蒸汽管道、压力表、安全阀、温度表、疏水阀等。

淀粉气流干燥器外形图见图 4-40。

（1）储料器 储料器也称储料箱（斗），是储存湿淀粉并将其输送加入抛料器中的设备，储料器主要是由上部的储料箱和下部的螺旋输送机组成。储料箱的形状有圆柱体和长方形锥体等形式，圆柱体的储料箱安装立式搅拌，长方形锥体

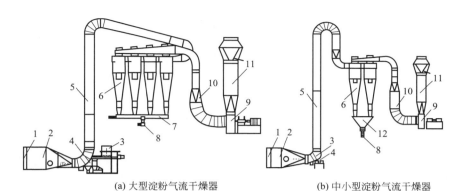

图 4-40 淀粉气流干燥器外形图

1—空气过滤器；2—散热器；3—储料器；4—抛料器；5—干燥管；6—旋风分离器；

7—出料螺旋；8—卸料阀；9—引风机；10—引风管；11—排风管；12—料斗

的储料箱在下部横向安装搅拌，小规模的长方形锥体储料箱搅拌可以由下面的螺旋输送机电机带动，大规模的长方形锥体储料箱搅拌需要单独配置搅拌电机。圆柱体的储料箱多用于变性淀粉干燥时使用。进入储料箱中的湿淀粉由搅拌电机不停地搅拌，保证其不结块和蓬松，供下面的螺旋输送机输送。在储料箱中的湿淀粉要达到一定的储量，以保证进入下面的螺旋输送机是全部的湿淀粉而不能进入空气。在储料箱中湿淀粉既能实现搅拌混合的作用，又能密封螺旋输送机不进入空气。螺旋输送机将湿淀粉定量、均匀喂入抛料器中，同时还具有搅拌、混合湿淀粉的作用，还具有使用湿淀粉密封抛料器、防止空气进入抛料器的作用。螺旋输送机向抛料器加料有两种方式：一种是在螺旋输送机的出料端头出料，这种方式是在抛料器中心进料时采用；另一种是在螺旋输送机的出料端的下部出料，这种方式是在抛料器上面进料时采用。为了调节生产量和系统关系，这台螺旋输送机需要使用变频调速电机。储料器是气流干燥系统的重要设备，其性能影响干燥系统产量和淀粉产量。储料器结构图见图 4-41。

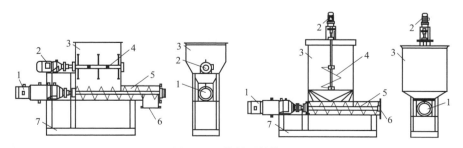

图 4-41 储料器结构图

1—变频调速电机；2—搅拌电机；3—储料箱；4—搅拌；5—螺旋输送机；6—出料口；7—基架

（2）抛料器　抛料器也称扬升器，是将湿淀粉打散后抛入干燥管内的设备，使打散后的湿淀粉借助负压的热风快速均匀混合进入干燥管。

抛料器结构有机壳、叶轮、进料口、排出口、传动系统和底座等。①机壳：是包围叶轮和输送介质的部件，呈圆形。②叶轮：是将吸入的湿淀粉从排风口排出的部件，叶轮上叶片的形式有直板和弧形，直板是倾斜10°～20°安装的。叶轮由机轴和轮毂固定连接。③进料口：是吸入湿淀粉的口，抛料器的进料口有两种进料形式。一种是中间进料型。从叶轮的中间进料，进料口呈圆形，湿淀粉是从叶轮的一侧中心送入，然后被叶轮的叶片带动旋转90°左右抛出，湿淀粉的进入与抛出呈90°关系。另一种是切向进料型。从叶轮的上面进料，在出料口的另一端，进料口呈方形，湿淀粉是从叶轮的压入端落入，然后被叶轮的叶片带动旋转280°左右抛出，湿淀粉的进入与抛出在一个平面，进料口与排出口呈V形。这种形式的抛料湿淀粉被叶轮输送的距离长，物料获得的动能大。④排出口：是将增加了动能的湿淀粉抛入干燥管的口，一般是方形，面积小于进料口。⑤传动系统：是将电机的动能传递给叶轮的系统，带动叶轮旋转，包括机轴、电机和皮带轮等。⑥底座：是固定机壳和传动系统的部件。抛料器是气流干燥系统的重要设备，其性能和转速影响淀粉产量和细度。抛料器结构图见图4-42。

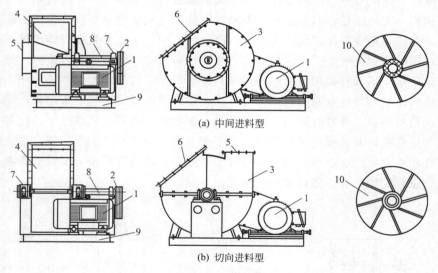

(a) 中间进料型

(b) 切向进料型

图 4-42　抛料器结构图

1—电机；2—三角皮带；3—壳体；4—叶轮；5—进料口；6—出料口；
7—轴承和轴承座；8—传动轴；9—基架；10—叶轮形式

（3）干燥管　干燥管是使湿淀粉与热空气混合，并使湿淀粉在快速流动的过程中干燥的容器，是湿淀粉水分汽化、蒸发的空间，是淀粉干燥的技术部件。在干燥管中，淀粉颗粒内部和外部的水分在干燥的热风作用下吸热后蒸发出来，然后汽化变为潮气。干燥管采用圆形，还有方形变径和不同直径交替的脉冲管。在脉冲管中颗粒不断地加速减速，强化传热传质效率。在与旋风分离器连接的部位是分支形的长方形管或方形管，分支管与旋风分离器的进风口连接。在干燥管内物料在上升的气流中达到热气流与颗粒间相对速度等于颗粒在气流中沉降速度，使颗粒进入恒速运动状态。在干燥管的进风上弯头安装抛料器的位置下部开有一个排料口，这个排料口的作用是在干燥系统停车时清理积存下来的淀粉。

（4）抛料弯头　在干燥管的下部与热风管连接的部位是抛料弯头，这个部件是湿物料与热空气接触混合的部位，是抛料器与热风管、干燥管连接的部位。抛料器抛入湿物料的方向在抛料弯头与干燥管的中心，热风进入方向与干燥管的方向为 90°，即热风横向进入后转向 90°进入干燥管，这样热风与湿物料是 90°接触。在抛料弯头的底部位置需要设置一个排料口，当物料下落时可以从这个排料口排出。

（5）旋风分离器　气流干燥使用的旋风分离器是一种机械分离器中的离心分离器，使用外旋型离心分离器。旋风分离器是利用旋转气流产生的离心力使尘粒从气流中分离的容器设备，用于气体非均相混合物分离，属于离心沉降分离设备。在玉米淀粉生产过程中用于分离干燥的淀粉和风。当含淀粉的气流由切线进口进入分离器后，气流在分离器内做旋转运动，气流中的淀粉颗粒在离心力作用下向外壁移动，到达壁面，并在气流和重力作用下沿壁落入下部达到分离的目的。

① 旋风分离器工作原理：进入旋风分离器的气流可分为四种运动。a. 外涡旋：沿外壁由上向下做螺旋形旋转运动的气流，含淀粉气流由进口沿切线方向进入分离器后沿器壁由上而下做螺旋形旋转运动，气流中的颗粒得到了很大的离心力而到达外壁，外壁内部是大量的淀粉颗粒，这股旋转向下的气流就是外涡旋。b. 内涡旋：沿中心向上旋转运动的气流，旋转下降的外涡旋沿锥体向下运动时随着圆锥的收缩而向分离器中心靠拢，这股向上旋转的气流就是内涡旋。外涡旋和内涡旋的旋转方向相同。c. 上涡旋：在旋风分离器顶盖、排气管外面与筒体内壁之间形成的局部涡流，它可降低除尘效率。气流从分离器顶部向下高速旋转时顶部压力下降，一部分气流会带着细小淀粉颗粒沿外壁面旋转向上，到达顶部后再沿排出管旋转向下，最后从排出管排出，这股旋转向上的气流就是上涡旋，是大量的气体。如果除尘器进口和顶盖之间保持一定距离，没有进口气流干扰，上涡旋表现比较明显。d. 下涡旋：在除尘器纵向、外层及底部形成的局部涡流。含淀粉气流做旋转运动时淀粉颗粒在离心力作用下被甩向筒壁失去能量沿壁下滑，并与气流逐渐分离，在气流和重力共同作用下沿壁面下落在外圆筒壁下部形成淀粉颗粒浓集区，经圆锥体下排出口排出。

　　② 旋风分离器结构和性能指标：旋风分离器结构由圆筒体、圆锥体和排气管（内筒）组成，是圆柱体和圆锥体组合件。圆筒体上部是进风口，圆筒体上部中心是排气管，圆锥体下部是出料口。进风口是长方形管或方形管，排气口和下料口是圆形管。旋风分离器是依靠惯性离心力实现分离的离心沉降操作，设备没有运动部件，操作不受温度和压力限制。旋风分离器分离因数为 5～2500，一般可分离 5～75μm 细小尘粒。旋风分离器相对尺寸对压力损失影响较大，分离器结构型式相同时几何相似放大或缩小，压力损失基本不变。旋风分离器生产运行中可以接受的压力损失小于 2kPa。

　　旋风分离器是采用离心分离的方法将气流中的物料与风分离开来，是从气流中分离固体。旋风分离器由于分离的气体密度较小，而单个旋风分离器的体积较小，所以一般是单个或多个旋风分离器并联使用。旋风分离器是利用旋转气流产生的离心力使物料从气流中分离的装置。工作时气流沿外壁由上向下旋转运动（外涡旋），少量气体沿径向运动到中心区域，旋转气流在锥体底部转而向上沿轴心旋转（内涡旋）。气流运动包括切向、轴向和径向，即切向速度、轴向速度和径向速度。切向速度决定气流中物料离心力大小，颗粒在离心力作用下逐渐移向外壁，到达外壁的物料在气流和重力共同作用下在筒壁内由上向下运动，到达出口后排出。气流从分离器顶部向下高速旋转时，一部分气流带着细小的物料沿筒壁旋转向上，到达顶部后再沿排出管外壁旋转向下，最后从排出管排出。

　　影响旋风分离器效率因素：在较小粒径区间内应逸出的颗粒由于聚集或被较大颗粒撞向壁面而脱离气流获得捕集，实际效率高于理论效率。在较大粒径区间，颗粒被反弹回气流或沉积的颗粒被重新吹起，实际效率低于理论效率。在相同切向速度下，旋风分离器筒体直径愈小，离心力愈大，分离效率愈高，分离效果愈好；筒体直径过小，颗粒容易逃逸，效率下降。锥体适当加长，对提高除尘效率有利。

　　旋风分离器的规格与需要处理的风量相适应，处理风量不能无限增多，当一台旋风分离器的处理风量不能达到生产要求时，需要使用多台旋风分离器组成旋风分离器组。组成旋风分离器组的台数是偶数，即 2、4、6、8 等。旋风分离器分离原理见图 4-43，淀粉干燥用旋风分离器结构见图 4-44。

　　同一台旋风分离器，处理风量愈大，即入口风速愈高，产生的离心力愈大，分离效果愈好。入口风速高使旋风分离器的空气阻力增大，选择适当的规格和适当的空气阻力是保证旋风分离器效率的主要参数。为了提高处理风量的能力，可将同规格的旋风分离器 2、4、6、8 个等并联起来使用。使用的旋风分离器规格可以小一些，旋风分离器可以多一些。旋风分离器并联使用时处理的风量为各个旋风分离器风量之和，阻力则为单个旋风分离器在处理它所承担的那部分风量时的阻力。旋风分离器排出口需要安装卸料阀，排出口的严密程度是保证分离效率

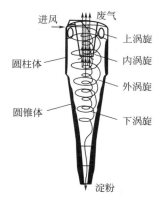

图 4-43　旋风分离器分离原理

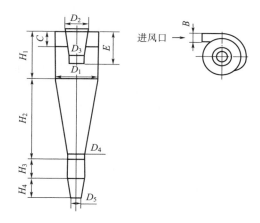

图 4-44　淀粉干燥用旋风分离器结构

D_1—圆柱体直径；D_2—出风管出风口直径；D_3—出风管进风口直径；

D_4—圆锥体出料口直径；D_5—出料圆柱体出料口直径；H_1—圆柱体长度；

H_2—圆锥体长度；H_3—出料圆柱体长度；H_4—出料圆锥体长度；

B—进风口宽度；C—进风口长度；E—出风管长度

的重要因素，其严密性由卸料阀（关风器）控制，卸料阀的处理量一般是卸料量的 2～4 倍。

　　风帽是旋风分离器排风管或风机排风管上面的部件，作用是防止空中的雨、雪、灰尘等物质进入旋风分离器或风机内。风帽结构有两种，一种是伞形，另一种是凹形。伞形风帽的废气由下向上顺向到达伞形风帽内时，废气需要折反 90° 转为横向排出。伞形风帽的内部需要反向安置一个小的伞形风帽，这样可以将进入的废气方向由 0° 逐渐折反 90°，减少产生的噪声或震动。凹形风帽的废气由下向上顺向到达凹形风帽内时，废气需要折反 30° 排出，避免产生噪声或震动。凹形风帽的上部是一个凹形帽，空中的雨、雪、灰尘等物质只能落在凹形风帽的上面而不能落入风帽内，落入凹形帽的物质由引出管引流到外面排出。

（6）旋转卸料阀　旋转卸料阀也称关风器、闭风器、锁气阀、星形卸料阀等，简称卸料阀。是用于旋风分离器和在气力输送装置的关风和卸料使用，是利用旋转的叶轮形成的封闭空间（室）来排卸物料，并能减少漏气、阻挡外界空气进入系统内，属于叶轮式。

卸料阀结构：卸料阀主要结构有壳体、转动轴、叶轮、传动机构等。壳体是封闭物料和固定转动轴、叶轮、传动机构的主体部件。壳体的对面（或上下）是进口和出口，进出口有圆柱形和喇叭口形，进口采用圆口（法兰）连接，出口采用圆形或方形连接形式，有的在进料口安装有透明玻璃管用于观察物料。转动轴是连接传动系统和焊接叶轮的部件。叶轮是封闭物料的技术部件，闭式，焊接在转动轴上，有 6 个以上的格室。叶轮和壳体间配合比较紧密，具有一定程度的气密性，有"—"、"V"、"U"形等形式。传动机构是将电机的动能传递给叶轮的系统，带动转动轴和叶轮旋转，包括电机、减速机联轴器等，小型旋转卸料阀是直连式，大型旋转卸料阀使用三角传动皮带或链条传动。卸料阀可以用来供料和卸料，还可以用来计量和配料，在中低压压送式系统中则被用作供料器。结构紧凑，体积较小，适用于排卸流动性较好、磨削性较小的粉粒状和小块状物料，可以正反转工作。

卸料阀工作时叶轮由传动机构带动在壳体内旋转，从上面落下的物料便由进料口进入叶轮格室，然后随着叶轮的转动而送至卸料口排出。在整个工作过程中是连续定量地供料和卸料，同时又能起减少漏气、阻挡外界空气进入的作用。

根据排卸物料特性和用途不同，卸料阀有不同结构形式。按传动轴的布置方式可分为卧轴卸料阀和竖轴卸料阀两类。卧轴卸料阀广泛用于粉体工程和气力输送系统，竖轴卸料阀用来从料仓内排出细粒物料进行配料，制造和管理费用均比卧轴式高。按叶轮基本结构可分为叶轮具有侧面挡板和没有侧面挡板两类。前者排卸粉粒状物料原则上不与外壳端盖直接接触，槽尘有可能漏入侧面挡板与外壳端盖间的空腔影响叶轮转动。后者结构较简单，输送磨削性物料时端盖易受磨损。密封性较好，运转时叶片紧贴壳体内壁减少漏气量。根据密封和耐磨要求，叶片端部装有可调式耐磨橡胶条。根据防卡要求，进料口采用向转动方向倾斜的结构并设有弹性防卡挡板，在转动轴上配备由弹簧牙嵌式保险离合器和电气控制系统组成的顺反转防卡安全装置。特殊的是在结构上采取了一些防卡措施，当叶轮被异物卡住时壳体移动部分能自动向外移动让出通道，使异物得以排除。还有在壳体上设有两个均压管接头，可与上部分离合器连接，以减少漏气对进料的影响。旋转卸料阀结构图见图 4-45。

考虑到系统瞬时生产（通过）能力可能大于设计值，旋转卸料阀的生产（通

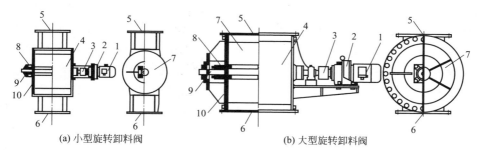

(a) 小型旋转卸料阀   (b) 大型旋转卸料阀

图 4-45   旋转卸料阀结构图

1—电机；2—减速机；3—联轴器；4—壳体；5—进料口；6—出料口；

7—叶轮；8—密封；9—转动轴；10—端板

过）能力应比设计值大 0.2～1.0 倍。

影响旋转卸料阀工作性能因素：①漏气。旋转卸料阀的进料侧和排料侧存在压力差，通过间隙泄漏和叶轮格室带进的上升高压气流会阻碍物料颗粒顺利进入卸料阀格室，导致卸料阀的填充系数和通过能力减少，同时还会加速卸料阀内部部件磨损。反向气流经过卸料阀大量泄漏还会使通过的气体流量减少，输送风速降低，当漏气严重时会造成输送管道堵塞。通常卸料阀的漏气量可达风机总风量的 5%～15%。②叶片数量。正确确定叶轮叶片数量对减少漏气、提高旋转卸料阀工作性能很重要，6 个叶片的叶轮在运转过程能保证在进料口和排料口之间的每侧至少有 1 个叶片能有效地起着迷宫式密封的作用，8 个叶片的叶轮至少有 2 个叶片、10 个叶片的叶轮至少有 3 个叶片能起迷宫式密封作用。从压差角度分析，6 个叶片的叶轮适用于压差 20kPa，8 个叶片的叶轮适用于压差 50kPa，10 个叶片的叶轮适用于压差 50～100kPa。对于高真空吸送系统卸料阀叶轮在运转中应保证从进料口至排料口的每侧至少有 2 个叶片与壳体保持接触。叶片数量太少不能满足防漏作用，数量太多叶片之间的夹角小，使叶片形成的格室变窄，可能使物料较难从叶轮中降落下来，妨碍较大块物料的进入和排出。对于流动性较好的粉粒物料且当密封要求较高时可采用较多的叶片数，但最多不宜超过 10 片。③进料口宽度。在规定的叶轮转速下进入卸料阀的物料量与进料速度和进料断面有关，当进料速度和进料口的长度（通常等于叶轮的有效长度）确定后，卸料阀的生产（通过）能力与进料口宽度有关。随着宽度增大通过能力和充填系数会相应增大和提高。卸料阀进料口的最小断面积应保证物料能自由降落，一般应比输料管断面积大 2～4 倍。④转速。转速对卸料阀的生产（通过）能力影响也很大，在低转速时叶轮格室有充分时间从料口进料，此时通过能力随转速成正比例增大，理论上最大通过能力只能达到由进料口断面所限定的最大供料量值。实际上由于叶轮的转动、压力差及漏气气流的作用影响了进料速度，其有效最大通过能力总是低于理论最大供料量。当通过能力随着转速的增高达到最大值后，如果叶轮转速继续增高，由于颗粒对叶片的冲击反弹作用的加剧使物料的进料速度降低，其通过能力反而下降。再从排料口的情形来考虑，颗粒在叶轮内因旋转而获得角速度，它们在卸料口不完全是垂直落下。当转速较低时颗粒有充分时间下降，格室内的物料能完全排空。在高转速时有部分颗粒来不及排出而又被带回，因而通过能力下降。对轻质物料由于其自由降落速度小这种影响更为明显。通常卸料阀转速在 $15\sim50\text{r/min}$ 选取，应根据物料特性、卸料阀结构形式等综合考虑。⑤物料特性。影响卸料阀工作性能的物料特性主要有流动性、密度、堆密度、积角、粒度分布、黏性、磨削性、腐蚀性、硬度、流化性等。这些物性对决定卸料阀的结构形式和制作材料、卸料阀的充填系数以及有关参数等都有实际意义，一般表面光滑、粒度均匀、流动性较好、密度大的颗粒，由于其降落速度较大，在装料和排料过程所受各种阻力较小，因此能顺利进、排料，并使卸料阀的充填系数和通过能力增大。⑥叶片形状。在物料进入卸料阀的过程中叶片形状对格室的充填状况影响较大，应用最广的中心进料、径向直线形叶片的卸料阀进料条件不十分有利，因为流入其内的部分物料会被叶片弹回。而中心进料如采用与颗粒运动轨迹相适应的向着转动方向弯曲的叶片进料条件较好，颗粒进入格室时的摩擦碰撞影响较小，会获得较高的充填系数和通过能力。⑦进料角度。进料角度是卸料阀重要的结构参数之一，进料角度指处于进料口中心线与叶轮外圆交点上的颗粒重力的径向矢量与叶轮垂直中心线所夹的圆心角。它确定了卸料阀壳体圆周上的进料位置，即进料的偏心度。在偏心进料情况下可以通过选定适当的、相互协调的叶轮外圆半径、角速度、进料速度以及进料角度，在叶轮上获得尽可能短的颗粒径向进料的运动轨迹，从而采用径向安装的叶片便可得到较高的充填系数。进料口向着转动方向偏移的偏心进料（进料角度$>15°$）的径向直线形叶片叶轮通过能力，比中心进料的前弯叶片叶轮通过能力大些。而进料口逆着旋转方向移动的偏心进料时充填系数则比中心进料时差，这是由于叶片形状与颗粒运动轨迹不相一致，进入叶轮的颗粒受叶片撞击、反弹干扰了充填过程的缘故。⑧排料口。位置一般由结构和输送工艺要求确定，处于中心部位的占绝大多数。排料口断面长度通常与进料口一样，均等于叶轮有效长度。为使卸料阀能够达到较高的通过能力，除要求格室尽可能装满外，还需使其尽可能卸空。所以卸料口断面的宽度应根据格室卸空条件，即排料角（排料开始瞬间处于格室底部的颗粒重力的径向矢量与此颗粒运动至叶轮外圆脱离叶轮排出时的重力径向矢量之间的夹角）的大小来确定，至少要大于或等于排料角所对应的弦长。

影响卸料阀工作性能除上述因素外，还有温度、壳体结构强度、刚度、制造精度及装配质量等。

（7）换热器　换热器（也称加热器、散热器）是将两种不同温位的工艺物流相互进行热交换能量的设备，是气流干燥系统的加热部件。通常使用翅片式换热器，这种换热器的钢管是将带状的翅片弯制成螺旋形紧密地盘靠在钢管上，使加热面积增加，将很多根钢管并联组合制成翅片式换热器。淀粉干燥使用的是SRZ 型翅片式换热器，有钢制绕片式和铝制绕片式两种。

翅片式换热器是用于干燥系统中空气加热的换热设备，热介质可以是蒸汽或热水，也可用导热油。蒸汽压力一般不超过 1.0MPa，热空气温度在 179℃ 以下。翅片分横向和纵向两大类。翅片式换热器主要由空气流向间的两排或三排并列螺旋翅片管束组成，换热翅片管直径 3.8cm、5.0cm。翅片呈螺旋状，片距有5mm 大 "D"、6mm 中 "Z"、8mm 小 "X" 三种很多个规格。

用钢管和铝带轧制的翅片换热器，单位长度的换热面积更大，机械绕片，换热翅片与散热管接触面大、紧固，传热性能良好、稳定，空气通过阻力小，蒸汽或热水在钢管管内通过，热量通过紧绕在钢管上翅片传给经过翅片间的空气，达到加热空气的作用。

在换热器管外侧是气体，管内是饱和蒸汽，是气体和蒸汽之间的传热过程，由于两种流体的对流传热系数相差较大，气体侧的对流传热系数很小，成为整个传热过程的控制因素，为了强化传热必须减小这个热阻，所以在换热管对流传热系数小的外侧加上翅片强化传热。翅片管重要的作用是空气加热，以蒸汽为加热剂在翅片管内流过，用以加热管外通过的流体。同理，翅片管也可以作为空气冷却器使用，以空气为冷却剂在翅片管外流过，将管内通过的流体冷却或冷凝。

传热原理：传热过程总是热量从温度高的物体传给温度低的物体，热量从热流体传给壁面，壁面再传给冷流体。

传热方式是换热器散发热量的主要方式。在热力学中，传热就是热量传递，热量的传递方式主要有三种：热传导、热对流和热辐射。①热传导：热量从系统的一部分传到另一部分或由一个系统传到另一个系统，是依靠物体中微观粒子的热运动（如固体中的传热）。热传导是固体中热传递的主要方式，在气体或液体中热传导过程往往和对流同时发生。热传导的实质是由大量物质的分子热运动互相撞击，使能量从物体的高温部分传至低温部分，或由高温物体传给低温物体的过程。②热对流：流动的流体（气体或液体）将热带走的热传递方式，是流体质点（微团）发生宏观相对位移而引起的传热现象，对流传热只能发生在流体中，通常将传热表面与接触流体的传热也称为对流传热。热对流是液体或气体中较热部分和较冷部分之间通过循环流动使温度趋于均匀的过程。对流是液体和气体中热传递的主要方式，气体的对流现象比液体明显。③热辐射：依靠射线辐射传递热量，是高温物体以电磁波的形式进行的一种传热现象，热辐射不需要任何介质做媒介，热辐射是物体因自身的温度而具有向外发射能量的本领，可以把热量直接从一个系统传给另一系统。在高温情况下辐射传热是主要传热方式，热辐射以电磁辐射的形式发出能量,温度越高,辐射越强。辐射的波长分布情况也随温度而变,温度较低时主要以不可见的红外光进行辐射,在 500℃甚至更高的温度时顺次发射可见光以至紫外辐射。热辐射是远距离传热的主要方式。这三种散热方式在热量传递中是同时发生,共同起作用的。

4.6　自动定量包装设备

4.6.1　定量包装秤

定量包装秤是将淀粉、蛋白粉、纤维饲料计量称重后装入包装物中的设备,有自锁袋包装秤,有敞口袋包装秤,使用的计量包装秤是由人工使用固定缝纫机或手提缝纫机缝口的。自动定量包装秤标准名称是重力式自动装料衡器(定量自动衡器),俗称打包秤、打包机、包装秤、电子秤、装袋机等,是由各结构组成的一体化自动包装系统。包装秤品种繁多,根据包装物料的特性不同,按供料方式大致可分为螺旋秤、皮带秤、门式秤、振动秤、组合秤,按工作方式分单秤(单工位)、双秤(双工位)、四工位、六工位及多头组合秤。包装秤选择时首先要了解需要包装的物料特性、包装重量、精度,其次是安装尺寸(高度、宽度)、操作方向等相关因素等。自动定量包装秤适合包装物料分为颗粒状物料、粉状物料、不规则物料、粉粒+颗粒混合物料。粉状物料选用螺旋秤,颗粒状物料选用门式秤,条形状、片状以及不规则状、易碎物料选用电磁振动给料秤。一般情况下选择秤的最大工作能力 80%左右才能确保精度,包装速度视计量物料质量与相对密度的密切关系而定。包装重量分类(常规):大包装 100kg 以上,中包装 10~50kg,小包装 10kg 以下。

定量包装秤有多种进料方式和外形,升量斗的形状有圆形和方形。

(1)定量包装秤形式可分为夹袋直称式和缓冲秤斗式,都是由进料部分、称量系统和装料夹袋部分组成。进料形式有螺旋式、皮带式、漏斗式(自由落料)、电振式等,可针对不同物料的物理特性改变进料形式,达到所要求的包装速度和精度。螺旋式适合流动性较差、密度较小、粉尘大的物料,皮带式适合片、块、粉状交杂的物料,漏斗式适合流动性较好的各类粉粒料,电振式适合密度较大的物料及块料。称重单元全封闭结构,夹袋形式一般采用气动执行元件完成各项动作,套袋操作时采用轻触式开关启动称重包装设备。自动包装秤结构简单,称量范围 10~100kg,出料速度可高达 6~8 包/min,精度±0.2%。

(2)自动定量包装秤组成机构有进料器、称量系统和夹袋机构。①进料器(给料器、供料器、喂料器)形式有:螺旋式——由电机传动(皮带、链条),使螺旋叶片旋转推动物料向称量部分供料。闸门式——由汽缸推动两扇特制的瓦行闸门向称量部分供料。振动式——由电磁线圈产生振动向称量部分供料。组合式——由门式和振动式组合、螺旋和门式组合、螺旋和振动式组合，向称量部分供料。②称量系统（有斗称量组件、无斗称量组件）：有斗称量组件——称量桶、传感器、气动（电动）卸料门组成。无斗称量组件——传感器连同气动夹袋部件。③夹袋机构：是气动夹袋部件，由过渡筒、汽缸、夹袋器组成。工作原理：在称重控制器上输入预设定值，启动运行，物料将由进料器向称量桶（直接装袋）进行称量，到达预设定值时由称重传感器反馈信号给称重控制器从而关闭（停止）喂料器工作，系统程序将向放料门发送指令进行放料。只需给一个套袋（上袋）信号系统将循环工作。

（3）旋式进料器自动包装秤主要结构有料斗、进料系统、计量称重系统、夹袋机构、外壳和支架。①料斗：是淀粉进入计量斗前的一个暂储斗，可以减少物料进入计量斗的冲击力。②进料系统：有阀门控制自动落料形式的，有螺旋进料形式的。螺旋进料形式有一个进料螺旋的，还有两个进料螺旋的。两个进料螺旋分为快速进料螺旋和慢速进料螺旋，当快速进料要达到重量值时慢速进料进行定量进料直至达到设定重量值。③计量称重系统：是计量淀粉重量的，是由计量斗和传感器组成的，淀粉进入计量斗中时电器传感器将信号传输给执行机构，当重量达到要求时执行机构会关闭进料系统（阀门或进料螺旋）。④夹袋机构：是在外壳的下料口外用于夹紧包装的气动系统，根据物料特性及使用情况可以采用扁嘴形或圆形结构。⑤外壳：是箱式结构，保护进料系统、计量称重系统在一个封闭的空间内，可以将在输送和计量过程中产生的粉尘回收。⑥支架：是支撑和固定各种部件的结构。

（4）带式进料器自动包装秤主要结构有皮带式进料器、自卸秤斗、夹袋接料斗、电控装置和支架等。①皮带式进料器：由料层闸板、输送带、开关闸门等组成。皮带采用双速电机传动，料层闸板及开关闸门由汽缸推动。通过双速电机改变皮带的输送速度、控制出料口的料层高度来实现对进料量的控制。每次称量过程由大、小进料组成，先大进料，后小进料，小进料有 $1\sim2s$ 的稳定过程，大进料量与小进料量比例可以适当调整。进料器出口处还设置一开关闸门，在进料结束时能及时截断料流，以确保计量的准确性。②自卸秤斗：通过关节轴承或圆柱销将秤斗及称量传感器连接起来使秤斗及所载物的质量能在称重仪上准确地显示出来。秤斗底部的卸料门采用单汽缸推动，并用连杆机构使两扇门能对称动作，使秤斗在整个工作过程中保持相对平衡。秤斗底部设计成倒三角形状，使开始落入秤斗的物料集中在底部中间，有利于保持秤斗的平衡。③夹袋接料斗：夹袋口成圆形或椭圆形，保证夹袋后的密封性。最少配有前后两条夹臂，用于将包装袋夹紧在夹袋口。出口同时也是排气口，将装料时产生的粉尘和袋内空气及时排走，大大改善了操作面的空气环境。④电控装置：关键部件是称重控制仪，除具备粗计量、精计量、过冲量补偿和卸料控制功能外，还具备了较高的转换速率（＞5 次/s）、超出允差范围检测及预置配料分量断电保护等功能。⑤支架：是支撑和固定各种部件的结构。

　　自动包装秤称料过程：接通电源秤斗门关闭，触动行程开关并启动仪器，控制进料器工作。电控装置通过传感器的负荷变化，控制进料器的粗、精加料，当达到预设质量时进料器停止送料并发出卸料信号。称料启动后可随时套上包装袋，秤门系统接收到卸料信号即可把秤斗内物料排放到包装袋中，并通过时间继电器控制脱袋时间。秤斗门在仪器检测到秤斗内物料质量在零区范围后自动关闭，启动下一次称料。计量包装秤结构见图 4-46。

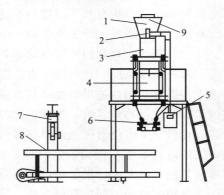

图 4-46　计量包装秤结构

1—储料箱；2—引风口；3—喂料部；4—称重部；5—控制系统；
6—放料部；7—缝包机；8—输送机；9—料位计

4.6.2　大袋包装机

　　大袋包装机结构形式按称量系统的不同可分为机械秤式和电子秤式。机械秤式称量精度在满袋净重的 0.5% 以内。影响机械秤称量精度的主要因素有：下料冲击，物料大小流量调整控制，软连接牵制，收尘，制造精度、安装和调试精度等。电子秤式称量精度可控制在满袋净重 0.1% 以内，稳定性好，调整控制方便。影响电子秤称量精度的主要因素有：下料冲击，物料大小流量调整控制，软连接牵制，电子元件可靠性，组装和调试质量等。

　　大袋包装机的结构形式按称量方法不同又可分为：直接称量、间接称量。直接称量是将大袋挂上包装机后，直接对大袋进行灌装称量。间接称量是先将物料在称量仓内称量好后，再卸到大袋内。

　　(1) 直接称量又分为吊秤称量式和台秤称量式，两者区别是吊秤称量式的大袋悬挂在称量秤上称量，而台秤称量式的大袋放在台秤上称量。①吊秤称量式：称量精度可控制在满袋重的 0.1%～0.3%。直接称量主要由料仓、流量控制仓、吊秤称量装置、出料装置、吊装机构、收尘系统、控制系统及操作平台等组成。吊秤除了对大袋进行称量外，对出料装置、部分称量装置的重量也进行称量，称量装置称量量程小。工作过程是：挂空袋，物料经料罐进入流量控制仓，三位汽缸带动流量控制仓内倒锥阀全部开启，物料以大流量进入大袋。当重量接近所需重量时倒锥阀分开度减少，物料流量减小。当重量达到所需重量时倒锥阀关闭，停止出料。大袋包由叉车运走，再挂好另一个空袋，如此循环。②台秤称量式：主要由喂料装置、流量控制仓、台秤称量系统、出料装置、吊袋机构、夹袋机构、控制系统及输送装置等组成。台秤除了对大袋进行称量外，还对出料装置、台秤称量系统、吊袋机构、夹袋机构的重量也进行称量，称量装置称量量程大。工作过程是：插好大袋，大袋落在台秤上，物料经料罐先以大流量进入大袋，同时称量，在灌装重量接近所需重量时以小流量进料。当重量达到所需重量时流量控制仓关闭，停止进料。吊袋机构和夹袋机构自动动作，自动脱袋，满袋由输送机运出。

（2）间接称量主要由喂料装置、称量仓、下料阀、称量系统、出料装置、吊袋机构、控制系统及操作平台等组成。工作过程是：需要的重量在称量仓内称量好后挂上大袋，打开下料阀直接向大袋内灌装，灌装完成后吊装机构将大袋下落，大袋包由运输工具运走。大袋包装机结构见图 4-47。

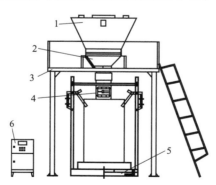

图 4-47　大袋包装机结构
1—储料箱；2—喂料机构；3—平台；
4—夹包机构；5—称重平台；6—控制柜

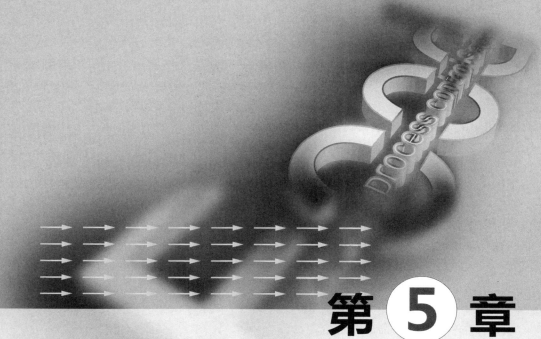

第 5 章

玉米淀粉生产技术管理

5.1 技术指标

5.1.1 产品商品收率

产品的商品收率，一般是指玉米产品中商品所占的比例。对于破碎玉米来说，常见的产品包括食用玉米淀粉、玉米蛋白粉、喷浆玉米皮、玉米原油、玉米粕、玉米高粕和玉米浆等。由于在标准的情况下，玉米产品多用烘干或者风干，此时的玉米产品中约含有 14% 的水。因此，上述产品的商品收率为产品的产量与破碎玉米折 14% 水分的折标玉米量的比值。即：

$$Y_C = \frac{M_C}{(1 - 14\%) \times M_B} \times 100\%$$

式中　Y_C——对应产品的商品收率，%；

　　　M_C——对应商品的产量；

　　　M_B——破碎玉米的质量。

所以，食用玉米淀粉商品收率为食用玉米淀粉商品产量/破碎玉米折 14% 水分的折标玉米量的百分比；玉米蛋白粉商品收率为玉米蛋白粉商品产量/破碎玉米折 14% 水分的折标玉米量的百分比；喷浆玉米皮商品收率为喷浆玉米皮商品产量/破碎玉米折 14% 水分的折标玉米量的百分比；玉米原油商品收率为玉米原油商品产量/破碎玉米折 14% 水分的折标玉米量的百分比；玉米粕商品收率为玉米粕商品产量/破碎玉米折 14% 水分的折标玉米量的百分比；玉米高粕商品收率为玉米高粕商品产量/破碎玉米折 14% 水分的折标玉米量的百分比；玉米浆商品收率为当期玉米浆商品产量/破碎玉米折 14% 水分的折标玉米量的百分比。

5.1.2 产品绝干收率

产品的绝干收率，是指绝干破碎玉米中相应产品的含量。破碎玉米的绝干收率包括食用玉米淀粉的绝干收率、玉米蛋白粉的绝干收率、喷浆玉米皮的绝干收率、玉米原油的绝干收率、玉米粕的绝干收率、玉米高粕的绝干收率和玉米浆的绝干收率。产品的绝干收率计算如下：

$$Y_{AD} = \frac{M_{P,AD}}{M_{B,AD}} \times 100\%$$

式中　Y_{AD}——对应产品的绝干收率，%；

　　　$M_{P,AD}$——对应产品的绝干质量；

$M_{B,AD}$——破碎玉米的绝干质量。

所以，食用玉米淀粉绝干收率为食用玉米淀粉绝干产量/破碎玉米绝干量的百分比；玉米蛋白粉绝干收率为玉米蛋白粉绝干产量/破碎玉米绝干量的百分比；喷浆玉米皮绝干收率为喷浆玉米皮绝干产量/破碎玉米绝干量的百分比；玉米原油绝干收率为玉米原油绝干产量/破碎玉米绝干量的百分比；玉米粕绝干收率为玉米粕绝干产量/破碎玉米绝干量的百分比；玉米高粕绝干收率为玉米高粕绝干产量/破碎玉米绝干量的百分比；玉米浆绝干收率为玉米浆绝干产量/破碎玉米绝干量的百分比。

5.1.3　提取率

破碎玉米的提取率一般包括食用玉米淀粉的提取率和玉米蛋白粉的提取率。其中，（食用玉米淀粉绝干产量×食用玉米淀粉干基淀粉含量）与（破碎玉米绝干量×玉米中干基淀粉含量）的百分比即为食用玉米淀粉的提取率；（玉米蛋白粉绝干产量×玉米蛋白粉干基蛋白质含量）与（破碎玉米绝干量×玉米中干基蛋白质含量）的百分比即为玉米蛋白粉的提取率。

5.1.4　消耗

淀粉装置在生产淀粉的同时还会产生水耗、汽耗和电耗。淀粉装置新鲜水消耗总量比全口径商品淀粉产量即为吨商品淀粉的新鲜水单耗；淀粉装置新鲜蒸汽消耗总量比全口径商品淀粉产量即为吨商品淀粉的新鲜蒸汽单耗；淀粉装置用电消耗总量比全口径商品淀粉产量即为吨商品淀粉的电单耗。

5.2　工艺技术规程

工艺技术规程是指导操作人员对生产装置进行操作的技术性指导文件，是生产运行中人机安全得以保证的专业技术文件，是实现生产工艺技术参数保证产品质量的操作方法，是操作人员在生产中必须贯彻执行的工艺法规性文件。

玉米淀粉生产工艺技术规程主要包括工艺技术参数控制指标和工序技术规程两部分。

5.2.1　工艺技术参数

原料玉米投料主要技术参数：

杂质含量	≤1%	铅（Pb）	≤0.2mg/kg
不完善粒	≤4%	镉（Cd）	≤0.1mg/kg
生霉粒	≤2%	汞（Hg）	≤0.02mg/kg
黄曲霉毒素 B_1	≤20μg/kg	无机砷（以 As 计）	≤0.2mg/kg
玉米赤霉烯酮	≤60μg/kg	麦角	不得检出
赭曲霉毒素 A	≤5μg/kg	转基因成分	无
脱氧雪腐镰刀菌烯醇（DON）		发芽率	≥80%
	≤1000μg/kg		

玉米烘干工序主要技术参数：

烘干一段、二段温度	（130±10）℃	烘干塔出粮水分含量	≤14%
烘干三段、四段温度	（110±10）℃	玉米烘干塔出粮温度	≤39℃
烘干五段、六段温度	（90±10）℃	烘干塔出粮发芽率	≥80%

玉米预净化工序主要技术参数：

大杂去除率	≥95%	小杂去除率	≥98%

玉米上料工序主要技术参数：

大杂去除率	≥95%	并肩石去除率	100%
小杂去除率	≥98%	玉米与上料输送水比例	1:（4~6）
金属物去除率	100%	玉米上料输送水温度	49~53℃

玉米浸泡工序主要技术参数：

加新酸 SO_2 含量	0.1%~0.15%	浸后玉米可溶物含量	≤2%
浸泡温度	49~53℃	浸后玉米 SO_2 含量	350~450μL/L
浸泡时间	40~48h	浸泡液老酸浓度干物	3~5°Bé
浸后玉米水分	≥42%		

吨绝干玉米加酸比例　1t 绝干玉米：1.35m³ 亚硫酸

吨绝干玉米加硫比例　1t 绝干玉米：0.2~0.3kg 硫黄

吨绝干玉米加嗜热型乳酸菌比例　1t 绝干玉米：0.2kg 浓度为 2% 的嗜热型乳酸菌

亚硫酸制备工序主要技术参数：

亚硫酸吸收塔工艺水压力	0.4~0.5MPa
亚硫酸中间暂存罐内亚硫酸浓度	0.1%~0.15%
亚硫酸中间暂存罐内亚硫酸温度	（50±1）℃
亚硫酸塔尾气排出口二氧化硫浓度	≤100μL/L
亚硫酸塔二氧化硫吸收率	≥95%

玉米浆蒸发工序主要技术参数：

稀玉米浆进料浓度	3~5°Bé	蒸发冷凝液 COD	≤3000mg/L
蒸发浓玉米浆干物	41%±1%		

磨区工序主要技术参数：

头道磨破碎后整粒率	≤1.5%
一级脱胚胚芽分离率	75%~85%

磨后浆浓度 40 目筛网过筛，筛下浆浓度　　　　　　　　　8～9°Bé

头道磨后液罐浓度　　　　　　　　　　　　　　　　　　　7～8°Bé

二道粗磨破碎后整粒率　　　　　　　　　　　　　　　不允许有整粒

二级胚芽分离底流基本无胚芽整粒，残余胚芽每升磨料浆中不超过 1 粒

磨后浆中游离淀粉占总淀粉量　　　　　　　　　　　　55％～60％

二道磨后液罐浓度　　　　　　　　　　　　　　　　　7.5～8.5°Bé

进精磨物料干物稠度　　　　　　　　　　　　约50％（体积分数）

精磨后物料纤维联结淀粉含量　　　　　　　　　≤15％（质量分数）

精磨进料前筛上物漂浮实验胚芽游离≤3 粒、破损≤5 粒、联结≤4 粒

副产脱水工序主要技术参数：

胚芽洗涤后总淀粉含量	≤12％	纤维脱水后水分含量	≤60％
胚芽洗涤后游离淀粉含量	≤2％	纤维洗涤后产生的原浆浓度	5～7°Bé
胚芽脱水后水分含量	≤52％	转鼓脱水后麸质水分含量	≤60％
纤维洗涤后总淀粉含量	≤18％	转鼓滤液干物含量	≤2％
纤维洗涤后游离淀粉含量	≤6％		

副产干燥工序主要技术参数：

胚芽干燥后水分含量	7％～9％	纤维干燥后水分含量	≤12％
高粕干燥后水分含量	≤12％	蛋白粉干燥后水分含量	≤12％

分离机工序主要技术参数：

初级浓缩旋流器进料浓度	7～9°Bé	主离心机底流浓度	17～19°Bé
初级浓缩旋流器底流浓度	19～20°Bé	主离心机底流蛋白质含量	≤4％
初级浓缩旋流器顶流浓度	2～3°Bé	主离心机顶流蛋白质含量	≥58％
预浓缩离心机进料浓度	4～6°Bé	麸质浓缩离心机底流干物含量	
预浓缩离心机底流浓度	9～11°Bé		10％～12％
预浓缩离心机顶流干物含量	≤1.5％	麸质浓缩离心机顶流干物含量	≤1.5％
主离心机进料浓度	7～9°Bé		

淀粉精制工序主要技术参数：

十二级旋流器第一级进料浓度	9～11°Bé	十二级旋流器第六级温度	≤52℃
十二级旋流器第一级顶流浓度	3～4°Bé	第十二级底流出料蛋白质含量	≤0.4％
十二级旋流器第二级顶流浓度	5～6°Bé		
十二级旋流器第十二级底流浓度			21.5～22.5°Bé
第十二级底流出料绝干与洗水量比例			1：（2.3～2.5）

淀粉脱水与干燥工序主要技术参数：

虹吸式刮刀离心机溢流液浓度	5～7°Bé	淀粉干燥后水分含量	12％～14％
虹吸式刮刀离心机滤液浓度	2～4°Bé	淀粉干燥后菌落总数	≤2000×10⁻⁶
气流干燥塔塔底温度	≥140℃		
虹吸式刮刀离心机淀粉脱水后水分含量			≤37％
淀粉干燥后细度 100 目过筛通过率			≥99.5％

预榨工序主要技术参数：

软化锅进水	7%～9%	进预榨机胚芽水分含量	4%～5%
出料水	3%～5%	进预榨机胚芽温度	80～90℃
胚片厚度	0.25～0.35mm	预榨饼残油含量	16%～18%

浸出工序主要技术参数：

浸出器温度	58～62℃	浸后饼沥干时间	≥0.5h
预榨饼浸出时间	≥40h		

5.2.2　工序技术规程

5.2.2.1　玉米烘干工序

（1）开车前准备　需检查所有电机运转方向正确，设备运转正常；检查压缩空气供应正常，压力达到0.4MPa以上；检查蒸汽供应正常，压力达到0.6MPa以上；检查进接料仓清理干净，并具备进接料条件；开车前将所有排放阀关闭，各自动阀门处于自动状态。

（2）开车　启动空气加热系统并调整适宜的温度，并保证疏水系统畅通；启动热风风机，然后调整合适风门及风机频率；启动筛分及上料系统向烘干塔内上粮，待烘干塔上满粮后，打开烘干塔出料阀门，调整适宜的放粮流速，根据出粮水分含量检测情况，相应调整塔温及放粮流速。

（3）运行　运行的过程中需要关注蒸汽系统，以保证塔温稳定；关注上粮流速，保证烘干塔稳定适宜的料位；通过风机风门及频率保证合适的出料水分含量指标。

（4）停车　首先停止上粮；随一段、二段粮走空逐渐关闭此两段的风门及调低风机频率，随三段、四段、五段、六段粮走空逐渐关闭对应段的风门及调低风机频率。最后关闭蒸汽阀门，关闭风机，排放疏水。

5.2.2.2　玉米预净化工序

（1）开车前准备　检查所有电机运转方向正确，设备运转正常；检查压缩空气供应正常，压力达到0.4MPa以上；进料地坑清理干净，并具备接收物料条件；除杂筛清理干净，设备完好，具备筛分净化物料条件；除尘系统清理干净，设备完好；净化暂存仓清理干净，具备接收物料条件；其他辅机设备完好；开车前所有排放阀关闭；各自动阀门处于自动状态。

（2）开车　启动除尘系统→启动净化旋转筛→启动输送辅机→向地坑内投料→净化暂存仓→接收净化物料。

（3）运行

① 关注净化筛运行情况。

② 关注除尘系统运行情况。

③ 关注净化暂存仓料位情况。

（4）停车　停止向地坑投粮。粮走净后从前向后依次停传动设备，最后停除尘系统。

5.2.2.3　玉米上料工序

（1）开车前准备　检查所有电机运转方向正确，设备运转正常，泵及电机轴承间润滑良好，泵密封水正常。

检查电子秤压缩空气正常，压力达到 0.4MPa 以上，并将电子秤打到自动。

各料斗及罐清理干净。

各浸泡罐供上料输送水阀门关闭。

开车前所有排放阀关闭。

各自动阀门处于自动状态。

（2）开车　由前一罐向待上料罐倒浆到适宜液位。

启动玉米上料输送水泵和玉米上料泵。

启动跳汰机自动控制系统，调节跳汰机砂石层设定高度在 170～200mm 之间，启动除石斗提机，启动罗茨鼓风机。

启动玉米输送水提温系统，并设定温度为 50℃，然后系统投入自动。

启动除尘系统。

启动上料系统其他辅机。

设备运行正常后，岗位通知主控室，主控室通知玉米车间送料。玉米车间送料后，观察玉米流速，及时联系玉米车间调整。

（3）运行　观察输送水及输送情况，发现异常（水压不足，不下料）马上调节。

检查旋风分离器及除砂旋流器是否堵塞，发现问题及时处理。

检查玉米来料是否正常，如来料速度不稳定，及时通知玉米工段调整。

检查玉米上料泵运行情况，发现堵塞及时疏通。

及时检查密封水及压缩空气压力是否正常。

经常检查各泵及电机运转情况，发现问题及时处理。

经常观察跳汰机除石情况，观察斗提机排下的砂石内是否掺有玉米，斗提机是否卡塞停止运转，跳汰机砂石层高度是否在设定高度范围内。

定期清理排放上料沉砂槽内泥沙。

（4）停车　上料将要达到上料要求时，岗位通知主控室并由主控室通知玉米车间停止送料。

电子秤上料斗内的玉米走净后，继续运行 10min，将系统内玉米尽量走净，记录投入玉米累积量。

停上料除尘系统。

现场关闭上料提温系统蒸汽阀（冬季要排放冷凝水）。

停玉米上料泵和玉米输送水泵。

启动上料浸泡罐循环泵。

当所有设备停止运转时，彻底清理灰箱和沉砂槽。

5.2.2.4 玉米浸泡工序

（1）开车前准备　检查电机运转方向正确，设备运转正常，轴承润滑良好。

检查亚硫酸罐稳定在 0.2MPa 以上，压缩空气压力稳定在 0.4MPa 以上

亚硫酸供应充足，老酸罐能接收浸泡液，玉米上料系统具备开车条件。

开车前所有排放阀关闭。

各自动阀门处于自动状态。

（2）开车　由前一罐向待上料罐倒浆（如是首次开投料则向浸泡罐内倒新酸）到浸泡罐液位的 35%。

启动玉米上料系统向该浸泡罐内加玉米。

投料结束后，停上料系统，启动该浸泡罐循环泵，同时启动循环提温系统。

当该浸泡罐处于加料浸泡罐后的第四罐时，开始向此浸泡罐内加入一定量的乳酸。

当该浸泡罐浸泡时间达到 38h 时，开始向此浸泡罐内加入一定量的新酸。

当该浸泡罐浸泡时间达到 45h 时，通过罐上取浸后玉米样品来判断玉米是否达到浸后要求，同时对老酸进行检测来认证玉米的浸泡情况，如达到预期要求则开始对该浸泡罐出浆，出浆后要有约 0.5h 的空酸时间。

确认湿磨及干燥工序以做好开车准备。

启动浸后玉米输送系统，调至系统正常。

通知主控室开该浸泡罐出料阀，监督现场送料情况以便及时通知主控室调整。

（3）运行　随时观察浸泡罐液位，应超过玉米 50cm，并保证浸泡罐不溢流，主控室注意观察浸泡罐液位及温度。

当前一罐加酸完成，开始向下一罐加新酸，前罐出浆时，为防止浸泡罐溢流，可暂停加新酸，主控室注意调整，在浸泡罐不溢流的情况下，可继续加新酸。

出浆时，罐自身循环阀、温度控制阀关闭。排放浆时，停浸泡罐循环泵。为了将浸泡液排净，可再次启动浸泡罐循环泵打出残浆至下一罐。

随时观察浸后玉米输送情况，出现问题及时处理。

（4）停车　短时间停车，关闭玉米下料阀，破碎罐未破空时，重新向破碎罐和已出浆罐加入新酸进行浸泡，并保证浸泡温度。

停车时间超过 72h，停车前 45h，停止向浸泡罐加料，在破碎开车前 45h，必须向浸泡罐加料。

5.2.2.5　亚硫酸制备工序

（1）开车前准备　检查所有电机运转方向正确，泵及电机轴承间润滑良好，泵密封水正常。

工艺水罐内工艺水量满足制酸要求，亚硫酸储罐满足接收亚硫酸要求，硫黄供应充足，并有点炉用的布条及火等。

（2）开车　向硫黄燃烧炉内添加一定量的硫黄。

用事先准备好的火及布条点燃炉内硫黄。

待炉内硫黄局部燃烧后，启动尾气风机。

启动制酸供水泵，待压力达 0.4MPa 以上时，打开制酸吸收塔喷头供水阀门。

适当调节吸收塔喷头数量及燃烧炉进风风门。

（3）运行　观察吸收塔供水压力，发现异常（水压不足或过高）马上调节。

检测制酸浓度，依浓度调整吸收塔喷头数量及燃烧炉进风风门。

监测尾气二氧化硫含量指标，如有超标迹象，马上对尾气风机频率、喷头数量以及进风风门进行调整。

（4）停车　停止向炉内加硫黄。

待炉内硫黄完全燃烧后，关闭吸收塔喷头供水阀。

停制酸供水泵。

0.5h 后关制酸吸收塔尾气风机。

将制酸暂存罐内的亚硫酸全部打入亚硫酸储罐内，然后关相应设备。

5.2.2.6　玉米浆蒸发工序

（1）开车前准备　检查所有电机运转方向正确，泵及电机轴承间润滑良好，泵密封水正常。

1.0MPa 新鲜蒸汽供应充足；压缩空气压力稳定在 0.4MPa 以上；副产品干燥尾气具备蒸发使用条件。

稀玉米浆罐内浸泡老酸量满足蒸发系统运行要求，浓玉米浆储罐满足接收浓玉米浆要求。

循环水系统具备蒸发系统运行条件。

蒸发尾气回收系统具备回收蒸发尾气条件。

（2）开车　启动蒸发供料泵自蒸发末效向蒸发系统进料。

当蒸发器各效进完料并液位稳定时，开始对系统进行排气。

当蒸发系统物料稳定运行后，启动抽真空系统对系统进行抽真空，然后启动循环水系统。

当蒸发系统真空度稳定在−85kPa时，向蒸发系统逐渐引入蒸汽，随后启动尾气回收系统。

根据密度计显示当出料干物达到40％时，出料由循环末效状态打到去浓玉米浆罐状态。

（3）运行　经常巡视各运转设备的运行状况并监视各效蒸发器的液位变化，同时注意各效蒸发器的负压情况。

经常观察玉米浆颜色变化和浓度变化，发现问题及时处理。

检查循环水供给情况，检查冷却水温度。及时检查密封水及压缩空气压力是否正常。

若浓浆罐液位过高或过低，应适当减少或增加蒸发量以避免浓浆罐冒罐或玉米浆供应不足。

（4）停车　系统停新鲜蒸汽和副产干燥尾气。

停抽真空系统，系统卸空阀打开。

出料效物料打到浓浆罐内，其余效内物料打回到稀浆罐。

停循环水系统。

停尾气回收系统。

5.2.2.7　玉米破碎及胚芽分离工序

（1）开车前准备　检查所有电机运转方向正确，泵搅拌器及电机轴承间润滑良好，泵密封水正常。

1.0MPa新鲜蒸汽供应充足；压缩空气压力稳定在0.4MPa以上。

精磨总承润滑油雾化良好。

检查静态设备胚芽旋流管、压力曲筛完好，并已为开车做了准备。

磨区各罐及纤维洗涤槽已注满50％工艺水，且相应的搅拌器已正常运行。

浸后玉米输送系统运行正常。

湿玉米储罐内浸后玉米供应充足，纤维、胚芽预热结束，胚芽洗涤脱水系统已开车，纤维脱水系统已开车，分离机系统准备好接收物料，工艺水供应充足。

（2）开车　启动胚芽脱水及胚芽干燥系统，对胚芽管束干燥器进行预热。

启动纤维脱水及纤维干燥系统，对纤维管束干燥器进行预热。

启动胚芽洗涤系统，调整合适的洗水流量。

　　启动头道磨、二道磨及精磨，精磨转换后需加冲洗水。

　　启动脱胚旋流器进料泵，调整合适的进料、顶流及底流压力。

　　确认头道磨、二道磨转换正常后，头道磨给洗水，然后头道磨开始下料破碎。

　　当精磨供料罐内液位超过 65％时，启动精磨供料泵向精磨供料，同时关掉精磨冲洗水阀。

　　当精磨后液罐内液位超过 65％时，启动纤维洗涤槽供料泵向纤维洗涤槽供料。

　　启动纤维洗涤泵，调整合适的洗水流量。

　　破碎系统全部运行起来后，现场巡检所有设备，是否正常，有无跑冒滴漏，防止不正常情况发生。检查头道磨、二道磨破碎效果，调整冲洗水量和磨间距至正常，脱胚旋流器是否堵料，及时发现问题及时处理，及时沟通。

　　（3）运行　调整头道磨下料量、冲洗水量、磨间距，保证头道磨破碎效果；检查二道磨磨间距，调整破碎效果；检测磨区各罐物料浓度，调整各罐液位和浓度；胚芽分离泵的流量，压力至正常值，保证一级顶流胚芽中纤维含量，保证二级底流输出量和无整粒玉米及胚芽流出；保证纤维洗涤效果，喷嘴数量、压力、洗水量调整至正常值，保证系统浓度正常和物料平衡。

　　经常巡视设备运行情况，注意设备振动及电机轴承温度、泵密封水备压罐水量是否正常，精磨润滑油位及压力是否正常。

　　运行期间磨区重力曲筛应每小时冲洗一次，压力曲筛每班冲洗一次。

　　监测磨区各罐浓度，调节好胚芽洗涤滤液到头道磨和二道磨的管线平衡阀开度。

　　（4）停车　关闭浸泡罐排料阀，待浸后玉米输送系统内的玉米走净后，配合浸泡岗位停浸后玉米输送系统。

　　将湿玉米储罐内的浸后玉米破空后关闭头道磨下料阀和头道磨洗水阀，停头道磨。

　　逐步降低磨区各罐浓度和液位，0.5h 后将各罐浓度及液位降至最低，然后依次停脱胚泵、胚芽洗涤泵，关胚芽洗水阀，停二道磨，并排放脱胚旋流器内物料。

　　停胚芽挤压机，胚芽干燥器关蒸汽降温。

　　当精磨供料罐内物料走净后，停精磨供料泵，开精磨冲洗水，约 5min 后停精磨关冲洗水。

　　精磨后液罐内物料走净后，停纤维洗涤槽供料泵。

　　0.5h 后停纤维洗涤及脱水系统，同时纤维干燥系统关蒸汽降温。然后对所有曲筛前后进行彻底冲洗。

5.2.2.8 副产脱水工序

（1）开车前准备　检查所有电机运转方向正确，泵、螺旋、搅拌器及电机轴承间润滑良好，泵密封水正常。

1.0MPa 新鲜蒸汽供应充足；压缩空气压力稳定在 0.4MPa 以上。

浓麸质降温冷却系统具备开车条件。

真空转鼓过滤机性能完好具备开车条件。

浓麸质罐内浓麸质供应充足。

蛋白粉干燥系统具备开车条件。

（2）开车　启动蛋白粉干燥系统并预热至具备接收麸质滤饼条件。

启动真空转鼓供料系统，同时投入浓麸质降温冷却系统。

待真空转鼓料槽内液位达 30％时，启动真空转鼓过滤机及水环真空泵，调整适宜的转鼓频率和真空泵真空度，并投入洗水系统。

启动转鼓滤饼输送螺旋，准备接收转鼓滤饼。

转鼓下料并通过输送螺旋进入蛋白粉干燥系统。

（3）运行　经常巡视设备运行情况，注意设备振动及电机轴承温度、泵密封水备压罐水量是否正常。

运行期间注意观察转鼓滤布运行情况，如有跑偏马上调整。

注意观察转鼓滤布不能跑黄水，如发现及时调整。

注意观察合适的料温及转鼓真空度，以保证脱水水分在 60％以下。

注意调整转鼓料槽液位高度，保证合适的滤饼厚度。

（4）停车　停真空转鼓供料泵，停向真空转鼓料槽内供料。

停浓麸质液降温冷却系统。

停真空转鼓驱动电机及水环真空泵等设备。

通副产干燥岗位，转鼓滤饼停下料。

停相关辅助设备。

5.2.2.9 分离机工序

（1）开车前准备　检查所有电机运转方向正确，泵、搅拌器及电机轴承间润滑良好，泵密封水正常。

压缩空气压力稳定在 0.4MPa 以上。

粗淀粉乳储罐内物料充足具备分离机开车条件。

各碟片分离机性能完好具备开车条件。

淀粉精制供料罐具备接收主分离机底流物料条件。

浓麸质罐具备接收麸质浓缩分离机底流物料条件。

（2）开车　依次启动预浓缩分离机、主分离机和麸质浓缩分离机。

待主分离机全部转换为正常运行状态时,启动预浓缩旋转过滤器,通知主控室启动预浓缩进料泵给预浓缩分离机进料。

待主分离机供料罐内液位达 30％时,启动主分离机旋转过滤器及主分离机进料泵给主分离机进料。

待麸质浓缩分离机供料罐内液位达 30％时,启动麸质浓缩分离机旋转过滤器及麸质浓缩分离机进料泵给麸质浓缩分离机进料。

(3) 运行 经常巡视设备运行情况,注意设备振动及电机轴承温度、分离机电流及振动值、泵密封水备压罐水量是否正常。

运行期间注意观察分离机工艺运行状态、浓度和顶流固性物含量等。

注意观察设定主分离机顶流蛋白质含量情况,依客户需求予以调整。

(4) 停车 停分离机供料泵,供分离机冲洗水,切分离机底流阀。

待底流澄清后停分离机主机及相关辅机。

待主机完全停止后,拆分离机喷嘴对主机进行半速冲洗。

5.2.2.10 淀粉精制工序

(1) 开车前准备 检查所有电机运转方向正确,泵、搅拌器及电机轴承间润滑良好,泵密封水正常。

压缩空气压力稳定在 0.4MPa 以上。

淀粉精制供料罐内物料充足。

淀粉精制洗水罐内新鲜水充足。

精淀粉乳罐具备接收淀粉精制底流物料条件。

淀粉精制顶流罐具备接收淀粉精制一级顶流物料条件。

淀粉精制第十二级底流阀去回流方向。

初级浓缩旋流系统具备开车条件。

(2) 开车 启动淀粉精制洗水系统向淀粉精制旋流器内注水约 3min。

依次从后向前启动淀粉精制旋流泵,并对每一级进行排气。

待排放气后,启动淀粉精制供料泵,给淀粉精制旋流器供料。

调整淀粉精制第十二级底流阀、第一级顶流阀、洗水流量及洗水温度,待底流浓度达到 22°Bé 时底流阀由回流循环位置到去精淀粉乳罐位置。

为使淀粉精制系统能达到最佳洗涤效果,通过调整洗水温度使淀粉精制每六级温度在 50～52℃ 之间。

待淀粉精制系统开车正常后,且破碎和分离机系统均已正常后,启动初级浓缩旋流系统。

(3) 运行 经常巡视设备运行情况,注意电机轴承温度、泵密封水备压罐水量是否正常。

运行期间注意观察淀粉精制旋流器工艺运行状态，第一级顶流浓度、第二十级底流浓度，各级进料、顶流、底流压力，洗水温度和第六级温度。

运行期间注意观察初级浓缩旋流器工艺运行状态，顶流浓度和底流浓度，进料、顶流、底流压力。

（4）停车　停初级浓缩旋流系统。

停淀粉精制旋流器供料泵，停向淀粉精制旋流器供料。

待第十二级底流浓度低于 21.5°Bé 时，底流打到回流循环方向。

待第十二级底流浓度达 0°Bé 时，停淀粉精制浓缩旋流泵，关洗水提温蒸汽阀，停洗水泵，打开淀粉精制旋流器各级排放阀。

5.2.2.11　淀粉脱水及干燥工序

（1）开车前准备　检查所有电机运转方向正确，泵、搅拌器及电机轴承间润滑良好，泵密封水正常。

压缩空气压力稳定在 0.4MPa 以上。

新鲜蒸汽供应充足且压力稳定在 1.0MPa 以上且冷凝水系统正常。

精淀粉乳罐内精淀粉乳供应充足。

刮刀溢流罐、滤液罐、高位罐、反洗罐具备刮刀开车条件。

刮刀尾液处理系统具备收集处理刮刀尾液条件。

淀粉包装储罐具备接收干淀粉条件。

淀粉干燥系统具备接收脱水淀粉条件。

淀粉尾气回收系统正常。

（2）开车　启动虹吸卧式刮刀离心机润滑系统以使刮刀主机轴承得到充分的润滑。

启动淀粉气流干燥系统并对系统进行预热。

启动淀粉乳供料系统向刮刀高位罐供料。

启动湿淀粉输送系统和干淀粉输送系统。

启动虹吸卧式刮刀离心机主机，待主机正常后向刮刀进料。

当刮刀内淀粉达到脱水要求时，刮刀开始刮料，然后湿淀粉经由刮刀及湿淀粉输送系统送入淀粉气流干燥系统，调节适当的干淀粉水分，最后干淀粉送入包装。

待刮刀溢流罐和滤液罐内物料达 30％ 液位时，启动刮刀尾液处理系统对刮刀尾液进行处理。

当淀粉干燥系统运行平稳后，投入淀粉干燥尾气回收系统。

（3）运行　经常巡视设备运行情况，注意电机轴承温度、泵密封水备压罐水量是否正常。

运行期间注意观察虹吸卧式刮刀离心机工艺运行状态，淀粉脱水水分在35％～37％之间，滤液浓度 2～4°Bé，溢流浓度 5～7°Bé。

运行期间关注淀粉干燥系统运行状态，塔底温度不低于 140℃，淀粉干燥后水分 12.7％～13.5％之间。

观察淀粉干燥尾气回收系统运行状态。

（4）停车　停向虹吸卧式刮刀离心机进料，对刮刀篮框进行清洗，洗掉滤饼后停刮刀主机及相应辅机。

待脱水后淀粉全部送入淀粉干燥系统后，逐渐关小直至关闭淀粉干燥系统蒸汽阀门。

停淀粉干燥尾气风机及相应辅机。

将淀粉乳高位槽内物料放回精淀粉乳罐内。

排放冷凝水疏水器疏水。

5.2.2.12　副产干燥工序

（1）开车前准备　检查所有电机运转方向正确，电机轴承润滑良好。

压缩空气压力稳定在 0.4MPa 以上。

新鲜蒸汽供应充足且压力稳定在 0.65MPa 以上且冷凝水系统正常。

包装储罐具备接收干燥物料条件。

前道工序已准备好向干燥输送物料条件。

副产尾气回收系统正常。

（2）开车　启动各管束干燥机及辅机。

确认管束干燥机及辅机运转正常后，开始对管束干燥系统引蒸汽进行预热。

待管束达到预热温度且管束内蒸汽压力在 0.3MPa 以上时开始向管束干燥机内供料。

当浓玉米浆罐内存有玉米浆，并且纤维脱水，干燥系统正常运转时，可启动加浆泵，调节加浆量向纤维管束内加入玉米浆。

当浓玉米浆罐内存有玉米浆，并且胚芽粕脱水，干燥系统正常运转时，可启动加浆泵，调节加浆量向胚芽粕管束内加入玉米浆。

待系统运行正常后，当玉米浆蒸发系统需要蒸汽时，启动尾气回收系统向玉米浆蒸发工序输送副产干燥尾气。

（3）运行　经常巡视设备运行情况，注意电机轴承温度是否正常。

运行期间关注管束干燥系统运行状态，尾气温度在规定限值内，干燥后水分在规定限值内。

观察副产干燥尾气回收系统运行状态。

（4）停车　停向管束干燥机供料，同时停加玉米浆。

逐渐关小直至关闭副产干燥系统蒸汽阀门。

尽可能地将管束干燥机内的物料送出系统，然后停管束干燥机主机。

停副产干燥尾气回收系统。

停副产干燥尾气风机及相应辅机。

排放冷凝水疏水器疏水。

5.2.2.13　预榨工序

（1）开车前准备　盘动所有可转动的设备，确保运转灵活、润滑良好、转向正确。

压缩空气压力稳定在 0.4MPa 以上。

新鲜蒸汽供应充足且压力稳定在 0.65MPa 以上且冷凝水系统正常。

浸油工序具备接收干燥物料条件。

副产干燥工序已准备好向预榨工序输送物料条件。

预榨油储罐具备接收预榨油条件。

检查所有皮带松紧应适度，接头应牢固可靠，所有防护罩应齐备完好。

检查刮板链条、平板干燥机链条及斗式提升机链条松紧应适度，且运转时无撞击声。

检查平板烘干机拨料筋应完好不变形。检查捞渣箱链板安装应牢固可靠完好不变形。

确保预榨机辅助炒锅料摆及出料门转动灵活自如，刮刀不刮底盘。

检查所有电器仪表应灵敏、安全、可靠，并打开所有仪表根部阀。

（2）开车　打开压缩空气管路上的阀门。

引入系统蒸汽。

启动卧式炒锅和预榨机并对预榨机及辅助炒锅进行预热 15～20min。

待胚芽仓内有大量胚芽进入时，启动振动筛并向振动筛供料。

向卧式炒锅供料。

向轧胚机供料，启动轧胚机并使胚片的厚度在 0.4～0.6mm 之间。

打开要启动的预榨机相应的进料插板向预榨机进料。当物料进入预榨机辅助炒锅第三层时，关闭疏水直排阀，打开疏水器的前后阀，调整预榨机的供料量、辅助炒锅的直接蒸汽供给量，使预榨饼质量适合浸出时要求。

预榨机开始出饼时，把出饼流向切换到出渣总螺旋，使开始不好的饼回榨。直到出饼质量较好时，通知浸油准备进料，然后把出饼方向切换到去浸油方向，进入饼冷却刮板。

（3）运行　经常巡视设备运行情况，注意电机轴承温度是否正常。

运行期间关注卧式炒锅运行状态，出料水分及温度要满足轧胚条件。

运行期间关注轧胚机运行状态，出料胚片厚度要满足预榨条件。

运行期间关注预榨机运行状态，预榨饼是否成饼并满足浸出条件。

运行期间关注预榨饼温度情况，要满足浸出器要求。

（4）停车　当副产干燥工序停止送料时，待胚芽缓冲仓内无料时关闭插板，停胚芽振动筛。

将卧式炒锅内物料送空，然后停卧式炒锅蒸汽、停卧式炒锅驱动电机和辅机。

当轧胚机无料时，停轧胚机。轧胚机停 5min 后，停刮板输送机。

当预榨机无料时，停预榨机蒸汽、停预榨机驱动电机和辅机。

切断电源。清理各个设备积尘和死角物料，打开加热设备的门或手孔，关闭好门窗，等待下次开车。

5.2.2.14　浸出工序

（1）开车前准备　检查所有消防器材应完好，并安置在规定的位置；可燃气体浓度检测、报警器应灵敏可靠，处于待用状态。

检查所有防爆工具、生产用具应齐全完好，并安置在规定的位置。

检查所有容器及管道上的法兰、人孔盖板、视镜等密封应完全可靠，对于填料密封的应加足填料，适当压紧压盖。

检查电器、仪表应完全符合规范要求，压力、温度、流量、液位、料位等的检测及控制显示仪表应完好灵敏。

检查供电、供水、供蒸汽、供压缩蒸汽应正常，循环水箱液位应达到 60%。

检查浸出器的传动链条和刮板链条松紧适当，然后点动启车；检查电机转向应正确，转动部位润滑良好，运转正常。

检查浸出器进料螺旋运转方向应正确，润滑良好，运转正常；检查浸出器料位控制机构转动应灵活自如。

检查各个部位的液封和料封情况，如果缺少液封或料封，需人为添加，防止投溶剂时泄漏，给生产带来不安全因素。

短期停车后的开车：检查分水箱内的存水高度应为正常出水高度，底部排污口放出的水应为干净水。

长期停车后开车时，需向分水箱内注入适量溶剂。

打开吸收塔顶部出气阀，启动风机排除系统内的空气，时间 5～10min。

检查矿物油量是否充足，如不充足，需向矿物油系统内补加新鲜矿物油，并且打开矿物油吸收塔和解析塔底部排水阀门，排出废水。

（2）开车　打开蒸汽所有冷凝水排放阀，打开主蒸汽阀门，通过手动慢慢地由小到大打开主蒸汽阀，同时注意控制分汽缸内的压力。待管道内的冷凝水排尽后，关闭分汽缸的冷凝水排放阀。

打开分水泵的前后阀门，启动分水泵对 E129a 进行分水处理。打开转子流量计的前后阀，启动溶剂循环泵向浸出器油斗内注满溶剂，同时打开新鲜溶剂加热器的蒸汽加热阀，把新鲜溶剂温度调节设置为自动状态。

当看到浸出器 10♯ 混合油斗内有溶剂时，停溶剂泵，如果短期停车后的开车，混合油斗中有混合油时，则不必向混合油斗中注入新鲜溶剂。

通知预榨送料，当喂料器内料位接近中部位置时，启动喂料的电机，主控制室操作员将喂料绞龙变频调节到工艺要求值。

到现场观察喂料器的落料情况（通过浸出器上盖的视镜），如发现不落料或落料量不正常，马上用橡皮锤敲打喂料仓筒体以免物料搭桥。

浸出器的框箱内进入物料时，打开循环泵吸入侧阀，稍开排出侧阀，启动循环泵，当框箱内的物料达到一半高度时，开大循环泵排出侧阀门（根据渗透情况调整）。

当第一个装有物料的框箱转到下一个喷头的位置时，依次打开对应泵的前后阀，现场启动对应循环泵。

观察混合油流动及喷淋渗透等情况，调整各个喷头对应阀门的开度，以保证框箱内物料上面有 30～50mm 高的浸泡液面。

在以上操作期间如果混合油斗内的溶剂不足时，启动溶剂泵。

调节浸出器混合油循环量及溶剂管道阀门开度，对混合油及溶剂进行总的平衡调整。

浸出器开始落料时，注意观察料格内的物料下落情况，如发现搭桥现象，立即采取措施疏通。

湿粕蒸脱机的开车：

浸出器开始落料前半小时，打开蒸脱机各层的疏水旁路阀，打开各层进汽阀门，排 E109 内的冷凝水约 5min 后关各个疏水旁路阀。打开疏水器的前后阀时间 5～10min。排水完毕后关闭疏水旁通阀。

打开蒸煮罐的直接蒸汽加热阀，调整进汽阀的开度控制水温在 92～98℃。且将蒸煮罐温度调节放在自动状态。

当浸出器准备开始落料时，提前 15min 启动输送机，向蒸脱机进料。

启动湿式捕集泵，注意调节热水流量，当蒸脱机上有料进入时，打开直接汽手动调节阀，调节直接汽压力，间隔 5min 左右慢慢提高压力，直到达到工艺要求值为止（若产量较低时，可相应延长间隔时间），同时观察气相温度，其最佳气相温度应根据喷汽量的大小控制在 80～92℃。

待第五层达到一半料时，设定蒸脱机第五层的旋转阀的转速，慢慢地由小到大调整。当蒸脱机的第六层进料时，通知粕加浆操作工启动粕风运系统。开车前车先进行第五层直接汽排后小量给直接蒸汽，防止物料堵塞气孔。

（3）运行　运行期间经常观察浸出器的运行状态。

运行期间经常观察蒸脱机的运行状态。

运行期间经常观察蒸发系统的运行状态。

运行期间经常观察石蜡回收系统的运行状态。

（4）停车　当喂料器达到低料位时（30％），通知预榨停止送料；当物料走空后，停饼冷却刮板机，停风机，停关风器。

浸出器最后一个装有物料的框箱，每走过一个喷头，停一个相应循环泵。如果长期停车则打开浸出器底部相应的排放阀门，排空各个油斗内的混合油。

当最后一个装有物料的框箱转到新鲜溶剂喷头下面时，把新鲜溶剂温度调节投入手动状态，关闭新鲜溶剂温度调节阀，把设定值设定到零位，然后关闭进蒸汽阀，打开疏水器的旁路阀，排尽余汽。

停循环溶剂泵。

当浸出器最后一个装有物料的框箱排空时，把浸出器变频调至零位，停浸出器主电机，停湿粕刮板主电机。

当 10 号油格的液位低于 30％时，停混合油泵，关闭其前后阀门，停止混合油的蒸发。

湿粕蒸脱的正常停车：

排空蒸脱机内的物料前，湿粕刮板机停止运转。

观察第三、四层的料摆，确认无物料时全开该层的自动料门，然后关闭该层的进蒸汽阀门，打开其疏水旁路阀，排除余热。

当第五层的料位显示逐渐减小时，应手动逐渐调小该层的直接汽流量，同时把转阀的频率调小，直到排空为止。停车后再停第五层直接汽，防止物料堵塞气孔。

第六层的料位逐渐减小时，关闭该层的进汽阀门，打开其疏水器的旁路阀门，排除余热。

蒸脱机中各层物料排尽后，空转 10min，停蒸脱机及辅机。同时通知粕加浆操作工序。

停车后需打开蒸脱机各层的人孔，降温后进行人工清理，防止残余物料长期聚热自燃；除尘旋流器及粕储仓也需进行人工清理。

5.2.2.15　淀粉包装工序

（1）开车前准备　检查压缩空气应在 0.4MPa 以上。

检查风机油位，不足时增至游标上限。

检查喷码机应有足够的油墨。

准备好包装袋，并已放到自动包装秤的取袋平台上，自动包装秤具备包装条件。

（2）开车　启动转阀和引风机及辅助设备。

通知叉车员叉车就位。

启动包装后输送机和自动码垛机械手装置。

启动自动包装秤系统开始包装。

自动包装后产品经由喷码机将产品批号喷印在袋子侧面。然后产品袋经由机械手码垛后由叉车运走装车。

（3）运行　随时检查运转设备的运转情况、电机温度及声音是否正常。

经常检查风机排气口，应无物料排出。

经常检查自动包装称重情况，检查下料、上袋和包装情况。

经常检查包装储罐内料位，防止存料。

经常检查喷印情况，发现字迹不清，及时清洗喷码机喷头。

如喷码机出现故障，不能正常喷印时，通知仪表工处理，同时做好记录。

随时观察复检秤运行情况，要求 1000kg±0.3%。超重或不足时，应及时调整。

（4）停车　待包装储罐内物料包空后停自动包装秤。

停相关传送设备。

停自动码垛机械手装置。

停包装风机和转阀。

5.2.2.16　副产包装工序

（1）开车前准备　检查压缩空气应在 0.4MPa 以上。

检查锤磨锤片、筛片磨损情况，磨损严重的更换。

检查转阀及风机润滑油油位，不足时增至油标线上限。

检查喷码机应有足够的油墨。

自动包装秤具备包装条件，且包装袋供应充足并已放到自动包装秤的取袋平台上。

输送设备及自动码垛机械手等设备完好，并具备工作条件。

（2）开车　按顺序启动风机、转阀、螺旋、斗提及粉碎磨。

通知叉车员叉车就位。

启动包装后输送机和自动码垛机械手装置。

启动自动包装秤系统开始包装。

自动包装后产品经由喷码机将产品批号喷印在袋子侧面。然后产品袋经由机械手码垛后由叉车运走装车。

（3）运行　随时检查各设备电机运转情况、电机温度及声音是否正常。

经常检查风机排气口，应无物料排出。

经常检查自动包装称重情况，检查下料、上袋和包装情况。

经常检查包装储罐内料位，防止存料。

经常检查喷印情况，发现字迹不清，及时清洗喷码机喷头。

如喷码机出现故障，不能正常喷印时，通知仪表工处理，同时做好记录。

随时观察复检秤运行情况，要求 1000kg±0.3%。超重或不足时，应及时调整。

经常检查包装罐料位，防止堵罐。

包装过程中经常检查麸质饲料与蛋白质饲料的颜色与粒度，发现有异常及时通知班长。

（4）停车　待包装储罐内物料包空后停自动包装秤。

停相关传送设备。

停自动码垛机械手装置。

停包装风机、转阀、螺旋和斗提设备。

5.2.2.17　主控制室工序

（1）开车前准备　开始给蒸汽之前，蒸汽部分手动阀和调节阀关闭，冷凝水系统处于接收状态。

电站给汽时先缓慢开主蒸汽手动阀，同时主控制室将蒸汽压力调节阀设定 0.2MPa，然后打开主蒸汽分汽缸的排放阀，当主蒸汽分汽缸排放阀有汽出来时，关闭排放阀，当达到设定值时，即可引入系统使用，系统要先排放冷凝水，达到设定温度投入自动。

当任一系统向闪蒸罐和冷凝水罐输送冷凝水时，先要检查两罐的连接条件是否具备。当冷凝水罐内有液位时，启动冷凝水泵，主控制室手动开冷凝水泵自动阀，设定液位在 500mm 左右后投入自动（启泵前主控制室通知锅炉系统准备接收冷凝水）。

通过十二级提温系统向系统内加入温水。方法：向淀粉精制洗水罐内加入 80%～90%的新鲜水，然后将加水自动阀投入液位自动状态，启动淀粉精制洗水泵并通过十二级换热器向工艺水罐加入 90%的 50℃的水，通过工艺水泵向玉米输送水罐、头道磨后液罐、二道磨后液罐、胚芽洗水罐、淀粉精制顶流罐、精磨后液罐及纤维洗涤槽加入 50%～60%的 50℃的水。

开车前 2h，且有一浸泡罐内玉米浸泡时间长达 44h 以上时，该浸泡罐开始出浆。

注意：开车时，在相当一段时间内分离机还不能运行，还不能产生工艺水，通过淀粉精制洗水罐不断向工艺水罐内加入 50℃ 左右新鲜水满足工艺要求。同时，若淀粉精制一级顶流罐液位低的时候，也要继续由淀粉精制洗涤水罐补充新鲜水，直到淀粉精制开车。

在准备工作结束以后，主控制室通知各工序按各自的岗位操作法要求逐步开车。

（2）开车　启动胚芽、纤维干燥工序，对胚芽和纤维管束干燥机开始预热提温。

当胚芽及纤维管束干燥机排汽温度达到 70℃ 时，胚芽、纤维脱水工序开车。启动玉米输送和除石工序，向湿玉米储罐输送浸后玉米。

启动破碎和胚芽分离工序，开始破碎。

当粗淀粉乳罐液位达到 50% 时，启动预浓缩、主分离及麸质浓缩分离机。

当淀粉精制供料罐液位达到 30% 时，启动淀粉精制。

当浓麸质罐液位达到 20% 时，启动麸质干燥工序。

当蛋白粉干燥管束排汽温度达到 70℃ 时，启动麸质脱水工序。

当精淀粉乳罐液位达到 10% 时，启动淀粉脱水、干燥工序。

当老酸储罐液位达到 50% 时，启动蒸发工序。

当蒸发运行正常以后，玉米浆浓度达到要求时，开始向纤维中加玉米浆（加浆前纤维需要回填）。

当玉米破碎及胚芽干燥运行正常且干胚芽仓胚芽供应充足时，启动预榨、浸出和粕加浆干燥工序。

（3）运行　随时观察压缩空气压力情况，若压力低于 0.4MPa，及时通知浸泡岗位检查空压机及各用气单位减少用气量，避免事故停车。

随时观察蒸汽压力和冷凝水罐液位情况，如有异常及时与电站联系。

认真巡视各工序画面。

及时将化验室结果反馈到各工序。

与各岗位配合，在提高破碎负荷、加大刮刀能力的同时，认真控制中间罐的液位和浓度，搞好物料平衡和水平衡，相应调整玉米浆加入量。

根据刮刀运行情况、运行时间及精淀粉乳罐液位情况，及时安排刮刀清洗，清洗完毕，控制好干燥器的排汽温度，保证淀粉水分合乎要求。

运行中经常监视、控制液位，防止溢流和空罐。若控制不好，造成溢流，要及时回收。

淀粉车间安装一个应急备用罐，接收湿磨区各罐的溢流，回收的物料返回头道磨储罐、精淀粉乳罐或废料回收装置。

计算机设有报警系统，当发生报警的时候，操作者首先对报警点加以确认，然后及时采取措施，恢复到正常工艺状态。

计算机设有连锁系统，在设备发生故障时起到对设备的保护作用。操作人员要充分了解所有连锁情况，以便发生故障时及时处理。

控制产品水分，要重视输送风压的重要性（关注设备空载风压）。

（4）停车　短时间（3d 以内）计划停车：

浸泡罐要正常浸泡，不必提前停止加料。

停车期间要重新向排浆罐加新酸，并保持循环，保证工艺温度。

停车程序同长期停车程序。

停车后，一般用 NaOH 对系统进行消毒，有时用局部消毒，即对蒸发、淀粉精制、麸质脱水及淀粉脱水分别用碱液消毒。

长时间（3d 以上）计划停车：

计划长时间停车前 50h，停止向浸泡罐加料。

加新酸停止后，继续制酸，将亚硫酸储罐内的亚硫酸打入已空的浸泡罐中，达到 12m 左右停止，准备系统消毒。

所有浸泡罐玉米全部送到湿玉米储槽后，停玉米输送系统。

停胚芽洗涤、脱水、干燥工序及纤维分离洗涤、脱水、干燥工序。

粗淀粉乳罐走空以后，停除砂、淀粉乳浓缩、淀粉麸质分离、麸质分离、麸质浓缩。

精制供料罐走空后，停淀粉精制。

浓麸质罐走空后，停麸质脱水工序、麸质干燥工序。

精淀粉乳罐走空后，停淀粉脱水、干燥工序。

停车以后要进行系统消毒，一般根据生产的实际情况确定消毒周期和采用的方法。

临时停车：

在生产过程中经常会有各种故障发生，有些故障虽不能造成紧急停车，但是必须全线停车几小时处理，这就是所谓的临时停车。与正常停车不同的是这种停车不需要将物料走空，而是带料停，其动作程序如下：

关闭破碎罐的玉米下料阀，通知浸泡工序停玉米输送和除石工序。

15min 以后，头道磨后液罐浓度降到 5°Bé 以下时，在保证各罐液位的前提下，停玉米破碎和胚芽分离工序。

通知胚芽洗涤、脱水、干燥工序停车。

泵槽液位降到 400mm 以下时，停纤维分离、洗涤、脱水、干燥工序，泵槽中物料不应排放，纤维管束干燥机要带少量物料停车。

粗淀粉乳罐液位降到 50% 左右时，通知淀粉乳除砂、淀粉乳浓缩、淀粉麸质分离、麸质浓缩工序停车，各相关液位保持 40%～50%。

精制供料罐和浓麸质罐液位降到 30%～40% 时，停淀粉精制、脱水、干燥工序及麸质脱水、干燥工序。

停工艺水泵，系统进入检修状态。

若蒸汽、冷凝水有检修任务，在报请生产部批准，并与电站联系后，关蒸汽主阀门，停止用汽。若蒸汽、冷凝水无检修任务，应保持淀粉干燥运行，并打开淀粉干燥温度调节阀保证电站正常运行。

若蒸发系统有检修任务或停蒸汽，则蒸发正常停车，但蒸发器料液可以不必排空（继续打循环）。若有蒸汽且系统无检修任务，则蒸发工序正常运行。

停车后要关闭各罐出口阀门，排放各罐出料泵，并保证搅拌器运行正常。

检修结束后，再启车时，应注意以下几个要点：若蒸汽已停，则先供给蒸汽并排好冷凝水，因是带料停车，开车前要认真检查设备和管线，防堵塞事故发生。

局部停车：

制酸后净化、浸泡、蒸发停车时，可以根据情况随时处理。

若破碎和胚芽分离工序发生故障停车，则胚芽洗涤、脱水、干燥可随之停车，其他工序照常运行。如果故障时间较长，各中间罐料位较低，则整个系统进入低料位临时停车状态（开车时，要根据料位情况确定开车顺序，一般按正常顺序开车）。

若胚芽脱水、干燥工序发生故障且停车时间仅 1h 左右，可以不停破碎，将洗涤后胚芽在胚芽挤压机入口处就地排放，故障处理完毕，再将排放胚芽回填；如果故障时间较长，则要停破碎和胚芽分离工序。

若纤维洗涤、脱水、干燥工序发生故障停车，则要立即停破碎和胚芽分离、洗涤、脱水、干燥工序，停止向纤维中加玉米浆，其他工序正常；若短时间不能恢复，其他工序低料位临时停车。

若除砂、淀粉乳浓缩、淀粉与麸质分离、麸质浓缩工序发生故障停车，则胚芽及纤维系统也要停车；淀粉精制、脱水、干燥工序，麸质脱水、干燥工序运行到低料位再停车。应注意的是再开车时，先启该故障工序，然后启胚芽、纤维系统及淀粉精制、脱水、干燥工序，麸质脱水、干燥系统相继开车。

若淀粉精制发生故障停车，则立即停除砂、淀粉乳浓缩、淀粉与麸质分离工序，再启车时先启动淀粉精制。

麸质脱水、干燥工序发生故障的时候，一般其他工序不需停。

浓麸质罐液位很高，发生较大溢流时，才停破碎，逐渐停车。

淀粉脱水、干燥工序发生故障停车时，先估计一下停车时间，如时间短，且精淀粉乳罐液位较低的时候，其他工序可以不必停车；若时间较长，要根据故障处理时间和精淀粉乳罐情况进行半负荷生产或进入临时停车状态。

5.3　设备管理

交付客户的各种优质产品是通过生产装置的平稳运行得以实现的，而生产装置是由各类设备进行优势整合而形成的有秩序的流水作业生产线，为此设备如何在其生命期内正常有效运行，显得尤为重要。

5.3.1　设备的正常使用、维护及保养

为使操作人员能够正确地操作设备，给出主要设备操作规程如下。

5.3.1.1　玉米浆蒸发操作规程

（1）开车

① 启动蒸发供料泵自蒸发末效向蒸发系统进料。

② 当蒸发器各效进完料并液位稳定时，开始对系统进行排气。

③ 当蒸发系统物料稳定运行后，启动抽真空系统对系统进行抽真空，然后启动循环水系统。

④ 当蒸发系统真空度稳定在 -85kPa 时，向蒸发系统逐渐引入蒸汽，随后启动尾气回收系统。

⑤ 根据密度计显示当出料干物达到 40% 时，出料由循环末效状态打到去浓玉米浆罐状态。

（2）运行

① 经常巡视各运转设备的运行状况并监视各效蒸发器的液位变化，同时注意各效蒸发器的负压情况。

② 经常观察玉米浆颜色变化和浓度变化，发现问题及时处理。

③ 检查循环水供给情况，检查冷却水温度。及时检查密封水及压缩空气压力是否正常。

④ 若浓浆罐液位过高或过低，应适当减少或增加蒸发量，以避免浓浆罐冒罐或玉米浆供应不足。

（3）停车

① 系统停新鲜蒸汽和副产干燥尾气。

② 停抽真空系统，系统卸空阀打开。

③ 出料效物料打到浓浆罐内，其余效内物料打回到稀浆罐。

④ 停循环水系统。

⑤ 停尾气回收系统。

（4）紧急情况下的操作

① 蒸汽故障　a. 关闭手动进汽阀门以确保安全。b. 关闭手动浓浆排液阀。c. 如停汽时间较长，应继续排浓浆至料位以下，加入适量稀浆以降低黏度，确保浓浆的黏度最低。

② 冷却水故障　a. 关闭进汽阀。b. 各效循环泵继续操作。c. 降低浓浆的浓度。

③ 电器故障　a. 关闭进汽阀。b. 关闭浓浆排液阀。c. 打开真空泵排放阀。

（5）浓缩系统的清洗　长时间运行，液膜在加热过程中有一部分固形物沉积附着在管内表面，即所谓结垢，当温差过大时，溶解在溶液中的有机物和无机物也容易沉积在管内表面。随着结垢的增厚，管子的传热系数逐渐下降，形成恶性循环，这时就必须进行清洗。

一般情况下结垢物有一部分会溶解于碱液中，配制 3%NaOH 溶液注入蒸发器，使加热管浸泡在碱液中进行碱煮，一部分垢溶解，一部分垢脱落，达到清洗目的。

酸洗：当碱煮不能除去结垢时，可以采用酸洗，配制一定浓度的稀酸溶液注入蒸发器，达到正常运行液位，然后启动循环泵，在不加热的状态下冲洗。一般选用盐酸和硝酸两种酸液。

水力冲洗：采用高压水力冲洗机将列管内壁的结垢物冲洗干净。

（6）操作注意事项

① 保持料位在中间视镜以下，不能低于下视镜。

② 及时检查真空泵真空度是否达到要求，真空泵密封水是否正常，密封水温度是否过高。

③ 及时检查冷却器循环水量是否足够，水温是否正常。

④ 及时检查泵类运转情况、电流、振动、润滑、密封水。

⑤ 及时向凉水池内补充一次水，并检查风扇运转情况。

⑥ 及时检查蒸发冷凝水温度是否过高，协调板式换热器进冷水量，必要时调节蒸发温度。

⑦ 及时送样化验冷凝水 COD 含量，控制在＜3000mg/L。第一，提高蒸发速度，防止贮存时间过长产生有机酸；第二，防止三效温度控制过高；第三，防止料液起泡沫；第四，防止气液分离器液位过高。

⑧ 及时检查排浆浓度，防止浓度过高堵塞管道。排浆完毕后，立即用蒸汽冲管道。

⑨ 调碱液时，要戴防护眼镜和手套，做好防护措施，防止碱液外溅。

5.3.1.2　水环真空泵操作规程

（1）开机前准备

① 清洗好吸入管道和供水管道。

② 检查电机的绝缘性，检查电动机的转向是否完好。

③ 检查真空表、压力表、真空压力表是否完好。

④ 检查供水压力是否足够，供水压力 0.2～0.3MPa。

⑤ 清洗真空泵，向泵内放水，用手盘动转子，使有惯性，比较灵活无阻后放走污水。

（2）开机操作

① 把吸入口旁路阀打开。

② 打开填料供水阀，向填料腔适量供水。

③ 看见填料供水阀有水滴出时，即可启动电机。

④ 转动正常后，开大密封水阀门，向泵内放水，泵进水口压力在 0MPa。

⑤ 约 1min 后，泵内水环形成，便有吸气排气声音，可慢慢关小旁路阀，使真空度达到所需要求－（0.06～0.08）MPa。

⑥ 重新调整好填料水和供水压力。

（3）停机操作

① 关水泵下方的供水阀，填料仍然供小水量。

② 全打开旁路通气阀。

③ 看见真空度下降后停电机。

④ 关闭填料供水阀。

⑤ 如果长时间停机，还要找开泵下方的放水孔，把积水放干。

（4）注意事项

① 无水不能开机。

② 真空泵不能当水泵使用吸入大量水。

③ 不能全关闭吸入口运行，当真空度达到－0.95MPa 以上时，泵内因真空会发生汽蚀现象，水急剧汽化发生较大噪声。

④ 长时间停机后，在开机前最好放填料水，盘动一下转子再开机。

⑤ 运行时应注意观察以下情况：真空泵的电流量是否正常，泵转动的声音是否正常，轴承温度是否正常，实测温度不超过 75℃。

⑥ 运转时如发现异常情况，应立即停车，待排除故障后，再按规程重新启动。

⑦ 适当压紧填料，松紧程度可通过填料压盖的螺栓调节。填料经长时间使用后，不能进一步调整时，应更换新的填料，装填料时填料的切口位置应错开 90°。

水环真空泵故障、原因及处理方法见表 5-1。

表 5-1　水环真空泵故障、原因及处理方法

故障	原因	处理方法
运转不正常	1. 底座与基础接触不良,地脚螺栓松动 2. 机组整体振动 3. 接管振动 4. 汽蚀及噪声 5. 叶轮与分配板摩擦 6. 皮带松,运转有异声	1. 固定底座 2. 对整体检查 3. 重新连接固定支架 4. 调节吸入压力,降低密封水温度 5. 调整间隙,检查轴的轴向平衡 6. 适当调节皮带
启动困难	1. 较长时间停机,泵内生锈 2. 填料太干、太硬 3. 启动水位过高 4. 皮带过紧	1. 盘动转子,除锈 2. 松开填料,注润滑脂或更换填料 3. 检查自动排液罐 4. 适度松皮带
轴功率增大	1. 填料压得过紧 2. 吸入固体颗粒 3. 叶轮被杂物卡住 4. 密封水量大 5. 排汽压力高	1. 松填料压盖,使填料处有水滴出 2. 清洗泵 3. 拆泵清除 4. 控制供水量 5. 检查排汽管路、阀门直径
抽气量小	1. 转子磨损严重 2. 内部泄漏 3. 填料密封泄漏 4. 吸入侧泄漏 5. 密封水量少或温度高 6. 皮带打滑	1. 更换转子 2. 拆泵检查密封面,更换密封材料 3. 更换填料,压紧 4. 检查吸入端孔盖、吸入法兰进气入水管路 5. 增大供水量,降低密封水温 6. 拉紧皮带或更换皮带
轴承部位发热	1. 电机、带轮、泵安装不对正 2. 轴承安装不当 3. 润滑不良 4. 轴承损坏 5. 轴封圈压得过紧	1. 重新对正 2. 重新检查轴承 3. 重新润滑 4. 更换轴承 5. 调整 V 形圈的位置

5.3.1.3　针磨操作规程

（1）启动前的准备工作

① 检查机器上所有螺钉、螺栓是否紧固,轴承和上下盖螺钉、转接法兰螺栓等重点检查,不允许有松动现象。

② 检查主、从动皮带轮上端面必须处于同一平面,其不平行度误差应小于 0.5mm。

③ 检查皮带的张紧程度,以手指在皮带中部按下在 10～15mm 范围为宜,同时锁紧电机座与机架的连接螺栓。

④ 检查强制润滑供油泵,用手盘动油泵转动灵活,电机及压力表接线良好,方可启动油泵。装油量应在液压指示剂允许的刻线间,油压调到 0.05～

0.1MPa，流量调到 0.12～0.18L/min，油泵系统无泄漏，油泵装油量为 20L。采用 20 号精密机床油或 32 号机械油（注意加油器具要清洁）。

（2）测试运行

① 点动主电机 3～5s，停车后观察有无碰撞或不正常的声响和振动，如有问题重新调节，使磨保持平衡并留有合适的空隙。

② 若未发现异常情况再次启动主电机达额定转速，观察振动、噪声、润滑有无不正常情况。

③ 空转不应超过 5min，在未有物料加入前可加水运行（注意：本磨在空载时，动针与空气摩擦，将产生大量热，易造成轴承温度升高，烧毁机械密封，致使系统漏油）。

④ 打开油泵冷却水阀门，观察油泵冷却水出口有水流出。

（3）开机操作

① 接到开车通知后，打开主机冲洗水阀，对机器动盘冲洗 1～2min，然后关闭冲洗水阀，停止加水。

② 合上电源总开关，顺时针旋开电控柜下面的电源旋钮开关，报警信号灯亮，报警铃响。

③ 按油泵按钮，油泵指示灯亮，报警灯自动熄灭，报警铃响。

④ 观察轴承回油管有回油流出，检查机器冲洗水阀，确定冲洗水阀已完全关闭，完成上述检查后方允许开车。

⑤ 点动主机启动按钮 2～3s，查听有无摩擦或不正常声响，按下主机停止按钮，看出料口有无异物流出。

⑥ 按主机启动，主机启动指示灯亮，直到主机启动指示灯熄，主机工作指示灯亮，表明主机启动完成。注意主机启动未完不得加洗水，如主机启动相隔 2min 内主机工作指示灯不亮，须立即停机。

（4）停机操作

① 打开冲洗水阀，对机器冲洗 2～3min。

② 按主机停止按钮，主机工作指示灯熄灭，主电机皮带完全停止后，再运行油泵 10～15min，注意冲洗水阀应在停主机前关闭。

③ 按油泵停止按钮，油泵工作灯熄灭，报警灯亮，报警铃响。

④ 关闭电控柜主电源开关。

⑤ 关闭油泵冷却水阀门，停止供冷却水。

（5）注意事项

① 每隔 1h 记录一次以下数据：电源电压 380V±10%；主电机负荷运转电流不超过额定值；润滑油油压 0.05～0.10MPa 之间。

② 每班记录以下情况：开机时间；机器运转中的异常和处理情况。

③ 注意设备有无异常振动和声响，手摸机架、主轴承座、电机等处，检查振动及温度（上轴承座外壳的温度不超 95℃）。

④ 检查油泵电动机运行、油温、液位是否正常。

⑤ 检查润滑系统有无渗漏。

⑥ 定期检查定针、动针的磨损情况，动针、定针更换要有记录。

（6）故障处理　见表 5-2。

表 5-2　针磨故障、原因及处理方法

故障	可能原因	处理方法
机器低速运转	皮带打滑 进料量过大 电机单相运转	检查皮带并调节 调节进料量是否正常 检查热过载保护器或更换
电机过热	电机散热差 机器过载 机器润滑不好 电机安装不正确 电机或主轴轴承磨损 电机擦伤 皮带打滑	清去电机上的灰尘或加强通风降温 调整进料量 按要求及时润滑 找正电机并紧固 更换轴承 更换电机 调节皮带
过度振动	动盘内有积料或异物 动盘磨损 主轴轴承磨损 电机轴承磨损 电机轴弯 动盘安装不正确	冲洗动盘或打开下壳检查 检查动盘 检查主轴轴承磨损情况，更换轴承 更换电机 对动盘校正 重新安装动盘

5.3.1.4　管束干燥机操作规程

（1）开机前的准备

① 检查主传动液力偶合器、减速机、大小齿轮、轴承等润滑油是否充足。

② 打开操作控制柜，启动主电机和各辅助电动机，检查各电机转向必须正确，各转动件保证没有卡、滞及不正常声音。

③ 干燥机转子转动 30min，检查转子的抄板及壳体是否有碰、摩擦声音（如有停机检查，紧固抄板或调整抄板）。注意不能将头或手从检查口伸入干燥机内。一切正常后，新设备要从门盖上或进料绞龙倒入干燥纤维，并打开底部清理口，排除机内的杂物。

（2）管束干燥机预热

① 打开干燥机出水管的所有阀门，使出水保持畅通。

② 启动干燥机转子，检查运转是否正常，进汽管是否正常，正常则继续运转。

③ 缓缓开启蒸汽阀，使进入干燥机转子的蒸汽压力由 0～0.4MPa 逐步增加，0MPa $\xrightarrow{20min}$ 0.5MPa $\xrightarrow{10min}$ 0.1MPa $\xrightarrow{20min}$ 0.2MPa $\xrightarrow{10min}$ 0.3MPa $\xrightarrow{20min}$ 0.4MPa；使管束缓慢加热，保证热量分配均匀，避免水震（静止状态下绝不能向管束干燥机供汽）。在蒸汽压力逐步增大的过程中，干燥机转子已有冷凝水从出水端排出，此时应检查疏水阀的工作情况，在疏水旁路感觉烫手时或有部分蒸汽逸出时，开始逐步关闭出水的旁路阀（注：冷凝水罐的压力不得高于疏水器前的压力）。

（3）运行操作

① 依次启动出料、进料绞龙和除湿风机。

② 当蒸汽温度或热空气达到 70℃时，关闭出水端旁路阀。

③ 管束干燥机进料含水应控制在脱水范围内，在机体内无干料时，应在管束机内加入干料混合，使进料保持疏松，否则易造成粘管，影响干燥效果。一开始进料应缓慢，并检查各转动部位是否正常，需要 1～1.5h 方能注满料，因此一开始不能排料，要加料。

④ 对于物料水分超过 35% 以上的黏性湿料，禁止一下子倒入机内许多湿料，采用边进湿料边出料的干燥办法，以免机内阻力过大，损坏列管和连接封头法兰的螺栓及密封垫片。

（4）停机操作

① 停止进料，机内若存有较多的料时，要及时排出，并留有一定的料存在干燥机内，为下次开机提供方便。

② 继续运行 10min，尽可能排出冷凝水，然后关闭进汽阀门。

③ 在蒸汽关闭 1h 后，关闭主机的螺旋回料绞龙。

④ 当主机关闭 30min 后，关闭蒸汽排湿风机（主要是排出机内热量，以防物料自燃）。

⑤ 故障停机

a. 在紧急事故出现时，所有的设备应同时停止运转，事故处理完毕后，在重新启动时如果管中的压力大于 0.5MPa，可直接启动转子并投料；若低于 0.15MPa，可开启出水旁路阀门逐步加热再进料。

b. 蒸汽供应出现故障时，蒸汽压力降至 0.3MPa 时，减少进料量；降至 0.2MPa 时，停止进料。

（5）管束干燥机的维护

① 两主轴承：4 号高温润滑脂，当轴承温度较高时，进行润滑，每月一次。

② 齿轮链传动系统：黄油类润滑脂，停车时人工外涂，每月一次。

③ 绞龙轴承：黄油类润滑脂，从注油孔注入或停车时加，每周一次。注（加）油时要保证油脂的清洁，不得有杂物或灰尘加入，以免损坏轴承。

④ 进汽旋转接头：机油类，每班二次，操作工加注。

5.3.1.5　离心机操作规程

（1）启动前准备

① 检查所有部位安装是否正确。

② 检查所有外部物件（抹布、工具、污物等），是否从转子外罩和 V 形带周围移开。

③ 检查转子的轴连接和紧固螺母是否在正常位置。两者必须使用 5lb（1lb＝0.45359237kg）以上手锤敲打背轮扳手，使紧固螺母固定。

④ 连接保护装置。

⑤ 检查油装置的油位和滴油速度，每个给油装置必须滴满油，启动前提前 5min，使每分钟滴油 6～10 滴，使油从回流管流出。如果离心机装有润滑油再循环装置，以每分钟 12～20 滴的速度通过油杯。

⑥ 释放升降机系统的全部压力，打开排放阀，紧固外置螺栓。

⑦ 检查皮带的拉力是否正常。

⑧ 手动转动转子，证实没有堵塞。

⑨ 检查看到物料已经全部排尽，而且全部系统的阀已调整适当（给料阀关闭、冲洗水阀关闭、洗涤水关闭，底流阀打开）。

⑩ 通知所有管理操作人员，分离机将要启动，这样做可以预防运转事故发生。

（2）机器启动操作

① 启动电机，检查倾听过大的噪声、旋转和振动。在启动期间，转子往往经历一个比较低的转速（小于 500r/min）旋转周期并经历一个临界转速（大的 1/2～1/3 全转速）下的振动周期。每一个周期都不超过 15～20s。在紧靠背轮处或在轴承外罩下面振动幅度大于 3mm 时，加入冲洗水。

② 当机器转换器从启动到运转时，如果使用则引入洗涤水，逐渐打开进料阀。

③ 检查溢流排放。

④ 在达到全流量的情况下，逐渐调节底流控制阀，取得所需要的浆料浓度。

（3）停车操作

① 正常停车

a. 打开底流旁路阀。

b. 打开冲洗水阀（流速必须超过底流排水流速），关闭给料阀，保证溢流存在。

　　c. 打开底流排放阀，保证溢流（高流速再循环，有助于清洗叶轮盘）。

　　d. 大约 5min 后或当底流已经澄清时，关闭电机。

　　e. 继续冲洗，直至机器减速至 1/3 转速，断开冲洗水。

　　f. 关闭旋转过滤器，打开排污阀。

　　g. 当机器全停时，停润滑油装置。

　　h. 锁定启动器。

　　i. 停机 1h 内，不要重新启动电机。

　　② 紧急停车

　　a. 立即关闭电动机。

　　b. 迅速加入尽量多的水，通过给料和回料管道。

　　c. 打开底流排放阀。

　　d. 只要冲洗水量满足并超过喷嘴排出水量，则断开给料。

　　e. 当转子转速小于 200r/min 时，关闭给水或进料。

　　f. 关闭旋转过滤器，打开排水阀。

　　g. 当机器运转全部停止，关闭润滑油装置。

　　h. 锁定启动器。

　　（4）机器清洗

　　① 开机冲洗　关闭物料阀，打开冲洗阀，用清水清洗碟片和喷嘴。通常每一至二个班次冲洗一次或在运行中出现异常情况时即可冲洗。

　　② 停机冲洗　待转子完全停止后打开上盖，拆卸转子内的碟片与转子上的喷嘴进行冲洗。

　　（5）故障处理　见表 5-3。

表 5-3　离心机故障、原因及处理方法

故障	表现状况	故障原因	解决措施
机器振动	电流正常 进料和排料正常	轴承故障	紧急停车
	电流减小 进料和排料异常 溢流跑粉	喷嘴堵塞 碟片间结料	停料冲洗或紧急停车冲洗
电流偏高	机器运转平稳	O 形密封环损坏或喷嘴口径变大	正常停机检查更换
	机器振动	溢流进入下部外罩	停机检查处理
轴承温度高	轴承温度超过 90℃	润滑降温系统故障	停车处理

5.3.1.6 真空折带过滤机安全操作规程

（1）开车前准备

① 检查驱动器减速机油位是否正常，将耳轴两端耐磨盘油杯打开，保持每分钟 4～5 滴，检查绞龙内是否有杂物，运转是否正常；检查折带滚子运转是否正常；检查给料泵润滑油位，泵运转正常。

② 关闭料槽的排污阀。

③ 打开给料阀，启动给料泵，调整给料速度，使料位刚溢过溢流板。

（2）正常运行

① 以最低的转速开动转鼓驱动器，启动折带滚子。

② 启动洗涤水泵清洗滤布，启动卸料绞龙。

③ 启动真空泵，使真空度达到工作要求，不要在太低真空度下运行。

④ 调整给料速度保持一定的溢流，调整转鼓的转速，保持适当的运行状态。

⑤ 观察滤布的运行，对滤布进行调节，使滤布平稳运行。

⑥ 滤布洗涤槽内水保持溢流，必要时适量打开槽底排放阀，否则洗涤槽内不存水时，槽滤布中间易兜住水，使滤布中间紧，影响滤布的行程，并且使滤布受损，滤布浸泡不好，影响洗涤效果。

（3）停机操作

① 停给料泵，槽内料位低于转鼓时，停真空泵，停出料绞龙。

② 保持转鼓运行，用软管冲洗料槽和滤布。

③ 停转鼓和折带滚子，停冲洗水泵。

④ 清洗整个过滤系统。

（4）滤布的安装

① 降低丝杠，将滤布一端用一小绳挂在转鼓栅板上，用最低的转速。

② 转动转板，待转鼓转 180°时，解下栅板上的小绳，重新转动转鼓。

③ 当滤布接头运行到折带滚子处时，停止转鼓转动，使滤布容易连接，用钢丝将滤布接头串上，形成一个无缝环带，将接头处的子母毡连接好。

④ 调节丝杠，使滤布松紧度适当，运行平稳，带料时可调整滤布，使滤布不跑偏。

（5）滤布的调节

① 滤布右端超过了左端的行程，需要增加左端的行程，减小右端的行程，即降低左端的丝杠，升高右端的丝杠。同样道理升高左端丝杠，降低右端丝杠。

② 滤布的中心相对滞后和超前，可以通过调节弯曲杠的位置，增加或减少中间部分的行程，有效地校正。

③ 滤布跑偏时，应采取必要的水平调节，通过折带滚子的作用调节。滤布

正常时，折带滚子将滤布向两边分，使滤布伸展，平稳运行。当滤布向右跑偏时，要适当降低右端丝杠、升高左端丝杠调节。

④ 必要时可以通过调节丝杠和弯曲杠一起来校正。

⑤ 注意调节时，不能调节过大，这样容易损坏滤布。每次调节较小的量，并观察一段时间，直到校正好为止。

⑥ 当滤布慢慢调到正确位置后，丝杠和弯曲杠要进行必要的回位调节，使滤布两端的导向带松紧度保持一样。

5.3.2　设备的预测性维护

5.3.2.1　设备的正确使用

设备合理正确使用，可以减轻设备的磨损，充分发挥设备的工作效率，延长设备的使用寿命。正确地、合理地使用设备的要求是：

（1）应根据企业本身生产特点、生产任务和工艺过程，合理配备各种类型的设备。安排生产任务时，要使生产任务同设备的加工范围和技术要求相适应，使各类设备各尽其能，充分发挥应有的效能。

（2）为各类设备配备合格的岗位操作人员。新员工一定要经过培训和考试合格后才能允许独立上岗操作对应的设备。

（3）要为设备创造良好的工作环境和工作条件。应根据具体情况，安装必要的防护、防潮或防腐、保暖、降温等装置，配备必要的监视测量、控制和保险装置。

（4）针对设备的不同特点和要求，建立和健全必要的规章制度，如设备操作规程、岗位责任制等。

5.3.2.2　设备的维护保养

设备的维护保养是设备自身运动的客观要求。设备在使用过程中不可避免地会出现干摩擦、零件松动、声响异常等不正常的现象。这都是设备的隐患，如果不及时处理就会造成设备过早磨损，甚至酿成严重设备事故。做好设备的维护保养工作，就能保证设备正常处于最佳状态，延长设备的使用寿命。

设备维护保养的内容，玉米加工企业概括为八字作业法，即"整齐、清洁、润滑、安全"。

整齐，是指工具放置整齐，安全防护装置齐全，线路管道完整。

清洁，是指工作地点和设备内外经常保持清洁，没有灰尘积聚和油垢沾黏等情况，各种设备在运行中不漏料、不漏油、不漏水、不漏气，垃圾下脚等清扫干净。

润滑，是指按时加油、换油，油质符合要求，油壶、油枪、油杯齐全，油毡、油线、油标清洁，油路畅通。

安全，是指工人操作要遵守操作规程。各种动力设备和主要作业机械都有其额定的负荷，没有超负荷运转情况，各种设备没有缺少零件、绳捆索绑、怪声异味，以及不正常的震动或摇摆等现象存在，各种监视测量仪表工作正常，定期检查各种保护装置和动力设备。

机器设备的维护保养，是一种积极的预防措施，企业要建立机器设备的维护保养制度，为设备维护保养提供必要的物质条件和良好的工作环境。

5.3.2.3　设备的检查

设备的检查是对机器设备运行情况、工作精度、零部件磨损程度进行检查和校验。检查是设备维修和管理中的重要一环。通过检查，可以全面地掌握机器设备零部件的磨损情况和机械、电器、润滑、液压等系统的技术状况，还可以及时地做好修理前的各项准备工作，以提高修理质量和缩短修理时间。

玉米加工企业的设备检查，所采用的方法可以依据检查项目的具体情况而定，一般采用目视、耳听、手摸、嗅觉等方法，以及运用检测仪器仪表。至于检查的时间，可分为日常检查和定期检查。从技术上分，可以分为功能检查和精度检查。

日常检查，是指操作工人每天对设备进行的检查，一般是和日常维护保养结合起来。通过检查，及时发现不正常的情况，并加以清除。

定期检查，是指专业维修工人协同操作工作，按计划定期对设备进行检查。通过检查，全面、准确地掌握零部件的实际磨损程度，以便确定修理的种类和修理的时间。

功能检查，是指对设备的各种功能进行检查和测定。例如，对机器漏水、漏油、漏气和防尘密封等情况的测定。

精度检查，是指对设备的加工精度进行检查和测定。

5.3.2.4　设备的修理

设备的修理，是修复由于正常和不正常原因而引起的设备的损坏。通过修理和更换已经磨损的零部件，使设备效能得以恢复。

玉米加工企业设备的修理，一般分为大修理、中修理、小修理。小修理的工作量较小，通常只是更换和修复少量的磨损零件，对机器设备进行擦洗和加油等，以保证机器设备能够使用到下一次修理。中修理是要更换和修复机器设备的主要零件和较多数量的其他磨损零件，以恢复和达到规定的精度和工作效率，并保证使用到下一次修理。大修理是对机器设备进行全面的修理，它的工作量较大，需要将设备全部拆卸，更换和修复全部磨损零件，恢复设备原有的精度、性能和生产效率。

由于每个企业的具体情况不同，以及长期形成的历史习惯等原因，很多玉米加工企业的设备修理只进行小修和大修。小修一般是一周一次，大修多安排在生产淡季进行。

设备修理的方法，一般有以下 3 种：

（1）标准修理法　这种方法是对设备的修理日期、类别和内容，都预先制订具体计划。不管设备运转中的技术状况如何，严格地按计划规定进行。它适用于必须保证安全运转和特别重要的设备，如动力设备等。

（2）定期修理法　这种方法是根据设备实际使用情况，规定设备的修理期和大致的工作量，确切的修理日期、内容和工作量，则是根据每次修理前的检查情况定出的。它的优点是有利于做好修理前的准备工作，缩短修理占用的时间。

（3）检查后修理法　这种方法是事先只规定设备的检查计划，根据检查的结果和以往的修理历史资料，确定修理的日期和内容。这种方法简单易行，适用于修理工作基础较好的企业。

5.4　质量管理

5.4.1　产品质量和工作质量

产品质量是指产品为了用户的需要所具备的特性。衡量产品的质量指标，必须按照国家对产品所规定的质量标准。例如工业玉米淀粉按照 GB 12309 中规定的各项质量标准和检验方法进行生产和检验。尚没有国家标准的副产品（胚芽、纤维、蛋白粉等）要根据市场需求状况制定企业标准并经有关国家质量监督部门认可备案。

与产品质量有联系的还有工作质量。工作质量是指企业各部门为了保证产品质量所做的管理工作水平和组织完善程度。玉米淀粉生产企业的工作质量主要是以下几个方面：

（1）玉米收购工作的质量　严格按照玉米收购标准进行收购的同时，应加强卸车、检验、付款等方面的服务工作质量。

（2）玉米储存工作的质量　严格按照国家粮食储藏管理办法对采购进厂的优质玉米进行规范合理的储存，以保证玉米其原有的品质，以利于加工的需要。

（3）生产系统的工作质量　要有完善的生产工艺管理、设备管理、产品质量中控检测、安全管理等一系列的管理体系和"以人为本"先进的管理工作水平，只有这样才能做到"质量完美"。

（4）产品储存及物流工作的质量　严格按照国家食品储藏管理办法及物流管理办法对生产入库的优质产品进行规范合理的储存及运输，以保证产品其原有的品质，以满足客户对产品质量的需求。

（5）设备备品备件供应工作的质量　按照生产系统制定的日常备品备件计划和设备修理所需的材料计划，及时采购备足备好。

（6）企业职工待遇福利发放工作质量　要求公正合理，建设友好和谐的人文环境。

工作质量与产品质量是两个不同的概念，但两者又有密切的联系。工作质量是产品质量的保证，只有工作质量提高了，才能保证产品质量的提高与稳定。

5.4.2　全面质量管理

所谓全面质量管理，就是根据产品质量要求充分发动企业全体员工的主动性、积极性，综合运用组织管理、专业技术和数据统计等科学方法，实现对生产全过程的控制，由传统的只限于产品质量检验转变为从原料种植→原料收购→中间产品质量控制→产成品售后服务直至用户得到满意的优质产品。搞好全面质量管理对于玉米湿磨加工流水化作业来说尤为重要。

5.4.2.1　全面质量管理的特点

全面质量管理具有以下几个特点：

（1）全面性　是指质量管理的对象是全面的，既要管产品质量，更要管工作质量。由于产品质量形成于生产全过程，因此，质量管理不仅限于产品的加工制造过程，而且还必须包括从生产技术准备、加工制造、辅助生产和服务，一直到使用的全过程，形成一个综合性的质量管理工作体系。

（2）全员性　是指依靠企业全体职工参加质量管理，企业的各部门、各类人员都要各尽其职，共同努力，以自己的努力工作来保证产品质量。

（3）预防性　是指把质量管理的重点从"事后把关"转移到"事先控制"上来，实行防检结合、以防为主的方针，将不合格产品消灭在它的形成过程中。

（4）科学性　是指质量管理的科学化与现代化。其科学性的重要标志就是一切用数据来说话。要用数理统计来研究分析和解决质量问题。

（5）服务性　服务性表现在两个方面：一是企业要为产品的用户、消费者服务；二是企业内上道工序要为下道工序服务，上一生产环节要为下一生产环节服务。

5.4.2.2　全面质量管理的基本内容

全面质量管理的基本内容就是企业在质量管理方面要做的基本工作。它可以分成 4 个阶段来说明。

（1）技术准备过程的质量管理　玉米淀粉生产的技术准备主要指工厂的设计和建设。其中工艺设计过程的质量管理是一个关键环节。在工艺设计过程中要做到工艺计算准确，工艺流程科学先进，设备选型合理、匹配恰当。在工厂建设中要做到：设备质优价廉、安装规范。

（2）产品生产过程的质量管理　玉米湿磨产品加工过程中质量管理工作的重点在生产车间。主要应抓好以下几个方面工作：

① 严格贯彻执行各生产工序工艺技术控制参数和操作规程，使生产过程处于连续稳定可控状态。

② 组织好各生产工序的日常工艺管理考核，层层把好质量关。

（3）辅助生产与服务过程的质量管理

① 生产车间机修是生产第一线的辅助生产，对生产秩序的正常进行非常重要。机修质量管理的任务就是要协助生产工人正确使用和维护好机器设备，做好设备的检修工作，保证机器设备经常保持良好的技术状态。

② 公用工程是生产得以平稳运行的有利辅助保障，务必保障水、电、蒸汽的充足、平稳供应。

③ 服务过程的质量管理工作是指玉米原料与辅助材料（SO_2、包装物等）及设备备品备件的供应。它的任务是严格执行采购标准，加强仓储管理，做到及时供应。

（4）产品售后服务质量管理　用户对产品的满意度是对产品最终质量的考验。所以产品质量必须要从加工过程延伸到用户的使用过程。使用过程的质量管理，主要是加强与用户沟通，及时了解掌握用户对产品的意见，以及产品对使用过程的适应程度和是否满足使用要求。用户意见和使用要求及时反馈于生产过程，使生产过程不断进行完善改造，为用户提供满意的产品。

第 6 章

玉米加工产品检验

　　产品质量合格与否，要通过对产品本身进行直接检验才能鉴别出来。加强产品质量检验是企业质量管理的一项重要内容。全面质量管理应贯彻从玉米原料入厂到生产过程每一个工序中间在制品的每一个环节。

6.1　玉米的检验

　　玉米入厂要按照收购标准要求由厂部专业检验人员进行检验，确保玉米质量符合加工标准。玉米质量检验不受外部干扰，不符合标准的原料不接收，确保不合格的玉米不进厂。玉米检验详见附录1。

6.2　中间产品的检验

　　中间产品质量直接关系到产品的质量。对各生产工序的在制品要严格按照工艺规程中工艺技术参数检测频率进行检验和复核，力争做到不可控质量的生产不运行，由产品的"事后把关"改为中间在制品的"事前控制"。积极推行现代化管理手段，采用工业控制自动化减少人为的操作失误带来的在制品质量不合格而对产品质量的影响。中间产品的检验详见附录2。

6.3　产成品的检验

　　产成品又称成品。是指在一个企业内已完成全部生产过程、按规定标准检验合格、可供销售的产品。为达到"不达到要求的产品不交付"的预期目标，需要对产成品的终端加强质量检验管控，以使生产出的产成品达到如下预期效果：满足客户对产品质量的需求；超越市场对产品性能的期望；促进客户对生产运营的改善；实现质量完美对用户的奉献。产成品的检验详见附录3～附录9。

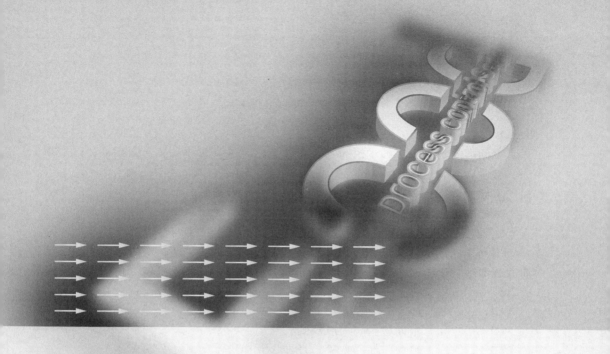

附 录

附录1　玉米

1　范围

本标准规定了玉米的术语和定义、分类、质量要求和食品安全要求、检验方法、检验规则、标签标识以及包装、储存和运输的要求。

本标准适用于收购、储存、运输、加工和销售的商品玉米。

本标准不适用于糯玉米、甜玉米及第4章分类规定以外的特殊品种玉米。

2　规范性引用文件

下列文件对于本文件的应用是必不可少的。凡是注日期的引用文件，仅注日期的版本适用于本文件。凡是不注日期的引用文件，其最新版本（包括所有的修改单）适用于本文件。

GB 5009.3　食品安全国家标准　食品中水分的测定

GB/T 5490　粮油检验　一般规则

GB/T 5491　粮食、油料检验　扦样、分样法

GB/T 5492　粮油料检验　粮食、油料的色泽、气味、口味鉴定

GB/T 5493　粮油料检验　类型及互混检验

GB/T 5494　粮油检验　粮食、油料的杂质、不完善粒检验

GB/T 5498　粮油检验　容重测定

LS/T 6103　粮油检验　粮食水分测定　水浸悬浮法

LS/T 6117　粮油检验　容重测定　水浸悬浮法

3　术语和定义

下列术语和定义适用于本文件

3.1　容重 test weight

按规定方法测得单位容积内玉米籽粒的质量。

3.2　不完善粒 defective kernels

有缺陷或受到损伤但尚有使用价值的玉米颗粒。包括虫蚀粒、病斑粒、破损粒、生芽粒、生霉粒和热损伤粒。

3.2.1　虫蚀粒 insect-damaged kernels

被虫蛀蚀，并形成蛀孔或隧道的颗粒。

3.2.2　病斑粒 splttde kernels

粒面带有病斑，伤及胚或胚乳的颗粒。

3.2.3　破损粒 broken kernels

籽粒破碎达本颗粒体积五分之一（含）以上的颗粒。

3.2.4　生芽粒 sprouted kernels

幼芽或幼根突破表皮，或芽或幼根未突破表皮但胚部表皮已破裂或明显隆

起，有生芽痕迹的颗粒。

3.2.5 生霉粒 moldy kernels

粒面生霉的颗粒。

3.2.6 热损伤粒 heat-damagde kernels

发热或干燥受热后籽粒显著变色或受到损伤的颗粒，包括自然热损伤粒和烘干热损伤粒。

3.2.6.1 自然热损伤粒 nature heat-damaged kernels

储存期间因过度呼吸，胚部或胚乳显著变色的颗粒。

3.2.6.2 烘干热损伤粒 drying heat-damagde kernels

加热烘干时引起的表皮或胚或胚乳显著变色，籽粒变形或膨胀隆起的颗粒。

3.3 杂质 foreign matter

除玉米粒以外的其他物质及无使用价值的玉米粒，包括筛下物、无机杂质和有机杂质。

3.3.1 筛下物 throughs

通过直径 3.0mm 圆孔筛的物质。

3.3.2 无机杂质 inorganic impurities

泥土、砂石、砖瓦块及其他无机物质。

3.3.3 有机物质 organic impurities

无使用价值的玉米粒、异种类粮粒、杂草种子及其他有机物质。

3.4 色泽 colour

在规定条件下，一批玉米呈现的综合颜色和光泽。

3.5 气味 odour

在规定条件下，一批玉米呈现的正常气味、无异味。

3.6 水分含量 moisture content

样品中所含水分的质量占玉米总质量的百分率。

3.7 霉变粒 severely moldy kernels

粒面明显生霉并伤及胚和胚乳、无食用价值的颗粒。

4 分类

玉米按颜色分为黄玉米、白玉米、混合玉米。玉米分类如下

a）黄玉米：种皮为黄色，或略带红色的籽粒不低于 95% 的玉米。

b）白玉米：种皮为白色，或略带淡黄色或略带粉红色的籽粒不低于 95% 的玉米。

c）混合玉米：不符合 a）或 b）要求的玉米。

5 要求

5.1 质量要求

各类玉米质量要求见表 1。其中容重为定等指标，3 等为中等。

表 1　玉米质量标准

等级	容重/(g/L)	不完善粒/%	霉变粒/%	杂质/%	水分/%	色泽、气味
1	≥720	≤4.0				
2	≥690	≤6.0				
3	≥660	≤8.0	≤2.0	≤1.0	≤14.0	正常
4	≥630	≤10.0				
5	≥600	≤15.0				
等外	<600	—				

注：—为不要求。

5.2　食品安全要求

按食品安全标准和法律法规要求规定执行。

5.3　动植物检疫要求

动植物检疫按国家标准和有关规定执行。

6　检验方法

6.1　扦样、分样

按 GB/T 5491 执行。

6.1.1　扦样工具

6.1.1.1　扦样器：又称粮探子。分包装和散装两种。

6.1.1.1.1　包装扦样器。分三种：

大粒粮扦样器：全长 75cm，探口长 55cm，口宽 1.5～1.8cm，头尖形，最大外径 1.7～2.2cm。中小粒粮扦样器：全长 70cm，探口长 45cm，口宽约 1cm，头尖形，最大外径约 1.5cm。

粉状粮扦样器：全长 55cm，探口长 35cm，口宽 0.6～0.7cm，头尖形，最大外径约 1.0cm。

6.1.1.1.2　散装扦样器。分三种：

细套管扦样器：全长 1m、2m 两种，三个孔，每孔口约 15cm，口宽约 1.5cm，头长约 7cm，外径约 2.2cm。

粗套管扦样器：全长分 1m、2m 两种，两个孔，每孔口长 15cm，口宽约 1.8cm，头长约 7cm，外径约 2.8cm。

电动吸式扦样器（不适于杂质检验）。

6.1.1.2　取样铲：主要用于流动粮食、油料的取样或倒包取样。

6.1.1.3　容器：样品容器应具备的条件是密闭性能良好，清洁无虫，不漏，不污染。常用的容器有样品筒、样品袋、样品瓶（磨口的广口瓶）等。

6.1.2　扦样方法

6.1.2.1　单位代表数量：扦样时以同种类、同批次、同等级、同货位、同车船（舱）为一个检验单位。一个检验单位代表数量一般不超过 200t。

6.1.2.2　散装扦样法

6.1.2.2.1　仓房扦样：散装的玉米，根据堆形和面积大小分区设点，按粮堆高度分层扦样。步骤及方法如下：

6.1.2.2.1.1　分区设点：每区面积不超过 50m²。各区设中心、四角五个点。区数在两个和两个以上的，两区界线上的两个点为共有点（两个区共八个点，三个区共十一个点，依此类推）。粮堆边缘的点设在距边缘约 50cm 处。

6.1.2.2.1.2　分层：堆高在 2m 以下的，分上、下两层；堆高在 2～3m 的，分上、中、下三层，上层在粮面下 10～20cm 处，中层在粮堆中间，下层在距底部 20cm 处；如遇堆高在 3～5m 时，应分四层；堆高在 5m 以上的酌情增加层数。

6.1.2.2.1.3　扦样，按区按点，先上后下逐层，扦样量一致。

6.1.2.2.2　圆仓（囤）扦样法：按圆仓的高度分层（同 6.1.2.2.1.2），每层按圆仓直径分内（中心）、中（半径的一半处）、外（距仓边 30cm 左右）三圈。圆仓直径在 8m 以下的，每层按内、中、外分别设 1、2、4 个点共 7 个点；直径在 8m 以上的，每层按内、中、外分别设 1、4、8 个点共 13 个点，按层按点扦样。

6.1.2.3　包装扦样法

扦样包数不少于总包数的 5％。扦样的包点要分布均匀。

扦样时，用包装扦样器槽口向下，从包的一端斜对角插入包的另一端，然后槽口向上取出。每包扦样次数一致。

6.1.2.4　流动玉米扦样法

机械输送玉米的扦样，先按受检玉米数量和传送时间，定出取样次数和取样量，然后定时从粮流的终点横断接取样品。

6.1.2.5　零星收付玉米取样法

零星收付玉米的取样，可参照以上办法，结合具体情况，灵活掌握，使扦取的样品具有代表性。

6.1.2.6　特殊目的取样

粮情检查、害虫调查、加工机械效能的测定和出品率试验等，可根据需要取样。

6.1.3　分样方法

将原始样品充分混合均匀，进而分取平均样品和试验样品的过程，称为分样。

6.1.3.1　四分法

将样品倒在光滑平坦的桌面上或玻璃板上，用两块分样板将样品摊成正方形，然后从左右两边铲起样品约 10cm 高，对准中心同时倒落，再换一个方向同样操作（中心点不动），如此反复混合四五次，将样品摊成等厚的正方形，用分样板在样品上划两对角线，分成四个三角形，取出其中两个对顶三角形的样品，剩下的样品再按上述方法反复分取，直至最后剩下的两对三角形的样品接近所需试样重量为止。

6.1.3.2　分样器法

分样器由漏斗、分样格和接样斗等部件组成，样品通过分样格被分成两部分。

分样时将洁净的分样器放稳，关闭漏斗开关，放好接样斗，将样品从高于漏斗口约 5cm 处倒入漏斗内，刮平样品，打开漏斗开关待样品流尽后，轻拍分样器外壳，关闭漏斗开关，再将两个接样斗内的样品同时倒入漏斗内，继续照上法重复混合两次。以后每次用一个接样斗内的样品按上述方法继续分样，直至一个接样斗内的样品接近需要试样重量为止。

6.2　色泽、气味检验

按 GB/T 5492 执行。

6.2.1　原理

取一定量的样品，去除其中的杂质，在规定条件下，按照规定方法借助感觉器官鉴定其色泽、气味、口味，以"正常"或"不正常"表示。

6.2.2　用具

6.2.2.1　天平：分度值 1g。

6.2.2.2　谷物选筛。

6.2.2.3　贴有黑纸的平板（20cm×40cm）。

6.2.2.4　广口瓶。

6.2.2.5　水浴锅。

6.2.3　环境和实验室

环境应符合 GB/T 10220 和 GB/T 22505 的规定，实验室应符合 GB/T 13868 的规定。

6.2.4　操作步骤

6.2.4.1　试样准备

试样的扦样、分样按 GB 5491 执行。样品应去除杂质。

6.2.4.2　色泽鉴定

6.2.4.2.1　分取 20～50g 样品，放在手掌中均匀地摊平，在散射光线下仔细观察样品的整体颜色和光泽。

6.2.4.2.2　对色泽不易鉴定的样品，根据不同的粮种，取 100～150g 样品，在贴有黑纸的平板上均匀地摊成 15cm×20cm 的薄层，在散射光线下仔细观察样品的整体颜色和光泽。

6.2.4.2.3　正常的粮食、油料应具有固有的颜色和光泽。

6.2.4.3　气味鉴定

6.2.4.3.1　分取 20～50g 样品，放在手掌中用哈气或摩擦的方法，提高样品的温度后，立即嗅其气味。

6.2.4.3.2　对气味不易鉴定的样品，分取 20g 样品，放入广口瓶，置于 60～70℃的水浴锅中，盖上瓶塞，颗粒状样品保温 8～10min，粉末状样品保温 3～5min，开盖嗅辨气味。

6.2.4.3.3　正常的粮食、油料应具有固有的气味。

6.2.4.4　色泽、气味评定

取混匀的净玉米样品约 400g，在符合品评试验条件的实验室内，对其整体色泽、气味进行感官检验。检验方法按 GB/T 5492 执行。

色泽用正常、基本正常或明显发暗、变色或其他人类不能接受的非正常色泽描述。具有玉米固有的颜色和光泽的试样评定为正常；颜色轻微变深或变浅，和（或）光泽轻微变暗的试样评定为基本正常。

气味用正常、基本正常或有辛辣味、酒味、哈味或其他人类不能接受的非正常气味描述。具有玉米固有的气味的试样评定为正常；有轻微的酸味、酒味、哈味的试样评定为基本正常。

对品评人员、品评实验室的要求与蒸煮品评试验要求相同，必要时可用参考样品校对品评人员的评定尺度。

6.3　杂质、不完善粒检验

按 GB 5494 执行。

6.3.1　仪器和用具

6.3.1.1　天平：感量 0.01g、0.1g、1g。

6.3.1.2　谷物选筛。

6.3.1.3　电动筛选器。

6.3.1.4　分样器和分样板。

6.3.1.5　分析盘、镊子等。

6.3.2　照明要求

操作过程中照明条件应符合 GB/T 22505 的要求。

6.3.3　样品制备

检验杂质的试样分大样、小样两种。大样是用于检验大样杂质，包括大型杂质和绝对筛层的筛下物；小样是从检验过大样杂质的样品中分出少量试样，检验与粮粒大小相似的并肩杂质。检验杂质的试样用量如下：大样质量 500g，小样质量 100g。

6.3.4 操作过程

6.3.4.1 筛选

手筛法：按质量标准中规定的筛层套好（大孔筛在上，小孔筛在下，套上筛底），按规定称取试样，倒入筛上，盖好筛盖，然后将选筛放在玻璃板或光滑的桌面上，用双手以每分钟 110～120 次的速度，按顺时针方向和反时针方向各筛动 1min，筛动的范围掌握在选筛直径扩大 8～10cm。筛后静止片刻，将筛上物和筛下物分别倒入分析盘内，卡在筛孔中间的颗粒属于筛上物。

6.3.4.2 大样杂质检验

从平均样品中，称取试样（W）500g，精确至 1g，按 6.3.4.1 筛选法分两次进行筛选，然后拣出筛上大型杂质和筛下物合并称重（W_1），精确至 0.01g。

6.3.4.3 小样杂质检验

从检验过大样杂质的试样中，按规定称取试样（W_2）约 100g，精确至 0.01g；倒入分析盘中，按质量标准的规定拣出杂质称重（W_3），精确至 0.01g。

6.3.4.4 矿物质检验

质量标准中规定有矿物质指标的（不包括米类），从拣出的小样杂质中拣出矿物质，称量（m_t），精确至 0.01g。

6.3.4.5 不完善粒检验

在检验小样杂质的同时，按质量标准的规定拣出不完善粒，称量（W_5），精确至 0.01g。

6.3.5 结果计算

$$大样杂质（\%）=\frac{W_1}{W}\times100\%$$

式中　W_1——大样杂质质量，g；

　　　W——大样质量，g。

双试验结果允许误差不超过 0.3%，求其平均数，即为检验结果。检验结果取小数点后第一位。

$$小样杂质（\%）=(100-M)\times\frac{W_3}{W_2}$$

式中　W_3——小样杂质质量，g；

　　　W_2——小样质量，g；

　　　M——大样杂质百分率，%。

双试验结果允许误差不超过 0.3%，求其平均数，即为检验结果。检验结果取小数点后第一位。

杂质总量按下列公式计算：

$$杂质总量(\%)=M+N$$

式中　M——大样杂质百分率，%；

　　　N——小样杂质百分率，%。

计算结果取小数点后第一位。

$$不完善粒(\%)=(100-M)\times\frac{W_5}{W_2}$$

式中　W_5——不完善粒质量，g；

　　　W_2——小样质量，g；

　　　M——大样杂质百分率，%。

双试验结果允许差：大粒、特大粒粮不超过 1.0%，中小粒粮不超过 0.5%，求其平均数，即为检验结果。检验结果取小数点后第一位。

6.4　水分含量检验

按 GB 5009.3 执行。

6.4.1　直接干燥法：玉米水分在 18% 以上，采取直接干燥法。

6.4.1.1　仪器、用具

6.4.1.1.1　电热恒温箱。

6.4.1.1.2　粉碎机。

6.4.1.1.3　备有硅胶的干燥器。

6.4.1.1.4　铝盒（内径 4.5cm，高 2.0cm）。

6.4.1.1.5　分析天平（0.001g）。

6.4.1.2　操作过程

第一次干燥：称取整粒试样（W）20g，准确至 0.001g，放入直径 10cm 或 15cm、高 2cm 的烘盒中摊平。使烘箱中温度计的水银球距离烘网 2.5cm 左右，调节烘箱温度在（105±2）℃。在 105℃ 温度下烘 30～40min，取出，自然冷却至恒重（两次称量之差不超过 0.005g），此为第一次烘后试样质量（W_1）。

第二次干燥：将第一次烘后试样粉碎至细度通过 1.5mm 圆孔筛的不少于 90%。取干净的空铝盒，放在烘箱内温度计水银球下方烘网上，烘 30min 至 1h 取出，在干燥器内冷却至室温，取出称重。用烘至恒重的铝盒（W_0）称取粉碎的试样约 3g（W_2），摊平，在 105℃ 温度下烘 30～40min，取出，在干燥器中冷却至恒重（两次称量之差不超过 0.005g），此为第二次烘后试样质量（W_3）。

6.4.1.3　结果计算

用两次烘干法测定含水量时按下列公式计算：

$$水分(\%) = \frac{W \times W_2 - W_1 \times W_3}{W \times W_2} \times 100\%$$

式中　W——第一次烘前试样质量，g；

　　　W_1——第一次烘后试样质量，g；

　　　W_2——第二次烘前试样质量，g；

　　　W_3——第二次烘后试样质量，g。

双试验结果允许差不超过 0.2%，求其平均数，即为测定结果。测定结果取小数点后第一位。

6.4.2　定温定时法

试样水分小于 18.0% 时采用此法。

6.4.2.1　仪器、用具

同 6.4.1.1。

6.4.2.2　试样制备

从平均样品中分取一定样品，除去大样杂质和矿物质，粉碎细度通过 1.5mm 圆孔筛的不少于 90%。

6.4.2.3　试样用量的计算

本法用定量试样，先计算铝盒底面积，再按每平方厘米为 0.126g 计算试样用量（底面积×0.126）。如用直径 4.5cm 的铝盒，试样用量为 2g；用直径为 5.5cm 的铝盒，试样用量为 3g。

6.4.2.4　操作方法

用已烘至恒重的铝盒称取定量试样（准确至 0.001g），待烘箱温度升至 135～145℃时，将盛有试样的铝盒送入烘箱内温度计周围的烘网上，在 5min 内，将烘箱温度调到（130±2）℃，开始计时，烘 40min 后取出放干燥器内冷却，称重。

6.4.2.5　计算

$$水分(\%) = \frac{W_1 - W_2}{W_1 - W_0} \times 100\%$$

式中　W_0——铝盒质量，g；

　　　W_1——烘前试样和铝盒的质量，g；

　　　W_2——烘后试样和铝盒的质量，g。

6.5　容重检验

按 GB/T 5498 执行。水分含量高于 18% 时可按 LS/T 6117 执行。

6.5.1　仪器和用具

6.5.1.1　GHCS-1000 型谷物容重器或 HGT-1000 型谷物容重器（漏斗下口径为 40mm）。基本参数和主要技术要求应符合 LS/T 3701 的要求。

6.5.1.2 谷物选筛：上层筛孔直径 12.0mm，下层筛孔直径 3.0mm，并带有筛底和筛盖。

6.5.2 试样准备

从原始样品中缩分出两份平均样品各约 1000g 作为试验样品。每份试验样品按 6.5.1.2 规定套好筛层，分两次进行筛选。取下层筛的筛上物混匀，作为测定容重的试样。

6.5.3 操作过程

6.5.3.1 GHCS-1000 型谷物容重器

6.5.3.1.1 打开箱盖，取出所有部件，选用下口直径为 40mm 的漏斗。按照使用说明书进行安装、校准，将带有排气砣的容量筒放在电子秤上，并清零。

6.5.3.1.2 取下容量筒，倒出排气砣，将容量筒牢固安装在铁板底座上，插上插片，放上排气砣，套上中间筒。

6.5.3.1.3 将制备好的试样倒入谷物筒内（确保漏斗开关关闭），装满刮平。再将谷物筒套在中间筒上，打开漏斗开关，待试样全部落入中间筒后关闭漏斗开关。用手握住中间筒与容量筒的接合处，平稳地抽出插片，使试样随排气砣一同落入容量筒内，再将插片平稳地插入插口。

6.5.3.1.4 取下谷物筒，拿起中间筒和容量筒，倒净插片上多余的试样，抽出插片，将装有试样的容量筒放在电子秤上称重。

6.5.3.2 HGT-1000 型谷物容重器

选用下口直径为 40mm 的漏斗，容重器的安装及操作按照 GB/T 5498 容重测定方法执行。

6.5.4 双试验允许差不超过 3g/L，求其平均数，即为测定结果。

附录 A 玉米快速干燥降水设备技术条件及操作方法

A1 设备技术要求

A1.1 采用红外加热或热风干燥，辅以机械通风，在短时间内将高水分玉米的水分干燥到 18.0% 以下。

A1.2 应具有电子控温、定时调控、超温超压保护等功能。

A1.3 应具有良好的隔热、绝缘和通风效果，易于清理，安全、耐用，操作简便。

A1.4 一次至少应干燥两份样品，每份样品不低于 2000g。

A1.5 干燥盘底部为筛网状，保证通风良好，样品在盘内的厚度不得超过 2cm。

A1.6 干燥室内温度应稳定，样品受热均匀，干燥后的玉米籽粒水分含量应均匀，不得有严重烘干热损伤粒。

A1.7　外观应平整、光滑，无毛刺、漏漆、挂漆、裂纹及严重损伤、锈蚀和变形等现象。

A1.8　应具有产品名称、制造厂商、商标、规格型号、样品干燥量以及国家规定的标识内容。

A2　主要参数

A2.1　额定功率不小于 2.0kW，控温范围在 40～160℃，干燥温度稳定在 50～130℃之间，误差不超过 5℃。

A2.2　将水分干燥至 18.0%的最长时间应控制在 30min 以内。各项参数见表 2。

表 2　玉米水分干燥至 18.0%时的参数

原始水分/%	干燥时间/min	干燥温度/℃
≤23.0	≤10	
≤28.0	≤15	(120～130)±5
≤33.0	≤20	
>33.0	≤30	

注：也可通过设定不同的挡控制干燥时间。

A3　设备测试方法

A3.1　按照产品使用说明书对设备进行安装和调试，将调试好的设备升温至 140℃左右。

A3.2　样品制备：从原始样品中缩分出约 2000g 作为试验样品。按规定套好筛层，进行筛选。取下层筛的筛上物混匀（拣出易燃有机杂质），用快速水分测定仪器进行水分测定，作为原始水分。

A3.3　干燥：将制备好的样品放入干燥盘内均匀铺平，快速放入干燥室内，按表 2 的干燥参数，设定干燥时间和干燥温度。如果试样水分过高，可在干燥半程，取出干燥盘翻动试样，均匀铺平后再继续干燥。

A3.4　干燥结束后，将样品取出，在实验室条件下自然冷却至室温。

A4　结果判定

用快速水分测定仪器对冷却后的样品进行水分测定，在规定时间内将对应原始水分的玉米降到不大于 18.0%的设备为合格产品。

A5　样品的干燥

用测试合格后的设备按 A3 规定的操作步骤对高水分玉米进行干燥。

6.6　蛋白质含量检验

按 GB/T 6432 执行。

6.6.1　原理

凯氏法测定试样中的含氮量，即在催化剂作用下，用硫酸破坏有机物，使含氮物转化成硫酸铵。加入强碱进行蒸馏使氨逸出，用硼酸吸收后，再用酸滴定，测出氮含量，将结果乘以换算系数 6.25，计算出蛋白质（粗蛋白质）含量。

6.6.2　试剂

6.6.2.1　浓硫酸：分析纯。

6.6.2.2　混合催化剂：0.4g 分析纯五水硫酸铜，6g 分析纯硫酸钾，磨碎混匀。

6.6.2.3　40％分析纯氢氧化钠水溶液。

6.6.2.4　2％分析纯硼酸水溶液。

6.6.2.5　混合指示剂：0.1％甲基红乙醇溶液，0.5％溴甲酚绿乙醇溶液，两溶液等体积混合。该混合指示剂在阴暗处保存期为三个月。

6.6.2.6　盐酸（或硫酸）标准溶液：按 GB 601 配备。

6.6.2.6.1　0.1mol/L 盐酸（或 0.05mol/L 硫酸）标准溶液。

6.6.2.6.2　0.02mol/L 盐酸（或 0.01mol/L 硫酸）标准溶液。

6.6.2.7　蔗糖：分析纯。

6.6.2.8　硫酸铵：分析纯。

6.6.2.9　硼酸吸收液：向 1％硼酸水溶液 1000mL 中加入 0.1％溴甲酚绿乙醇溶液 10mL、0.1％甲基红乙醇溶液 7mL、4％氢氧化钠水溶液 0.5mL，混合。该吸收液于阴暗处保存期为一个月（全自动程序用）。

6.6.3　仪器设备

6.6.3.1　实验室用样品粉碎机或研钵。

6.6.3.2　分样筛：孔径 1mm。

6.6.3.3　分析天平：感量 0.0001g。

6.6.3.4　消煮炉或电炉。

6.6.3.5　滴定管：酸式，10mL、25mL。

6.6.3.6　凯氏烧瓶：500mL。

6.6.3.7　凯氏蒸馏装置：常量直接蒸馏式或半微量水蒸气蒸馏式。

6.6.3.8　锥形瓶：150mL、250mL。

6.6.3.9　容量瓶：100mL。

6.6.3.10　消煮管：250mL。

6.6.3.11　定氮仪：以凯氏原理制造的各类型半自动、全自动蛋白质测定仪。

6.6.4　试样的选取和制备

选取具有代表性的试样，用四分法缩减至 200g，粉碎后全部通过 40 目，装于密封容器中，防止试样成分的变化。

6.6.5　分析步骤

6.6.5.1　试样的消煮

称取试样 0.5～1g（含氮量 5～80mg）准确至 0.0002g，放入凯氏烧瓶中，加入 6.4g 混合催化剂，与试样混合均匀，再加入 12mL 硫酸和 2 粒玻璃珠，凯氏烧瓶置于电炉上加热，开始小火，待样品焦化，泡沫消失后，再加强火力（360～410℃）直至呈透明的蓝绿色，然后再继续加热，至少 2h。

6.6.5.2　氨的蒸馏（常量蒸馏法）

将试样消煮液冷却，加入 60～100mL 蒸馏水，摇匀，冷却。将蒸馏装置的冷凝管末端浸入装有 40mL 硼酸吸收液和 2 滴混合指示剂的锥形瓶内。然后小心地向凯氏烧瓶中加入 50mL 氢氧化钠溶液，轻轻摇动凯氏烧瓶，使溶液混匀后再加热蒸馏，直至流出液体积为 150mL。降下锥形瓶，使冷凝管末端离开液面，继续蒸馏 1～2min，并用蒸馏水冲洗冷凝管末端，洗液均流入锥形瓶内，然后停止蒸馏。

6.6.5.3　蒸馏步骤的检验

精确称取 0.2g 硫酸铵，代替试样，按 6.6.5.2 步骤进行操作，测得硫酸铵含氮量为 21.19%±0.2%，否则应检查加碱、蒸馏和滴定各步骤是否正确。

6.6.5.4　滴定

蒸馏后的吸收液立即用 0.05mol/L 的硫酸标准溶液滴定，溶液由蓝绿色变成灰红色为终点。

6.6.5.5　空白测定

称取 0.5g 蔗糖，代替试样，进行空白测定。

6.6.6　检验结果计算

$$蛋白质(\%) = \frac{(V_2 - V_1) \times c \times 0.0280 \times 6.25 \times 100}{m \times (100 - H)} \times 100$$

式中　0.0280——每毫升 1.0mol/L 硫酸溶液相当于氮的质量（g），g/mmol；

V_2——滴定试样时所消耗硫酸标准溶液的体积，mL；

V_1——滴定空白时所消耗硫酸标准溶液的体积，mL；

c——硫酸标准溶液的浓度，mol/L；

m——试样的质量，g；

H——样品水分，%。

6.6.7　重复性

每个试样取两个平行样进行测定，以其算术平均值为结果。结果保留一位小数。

当蛋白质含量在 25％以上时，允许相对偏差为 1％。

当蛋白质含量在 10％～25％之间时，允许相对偏差为 2％。

当蛋白质含量在 10％以下时，允许相对偏差为 3％。

6.7 粗脂肪含量检验

按 GB/T 5512—2008 执行。

6.7.1 测定原理

将粉碎、分散且干燥的试样用有机溶剂回流提取，使试样中的脂肪被溶剂抽提出来，回收溶剂后所得到的残留物，即为粗脂肪。

6.7.2 试剂

无水乙醚：分析纯。

注：不能用石油醚代替乙醚，因为它不能溶解全部的植物脂类物质。

6.7.3 仪器

6.7.3.1 分析天平。

6.7.3.2 电热恒温箱。

6.7.3.3 电热恒温水浴锅。

6.7.3.4 粉碎机、研钵。

6.7.3.5 备有变色硅胶的干燥器。

6.7.3.6 滤纸筒。

6.7.3.7 索氏提取器。

6.7.3.8 圆孔筛：孔径 1mm。

6.7.3.9 广口瓶。

6.7.3.10 脱脂棉。

6.7.3.11 脱脂线和脱脂细沙。

6.7.4 样品制备

取除去杂质的干净试样 30～50g，磨碎，通过孔径为 1mm 的圆孔筛，然后装入广口瓶中备用。试样应研磨至适当粒度，保证连续测定 10 次。

6.7.5 操作步骤

从备用的样品中，称取 2～5g 试样，在 105℃温度下烘 30min，趁热倒入研钵中，加入约 2g 脱脂细沙一同研磨。将试样和细沙研磨到出油状，完全转入滤纸筒内（筒底塞一层脱脂棉，并在 105℃温度下烘 30min），用脱脂棉蘸少量乙醚擦净研钵上的试样和脂肪，并入滤纸筒，最后再用脱脂棉塞入上部，压住试样。

将抽提器安装妥当，然后将装有试样的滤纸筒置于抽提筒内，同时注入乙醚至虹吸管高度以上，待乙醚流净后，在加入乙醚至虹吸管高度的三分之二处，用一块脱脂棉轻轻地塞入冷凝管上口，打开冷凝管进水管，开始加热抽提。控制加热的温度，使冷凝的乙醚为每分钟 120～150 滴，抽提的乙醚每小时回流 7 次以上。抽提时间须视试样含油量而定，玉米中脂肪含量测定一般在 4h 以上，抽提至抽提管内的乙醚用玻璃片检查（点滴试验）无油迹为止。

抽净脂肪后，用长柄镊子取出滤纸筒，再加热使乙醚回流 2 次，然后回收乙醚，取下冷凝管和抽提筒，加热驱尽抽提瓶中残余的乙醚，用脱脂棉蘸乙醚擦净抽提瓶外部，然后将抽提瓶在 105℃ 温度下烘 2h，抽提瓶增加的质量即为粗脂肪的质量。

6.7.6　结果计算

$$粗脂肪（湿基）= \frac{m_1}{m} \times 100\%$$

$$粗脂肪（干基）= \frac{m_1 \times 100}{m(100-H)} \times 100\%$$

式中　m——试样质量，g；

m_1——粗脂肪质量，g；

H——试样水分含量，%。

6.8　粗淀粉含量检验

按 NY/T 11—1985 执行。

本标准适用于水稻、小麦、玉米、谷子、高粱等谷物籽粒中粗淀粉含量的测定。

6.8.1　测定原理

淀粉是多糖聚合物，在一定酸性条件下，以氯化钙溶液为分散介质，淀粉可均匀分散在溶液中，并能形成稳定的具有旋光性的物质。而旋光度的大小与淀粉含量成正比，所以可用旋光法测定。

6.8.2　仪器和设备

6.8.2.1　分析天平：感量 0.001g。

6.8.2.2　实验用粉碎机。

6.8.2.3　电热恒温甘油浴锅：（119±1）℃，浴锅内放入工业甘油，液层厚度为 2cm 左右。

6.8.2.4　旋光仪：钠灯，灵敏度 0.01 度。

6.8.2.5　锥形瓶：150mL，250mL。

6.8.2.6　容量瓶：100mL。

6.8.2.7　滤纸直径：15～18cm，中速。

6.8.3　试剂配制

6.8.3.1　氯化钙-乙酸溶液：将氯化钙（$CaCl_2 \cdot 2H_2O$，分析纯）500g 溶解于 600mL 蒸馏水中，冷却后，过滤。其澄清液以波美比重计测定，在 20℃ 条件下调溶液相对密度为 1.3±0.02；用精密 pH 试纸检查，滴加冰乙酸（分析纯），粗调氯化钙溶液 pH 值为 2.3 左右，然后再用酸度计准确调 pH 值为 2.3±0.05。

6.8.3.2　30%硫酸锌溶液：取硫酸锌（$ZnSO_4 \cdot 7H_2O$，分析纯）30g，用蒸馏水溶解并稀释至 100mL。

6.8.3.3　15%亚铁氰化钾溶液：取亚铁氰化钾 ［$K_4Fe(CN)_6 \cdot 3H_2O$，分析纯］15g，用蒸馏水溶解并稀释至 100mL。

6.8.4　样品的选取和制备

6.8.4.1　将样品挑选干净（带壳种子需脱壳），按四分法缩减取样约 20g。

6.8.4.2　将选取的样品充分风干或在 60～65℃条件下约烘 6h 后粉碎，使 95%的样品通过 60 目筛，混匀，装入磨口瓶备用。

6.8.5　测定步骤

6.8.5.1　称样：称取样品 2.5g，准确至 0.001g。按 GB 3523—83《种子水分测定法》测定水分含量。

6.8.5.2　水解：将称好的样品放入 250mL 锥形瓶中，在水解前 5min 左右，先加 10mL 氯化钙-乙酸溶液湿润样品，充分摇匀，不留结块，必要时可加几粒玻璃珠，使其加速分散，并沿瓶壁加 50mL 氯化钙-乙酸溶液，轻轻摇匀，避免颗粒黏附在液面以上的瓶壁上。加盖小漏斗，置于（119±1）℃甘油浴中，要求在 5min 内达到所需温度，此时瓶中溶液开始微沸，继续加热 5min。取出放入冷水槽，冷却至室温。

注：通过实测得知氯化钙-乙酸溶液的沸点为 118～120℃，当甘油浴的温度回升至（119±1）℃时，样品瓶中溶液开始微沸，因此也可根据瓶中液体沸腾程度，校准控温仪的温度。

6.8.5.3　提取：将水解液全部转入 100mL 容量瓶中，用 30mL 蒸馏水多次冲洗锥形瓶，洗液并入容量瓶中，加 1mL 硫酸锌溶液，摇匀，再加 1mL 亚铁氰化钾溶液，充分摇匀以沉淀蛋白质。若有泡沫，可加几滴无水乙醇消除。用蒸馏水定容，摇匀，过滤，弃去 10～15mL 初滤液，滤液供 6.8.5.4 测定。

6.8.5.4　测定：测定前，用空白液（氯化钙-乙酸液∶蒸馏水＝6∶4）调整旋光仪零点，再将滤液装入旋光管，在（20±1）℃下进行旋光测定，取两次读数平均值。

6.8.6　结果计算

6.8.6.1　计算公式

粗淀粉（干基）的含量按下式计算：

$$粗淀粉(\%) = \frac{a \times 10^6}{LW(100-H) \times 203}$$

式中　a——在旋光仪上读出的旋转角度；

　　L——旋光管长度，dm；

　　W——样品重，g；

　　203——淀粉比旋度；

　　H——样品水分含量，%。

6.8.6.2　结果表示

平行测定的数据用算术平均值表示，保留小数后两位。

6.8.6.3　允许相对误差

谷物籽粒粗淀粉含量的两个平行测定结果的相对误差不得大于 1.0%。

附录 A
样品的脱脂与脱糖（参考件）

A1 谷物种子内含可溶性糖和脂肪较少，经过多次洗糖与不洗糖、脱脂与不脱脂对比试验证明，其中有的谷物籽拉（小麦、水稻、高粱等）粗淀粉测定结果极相近，均在允许误差范围之内，故本标准不要求脱脂与脱糖处理。如遇有特殊样品（脂肪含量超过 5%，可溶性糖含量超过 4%）需要脱脂或脱糖时，可将称好的样品放入 50mL 离心管中，用乙醚脱脂，然后用 60% 热乙醇（以质量计）搅拌，离心，倾去上清液，重复洗至无糖反应为止。最后用 60mL 氮化钙-乙酸溶液将离心管内残留物全部转入 250mL 锥形瓶进行粗淀粉测定。

6.9　脂肪酸值的检验
按 GB/T 15684 执行。

6.9.1　主题内容与适用范围
本标准规定了用无水乙醇提取测定大米、糙米脂肪酸值的方法原理，使用的仪器、试剂，操作步骤及结果计算。

6.9.2　方法原理
在室温下用无水乙醇提取谷物中的脂肪酸，用标准氢氧化钾溶液滴定。

6.9.3　仪器

6.9.3.1　带塞锥形瓶：150mL，200mL。

6.9.3.2　移液管：50mL。

6.9.3.3　比色管：25mL。

6.9.3.4　微量滴定管：5mL，最小刻度值为 0.02mL。

6.9.3.5　天平：感量为 0.01g。

6.9.3.6　振荡器。

6.9.3.7　样品粉碎机。

6.9.3.8　玻璃短颈漏斗。

6.9.3.9　表面皿。

6.9.3.10　定性滤纸：中速。

6.9.4　试剂

6.9.4.1　无水乙醇：AR。

6.9.4.2　1％酚酞-乙醇溶液：1.0g 酚酞溶于 100mL 95％（体积分数）乙醇。

6.9.4.3　0.01mol/L 氢氧化钾-95％乙醇溶液：先配制 0.5mol/L 氢氧化钾水溶液，即称取 28g 氢氧化钾溶于 100mL 水中，再取 20mL 0.05mol/L 氢氧化钾水溶液用 95％（体积分数）乙醇稀释至 1000mL。

6.9.4.4　0.01mol/L 氢氧化钾-乙醇溶液标定：精确称取 105℃烘 2h 并冷却后的邻苯二甲酸氢钾 0.05g（精确至 0.0001g）于 150mL 三角瓶中，加入 50mL 无二氧化碳蒸馏水溶解，加入 1％酚酞指示剂 3～5 滴，用配制的未知浓度的氢氧化钾-乙醇溶液滴定至微红色，以 30s 不褪色为终点，记下用去氢氧化钾的体积（V_1），同时做空白试验（不加邻苯二甲酸氢钾，同上操作），记下用去氢氧化钾的体积（V_0），按下式计算：

$$c(KOH) = (W \times 1000) \div [(V_1 - V_0) \times 204.23]$$

式中　$c(KOH)$——氢氧化钾-乙醇溶液的物质的量浓度，mol/L；

W——称取的邻苯二甲酸氢钾的质量，g；

V_1——滴定用去的氢氧化钾溶液的体积，mL；

V_0——空白试验用去的氢氧化钾溶液的体积，mL；

204.23——邻苯二甲酸氢钾的摩尔质量，g/mol；

1000——换算系数。

6.9.5　操作步骤

6.9.5.1　试样制备：取混合均匀样品 80g，用粉碎机粉碎，细度要求 95％通过 CQ16 筛，磨碎样品充分混合后装入磨口瓶中备用。

注：粉碎后的样品在常温下，脂肪酸会逐渐增加，因此样品经磨碎后应尽快测定，最好不超过 1d。如果不能及时测定，应存放在冰箱（4℃）中。

6.9.5.2　提取：称（10±0.01）g 试样于 150mL 磨口带塞三角瓶中，并用移液管加入 50.0mL 无水乙醇，置振荡器上，振荡 10min。

6.9.5.3　过滤：振荡后静置数分钟，在玻璃漏斗中放入折叠式的滤纸过滤。弃去最初几滴滤液，用 25mL 比色管收集滤液 25mL 以上，并立即准确调节至 25mL。

6.9.5.4　滴定：将比色管的 25mL 滤液移入三角瓶中，并用 50mL 无二氧化碳蒸馏水分三次洗涤比色管（加蒸馏水，使提取液中的醇溶性酶蛋白遇水产生乳白色胶状物，以消除提取液中醇溶性酶蛋白对脂肪酸滴定的影响），将洗涤的溶液一并倒入三角瓶中，加入几滴酚酞指示剂后用氢氧化钾-乙醇溶液滴定至呈微红色，30s 不褪色为止。记下所耗用氢氧化钾-乙醇溶液（V_1）。

6.9.5.5　空白试验：取 25mL 无水乙醇，加 50mL 无二氧化碳蒸馏水于三角瓶中，加几滴 1% 酚酞指示剂，用氢氧化钾-乙醇溶液滴定至呈微红色，记下所耗用氢氧化钾-乙醇溶液（V_0）。

6.9.5.6　测定次数：同一试样进行两次测定。

6.9.6　结果计算

6.9.6.1　脂肪酸值以中和 100g 干物质试样中游离脂肪酸所需氢氧化钾质量（mg）表示。

$$脂肪酸值（mgKOH/100g 干基）=(V_1-V_0)\times c\times 56.1\times\frac{50}{25}\times\frac{100}{m(100-W)}\times 100$$

式中　V_1——滴定试样用去氢氧化钾-乙醇溶液体积，mL；

　　　V_0——滴定空白用去氢氧化钾-乙醇溶液体积，mL；

　　　50——提取试样用无水乙醇的体积，mL；

　　　25——用于滴定的滤液体积，mL；

　　　c——氢氧化钾-乙醇溶液的物质的量浓度，mol/L；

　　56.1——氢氧化钾摩尔质量，g/mol；

　　　m——试样质量，g；

　　　100——换算为 100g 试样质量，g；

　　　W——试样水分百分数，即每 100g 试样中含水分的质量，g。

计算结果取小数点后一位数。

6.9.6.2　两次测定结果差值符合重复性要求时，求其算术平均值为测定结果。

6.9.6.3　重复性

由同一分析者对同一试样同时或相继进行两次测定，结果差值不超过 2mg KOH/100g。

7　检验规则

7.1　检验的一般规则按 GB/T 5490 执行。

7.2　检验批为同品种、同等级、同批次、同收获年份、同储存条件。

7.3　判定规则：容重应符合列表中相应等级的要求，其他指标按照国家有关规定执行。

8　标签标识

8.1　应在包装物上或随行文件中注明产品的名称、类别、等级、产地、收获年份和月份。

8.2 转基因玉米应按照国家有关规定标识。

9 包装、储存和运输

9.1 包装

包装应清洁、牢固、无破损，缝口严密、结实，不得造成产品撒漏，不得给产品带来污染和异常气味。转基因玉米应单独包装。

9.2 储存

应储存在清洁、干燥、防潮、防虫、防鼠、无异味的仓库内，不得与有毒有害物质或水分较高的物质混存。

9.3 运输

应使用符合卫生要求的运输工具和容器运送，运输过程中应注意防水、防潮、防污染。

附录 2　淀粉生产过程检验标准及方法

1　净化后玉米杂质、不完善粒检验

按 GB 5494 执行。

1.1　仪器和用具

1.1.1　天平：感量 0.01g、0.1g、1g。

1.1.2　谷物选筛。

1.1.3　电动筛选器。

1.1.4　分样器和分样板。

1.1.5　分析盘、镊子等。

1.2　照明要求

操作过程中照明条件应符合 GB/T 22505 的要求。

1.3　样品制备

检验杂质的试样分大样、小样两种。大样是用于检验大样杂质，包括大型杂质和绝对筛层的筛下物；小样是从检验过大样杂质的样品中分出少量试样，检验与粮粒大小相似的并肩杂质。检验杂质的试样用量如下：大样质量 500g，小样质量 100g。

1.4　操作过程

1.4.1　筛选

手筛法：按质量标准中规定的筛层套好（大孔筛在上，小孔筛在下，套上筛底），按规定称取试样，倒入筛上，盖好筛盖，然后将选筛放在玻璃板或光滑的桌面上，用双手以每分钟 110～120 次的速度，按顺时针方向和反时针方向各筛动 1min，筛动的范围掌握在选筛直径扩大 8～10cm。筛后静止片刻，将筛上物和筛下物分别倒入分析盘内，卡在筛孔中间的颗粒属于筛上物。

1.4.2　大样杂质检验

从平均样品中，称取试样（W）500g，精确至 1g，按 1.4.1 筛选法分两次进行筛选，然后拣出筛上大型杂质和筛下物合并称重（W_1），精确至 0.01g。

1.4.3　小样杂质检验

从检验过大样杂质的试样中，按规定称取试样（W_2）约 100g，精确至 0.01g；倒入分析盘中，按质量标准的规定拣出杂质称重（W_3），精确至 0.01g。

1.4.4　矿物质检验

质量标准中规定有矿物质指标的（不包括米类），从拣出的小样杂质中拣出矿物质，称量（m_t），精确至 0.01g。

1.4.5　不完善粒检验

在检验小样杂质的同时，按质量标准的规定拣出不完善粒，称量（W_5），精确至 0.01g。

1.5　结果计算

$$大样杂质(\%) = \frac{W_1}{W} \times 100\%$$

式中　W_1——大样杂质质量，g；

　　　W——大样质量，g。

双试验结果允许误差不超过 0.3%，求其平均数，即为检验结果。检验结果取小数点后第一位。

$$小样杂质(\%) = (100 - M) \times \frac{W_3}{W_2}$$

式中　W_3——小样杂质质量，g；

　　　W_2——小样质量，g；

　　　M——大样杂质百分率，%。

双试验结果允许误差不超过 0.3%，求其平均数，即为检验结果。检验结果取小数点后第一位。

杂质总量按下列公式计算：

$$杂质总量(\%) = M + N$$

式中　M——大样杂质百分率，%；

　　　N——小样杂质百分率，%。

计算结果取小数点后第一位。

$$不完善粒(\%) = (100 - M) \times \frac{W_5}{W_2}$$

式中　W_5——不完善粒质量，g；

　　　W_2——小样质量，g；

　　　M——大样杂质百分率，％。

双试验结果允许差：大粒、特大粒粮不超过 1.0％，中小粒粮不超过 0.5％，求其平均数，即为检验结果。检验结果取小数点后第一位。

2　水分的检验

按 GB 5009.3 执行。

2.1　直接干燥法

玉米水分在 18％以上，采取直接干燥法。

2.1.1　仪器、用具

2.1.1.1　电热恒温箱。

2.1.1.2　粉碎机。

2.1.1.3　备有硅胶的干燥器。

2.1.1.4　铝盒（内径 4.5cm，高 2.0cm）。

2.1.1.5　分析天平（0.001g）。

2.1.2　操作过程

第一次干燥：称取整粒试样（W）20g，准确至 0.001g，放入直径 10cm 或 15cm、高 2cm 的烘盒中摊平。使烘箱中温度计的水银球距离烘网 2.5cm 左右，调节烘箱温度在（105±2）℃。在 105℃温度下烘 30～40min，取出，自然冷却至恒重（两次称量之差不超过 0.005g），此为第一次烘后试样质量（W_1）。

第二次干燥：将第一次烘后试样粉碎至细度通过 1.5mm 圆孔筛的不少于 90％。取干净的空铝盒，放在烘箱内温度计水银球下方烘网上，烘 30min 至 1h 取出，在干燥器内冷却至室温，取出称重。用烘至恒重的铝盒（W_0）称取粉碎的试样约 3g（W_2），摊平，在 105℃温度下烘 30～40min，取出，在干燥器中冷却至恒重（两次称量之差不超过 0.005g），此为第二次烘后试样质量（W_3）。

2.1.3　结果计算

用两次烘干法测定含水量时按下列公式计算

$$水分（\%）=\frac{W\times W_2-W_1\times W_3}{W\times W_2}\times100\%$$

式中　W——第一次烘前试样质量，g；

　　　W_1——第一次烘后试样质量，g；

　　　W_2——第二次烘前试样质量，g；

　　　W_3——第二次烘后试样质量，g。

双试验结果允许差不超过 0.2％，求其平均数，即为测定结果。测定结果取小数点后第一位。

2.2　定温定时法

试样水分小于 18.0％时采用此法。

2.2.1　仪器、用具

2.2.1.1　电热恒温箱。

2.2.1.2　粉碎机。

2.2.1.3　备有硅胶的干燥器。

2.2.1.4　铝盒（内径 4.5cm，高 2.0cm）。

2.2.1.5　分析天平（0.001g）。

2.2.2　试样制备

从平均样品中分取一定样品，除去大样杂质和矿物质，粉碎细度通过 1.5mm 圆孔筛的不少于 90％。

2.2.3　试样用量的计算

本法用定量试样，先计算铝盒底面积，再按每平方厘米为 0.126g 计算试样用量（底面积×0.126）。如用直径 4.5cm 的铝盒，试样用量为 2g；用直径为 5.5cm 的铝盒，试样用量为 3g。

2.2.4　操作方法

用已烘至恒重的铝盒称取定量试样（准确至 0.001g），待烘箱温度升至 135～145℃时，将盛有试样的铝盒送入烘箱内温度计周围的烘网上，在 5min 内，将烘箱温度调到（130±2）℃，开始计时，烘 40min 后取出放干燥器内冷却，称重。

2.2.5　计算

$$水分（\%）=\frac{W_1-W_2}{W_1-W_0}\times100\%$$

式中　W_0——铝盒质量，g；

　　　W_1——烘前试样和铝盒的质量，g；

　　　W_2——烘后试样和铝盒的质量，g。

2.3　快速水分测定仪法（适合于 SFY-60 型快速水分测定仪）

2.3.1　手动测定水分方式

2.3.1.1　在仪器现时质量指示灯亮状态下，用手扶住机身，轻轻掀起加热筒。取一匙试样放在称量盘中，使仪器显示"3.00"g 左右（取样数量对测定精度有一定影响，其规律是取样量大，重复性好，但测定时间长。本机最小取样量不低于 3g，一般取样 3.00～3.20g），然后按"↑"键，使初始质量值存入仪器中，取下称量盘用手抖匀试样（注意防止试样流失），放在托架上，连同托架一起轻轻放在称量盘支架上，合上加热筒。

2.3.1.2　按"测试"键，仪器自动开始测定水分，此时水分示值指示灯亮，数据窗显示正在失去的水分量。温度显示值在上升，直到设定值。

在测定水分中温度显示值上下跳动 2～3℃ 为正常现象。

2.3.1.3　当水分测定完成后，仪器自动停止加热，并发出报警声，按一次"显示"键即可消除报警声，此时显示判别时间。再按一次"显示"键，仪器显示最终水分值。

2.3.1.4　掀起加热筒，用托架取出称量盘，用备用称量盘放到称量支架上，按"置零"键置仪器显示为全零。另一称量盘待冷却后，倒出试样，清理，以备下一次测定水分用。

2.3.1.5　等待仪器降温，每次测试间隔时间不得少于 5min。

2.3.2　自动测定水分方式

2.3.2.1　仪器通电预热后，连续按"显示"键，使仪器显示"AO"状态，按"↑"键使显示为"A1"，此时自动测定功能已设定好了，按"清除"键使仪器回到现时质量状态下。

2.3.2.2　第一次测定水分，还是完全按照手动测定方式进行。当第一次测定完后，进行测定水分的取样操作，合上加热筒，当温度显示值降到 49℃ 时，仪器自动进入测定水分工作状态。

2.3.2.3　在选择自动测定水分方式中，每次测定前的准备工作必须在温度显示值下降到 49℃ 之前完成。若没有完成则仪器自动关闭自动测定方式，这时必须按"测试"键使仪器进入测定水分工作状态，当测定结束时，立即把仪器设定为自动测定方式，下一次测定仪器又可自动进行了。该方式是人测试时必须离开仪器情况下使用，一般不需使用。

3　干物的测定（烘箱法）

3.1　方法原理

在精确的时间和温度下，样品被烘干，用天平测损失重。

3.2　仪器设备

3.2.1　鼓风干燥箱：0～300℃。

3.2.2　紧固盖烘盒（铝盒）、干燥器等。

3.3　操作步骤

3.3.1　第一种方法

精确称量大约 5g 样品，放在烘盒（铝盒）中（双份），烘盒首先在 130℃ 烘箱内烘 30min 后置于干燥器内冷却至室温（约 45min），然后称重。将盒盖套在盒底下，放入 130℃ 烘箱内烘 3h。在烘箱内将铝盒加盖，置于干燥器内冷却至室温（约 45min），称重。然后再放入烘箱内烘 30min，取出，在干燥器内冷却称重，直至恒重。

3.3.2　第二种方法

精确称量大约 5g 样品，用布氏漏斗抽滤，滤后的样品放入烘盒中（双份），烘盒首先在 130℃烘箱内烘 30min，置于干燥器内冷却至室温，然后称重。将烘盒盖套在盒底下，放入 130℃烘箱内烘 3h，在烘箱内加盖，置于干燥器内冷却至室温，然后称重。

3.4　结果计算

$$干物含量(\%) = \frac{X}{Y} \times 100\%$$

式中　X——干燥后样品质量，g；

$\quad\quad Y$——样品质量，g。

4　酸度的测定（中和滴定法）

4.1　方法原理

用氢氧化钠标准溶液滴定样品液，根据标液消耗体积计算酸度。

4.2　仪器设备

试验室常规仪器、设备。

4.3　试剂药品

4.3.1　氢氧化钠标准溶液：0.1mol/L。

4.3.2　酚酞指示剂：1%。

4.4　操作步骤

精确称取约 5g 试样，放入三角瓶中，加 3 滴酚酞指示剂，用 0.1mol/L 氢氧化钠标准溶液滴定至溶液呈粉红色为终点。

4.5　结果计算

$$酸度(\%) = \frac{M \times V \times 0.0365}{G} \times 100$$

式中　V——滴定用去 0.1mol/L NaOH 标准溶液的体积，mL；

$\quad\quad M$——NaOH 标准溶液的浓度，mol/L；

$\quad\quad G$——试样的质量，g；

$\ 0.0365$——每毫克当量 HCl 的质量，g。

5　pH 值的测定（酸度计法）

5.1　仪器设备

5.1.1　pH 计：量程 0～14。

5.1.2　烧杯：200mL。

5.2　试剂药品

5.2.1　pH 为 4.00 的标准缓冲溶液。

5.2.2　pH 为 6.864 的标准缓冲溶液。

5.3　操作步骤

5.3.1　分别用 pH 4.00 和 pH 6.864 的标准缓冲溶液标定 pH 计。

5.3.2　移取 100mL 样品放入 200mL 烧杯中，慢慢搅拌 5min，然后立即测定 pH 值。

pH 结果准确至 0.1。

6　二氧化硫的测定（碘量法）

6.1　方法原理

二氧化硫溶液即亚硫酸具有还原性，能被碘氧化，二氧化硫含量越高，滴定时消耗的碘标准溶液的体积（mL）越大。

6.2　仪器设备

试验室常规仪器设备。

6.3　试剂药品

6.3.1　碘标准溶液：0.01mol/L 或 0.05mol/L。

6.3.2　淀粉指示剂：1%。

6.4　操作步骤

称取样品 20g，置于碘量瓶中，加水至 200mL，充分振摇，过滤，取滤液 100mL，加淀粉指示剂 2mL，用碘标准溶液滴定直到蓝黑色几秒钟不变为止。

6.5　结果计算

$$SO_2 \text{ 含量}(\%) = \frac{(V_1 - V_0) \times M \times 0.032 \times 2}{m} \times 100$$

式中　V_1——滴定消耗碘标准溶液的体积，mL；

V_0——空白消耗碘标准溶液的体积，mL；

M——碘标准溶液的浓度，mol/L；

m——试样质量，g；

0.032——每毫克当量碘相当于 SO_2 的质量，g。

工艺水及其他液态试样中 SO_2 的测定：用移液管移取 10mL 样品，放入锥形瓶中，加入 2mL 淀粉指示剂、2mL 36% 乙酸，用 0.05mol/L 碘标准溶液滴定至蓝黑色几秒钟不变为止。

7　可溶物的测定

7.1　液态试样可溶物的测定

7.1.1　方法原理

本方法通过水抽提被测物中的可溶物，再过滤、干燥滤出液部分。

7.1.2　仪器设备

7.1.2.1　瓷蒸发皿：直径 120mm。

7.1.2.2　电磁搅拌器。

7.1.2.3　水浴锅。

7.1.2.4　磁棒。

7.1.2.5　重力滤纸。

7.1.2.6　试验室常规仪器设备。

7.1.3　操作步骤

7.1.3.1　用已恒重的烧杯称取试样 10g，过滤悬浮液，通过重力滤纸流入容量瓶中，把滤液放入已称重的蒸发皿中，并且在蒸汽浴上蒸干。

7.1.3.2　将蒸发皿放入 105℃烘箱内干燥 2h，在干燥器内冷却，称重。

7.1.4　结果计算

$$可溶物(\%)=\frac{残渣重(g)}{样品重(g)}\times100\%$$

7.2　固态试样可溶物的测定

7.2.1　方法原理

同 7.1.1 条。

7.2.2　仪器设备

同 7.1.2 条。

7.2.3　操作步骤

7.2.3.1　样品处理

将样品粉碎或研磨，使样品 90％通过 0.5mm 筛网。

7.2.3.2　称取样品 10g，置于 500mL 烧杯内，加入 200mL 蒸馏水，在磁力搅拌器上搅拌 30min，过滤悬浮液，通过重力滤纸将滤液流入容量瓶，取滤液 100mL，放入已称重的蒸发皿中，并且在蒸汽浴上蒸干。

7.2.3.3　将蒸发皿放入 105℃烘箱内干燥蒸发皿 2h，在干燥器内冷却，然后称重。

7.2.3.4　取 5g 试样测定水分含量。

7.2.4　结果计算

$$可溶物(干基，\%)=\frac{残渣重(g)\times2}{试样干态重(g)}\times100\%$$

8　总淀粉和提取淀粉的测定（旋光法）

8.1　方法原理

被测物中的淀粉可分散在煮沸的盐酸溶液中，形成具有旋光性的物质，用旋光仪测定旋光度，干扰物质被 CarrezⅠ和 CarrezⅡ除去。

8.2　仪器设备

8.2.1　容量瓶：100mL。

8.2.2　水浴锅。

8.2.3　旋光仪。

8.2.4　温度计：0~100℃。

8.2.5　筛网：孔径0.5mm。

8.2.6　标准筛：100目。

8.2.7　折叠过滤纸。

8.2.8　滴定管：50mL。

8.2.9　移液管：25mL。

8.2.10　量筒：25mL。

8.2.11　带软性叶片的搅拌棒。

8.3　试剂药品

8.3.1　1.124%盐酸：取30mL盐酸（GB 622），加水稀释至1000mL。

8.3.2　Carrez I——15%亚铁氰化钾：取15g $K_4[Fe(CN)_6]\cdot 3H_2O$ 溶于水中，并稀释至100mL。

8.3.3　Carrez II——30%硫酸锌：取30g $ZnSO_4\cdot 7H_2O$ 溶于水中，并稀释至100mL。

8.4　操作步骤

8.4.1　总淀粉的测定

8.4.1.1　对试样水分大于18%的样品，应预先经低温干燥处理，使样品水分小于18%。

8.4.1.2　用实验室粉碎机粉碎或研钵研磨25g样品，使其90%通过0.5mm的筛网，取大约5g样品测水分。

8.4.1.3　于100mL容量瓶中（双份）加入1.124%盐酸溶液25mL，加入5g研好的样品，再加25mL 1.124%盐酸，小心摇动，然后放入沸水浴中，水浴必须保持沸腾，当容量瓶内溶液温度达到95℃时，开始计时。

8.4.1.4　在水浴中最初3min内不断摇动容量瓶，但不能提出水面，15min后从水浴中取出，冷却到20℃。

8.4.1.5　向容量瓶中加入3mL Carrez I 和 Carrez II，以除去可能产生的左旋溶解物质，加入蒸馏水至刻度，剧烈摇动容量瓶，然后放置数分钟，用叠好的滤纸将其过滤于干燥的量筒中，弃去最初滤液25mL，取清澈、最好无色的滤液，加入旋光管中，测定旋光度。校正旋光计零点，如果有必要，取新的试剂和旋光管做空白试验，对样品旋光度进行校正。

8.4.2　连接淀粉的测定

将样品放在100目筛上，用蒸馏水洗涤，并用带软性叶片的搅拌棒搅拌，直到把样品洗净，溶液澄清为止（也可用碘液检验溶液是否变蓝，如变蓝应继续洗），以后操作同总淀粉的测定（8.4.1条）。

8.5　结果计算

8.5.1　淀粉含量计算

$$淀粉含量(干基，\%) = \frac{100 \times a \times 100}{[a]_D^{20} \times L \times A}$$

式中　a——测得的旋光度；

$[a]_D^{20}$——比旋度，玉米的比旋度为 184.6；

L——旋光管长，dm；

A——称取样品的干基量。

8.5.2　提取淀粉含量的计算

$$提取淀粉 = 总淀粉 - 连接淀粉$$

9　波美度的测定（波美计法）

9.1　仪器

波美计。

9.2　操作方法

将波美计洗净擦干，缓缓放入盛有待测样品的适当量筒中，勿使碰及容器四周及底部，保持样品温度在 20℃，待其静置后，再轻轻按下少许，然后待其自然上升，静置并无气泡冒出后，从水平位置观察与液面相交处的刻度，即为样品的波美度。

注：a. 取样品时，须将样品充分混合后，沿量筒壁注入量筒中，避免产生气泡。

b. 读波美度值时，波美计不可与量筒壁接触，示数以波美计与液面形成弯月面下缘为准。

10　蛋白质的测定（凯氏定氮法）

10.1　原理

凯氏法测定试样中的含氮量，即在催化剂作用下，用硫酸破坏有机物，使含氮物转化成硫酸铵。加入强碱进行蒸馏使氨逸出，用硼酸吸收后，再用酸滴定，测出氮含量，将结果乘以换算系数 6.25，计算出蛋白质（粗蛋白质）含量。

10.2　试剂

10.2.1　浓硫酸：分析纯。

10.2.2　混合催化剂：0.4g 分析纯五水硫酸铜，6g 分析纯硫酸钾，磨碎混匀。

10.2.3　40％分析纯氢氧化钠水溶液。

10.2.4　2％分析纯硼酸水溶液。

10.2.5　混合指示剂：0.1％甲基红乙醇溶液，0.5％溴甲酚绿乙醇溶液，两溶液等体积混合。该混合指示剂在阴暗处保存期为三个月。

10.2.6　盐酸（或硫酸）标准溶液：按 GB 601 配备。

10.2.6.1　0.1mol/L 盐酸（或 0.05mol/L 硫酸）标准溶液。

10.2.6.2 0.02mol/L 盐酸（或 0.01mol/L 硫酸）标准溶液。

10.2.7 蔗糖：分析纯。

10.2.8 硫酸铵：分析纯。

10.2.9 硼酸吸收液：向 1％硼酸水溶液 1000mL 中加入 0.1％溴甲酚绿乙醇溶液 10mL、0.1％甲基红乙醇溶液 7mL、4％氢氧化钠水溶液 0.5mL，混合。该吸收液于阴暗处保存期为一个月（全自动程序用）。

10.3 仪器设备

10.3.1 实验室用样品粉碎机或研钵。

10.3.2 分样筛：孔径 1mm。

10.3.3 分析天平：感量 0.0001g。

10.3.4 消煮炉或电炉。

10.3.5 滴定管：酸式，10mL、25mL。

10.3.6 凯氏烧瓶：500mL。

10.3.7 凯氏蒸馏装置：常量直接蒸馏式或半微量水蒸气蒸馏式。

10.3.8 锥形瓶：150mL、250mL。

10.3.9 容量瓶：100mL。

10.3.10 消煮管：250mL。

10.3.11 定氮仪：以凯氏原理制造的各类型半自动、全自动蛋白质测定仪。

10.4 试样的选取和制备

选取具有代表性的试样，用四分法缩减至 200g，粉碎后全部通过 40 目，装于密封容器中，防止试样成分的变化。

10.5 分析步骤

10.5.1 试样的消煮

称取试样 0.5～1g（含氮量 5～80mg）准确至 0.0002g，放入凯氏烧瓶中，加入 6.4g 混合催化剂，与试样混合均匀，再加入 12mL 硫酸和 2 粒玻璃珠，凯氏烧瓶置于电炉上加热，开始小火，待样品焦化，泡沫消失后，再加强火力（360～410℃）直至呈透明的蓝绿色，然后再继续加热，至少 2h。

10.5.2 氨的蒸馏（常量蒸馏法）

将试样消煮液冷却，加入 60～100mL 蒸馏水，摇匀，冷却。将蒸馏装置的冷凝管末端浸入装有 40mL 硼酸吸收液和 2 滴混合指示剂的锥形瓶内。然后小心地向凯氏烧瓶中加入 50mL 氢氧化钠溶液，轻轻摇动凯氏烧瓶，使溶液混匀后再加热蒸馏，直至流出液体积为 150mL。降下锥形瓶，使冷凝管末端离开液面，继续蒸馏 1～2min，并用蒸馏水冲洗冷凝管末端，洗液均流入锥形瓶内，然后停止蒸馏。

10.5.3 蒸馏步骤的检验

精确称取 0.2g 硫酸铵，代替试样，按 10.5.2 步骤进行操作，测得硫酸铵含氮量为 21.19%±0.2%，否则应检查加碱、蒸馏和滴定各步骤是否正确。

10.5.4　滴定

蒸馏后的吸收液立即用 0.05mol/L 的硫酸标准溶液滴定，溶液由蓝绿色变成灰红色为终点。

10.5.5　空白测定

称取 0.5g 蔗糖，代替试样，进行空白测定。

10.6　检验结果计算

$$蛋白质(\%) = \frac{(V_2 - V_1) \times c \times 0.0280 \times 6.25 \times 100}{m \times (100 - H)} \times 100$$

式中　0.0280——每毫升 1.0mol/L 硫酸溶液相当于氮的质量（g），g/mmol；

　　　V_2——滴定试样时所消耗硫酸标准溶液的体积，mL；

　　　V_1——滴定空白时所消耗硫酸标准溶液的体积，mL；

　　　c——硫酸标准溶液的浓度，mol/L；

　　　m——试样的质量，g；

　　　H——样品水分，%。

10.7　重复性

每个试样取两个平行样进行测定，以其算术平均值为结果。结果保留一位小数。

当蛋白质含量在 25% 以上时，允许相对偏差为 1%。

当蛋白质含量在 10%～25% 之间时，允许相对偏差为 2%。

当蛋白质含量在 10% 以下时，允许相对偏差为 3%。

11　粗脂肪含量检验

按 GB/T 5512—2008 执行。

11.1　测定原理

将粉碎、分散且干燥的试样用有机溶剂回流提取，使试样中的脂肪被溶剂抽提出来，回收溶剂后所得到的残留物，即为粗脂肪。

11.2　试剂

无水乙醚：分析纯。

注：不能用石油醚代替乙醚，因为它不能溶解全部的植物脂类物质。

11.3　仪器

11.3.1　分析天平。

11.3.2　电热恒温箱。

11.3.3　电热恒温水浴锅。

11.3.4　粉碎机、研钵。

11.3.5　备有变色硅胶的干燥器。

11.3.6　滤纸筒。

11.3.7　索氏提取器。

11.3.8　圆孔筛：孔径 1mm。

11.3.9　广口瓶。

11.3.10　脱脂棉。

11.3.11　脱脂线和脱脂细沙。

11.4　样品制备

取除去杂质的干净试样 30～50g，磨碎，通过孔径为 1mm 的圆孔筛，然后装入广口瓶中备用。试样应研磨至适当粒度，保证连续测定 10 次。

11.5　操作步骤

从备用的样品中，称取 2～5g 试样，在 105℃温度下烘 30min，趁热倒入研钵中，加入约 2g 脱脂细沙一同研磨。将试样和细沙研磨到出油状，完全转入滤纸筒内（筒底塞一层脱脂棉，并在 105℃温度下烘 30min），用脱脂棉蘸少量乙醚擦净研钵上的试样和脂肪，并入滤纸筒，最后再用脱脂棉塞入上部，压住试样。

将抽提器安装妥当，然后将装有试样的滤纸筒置于抽提筒内，同时注入乙醚至虹吸管高度以上，待乙醚流净后，在加入乙醚至虹吸管高度的三分之二处，用一块脱脂棉轻轻地塞入冷凝管上口，打开冷凝管进水管，开始加热抽提。控制加热的温度，使冷凝的乙醚为每分钟 120～150 滴，抽提的乙醚每小时回流 7 次以上。抽提时间须视试样含油量而定，玉米中脂肪含量测定一般在 4h 以上，抽提至抽提管内的乙醚用玻璃片检查（点滴试验）无油迹为止。

抽净脂肪后，用长柄镊子取出滤纸筒，再加热使乙醚回流 2 次，然后回收乙醚，取下冷凝管和抽提筒，加热驱尽抽提瓶中残余的乙醚，用脱脂棉蘸乙醚擦净抽提瓶外部，然后将抽提瓶在 105℃温度下烘 2h，抽提瓶增加的质量即为粗脂肪的质量。

11.6　结果计算

$$粗脂肪（湿基）= \frac{m_1}{m} \times 100\%$$

$$粗脂肪（干基）= \frac{m_1 \times 100}{m(100-H)} \times 100\%$$

式中　m——试样质量，g；

　　　m_1——粗脂肪质量，g；

　　　H——试样水分含量，%。

12　粗淀粉含量检验

按 NY/T 11—1985 执行。

本标准适用于水稻、小麦、玉米、谷子、高粱等谷物籽粒中粗淀粉含量的测定。

12.1 测定原理

淀粉是多糖聚合物，在一定酸性条件下，以氯化钙溶液为分散介质，淀粉可均匀分散在溶液中，并能形成稳定的具有旋光性的物质。而旋光度的大小与淀粉含量成正比，所以可用旋光法测定。

12.2 仪器和设备

12.2.1 分析天平：感量 0.001g。

12.2.2 实验用粉碎机。

12.2.3 电热恒温甘油浴锅：(119±1)℃，浴锅内放入工业甘油，液层厚度为 2cm 左右。

12.2.4 旋光仪：钠灯，灵敏度 0.01 度。

12.2.5 锥形瓶：150mL，250mL。

12.2.6 容量瓶：100mL。

12.2.7 滤纸直径：15～18cm，中速。

12.3 试剂配制

12.3.1 氯化钙-乙酸溶液：将氯化钙（$CaCl_2 \cdot 2H_2O$，分析纯）500g 溶解于 600mL 蒸馏水中，冷却后，过滤。其澄清液以波美比重计测定，在 20℃条件下调溶液相对密度为 1.3±0.02；用精密 pH 试纸检查，滴加冰乙酸（分析纯），粗调氯化钙溶液 pH 值为 2.3 左右，然后再用酸度计准确调 pH 值为 2.3±0.05。

12.3.2 30％硫酸锌溶液：取硫酸锌（$ZnSO_4 \cdot 7H_2O$，分析纯）30g，用蒸馏水溶解并稀释至 100mL。

12.3.3 15％亚铁氰化钾溶液：取亚铁氰化钾［$K_4Fe(CN)_6 \cdot 3H_2O$，分析纯］15g，用蒸馏水溶解并稀释至 100mL。

12.4 样品的选取和制备

12.4.1 将样品挑选干净（带壳种子需脱壳），按四分法缩减取样约 20g。

12.4.2 将选取的样品充分风干或在 60～65℃条件下约烘 6h 后粉碎，使 95％的样品通过 60 目筛，混匀，装入磨口瓶备用。

12.5 测定步骤

12.5.1 称样：称取样品 2.5g，准确至 0.001g。按 GB 3523—83《种子水分测定法》测定水分含量。

12.5.2 水解：将称好的样品放入 250mL 锥形瓶中，在水解前 5min 左右，先加 10mL 氯化钙-乙酸溶液湿润样品，充分摇匀，不留结块，必要时可加几粒玻璃珠，使其加速分散，并沿瓶壁加 50mL 氯化钙-乙酸溶液，轻轻摇匀，避免颗粒黏附在液面以上的瓶壁上。加盖小漏斗，置于（119±1）℃甘油浴中，要求在 5min 内达到所需温度，此时瓶中溶液开始微沸，继续加热 5min。取出放入冷水槽，冷却至室温。

　　注：通过实测得知氯化钙-乙酸溶液的沸点为 118~120℃，当甘油浴的温度回升至（119±1）℃时，样品瓶中溶液开始微沸，因此也可根据瓶中液体沸腾程度，校准控温仪的温度。

　　12.5.3　提取：将水解液全部转入 100mL 容量瓶中，用 30mL 蒸馏水多次冲洗锥形瓶，洗液并入容量瓶中，加 1mL 硫酸锌溶液，摇匀，再加 1mL 亚铁氰化钾溶液，充分摇匀以沉淀蛋白质。若有泡沫，可加几滴无水乙醇消除。用蒸馏水定容，摇匀，过滤，弃去 10~15mL 初滤液，滤液供 12.5.4 测定。

　　12.5.4　测定：测定前，用空白液（氯化钙-乙酸液：蒸馏水＝6：4）调整旋光仪零点，再将滤液装入旋光管，在（20±1）℃下进行旋光测定，取两次读数平均值。

　　12.6　结果计算

　　12.6.1　计算公式

粗淀粉（干基）的含量按下式计算：

$$粗淀粉(\%) = \frac{a \times 10^6}{LW(100-H) \times 203}$$

式中　a——在旋光仪上读出的旋转角度；

　　　L——旋光管长度，dm；

　　　W——样品重，g；

　　203——淀粉比旋度；

　　　H——样品水分含量，％。

　　12.6.2　结果表示

平行测定的数据用算术平均值表示，保留小数后两位。

　　12.6.3　允许相对误差

谷物籽粒粗淀粉含量的两个平行测定结果的相对误差不得大于 1.0％。

附录 A

样品的脱脂与脱糖（参考件）

　　A1 谷物种子内含可溶性糖和脂肪较少，经过多次洗糖与不洗糖、脱脂与不脱脂对比试验证明，其中有的谷物籽拉（小麦、水稻、高粱等）粗淀粉测定结果极相近，均在允许误差范围之内，故本标准不要求脱脂与脱糖处理。如遇有特殊样品（脂肪含量超过 5％，可溶性糖含量超过 4％）需要脱脂或脱糖时，可将称好的样品放入 50mL 离心管中，用乙醚脱脂，然后用 60％热乙醇（以质量计）搅拌，离心，倾去上清液，重复洗至无糖反应为止。最后用 60mL 氯化钙-乙酸溶液将离心管内残留物全部转入 250mL 锥形瓶进行粗淀粉测定。

13 脂肪酸值的检验

按 GB/T 15684 执行。

13.1 主题内容与适用范围

本标准规定了用无水乙醇提取测定大米、糙米脂肪酸值的方法原理，使用的仪器、试剂，操作步骤及结果计算。

13.2 方法原理

在室温下用无水乙醇提取谷物中的脂肪酸，用标准氢氧化钾溶液滴定。

13.3 仪器

13.3.1 带塞锥形瓶：150mL，200mL。

13.3.2 移液管：50mL。

13.3.3 比色管：25mL。

13.3.4 微量滴定管：5mL，最小刻度值为 0.02mL。

13.3.5 天平：感量为 0.01g。

13.3.6 振荡器。

13.3.7 样品粉碎机。

13.3.8 玻璃短颈漏斗。

13.3.9 表面皿。

13.3.10 定性滤纸：中速。

13.4 试剂

13.4.1 无水乙醇：AR。

13.4.2 1％酚酞-乙醇溶液：1.0g 酚酞溶于 100mL 95％（体积分数）乙醇。

13.4.3 0.01mol/L 氢氧化钾-95％乙醇溶液：先配制 0.5mol/L 氢氧化钾水溶液，即称取 28g 氢氧化钾溶于 100mL 水中，再取 20mL 0.05mol/L 氢氧化钾水溶液用 95％（体积分数）乙醇稀释至 1000mL。

13.4.4 0.01mol/L 氢氧化钾-乙醇溶液标定：精确称取 105℃烘 2h 并冷却后的邻苯二甲酸氢钾 0.05g（精确至 0.0001g）于 150mL 三角瓶中，加入 50mL 无二氧化碳蒸馏水溶解，加入 1％酚酞指示剂 3～5 滴，用配制的未知浓度的氢氧化钾-乙醇溶液滴定至微红色，以 30s 不褪色为终点，记下用去氢氧化钾的体积（V_1），同时做空白试验（不加邻苯二甲酸氢钾，同上操作），记下用去氢氧化钾的体积（V_0），按下式计算

$$c(\text{KOH}) = (W \times 1000) \div [(V_1 - V_0) \times 204.23]$$

式中　$c(\text{KOH})$ ——氢氧化钾-乙醇溶液的物质的量浓度，mol/L；

W——称取的邻苯二甲酸氢钾的质量，g；

V_1——滴定用去的氢氧化钾溶液的体积，mL；

V_0——空白试验用去的氢氧化钾溶液的体积，mL；

204.23——邻苯二甲酸氢钾的摩尔质量，g/mol；

1000——换算系数。

13.5　操作步骤

13.5.1　试样制备：取混合均匀样品80g，用粉碎机粉碎，细度要求95％通过CQ16筛，磨碎样品充分混合后装入磨口瓶中备用。

注：粉碎后的样品在常温下，脂肪酸会逐渐增加，因此样品经磨碎后应尽快测定，最好不超过1d。如果不能及时测定，应存放在冰箱（4℃）中。

13.5.2　提取：称（10±0.01）g试样于150mL磨口带塞三角瓶中，并用移液管加入50.0mL无水乙醇，置振荡器上，振荡10min。

13.5.3　过滤：振荡后静置数分钟，在玻璃漏斗中放入折叠式的滤纸过滤。弃去最初几滴滤液，用25mL比色管收集滤液25mL以上，并立即准确调节至25mL。

13.5.4　滴定：将比色管的25mL滤液移入三角瓶中，并用50mL无二氧化碳蒸馏水分三次洗涤比色管（加蒸馏水，使提取液中的醇溶性酶蛋白遇水产生乳白色胶状物，以消除提取液中醇溶性酶蛋白对脂肪酸滴定的影响），将洗涤的溶液一并倒入三角瓶中，加入几滴酚酞指示剂后用氢氧化钾-乙醇溶液滴定至呈微红色，30s不褪色为止。记下所耗用氢氧化钾-乙醇溶液（V_1）。

13.5.5　空白试验：取25mL无水乙醇，加50mL无二氧化碳蒸馏水于三角瓶中，加几滴1％酚酞指示剂，用氢氧化钾-乙醇溶液滴定至呈微红色，记下所耗用氢氧化钾-乙醇溶液（V_0）。

13.5.6　测定次数：同一试样进行两次测定。

13.6　结果计算

13.6.1　脂肪酸值以中和100g干物质试样中游离脂肪酸所需氢氧化钾质量（mg）表示。

脂肪酸值（mgKOH/100g干基）＝

$$(V_1-V_0)\times c\times 56.1\times\frac{50}{25}\times\frac{100}{m(100-W)}\times 100$$

式中　V_1——滴定试样用去氢氧化钾-乙醇溶液体积，mL；

V_0——滴定空白用去氢氧化钾-乙醇溶液体积，mL；

50——提取试样用无水乙醇的体积，mL；

25——用于滴定的滤液体积，mL；

c——氢氧化钾-乙醇溶液的物质的量浓度，mol/L；

56.1——氢氧化钾摩尔质量，g/mol；

m——试样质量，g；

100——换算为100g试样质量，g；

W——试样水分百分数，即每100g试样中含水分的质量，g。

计算结果取小数点后一位数。

13.6.2 两次测定结果差值符合重复性要求时，求其算术平均值为测定结果。

13.6.3 重复性：由同一分析者对同一试样同时或相继进行两次测定，结果差值不超过2mg KOH/100g。

14 细度的测定

14.1 原理

用分样筛进行筛分，通过分样筛得到样品质量的过程。

14.2 仪器

14.2.1 天平：感量0.1g。

14.2.2 分样筛：金属丝编织筛网，根据产品要求选用规定的孔径。

14.2.3 检验筛：金属丝编织筛网，根据产品要求选用规定的孔径。振动频率：1420次/min。振幅2~5mm（筛号为100目）。

14.2.4 橡皮球：直径5mm。

14.3 操作过程

14.3.1 人工筛分法

将样品充分混匀，称取混合好的样品50g，精确至0.1g。均匀摇动分样筛，直至筛分不下为止，小心倒出分样筛上剩余物称重，精确至0.1g。

14.3.2 标准检验筛筛分法（仲裁法）

将样品充分混匀，称取混合好的样品50g，精确至0.1g。将样品均匀地倒入检验筛中，放入橡皮球5个，固定筛体，振摇10min后，称量筛上物，精确至0.1g。

14.4 测定次数

对同一样品进行二次测定。

14.5 结果计算

细度应以筛下物占样品总质量的百分比表示。

$$X = \frac{m_0 - m_1}{m_0} \times 100\%$$

式中 X——样品细度，%；

m_0——样品的总质量，g；

m_1——样品未过筛的筛上剩余物质量，g。

取平行实验结果的算术平均值为结果，结果保留一位小数。

14.6 重复性

平行实验结果的绝对差值，不应超过质量分数的 0.5%。

若超出上述限值，应再重新测定。

附录 3 食用玉米淀粉（GB/T 8885—2017）

1 范围

本标准规定了食用玉米淀粉的技术要求、检验方法、检验规则、验收规则、以及标签、标志、包装、运输、贮存和销售的要求。

本标准适用于 GB 1353 中玉米为原料生产的食用淀粉。

2 规范性引用文件

下列文件对于本文件的应用是必不可少的。凡是注日期的引用文件，仅注日期的版本适用于本文件。凡是不注日期的引用文件，其最新版本（包括所有的修改单）适用于本文件。

GB/T 191 包装储运图示标志

GB 1353 玉米

GB/T 5009.3 食品安全国家标准 食品水分的测定

GB 5009.4 食品安全国家标准 食品中灰分的测定

GB 5009.239 食品安全国家标准 食品酸度的测定

GB 7718 预包装食品标签通则

GB/T 12104 淀粉术语

GB/T 22427.4 淀粉斑点测定

GB/T 22427.5 淀粉细度测定

GB/T 22427.6 淀粉白度测定

GB/T 22427.10 淀粉及其衍生物氮含量测定

GB 31637 食品安全国家标准 食用淀粉

JJF 1070 定量包装商品净含量计量检验规则

定量包装商品计量监督管理办法 国家质量监督检验检疫总局令【2005】第75号

3 术语和定义

GB/T 12104 界定的术语和定义适用于本文件。

4 技术要求

4.1 感官要求

应符合表 1 规定。

表 1 感官要求

项目	指标		
	优级品	一级品	二级品
外观	白色或微带浅黄色阴影的粉末,具有光泽		
气味	具有玉米淀粉固有的特殊气味,无异味		

4.2 理化指标

理化指标应符合表 2 规定。

表 2 理化指标

项目		指标		
		优级品	一级品	二级品
水分/%	≤	14.0		
酸度(干基)/°T	≤	1.50	1.80	2.00
灰分(干基)/%	≤	0.10	0.15	0.18
蛋白质(干基)/%	≤	0.35	0.40	0.45
斑点/(个/cm²)	≤	0.4	0.7	1.0
细度/%	≥	99.5	99.0	98.5
脂肪(干基)/%	≤	0.10	0.15	0.20
白度/%	≥	88.0	87.0	85.0

4.3 安全指标

应符合 GB 3637 的规定。

4.4 净含量

净含量应符合 JJF 1070 和《定量包装商品计量监督管理办法》的规定。

5 检验方法

5.1 感官指标检测

5.1.1 取适量样品置于白色瓷盘内,在自然光线条件下,用肉眼观察其色泽、形态和杂质。

5.1.2 取淀粉样品 20g,放入 100mL 磨口瓶中,加入 50℃ 的温水 50mL,加盖,振摇 30s,嗅其气味。

5.2 水分检测

水分检测按 GB/T 5009.3 中的直接干燥法执行。

5.2.1 范围

本标准规定了在常压条件下，采用烘箱在130℃烘干淀粉测定水分的方法。

本标准适用于干燥的天然淀粉和变性淀粉的水分测定。

本标准不适用于某些特殊淀粉的水分测定，如含有在130℃时不稳定物质的淀粉。

5.2.2 术语和定义

下列术语和定义适用于本标准。

淀粉水分：在本标准规定的测试条件下，试样损失的质量，以质量分数表示。

5.2.3 原理

将试样放在温度为130～133℃的恒温烘箱内，于常压下烘干90min，测定试样损失的质量。

5.2.4 仪器

实验室常用仪器和下列仪器。

5.2.4.1 分析天平：感量0.001g。

5.2.4.2 烘盒：用在测试条件下不受淀粉影响的金属（例如铝）制作，并有大小合适的盒盖。其有效表面能使试样均匀分布时质量不超过0.3g/cm²。适宜尺寸为直径55～65mm，高度15～30mm，壁厚约0.5mm。

5.2.4.3 恒温烘箱：配有适当的空气循环装置的电加热器，能够使得测试样品周围的空气温度均匀保持在130～133℃范围内。烘箱的热功率应能保证在烘箱温度调到131℃时，放入最大数量的试样后，在30mm内烘箱温度回升到131℃，从而保证所有的样品同时干燥。

5.2.4.4 干燥器：内置有效的干燥剂和一个使烘盒快速冷却的多孔厚隔板。

5.2.5 试验样品

测试样品应没有任何结块、硬块，并应充分混匀后使用。样品应放在防潮、密闭的容器内，测试样品取出后，应将剩余样品储存在相同的容器中，以备下次测试时再用。

5.2.6 分析步骤

5.2.6.1 烘盒恒质

取干净的空烘盒，放在130℃烘箱内烘30～60min，取出烘盒置于干燥器内冷却至室温，取出称量；再烘30min，重复进行冷却、称量至前后两次质量差不超过0.005g，即为恒质（m_0）。

5.2.6.2 样品及烘盒称量

精确称取5g±0.25g充分混匀的试样，倒入恒质后的烘盒内，使试样均匀分布在盒底表面上，盖上盒盖，立即称量烘盒和试样的总质量（m_1）。在整个过程中，应尽可能减少烘盒在空气中的暴露时间。

5.2.6.3　测定

称量结束后，将盒盖打开斜靠在烘盒旁，迅速将盛有试样的烘盒和盒盖放入已预热到 130℃ 的恒温烘箱内，当烘箱温度恢复到 130℃ 时开始计时，样品在 130～133℃ 的条件下烘 90min，然后取出，并迅速盖上盒盖，放入干燥器中，在干燥器中烘盒不可叠放。烘盒在干燥器中冷却 30～45min 至室温，然后将烘盒从干燥器内取出，在 2min 内精确称量出样品和带盖烘盒的总质量（m_2）。

对同一样品应进行两次平行测定。

5.2.7　结果计算

$$X = \frac{m_1 - m_2}{m_1 - m_0} \times 100\%$$

式中　X——试样水分含量，%；

m_0——恒质后的空烘盒和盖的总质量，g；

m_1——干燥前带有样品的烘盒和盖的总质量，g；

m_2——干燥后带有样品的烘盒和盖的总质量，g。

如果两次平行测定结果的绝对差值没有超过 5.2.8.1 中给定的重复性的限度，则取两次测定结果的算术平均值为最终测定结果。

5.2.8　精密度

5.2.8.1　重复性

在短时间内，在同一个实验室，由同一个操作者，使用相同的仪器，采用相同的测试方法，对同一份样品进行测定，获得两个独立的测定结果。这两个测定结果的绝对差值不应大于 0.2%。

5.2.8.2　再现性

在不同的实验室，由不同的操作者，使用不同仪器，采用相同的测试方法，对于同一份被测样品进行测定，获得两个独立的测定结果。这两个测定结果的绝对差值不应大于 0.4%。

5.2.9　实验报告

实验报告需说明：

——使用的方法；

——单次测定结果；

——如果进行了重复性测试，应说明得到的最终测定结果。

没有在本标准中说明的或是可选择的所有操作细节以及可能影响测试结果的任何意外细节也可以提及。

实验报告还应该包括鉴别样品所需要的其他所有信息。

5.3　酸度检测

酸度检测按 GB 5009.239 中淀粉及其衍生物产品测定方法的规定执行。

5.3.1 定义

淀粉酸度以 10.0g 试样消耗氢氧化钠溶液（$c=0.1000$mol/L）体积（mL）表示。

5.3.2 试剂

5.3.2.1 氢氧化钠标准滴定溶液 [$c(NaOH)=0.1000$mol/L]。

5.3.2.2 酚酞指示液：称取 0.5g 酚酞溶解在 95% 乙醇中并定容至 50.0mL。

5.3.3 操作过程

称取 5.0g 经研磨均匀的试样，置于 250mL 锥形瓶中，加 30.0～40.0mL 水，摇匀，使成糊状，加 5 滴酚酞指示液，用氢氧化钠标准滴定溶液滴定至初现粉红色，0.5min 不褪色即为终点。

5.3.4 结果计算

$$X=(V-V_0)\times 2\times \frac{c}{0.1000\times(100-H)/100}$$

式中 X——试样酸度，°T；

V——试样消耗氢氧化钠标准溶液体积，mL；

V_0——空白消耗氢氧化钠标准溶液体积，mL；

c——氢氧化钠标准滴定溶液浓度，mol/L；

H——试样水分，%；

0.1000——氢氧化钠标准滴定溶液 [$c(NaOH)=0.1000$mol/L] 的浓度，mol/L。

计算结果保留三位有效数字。

5.3.5 允许差

在重复性条件下获得的两次独立测定结果的绝对差值不得超过算术平均值的 10%。

5.4 灰分检测

灰分检测按 GB 5009.4 食品中总灰分测定方法的规定执行。

5.4.1 原理

将样品在 900℃ 高温下灰化，直至灰化样品的炭完全消失，得到样品的残留物。

5.4.2 仪器

5.4.2.1 坩埚：由铂或其他在测定条件下不受影响的材料制成，平底，容量为 40mL，最小可用表面积为 15cm^2。

5.4.2.2 干燥器：内有有效充足的干燥剂和一个厚的多孔板。

5.4.2.3 灰化炉：有控制和调节温度的装置，可提供（900±25）℃的灰化温度。

5.4.2.4　分析天平：感量 0.0001g。

5.4.2.5　电热板或本生灯。

5.4.3　操作过程

5.4.3.1　坩埚预处理

不管是新的或是使用过的坩埚，必须先用沸腾的稀盐酸洗涤，再用大量自来水洗涤，最后用蒸馏水冲洗。

将洗净坩埚置于灰化炉内，在（900±25）℃下灼烧 30min，并在干燥器内冷却至室温后称重，精确至 0.0001g。

5.4.3.2　称样

根据对灰分含量的估计，迅速称取样品 10g，精确至 0.0001g，将样品均匀分布在坩埚内，不要压紧。

5.4.3.3　炭化

将坩埚置于灰化炉口、电热板或者本生灯上，半盖坩埚盖，小心加热使样品在通风情况下完全炭化，直到无烟产生。

燃烧会产生挥发性物质，要避免自燃，自燃会使样品从坩埚中溅出而导致损失。

5.4.3.4　灰化

炭化结束后，即刻将坩埚放入灰化炉内，将温度升高至（900±25）℃，保持此温度直至剩余的炭全部消失为止，一般 1h 可灰化完毕。打开炉门，将坩埚移至炉口冷却至 200℃左右，然后将坩埚放入干燥器使之冷却至室温，准确称重，精确至 0.0001g。

每次放入干燥器的坩埚不得超过四个。

5.4.3.5　测定次数

对同一样品做二次测定。

5.4.4　结果计算

5.4.4.1　计算方法

若灰分含量以样品残留物的质量占样品质量百分比表示为：

$$X_1 = \frac{m_1}{m_0} \times 100$$

若灰分含量以样品残留物的质量占样品干基质量百分比表示为：

$$X_2 = \frac{m_1}{m_0(100-H)} \times 100$$

式中　X_1——样品灰分，%；

　　　X_2——样品灰分（以干基计），%；

m_0——样品的原质量，g；

m_1——灰化后剩余物的质量，g；

H——样品水分，％。

以平行实验的算术平均值为结果。得到结果之差应符合 5.4.4.2 规定，结果保留两位小数。

5.4.4.2　允许差

分析人员同时或迅速连续进行二次测定，其结果之差的绝对值：当灰分不大于 1％时，应不超过平均结果的 0.02％；当灰分大于 1％时，应不超过平均结果的 2％。

5.5　蛋白质检测

蛋白质检测按 GB/T 22427.10 执行（氮换算成蛋白质系数为 6.25）。

5.5.1　原理

在催化剂作用下，用硫酸分解样品，然后中和样品液进行蒸馏使氨释放，用硼酸收集，再用标定好的硫酸溶液滴定，得到硫酸的耗用量转换成氮含量。

5.5.2　仪器

5.5.2.1　凯氏烧瓶：500mL。

5.5.2.2　锥形瓶：500mL。

常量定氮蒸馏装置见图 1。

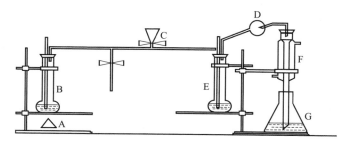

图 1　常量定氮蒸馏装置

A—电炉；B—圆底烧瓶；C—漏斗；D—定氮球；E—凯氏烧瓶；F—冷凝管；G—锥形瓶

5.5.3　试剂

5.5.3.1　40％氢氧化钠溶液。

5.5.3.2　0.025mol/L 硫酸标准溶液：按 GB 601 配制与标定。

5.5.3.3　2％硼酸溶液。

5.5.3.4　浓硫酸。

5.5.3.5　复合催化剂：硫酸钾 97g 和无水硫酸铜 3g 的混合物。

5.5.3.6　混合指示液：0.1％的甲基红乙醇溶液 20mL，加 0.2％溴甲酚绿乙醇溶液 30mL，摇匀即得。

5.5.4 操作过程

5.5.4.1 分解

称取混匀的样品 3～4g（精确至 0.001g），放入干燥的凯氏烧瓶中（避免样品粘在瓶颈内壁上），加入复合催化剂 10g、硫酸 25mL 和几粒玻璃珠，轻轻摇动烧瓶，使样品完全湿润，然后将凯氏烧瓶以 45°角斜放于支架上，瓶口盖以玻璃漏斗，用电炉开始缓慢加热，当泡沫消失后，强热至沸。待瓶壁不附有炭化物时，且瓶内液体为澄清浅绿色后，继续加热 30min，使其完全分解（以上操作应在通风橱内进行）。

5.5.4.2 蒸馏

待分解液冷却后，用蒸馏水冲洗玻璃漏斗及烧瓶瓶颈，并稀释至 200mL，将凯氏烧瓶移于蒸馏架上，在冷凝管下端接 500mL 锥形瓶作接收器（瓶内预先注入 2％硼酸溶液 50.0mL 及混合指示液 10 滴），将冷凝管的下口插入锥形瓶的液体中，然后沿凯氏烧瓶颈壁缓慢加入 40％氢氧化钠溶液 70～100mL，打开冷却水，立即连接蒸馏装置，轻轻摇动凯氏烧瓶，使溶液混合均匀，加热蒸馏，至馏出液为原体积的 3/5 时停止加热。使冷凝管下口离开锥形瓶，用少量水冲洗冷凝管，洗液并入锥形瓶中。

5.5.4.3 滴定

将锥形瓶内的液体用 0.025mol/L 硫酸标准溶液滴定，使溶液由蓝绿色变为灰紫色，即为终点。同时做空白试验。

5.5.5 计算

$$X = \frac{(V_1 - V_0) \times c \times 0.028 \times 6.25}{m(100 - H)/100} \times 100$$

式中　X——样品中蛋白质的含量，％；

　　　V_1——滴定样品时消耗 0.025mol/L 硫酸标准溶液体积，mL；

　　　V_0——空白试验时消耗 0.025mol/L 硫酸标准溶液体积，mL；

　　　c——硫酸标准溶液的浓度，mol/L；

　　　m——样品质量，g；

　6.25——氮换算成蛋白质的系数；

0.028——1mL 1mol/L 硫酸标准溶液相当于氮的质量，g；

　　　H——样品水分，％。

5.5.6 允许差

同一样品两次滴定所消耗硫酸溶液体积之差应小于 0.1mL，最终结果保留两位小数。

5.6 脂肪检测

5.6.1 原理

用乙醚将样品中的脂肪抽提出来，干燥后，得到样品的总脂肪剩余物质量占原样品质量的百分率。

5.6.2　仪器

5.6.2.1　索氏提取器（Soxhlet）。

5.6.2.2　电水浴锅。

5.6.2.3　烘箱。

5.6.3　试剂与材料

5.6.3.1　无水乙醚。

5.6.3.2　滤纸筒及脱脂滤纸。

5.6.4　操作过程

精确称取绝干样品5g（精确至0.0001g），用经过干燥的脱脂滤纸将样品包好，置于滤纸筒中，放入索氏提取器抽提筒内，将抽提筒与经过干燥的已知质量的抽提瓶连好，将乙醚倒入抽提筒内至虹吸管高度上边，使乙醚虹吸下去。两次后，再倒入乙醚至虹吸管高度2/3处，装上冷凝管，在65℃蒸馏水的水浴上回流抽提4h。取出滤纸筒，回收乙醚，至抽提瓶中残留液为1～2mL时，取下抽提瓶，在水浴上驱除残余的乙醚，洗净瓶外部，置于105℃烘箱中，烘至恒重（前后两次称量之差不得超过0.2mg，取较小称量结果）。

5.6.5　计算

$$X = \frac{m_1 - m_2}{m_0} \times 100\%$$

式中　X——样品的脂肪，%；

m_1——抽提瓶和残留物的质量，g；

m_2——抽提瓶的质量，g；

m_0——绝干试样的质量，g。

取平行实验的算术平均值为结果，最终结果保留两位小数。

5.6.6　精密度

在重复性条件下获得的两次独立测定结果的绝对差值不得超过算术平均值的5%。

5.7　斑点检测

斑点检测按GB/T 22427.4执行。

5.7.1　原理

通过肉眼观察样品，读出斑点的数量。

5.7.2　仪器

5.7.2.1　透明板：刻有10个方形格（1cm×1cm）的无色透明板。清洁，无污染。

5.7.2.2 平板：白色、清洁，无污染，可均匀分布样品。

5.7.3 操作过程

5.7.3.1 样品预处理

样品应进行充分混匀。

5.7.3.2 称样

称取混合好的样品 10g，均匀分布在平板上。

5.7.3.3 计数

将透明板盖到已均匀分布的样品上，并轻轻压平。在较好的光线下，眼与透明板的距离保持 30cm，用肉眼观察样品中的斑点，并进行计数，记下 10 个空格内淀粉中的斑点总数量。

5.7.3.4 测定次数

应进行平行测定。

注：分析人员的裸眼视力或矫正视力应在 1.0 以上。

5.7.4 结果计算

5.7.4.1 计算方法

结果以每平方厘米的斑点的数量表示。

$$X = \frac{C}{10}$$

式中　X——样品斑点数，个/cm^2；

　　　C——10 个空格内样品斑点的总数，个。

取平行实验的算术平均值为结果，结果保留一位小数。

5.7.4.2 重复性

平行实验结果的绝对差值，不应超过 1.0。若超出上述限值，应重新测定。

5.8 细度检测

细度检测按 GB/T 22427.5 执行。

5.8.1 原理

用分样筛进行筛分，通过分样筛得到样品质量的过程。

5.8.2 仪器

5.8.2.1 天平：感量 0.1g。

5.8.2.2 分样筛：金属丝编织筛网，根据产品要求选用规定的孔径。

5.8.2.3 检验筛：金属丝编织筛网，根据产品要求选用规定的孔径。振动频率：1420 次/min。振幅 2~5mm（筛号为 100 目）。

5.8.2.4 橡皮球：直径 5mm。

5.8.3 操作过程

5.8.3.1　人工筛分法

将样品充分混匀，称取混合好的样品 50g，精确至 0.1g。均匀摇动分样筛，直至筛分不下为止，小心倒出分样筛上剩余物称重，精确至 0.1g。

5.8.3.2　标准检验筛筛分法（仲裁法）

将样品充分混匀，称取混合好的样品 50g，精确至 0.1g。将样品均匀地倒入检验筛中，放入橡皮球 5 个，固定筛体，振摇 10min 后，称量筛上物，精确至 0.1g。

5.8.4　测定次数

对同一样品进行二次测定。

5.8.5　结果计算

细度应以筛下物占样品总质量的百分比表示。

$$X = \frac{m_0 - m_1}{m_0} \times 100\%$$

式中　X——样品细度，%；

　　　m_0——样品的总质量，g；

　　　m_1——样品未过筛的筛上剩余物质量，g。

取平行实验结果的算术平均值为结果，结果保留一位小数。

5.8.6　重复性

平行实验结果的绝对差值，不应超过质量分数的 0.5%。

若超出上述限值，应再重新测定。

5.9　白度检测

白度检测按 GB/T 22427.6 执行。

5.9.1　白度

在规定条件下，样品表面蓝光反色率与标准白板表面光反射率的比值。

5.9.2　原理

通过样品对蓝光的反射率与标准白板对蓝光的反射率进行对比，得到样品的白度。

5.9.3　仪器

5.9.3.1　白度仪：波长在 420～470nm 之间，有合适的样品盒及标准白板，读数须精确至 0.1。

5.9.3.2　压样器。

5.9.4　操作步骤

5.9.4.1　样品预处理

样品应进行充分混匀。

5.9.4.2 样品白板的制作

按白度仪所提供的样品盒装样，并根据白度仪所规定的方法制作样品白板。

5.9.4.3 白度仪操作

按所规定的操作方法进行，用标有白度的优级纯氧化镁制成的标准白板进行校正。

5.9.4.4 测定

用白度仪对样品白板进行测定，读取白度值。

5.9.4.5 测定次数

对同一样品进行二次测定。

5.9.5 结果的表示

白度以白度仪测得的样品白度值表示。

取平行实验的算术平均值为结果，保留一位小数。

5.9.6 重复性

平行实验结果的绝对差值不应超过 0.2。若超出上述限值，应重新测定。

5.10 二氧化硫检测

5.10.1 原理

$$I_2 + SO_2 + 2H_2O \Longrightarrow H_2SO_4 + 2HI$$

5.10.2 仪器

a. 碘量瓶：500mL。

b. 滴定管：5mL。

5.10.3 试剂

a. $c(\frac{1}{2}I_2) = 0.01 mol/L$ 碘标准溶液：按 GB 601 配制与标定。

b. 0.5% 淀粉指示液：按 GB 603 制备。

5.10.4 操作过程

称取样品 20g（精确至 0.01g），置于碘量瓶中，加蒸馏水 200mL，充分振摇 15min 后，过滤。取滤液 100mL 置于锥形瓶中，加淀粉指示液 2mL，用 $c(\frac{1}{2}I_2) = 0.01 mol/L$ 碘标准溶液滴定至淡蓝色，即为终点。

同时做空白试验。

5.10.5 结果计算

$$X(mg/kg) = \frac{(V - V_0)/1000 \times c \times 32 \times 1000 \times 200/100}{m/1000}$$

$$= (V - V_0) \times c \times 3200$$

式中　V——滴定试样时消耗碘液体积，mL；

　　　V_0——空白试验时消耗碘液体积，mL；

c——½I_2标准溶液浓度，mol/L；

m——样品质量，g。

5.10.6　允许差

同一样品两次滴定值之差应小于0.02mL，最后结果取三位小数。

6　检验规则

6.1　批次

同一批原料、同一班次、同一生产线生产的包装完好的同一品种，同一规格产品为一批。

6.2　型式检验抽样方法基数及数量

随机抽取同一批次产品。所抽查的样品基数不得少于250kg，且不少于10个独立包装；抽样人员需携带取样工具和盛装样品的容器。抽样时，应从同一批次样品堆的4个不同部位随机抽取4个或4个以上的独立包装，分别从中取出相应的样品；抽样总量不得少于2kg，将抽取的样品通过四分法分样，取出一部分供检验。

6.3　出厂检验

6.3.1　每批按出厂检验项目进行检验，检验合格后方可出厂。

6.3.2　出厂检验项目包括感官要求、水分、灰分、斑点、细度和白度。

6.4　型式检验

6.4.1　型式检验包括技术指标中规定的全部项目。

6.4.2　产品在正常生产时每半年检验一次，出现下列情况时应及时检验：

a）新产品定型鉴定时；

b）原料来源有重大改变或生产工艺重大改变时；

c）停产半年以上，重新开始生产时；

d）出厂检验结果与上次型式检验有较大差异时；

e）国家质量监督机构或主管部门提出进行型式检验要求时。

6.5　判定和复检规则

6.5.1　出厂检验判定和复检

6.5.1.1　出厂检验项目全部符合要求，判为合格品。

6.5.1.2　出厂检验项目中有1项不符合本标准规定，可以加倍随机抽样进行该项目的复检，复检后仍不符合本标准要求，则判该批产品为不合格品。

6.5.2　型式检验判定和复检

6.5.2.1　型式检验项目全部符合本标准规定，判为合格。

6.5.2.2　型式检验项目不超过两项（含两项）不符合本标准，可以加倍抽样复检，复检后仍有一项不符合本标准的规定，判该产品为不合格产品。

7 标签、标志、包装、运输、贮存和销售

7.1 标签、标志

产品的标签应符合 GB 7718 的规定，并明确标出产品的等级。

产品的标志应符合 GB/T 191 的规定。

7.2 包装

7.2.1 同一规格的包装容器应大小一致，干燥、清洁、牢固并符合相关的卫生要求。

7.2.2 包装材料用符合食品要求的纸袋、编织袋、塑料袋、复合膜袋等。包装应严密结实，防潮、防污染。

7.3 运输

运输设备应清洁卫生，无其他强烈刺激；运输时，不得受潮。在整个运输过程中要保持干燥、清洁，不得与有毒、有害、有腐蚀性物品混装、混运，避免日晒和雨淋。装卸时应轻拿轻放，严禁直接钩、扎包装袋。

7.4 贮存

7.4.1 产品应贮存在常温、遮阳、干燥、通风良好、洁净、无异味、无病虫害和鼠害的环境下，不能与有毒、有害物品混贮，不应露天堆放。

7.4.2 产品应分类存放，标识清楚，货堆不宜过大，防止损坏产品包装。

7.5 销售

产品销售场所保持干燥、清洁，不与有毒、有害、有异味物品共处。

附录4 玉米原油质量标准

1 范围

本标准规定了玉米油术语和定义、分类、基本组成和主要物理参数、质量要求、检验方法及规则、标签、包装、储存、运输和销售等要求。

本标准适用于成品玉米油和玉米原油商品。

玉米原油的质量指标仅适用于玉米原油的贸易。

2 规范性引用文件

下列文件对于本文件的应用是必不可少的。凡是注日期的引用文件，仅注日期的版本适用于本文件。凡是不注日期的引用文件，其最新版本（包括所有的修改单）适用于本文件。

GB 2716 食用植物油卫生标准

GB 2760 食品安全国家标准 食品添加剂使用标准

GB 2761 食品安全国家标准 食品中真菌毒素限量

GB 2762　食品安全国家标准　食品中污染物限量

GB 2763　食品安全国家标准　食品中农药最大残留限量

GB/T 5009.37　食用植物油卫生标准的分析方法

GB 5009.168　食品安全国家标准　食品中农药最大残留限量

GB 5009.229　食品安全国家标准　食品中酸价的测定

GB 5009.236　食品安全国家标准　动植物油脂水分及挥发物的测定

GB/T 5524　动植物油脂　扦样

GB/T 5525　植物油脂检验　透明度、气味、滋味鉴定法

GB/T 5526　植物油脂检验　比重测定法

GB/T 5531　粮油检验　植物油脂加热试验

GB/T 5533　粮油检验　植物油脂皂量的测定

GB 7718　食品安全标准　预包装食品标签通则

GB/T 15688　动植物油脂　不溶性杂质含量的测定

GB/T 17374　食用植物油销售包装

GB/T 17756—1999　色拉油通用技术条件

GB/T 20795　植物油脂烟点测定

GB/T 25223　动植物油脂　甾醇组成和甾醇总量的测定　气相色谱法

GB 5529　食品安全标准　预包装食品营养标准通则

3　术语和定义

下列术语和定义适用于本文件。

3.1　玉米油 maize oil

采用玉米胚（包括：玉米胚芽和少量玉米皮、玉米胚乳）制取的油品。

3.2　玉米原油 crude maize oil

采用玉米胚制取的，不能直接供人食用的油品。

3.3　成品玉米油 finished product of maize oil

经加工处理的供人食用的油品。

3.3.1　压榨玉米油 pressing maize oil

利用机械压力挤压玉米胚制取的油品。

3.3.2　浸出玉米油 solvent extraction maize oil

利用溶剂溶解油脂的特性，从玉米胚或预榨饼中制取的玉米原油经精炼加工制成的油品。

3.4　甾醇 sterl

含羟基的环戊烷骈全氢菲类化合物的总称，以游离状态或同脂肪酸结合成酯

的状态存在于生物体内。

　　注：质量要求中项目的术语和定义参见 GB/T 1533。

4　分类

玉米油分为玉米原油和成品玉米油两类。

5　基本组成和主要物理参数

玉米油的基本组成和主要物理参数见表1。这些组成和参数表示了玉米油的基本特性，当被用于真实性判定时，仅作参考使用。

表 1　玉米油基本组成和主要物理参数

项目			指标
相对密度(d_{20}^{20})			0.917～0.925
脂肪酸组成/%	十四碳以下脂肪酸	≤	0.3
	豆蔻酸($C_{14:0}$)	≤	0.3
	棕榈酸($C_{16:0}$)	≤	8.6～16.5
	棕榈一烯酸($C_{16:1}$)	≤	0.5
	十七烷酸($C_{17:0}$)	≤	0.1
	十七碳一烯酸($C_{17:1}$)	≤	0.1
	硬脂酸($C_{18:0}$)	≤	3.3
	油酸($C_{18:1}$)	≤	20.0～42.2
	亚油酸($C_{18:2}$)	≤	34.0～65.6
	亚麻酸($C_{18:3}$)	≤	2.0
	花生酸($C_{20:0}$)	≤	0.3～1.0
	花生一烯酸($C_{20:1}$)	≤	0.2～0.6
	花生二烯酸($C_{20:2}$)	≤	0.1
	山嵛酸($C_{22:0}$)	≤	0.5
	芥酸($C_{22:1}$)	≤	0.3
	木焦油酸($C_{24:0}$)	≤	0.5

　　注：表中指标和数据与国际食品法典委员会标准 CODEX-STAN210—1999（2015）《指定的植物油法典标准》的指标和数据一致。

6　质量要求

6.1　玉米原油质量指标

玉米原油质量指标见表2。

表 2　玉米原油质量指标

项目		质量指标
气味、滋味		具有玉米原油固有的气味和滋味，无异味
水分及挥发物/%	≤	0.20
不溶性杂质/%	≤	0.20
酸价(以 KOH 计)/(mg/g)	≤	按照 GB 2716 执行

6.2　成品玉米油质量指标

成品玉米油质量指标见表 3。

表 3　成品玉米油质量指标

项目		质量指标		
		一级	二级	三级
色泽		淡黄色至黄色	淡黄色至橙黄色	淡黄色至棕红色
透明度(20℃)		澄清、透明	澄清	允许微浊
气味、滋味		无异味，口感好	无异味，口感良好	具有玉米油固有气味和滋味，无异味
水分及挥发物含量/%	≤	0.10	0.15	0.20
不溶性杂质含量/%	≤	0.05	0.05	0.05
酸价(以 KOH 计)/(mg/g)	≤	0.50	2.0	按照 GB 2716 执行
含皂量/%	≤	—	0.02	0.03
烟点/℃	≥	190	—	

注：划有"—"者不做检测。

一级玉米油的冷冻试验（0℃储藏 5.5h）规定澄清、透明；加热试验（280℃）规定无析出物，允许油色变浅或不变。

二级玉米油加热试验（280℃）规定微量析出物，允许油色变浅、不变、变深。

6.3　食品安全要求

6.3.1　应符合 GB 2716 和国家有关的规定。

6.3.2　食品添加剂的品种和使用量应符合 GB 2760 的规定，但不得添加任何香精香料，不得添加其他食用油类和非食用物质。

6.3.3　真菌毒素限量应符合 GB 2761 的规定。

6.3.4　污染物限量应符合 GB 2762 的规定。

6.3.5　农药残留限量应符合 GB 2763 及相关规定。

7 检验方法

7.1 透明度、气味、滋味检验

按 GB/T 5525 执行。

7.1.1 透明度

7.1.1.1 仪器

比色管：100mL，直径 25mm。

7.1.1.2 操作方法

量取试样 100mL 注入比色管中，在室温下静止 24h，然后移置在乳白灯泡前（或在比色管后衬以白纸），观察透明程度，记录观察结果。

7.1.1.3 结果表示

观察结果：透明度以"透明""微浊""混浊"表示。

7.1.2 气味、滋味

取少量试样注入烧杯中，加温至 50℃，用玻璃棒边搅拌边嗅气味，同时尝辨滋味。凡具有该油固有的气味和滋味，无异味的为合格，不合格的应注明异味情况。

7.2 色泽检验

按 GB/T 5009.37 执行。

7.2.1 仪器

烧杯：直径 50mm，杯高 100mm。

7.2.2 分析步骤

将试样混匀并过滤于烧杯中，油层高度不得小于 5mm，在室温下先对着自然光观察，然后再置于白色背景前借其反射光线观察并按下列词句描述：白色、灰白色、柠檬色、淡黄色、黄色、橙色、棕黄色、棕色、棕红色、棕褐色等。

7.3 相对密度检验

按 GB/T 5526 执行。

7.3.1 液体比重天平法

7.3.1.1 仪器和用具

7.3.1.1.1 液体比重天平。

7.3.1.1.2 烧杯、吸管等。

7.3.1.2 试剂

7.3.1.2.1 洗涤液。

7.3.1.2.2 乙醇、乙醚。

7.3.1.2.3 无二氧化碳之蒸馏水。

7.3.1.2.4 脱脂棉、滤纸等。

7.3.1.3 操作方法

7.3.1.3.1 称量水：按照仪器使用说明，先将仪器校正好，在挂钩上挂 1 号砝码，向量筒内注入蒸馏水达到浮标上的白金丝浸入水中 1cm 为止。将水调节到 20℃ 时，拧动天平座上的螺丝，使天平达到平衡，不要再移动，倒出量筒内的水，先用乙醇，后用乙醚将浮标、量筒和温度计上的水除净，再用脱脂棉揩干。

7.3.1.3.2 称试样：将试样注入量筒内，达到浮标上的白金丝浸入试样中 1cm 为止，待试样温度达到 20℃ 时，在天平刻槽上移加砝码使天平恢复平衡。

砝码的使用方法：先将挂钩上的 1 号砝码移至刻槽 9 上，然后在刻槽上加 2 号、3 号、4 号砝码，使天平达到平衡。

7.3.1.4 结果计算

天平达到平衡后，按大小砝码所在的位置计算结果。1 号、2 号、3 号、4 号砝码分别为小数第一位、第二位、第三位和第四位。例如，油温均为 20℃，1 号砝码在 9 处，2 号在 4 处，3 号在 3 处，4 号在 5 处，此时油脂的相对密度 d_{20}^{20} 为 0.9435。

测出的密度按公式（1）换算为标准密度

$$密度(d_4^{20}) = d_{20}^{20} \times d_{20} \tag{1}$$

式中 d_4^{20}——油温 20℃、水温 4℃ 时油脂试样的密度；

d_{20}^{20}——油温 20℃、水温 20℃ 时油脂试样的密度；

d_{20}——水在 20℃ 时的密度。水温 20℃ 时水的密度为 0.998230g/mL。

如试样温度和水温度都须换算时，则按公式（2）计算：

$$d_4^{20} = [d_{t_2}^{t_1} + 0.00064 \times (t_1 - 20)]d_{t_2} \tag{2}$$

式中 t_1——试样温度，℃；

t_2——水温度，℃；

$d_{t_2}^{t_1}$——试样温度 t_1、水温度 t_2 时测得的密度；

0.00064——油脂在 10～30℃ 之间每差 1℃ 的膨胀系数（平均值）。

双试验结果允许差不超过 0.0004，求其平均数，即为测定结果。测定结果取小数点后四位。

7.3.2 比重瓶法

7.3.2.1 仪器和用具

7.3.2.1.1 比重瓶：25mL 或 50mL（带温度计塞）。

7.3.2.1.2 电热恒温水浴锅。

7.3.2.1.3 吸管：25mL。

7.3.2.1.4 烧杯、试剂瓶、研钵等。

7.3.2.2 试剂

7.3.2.2.1 乙醇、乙醚。

7.3.2.2.2　无二氧化碳之蒸馏水。

7.3.2.2.3　滤纸等。

7.3.2.3　操作方法

7.3.2.3.1　洗瓶：用洗涤液、水、乙醇、水依次洗净比重瓶。

7.3.2.3.2　测定水重：用吸管吸取蒸馏水沿瓶口内壁注入比重瓶，插入带温度计的瓶塞（加塞后瓶内不得有气泡存在），将比重瓶置于20℃恒温水浴中，待瓶内温度达到（20±0.2）℃时，取出比重瓶用滤纸吸去排水管溢出的水，盖上瓶帽，揩干瓶外部，约经30min后称重。

7.3.2.3.3　测定瓶重：倒出瓶内的水，用乙醇和乙醚洗净瓶内水分，用干燥空气吹去瓶内残留的乙醚，并吹干瓶内外，然后加瓶塞和瓶帽称重（瓶重应减去瓶内空气质量，$1cm^3$ 的干燥空气质量在标准状况下为 0.001293g，约为 0.0013g）。

7.3.2.3.4　测定试样重：吸取 20℃ 以下澄清试样，按测定水重法注入瓶内，加塞，用滤纸蘸乙醚揩净外部，置于 20℃ 恒温水浴中，经 30min 后取出，揩净排水管溢出的试样和瓶外部，盖上瓶帽，称重。

7.3.2.4　结果计算

在试样和水的温度为20℃条件下测得的试样重（W_2）和水重（W_1），先按公式(3) 计算密度（d_{20}^{20}）

$$密度(d_{20}^{20}) = W_2/W_1 \tag{3}$$

式中　W_1——水质量，g；

　　　W_2——试样质量，g；

　　　d_{20}^{20}——油温、水温均为20℃时油脂的密度。

换算为水温 4℃ 的密度以及试样和水温都须换算时的公式同式(1) 和（2）。

7.4　水分及挥发物检验

按 GB 5009.236 执行。

7.4.1　范围

本标准规定了测定动植物油脂中水分及挥发物含量的两种方法。

本标准第一法［沙浴（电热板）法］适用于所有的动植物油脂；第二法（电热干燥箱法）仅适用于酸价低于 4mg/g 的非干性油脂，不适用于月桂酸型的油（棕榈仁油和椰子油）。

7.4.2　沙浴（电热板）法

7.4.2.1　原理

在 103℃±2℃ 的条件下，对测试样品进行加热至水分及挥发物完全散尽，测定样品损失的质量。

7.4.2.2　仪器和设备

7.4.2.2.1　分析天平：感量 0.001g。

7.4.2.2.2　碟子：陶瓷或玻璃的平底碟，直径 80mm/90mm，深约 30mm。

7.4.2.2.3　温度计：刻度范围至少为 80～110℃，长约 100mm 水银球加固，上端具有膨胀室。

7.4.2.2.4　沙浴或电热板（室温～150℃）。

7.4.2.2.5　干燥器：内含有效的干燥剂。

7.4.2.3　分析步骤

7.4.2.3.1　试样制备

在预先干燥并与温度计一起称量的碟子中，称取试样约 20g，精确至 0.001g。

液体样品：对于澄清无沉淀物的液体样品，在密闭的容器中摇匀。对于浑浊或有沉淀物的液体样品，在密闭的容器中摇动，直至沉淀物完全与容器壁分离，并均匀地分布在油体中。检查是否有沉淀物吸附在容器壁上，如有吸附，应完全清除（必要时打开容器），使它们完全与油混合。

固体样品：将样品加热至刚变为液体，按液体试样操作，使其充分混匀。

7.4.2.3.2　试样测定

将装有测试样品的碟子在沙浴或电热板上加热至 90℃，升温控制在 10℃/min 左右，边加热边用温度计搅拌。

降低加热速率观察碟子底部气泡的上升，控制温度上升至 103℃±2℃，确保不超过 105℃。继续搅拌至碟子底部无气泡放出。

为确保水分完全散尽，重复数次加热至 103℃±2℃、冷却至 90℃的步骤，将碟子和温度计置于干燥器中，冷却至室温，称量，精确至 0.001g。重复上述操作，直至连续两次结果不超过 2mg。

7.4.2.4　分析结果的表述

水分及挥发物含量（X）以质量分数表示，按下式计算：

$$X = \frac{m_1 - m_2}{m_1 - m_0} \times 100\%$$

式中　X——水分及挥发物含量，%；

　　　m_1——加热前碟子、温度计和测试样品的质量，g；

　　　m_2——加热后碟子、温度计和测试样品的质量，g；

　　　m_0——碟子和温度计的质量，g。

计算结果保留小数点后两位。

7.4.2.5　精密度

在重复性条件下获得的两次独立测定结果的绝对差值不得超过算术平均值的 10%。

7.4.3 电热干燥箱法

7.4.3.1 原理

在 103℃±2℃ 的条件下，对测试样品进行加热至水分及挥发物完全散尽，测定样品损失的质量。

7.4.3.2 仪器和设备

7.4.3.2.1 分析天平：感量 0.001g。

7.4.3.2.2 玻璃容器：平底，直径约 50mm，高约 30mm。

7.4.3.2.3 电热干燥箱：主控温度 103℃±2℃。

7.4.3.2.4 干燥器：内含有效的干燥剂。

7.4.3.3 分析步骤

7.4.3.3.1 试样准备

在预先干燥并称量的玻璃容器中，根据试样预计水分及挥发物含量，称取 5g 或 10g 试样，精确至 0.001g。

7.4.3.3.2 将含有试样的玻璃容器置于 103℃±2℃ 的电热干燥箱中 1h，再移入干燥器中，冷却至室温，称量，准确至 0.001g。重复加热、冷却及称量的步骤，每次复烘时间为 30min，直到连续两次称量的差值根据试样品质量的不同，分别不超过 2mg（5g 样品时）或 4mg（10g 样品时）。

重复加热后样品的质量增加，说明油脂已自动氧化。此时取最小值计算结果，或使用第一法。

7.4.3.4 分析结果的表述

水分及挥发物含量（X）以质量分数表示，按下式计算：

$$X = \frac{m_1 - m_2}{m_1 - m_0} \times 100\%$$

式中　X——水分及挥发物含量，%；

$\quad m_1$——加热前碟子、温度计和测试样品的质量，g；

$\quad m_2$——加热后碟子、温度计和测试样品的质量，g；

$\quad m_0$——碟子和温度计的质量，g。

计算结果保留小数点后两位。

7.4.3.5 精密度

在重复性条件下获得的两次独立测定结果的绝对差值不得超过算术平均值的 10%。

7.5 不溶性杂质检验

按 GB/T 15688 执行。

7.5.1 范围

本标准规定了动植物油脂中不溶性杂质含量的测定方法。

本标准适用于动植物油脂。如果皂类（特别是钙皂）或氧化脂肪酸不作为不溶性杂质含量进行计算，应采用不同的溶剂和操作方法，使不溶性杂质含量的测定符合相关要求。

7.5.2　规范性引用文件

下列文件中的条款通过本标准的引用而成为本标准的条款。凡是注日期的引用文件，其随后所有的修改单（不包括勘误的内容）或修订版均不适用于本标准，然而，鼓励根据本标准达成协议的各方研究是否可使用这些文件的最新版本。凡是不注日期的引用文件，其最新版本适用于本标准。

GB/T 15687　油脂试样制备（GB/T 15687—1995，eqv ISO661:1989）

7.5.3　术语和定义

下列术语和定义适用于本标准。

不溶性杂质含量：在本标准规定的条件下，不溶于正己烷或石油醚的物质及外来杂质的量。

注 1：含量用质量分数表示。

注 2：这些杂质包括机械杂质、矿物质、碳水化合物、含氮化合物、各种树脂、钙皂、氧化脂肪酸、脂肪酸内酯和（部分）碱皂、羟基脂肪酸及其甘油酯等。

7.5.4　原理

用过量正己烷或石油醚溶解试样，对所得试液进行过滤，再用同样的溶剂冲洗残留物和滤纸，使其在 103℃ 下干燥至恒质计算不溶性杂质的含量。

7.5.5　试剂

警告：应采用处理危险品的操作规则，遵循各种技术、组织及个人的安全措施。

除另有说明，所用试剂均为分析纯。

7.5.5.1　正己烷或石油醚：石油醚的馏程为 30～60℃，溴值小于 1。上述任何一种溶剂，每 100mL 完全蒸发后的残留物应不超过 0.002g。

7.5.5.2　硅藻土：经纯化、煅烧，其质量损失在 900℃（赤热状态）下少于 0.2%。

7.5.6　仪器

实验室常规设备和试验仪器及以下仪器。

7.5.6.1　分析天平：分度值 0.001g。

7.5.6.2　电烘箱：可控制在 103℃±2℃。

7.5.6.3　锥形瓶：容量 250mL，带有磨口玻璃塞。

7.5.6.4　干燥器：内装有效干燥剂。

7.5.6.5　无灰滤纸：无灰滤纸在燃烧后的最大残留物质量为 0.01%，对尺寸大于 2.5μm 的颗粒的拦截率可达到 98%。玻璃纤维过滤器为带盖直径为

120mm 的金属（最好是铝制）或玻璃容器。

7.5.6.6　坩埚式过滤器：玻璃，P16 级（孔径 10～16μm），直径 40mm，容积 50mL，带抽气瓶。可以替代 7.5.6.5 所描述的过滤器来过滤包括酸性油在内的所有产品。

7.5.7　扦样

扦样不是本标准规定的内容，推荐采用 GB/T 5524。

实验室收到的样品应具有代表性，在运输或存储过程中不得受损或改变。

7.5.8　试样制备

按 GB/T 15687 方法制备试样。

7.5.9　操作步骤

7.5.9.1　称取试样

在锥形瓶（7.5.6.3）中，称取约 20g 试样，精确至 0.01g。

7.5.9.2　测定

7.5.9.2.1　将滤纸及带盖过滤器或坩埚式过滤器置于烘箱中，烘箱温度为103℃，加热烘干燥。在干燥器中冷却，并称量，精确至 0.001g。对于酸性油按7.5.9.2.7 准备坩埚，然后再按 7.5.9.2.2 操作。

7.5.9.2.2　加 200mL 正己烷或石油醚于装有试样的锥形瓶中，盖上塞子并摇动。对于蓖麻油可增加溶剂量以便于操作，因此可采用较大的锥形瓶。在20℃下放置 30min。

7.5.9.2.3　在合适的漏斗中通过无灰滤纸过滤，必要时通过坩埚过滤器抽滤。清洗锥形瓶时要确保所有的杂质都被洗入滤纸或坩埚中。

用少量的溶剂清洗滤纸或坩埚过滤器，洗至溶剂不含油脂。如有必要，适当加热溶剂，但温度不能超过 60℃，用于溶解滤纸上的一些凝固的脂肪。

7.5.9.2.4　将滤纸从漏斗移到过滤器中，静置使滤纸上的大部分溶剂在空气中挥发，并在 103℃烘箱中使溶剂完全蒸发，然后从烘箱中取出，盖上盖子，在干燥器中冷却并称量，精确至 0.001g。

7.5.9.2.5　如果用坩埚式过滤器，使坩埚式过滤器上的大部分溶剂在空气中挥发，并在 103℃烘箱中使溶剂完全蒸发，然后在干燥器中冷却并称量，精确至 0.001g。

7.5.9.2.6　如果要测定有机杂质含量，必要时使用预先干燥并称量的无灰滤纸，灰化含有不溶性杂质的滤纸，从被测不溶性杂质的质量中减去所得滤纸灰分的质量。

7.5.9.2.7　如果要分析酸性油，玻璃坩埚式过滤器要按如下方法涂布硅藻土。在 100mL 的烧杯中用 2g 硅藻土和 30mL 石油醚混合成膏状。在减压状态下将膏状混合物倒入坩埚式过滤器，使玻璃过滤器上附着一层硅藻土。

将涂有硅藻土坩埚式过滤器置于烘箱中，在温度为103℃烘箱内干燥1h后，移入干燥器中冷却并称量，精确至0.001g。

7.5.9.2.8　按上述方法对同一试样测定两次。

7.5.10　结果表示

试样中不溶性杂质含量 w（以质量分数表示）按下式计算：

$$w = \frac{m_2 - m_1}{m_0} \times 100\%$$

式中　m_0——试样的质量，g；

　　　m_1——带盖过滤器及滤纸，或坩埚式过滤器的质量，g；

　　　m_2——带盖过滤器及带有干残留物的滤纸，或坩埚式过滤器及干残留物的质量，g。

计算结果保留小数点后两位。

7.6　酸价检验

按 GB 5009.229 执行。

7.6.1　原理

植物油中的游离脂肪酸用氢氧化钾标准溶液滴定，每克植物油消耗氢氧化钾的质量（mg），称为酸价。

7.6.2　试剂

7.6.2.1　乙醚-乙醇混合液：按乙醚-乙醇（2+1）混合。用氢氧化钾（3g/L）中和至酚酞指示液呈中性。

7.6.2.2　氢氧化钾标准滴定溶液 [c(KOH)=0.050mol/L]。

7.6.2.3　酚酞指示液：10g/L 乙醇溶液。

7.6.3　分析步骤

称取 3.00～5.00g 混匀的试样，置于锥形瓶中，加入 50mL 中性乙醚混合液，振摇使油溶解，必要时可置热水中，温热促其溶解。冷至室温，加入酚酞指示液 2～3 滴，以氢氧化钾标准滴定溶液（0.050mol/L）滴定，至初现微红色，且 0.5min 内不褪色为终点。

7.6.4　结果计算

试样的酸价按下式进行计算：

$$X = \frac{V \times c \times 56.11}{m} \times 100$$

式中　X——试样的酸价（以氢氧化钾计），mg/g；

　　　V——试样消耗氢氧化钾标准滴定溶液体积，mL；

　　　c——氢氧化钾标准滴定溶液的实际浓度，mol/L；

　　　m——试样质量，g。

计算结果保留小数点后两位。

7.6.5　精密度

在重复性条件下获得的两次独立测定结果的绝对差值不得超过算术平均值的 10%。

7.7　加热试验

按 GB/T 5531 执行

本标准适用于鉴定商品植物油脂中磷脂的含量情况的试验。

7.7.1　仪器和用具

7.7.1.1　电炉：1000W 可调电炉。

7.7.1.2　装有细砂的金属盘（砂浴盘）或石棉网。

7.7.1.3　烧杯：100mL。

7.7.1.4　温度计：0～300℃。

7.7.1.5　罗维朋比色计。

7.7.1.6　铁支柱架。

7.7.2　操作步骤

7.7.2.1　初始样品色泽测定

水平放置罗维朋比色计，安好观测管和碳酸镁片，检查光源是否完好。将混匀并澄清（或过滤）的试样注入 25.4mm 比色槽中，达到距离比色槽上口约 5mm 处。将比色槽置于比色计中。打开光源，先移动黄色、红色玻片色值调色，直至玻片色与油样色近似相同为止。如果油色有青绿色，须配入蓝色玻片，这时移动红色玻片，使配入蓝色玻片的号码达到最小值为止，记下黄、红或黄、红、蓝玻片的色值的各自总数，即为被测初始样品的色值。

7.7.2.2　样品加热

取混匀样品约 50mL 于 100mL 烧杯内，置于带有砂浴盘的电炉上加热，用铁支柱架悬挂温度计，使水银球恰在试样中心，在 16～18min 内加热使试样温度升至 280℃（亚麻油加热至 282℃），取下烧杯，趁热观察有无析出物。

7.7.2.3　加热后样品色泽测定

将加热后的样品冷却至室温，注入 25.4mm 比色槽中，达到距离比色槽上口约 5mm 处。将比色槽置于已调好的罗维朋比色计中。按照初始样品的黄值固定黄色玻片色值，打开光源，移动红色玻片调色，直至玻片色与油样色相近色泽为止。如果油色变浅，移动红色玻片调色，至玻片色与油样基本相近为止。如果油色有青绿色，须配入蓝色玻片，这时移动红色玻片，使配入蓝色玻片的号码达到最小值为止，记下黄、红或黄、红、蓝玻片的色值的各自总数，即为被测油样的色值。

7.7.2.4　结果表示

观察析出物的实验结果以"无析出物""有微量析出物""有多量析出物"中的一个来表示。

罗维朋比色值差值的结果以"黄色色差值、红色色差值、蓝色色差值"表示。

注1：有多量析出物指析出物成串、成片结团。

注2：有微量析出物指有析出物悬浮。

7.8 引爆试验

7.8.1 操作方法

7.8.1.1 将取样器皿迅速取满粕样700mL。

7.8.1.2 立即装入广口瓶中，将盖压紧。

7.8.1.3 移至安全地点，在不低于20℃的室温（冬季用保温箱）下冷却至室温，中间摇动几次。

7.8.1.4 划燃火柴，燃着火种，即开盖用火点试。

7.8.2 结果

7.8.2.1 不爆、不燃（合格）。

7.8.2.2 爆或燃烧（不合格）。

7.9 粉末度的测定

7.9.1 操作方法

本方法适用于所有要求测粉末度的样品。

称取充分混匀的样品50g（准确至0.1g），用20目标准筛筛分至完全，收集筛下物并称重（准确至0.001g）。

7.9.2 结果计算

按下式计算粉末度：

$$粉末度（\%）=\frac{筛下物重（g）}{样重（g）}\times100\%$$

结果保留一位小数。

7.10 纤维（种皮）含量的测定

7.10.1 操作方法

本方法适用于来料胚芽中纤维（种皮）含量的测定。

称取充分混匀的来料胚芽样品20g（准确至0.1g），人工分检出样品中的纤维或胚芽至完全，收集纤维并称重。

7.10.2 结果计算

按下式计算纤维含量：

$$纤维含量（\%）=\frac{纤维重（g）}{样重（g）}\times100\%$$

结果保留一位小数。

7.11　预榨粕比容的测定

7.11.1　操作方法

将 1000mL 量筒洗净并烘干，备用，将待测预榨粕样品分三次倒入 1000mL 量筒并墩实，至视线与 1000mL 刻度线平齐。倒出称重（准确至 0.1g）。

7.11.2　结果计算

按下式计算比容：

$$比容(kg/L) = \frac{样重(g)}{1000} \times 100$$

结果保留一位小数。

7.12　生胚完整粒比例的测定

7.12.1　操作方法

本方法适用于轧胚后生胚完整胚芽颗粒数比例的测定。

称取生胚样品 50g（准确至 0.1g），人工分检出未变形、破损的整粒胚芽，并计数。

7.12.2　结果表示

结果以整粒胚芽的颗粒数表示。

8　扦样

按 GB/T 5524 执行。

8.1　范围

本标准规定了原油、精植物油脂的扦样方法，扦样所需器具。

本标准适用于液态油脂、固态油脂扦样。

注：不适用乳、乳制品、乳脂的扦样方法

8.2　术语和定义

8.2.1　商品批

特定合同或运输单据中所涉及的一次性交付的油脂量。

注：它可以由一个检验批或多个检验批组成。

8.2.2　检验批

规定的油脂量。假定其具有相同的特性。

8.2.3　检样

在一个检验批中从一个位置一次扦取的油脂样品。

8.2.4　原始样品

从同一检验批扦取的检样，按其所代表的数量比例，经集中混合后得到的油脂样品。

8.2.5　试样

将原始样品经充分混匀并缩分而取得的油脂样品。它代表了检验批，并用于实验室测试。

8.2.6　单位体积样品的常规质量

每升样品在空气中的质量。

8.3　原理

扦样和制备样品的目的是从一批样品（可以有多个检验批）中获得便于处理的油脂量。样品的特性应尽可能地接近其所代表的油脂的特性。

下列扦样方法可以作为对专业人员的指导，也可以用于：

a）散装批，例如陆地油罐、油舱、油罐车和卡车油罐；

b）由包装物组成的批，例如桶、圆筒、箱、听、袋和瓶。

8.4　仪器要求

8.4.1　概述

对于特定的分析目的，在以下推荐的步骤中，对扦样器的选择以及它们的合适程度取决于取样人员的技能。

在各种情况下，都应事先考虑样品是用于初步检测、分析还是用于测定样品相对密度（每升样品在空气中的质量）。

8.4.2　材料

扦样装置、辅助器具和样品容器应选用对被扦油脂具有化学惰性的材料制作，并且它们应不催化油脂化学反应。

扦样装置最合适的材料是不锈钢。当油脂的酸性很低时也可选用铝材，但铝制装置不适用于储存样品。

在常温下可以选用能够满足上述第一段要求的塑料，建议采用能够满足接触食品要求的聚乙烯对苯二甲酸酯（PET）。

不应采用铜和铜合金以及任何有毒材料。

警告：如果由于特殊原因使用玻璃仪器扦取样品，要特别小心以避免破碎。在任何情况下都不得在盛放油脂的罐内使用玻璃仪器。

8.4.3　扦样器

8.4.3.1　概述

扦样器有多种类型和型号。下面所描述的扦样器是常见的几种扦样器。

扦样器应简单、坚固、易于清理，应能对常见的商品油脂开展本标准所描述的所有扦样操作。

对于所有扦样器来说，某些基本要求是共同的。例如，它们应能从规定的层面或部位扦取有代表性的样品，在样品转移到样品容器之前能够保持样品的完整。还应该具备易于清洗、尺寸适中、耐用等基本性能。对于本标准所介绍的仪器，为满足个人的扦样需求，可能会用到这些仪器的其他设计形式。

根据油脂的扦样量和状态，选择不同规格的扦样器。

8.4.3.2 扦样器

可采用下述类型：

a）简易配重扦样罐；

b）盛放扦样瓶的配重笼；

c）带底阀的扦样筒；

d）底部扦样器；

e）扦样管；

f）扦样铲。

8.4.4 辅助器具

可能需要下列器具：

a）测水标尺；

b）测液尺；

c）贴标机、粘贴机、打捆机及密封仪；

d）温度计；

e）测量尺和测量器。

8.5 扦样技术

8.5.1 扦样员应洗净双手或戴手套（可以使用洁净的塑胶或棉制手套）来完成全部扦样过程。

8.5.2 扦样器和样品容器在使用前应预先清洗和干燥。

8.5.3 整个扦样过程都要避免样品、被扦样油脂、扦样仪器和扦样容器受到外来雨水、灰尘等的污染。

8.5.4 扦样器排空之前，应去除其外表面的所有杂物。

8.5.5 当需加热才能扦样时，要特别注意防止油脂过热。根据实践经验，建议储存罐中的油脂温度每天升高不应超过5℃。加热环的加热面积应与油脂的体积相配，并且加热环应尽量保持低温以避免局部过热。当采用蒸汽加热时，其最大压力计读数为150kPa（1.5bar），相当于128℃蒸汽。或使用热水加热（当加热环是自动排水时才允许采用）。要格外小心防止因蒸汽或水带来的污染。

扦样过程中油脂的温度变化应符合附录A的规定。

8.6 扦样方法

8.6.1 概述

8.6.1.1 油脂的输送和储存容器

从不同的容器中采集样品，需要采取不同的扦样方法。下面列举了各类容器：

a）立式筒形陆地油罐；

b）油船；

c）油罐货车或汽车；

d）包括储油槽在内的卧式储油罐；

e）计量罐；

f）输送管道；

g）小包装：如桶、圆筒、箱、听、袋和瓶。

8.6.1.2　水

前面所介绍的任何一种容器中都可能有水存在。水可能以游离水的形式存于底部，也可能以乳液层或悬浮物的形式存在于油脂中。但在正常的操作过程中，计量罐或管道中的油脂不可能长期保持静态而使水沉至底部。

水的测量大多数情况下是在立式储油罐中进行的，但测量原理适用于所列举的除管道以外的容器。是否含水可以通过底部采样器来检测，游离水则可以通过测水标尺、测水胶、测水纸或者电子工具测定。无论采取哪种方法，要想精确地测定含水量通常都是很困难的。因为在油脂的底层，游离水、乳液层以及悬浮水是很难加以区分的。

该方法对于鉴定淡水或海水都适用。

8.6.2　立式筒形陆地油罐的扦样

8.6.2.1　准备工作

8.6.2.1.1　沉淀层、乳液层和游离水

采用底部采样器或概述中描述的各类测水器测定罐底是否有沉淀、乳液层或游离水。小心加热并静置有助于水从悬浮层中澄清出来。扦样前尽可能地除去游离水，并根据合同要求和有关各方的协议测量被除去的水量。

8.6.2.1.2　均相化

扦样前，应保证整个样品是均相的，且尽可能为液相。

可以通过测定采自不同位置的检样，检测罐中的油脂是否均相。从不同高度采样，可以使用简易配重扦样罐、盛放扦样瓶的配重笼或带底阀的扦样筒，而从罐底采样，则使用底部采样器。

如果各层的相态组成有差异，在通常情况下可以通过加热将油脂均质。如果油脂的性能不允许加热，或没必要加热，或因其他原因而不能加热，则可以向油脂中吹入氮气使其均质。如果测得油脂是非均相的且没有氮气可用，可以在有关各方同意的前提下，向油脂中吹入干空气。但此方法可能会引起油脂特别是海产动物脂的氧化酸败，将会遭到反对。上述操作应在呈交实验室的扦样报告中详细注明。

8.6.2.2 扦样步骤

8.6.2.2.1 基本要求

每罐分别扦样。

8.6.2.2.2 非均相油脂

当罐中的油脂是非均相的且难以均相，通常要使用简易配重扦样罐、盛放扦样瓶的配重笼或带底阀的扦样筒加上底部扦样器来扦样。从罐顶至罐底，每隔300mm的深度扦取检样，直到不同相态层。在这层上，扦取较多的检样（例如每隔100mm的深度扦样）。同时扦取罐底样品。

混合上述相同相态的检验样品并给出：a）清油样品；b）分层样品。

将样品 a）和 b），依据在两层中各自的代表量按比例混合来制备原始样品，并仔细操作确保比例尽可能精确。应制备的原始样品数目见表4，每罐至少制备1个原始样品。

表 4   从每艘油船或每个储油罐中采集的原始样品数目

油船或油罐储量/t	每罐制备的原始样品数目
≤500	1
>500 且≤1000	2
>1000	每 500t 1 份，剩余部分1份

8.6.2.2.3 均相油脂

如果罐中的油脂是均相的，选用前述中所涉及的扦样器中的1种，但这时至少要在"顶部""中部"和"底部"采集3份检样。

"顶部"检样在总深度的十分之一处采集；

"中部"检样在总深度的二分之一处采集；

"底部"检样在总深度的十分之九处采集。

从"顶部"和"底部"检样中各取1份，从"中部"检样中取3份，混合起来制备成原始样品。应制备的原始样品数见表4，每罐至少制备1个原始样品。

8.6.3 从油船上扦样

由于油船的形状和布置不规则，油船上扦样较从立式筒形陆地油罐中扦样更为困难。通常，在输送过程中完成扦样。如果从油船上扦样，尽可能地采用8.6.2描述的步骤，包括诸如加热这类准备工作。

每罐分别扦样。制备原始样品的数目见表4。在从油船中采集样品制备原始样品时，要考虑油船的形状，将样品尽可能按相应的比例来混合。驳船油舱一经注满，应立刻扦样。

8.6.4 从油罐货车、汽车以及包括储油槽的卧式储油罐中扦样

油罐一经注满，应尽快扦样。也就是说，在油开始沉淀并可能引起分级或分层之前扦样。

使用简易配重扦样罐、盛放扦样瓶的配重笼或带底阀的扦样筒，按 8.6.2.2 中描述的步骤扦取检样。如果在油罐注满后不能立刻采样，就要初测一下底层是否存在游离水。如果存在游离水，征得有关各方同意后，打开底部旋塞排水。测定排出的水量并呈报给买卖双方或其代表。然后通过充氮气或加热使罐中油脂充分均质，直到完全液化。特殊油脂的扦样不能这么处理。如果情况要求在油罐车或卧式油罐的静止油脂中扦样，不做上述的混合，认真确定样品相对于液体深度的正确比例。如果使用带底阀的扦样筒从油罐车中每隔 300mm 深度扦样，参照图 1 确定检样的比例。每 300mm 深度平面上的样品混合在一起，形成原始样品。这个简单的方法（在坐标纸上画出任何形状或尺寸的油罐的横断面草图）可以用来显示原始样品的混合比例。

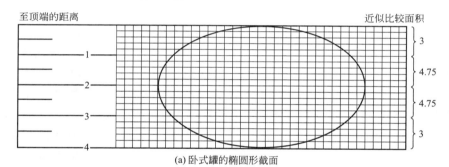

(a)卧式罐的椭圆形截面

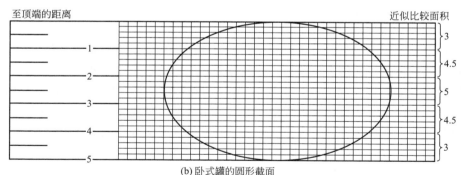

(b)卧式罐的圆形截面

图 1 典型罐的截面图

从倾斜油罐中扦样采用 8.6.3 中油船上扦样的方法。上述的油罐形状校正不适用于倾斜油罐和不规则油罐。依据油罐断面图的比例由检样制备原始样品。

8.6.5 从计量罐中扦样

计量罐注满后，应尽快扦样。要在产生沉淀之前扦样。

将扦样装置沉入油罐中部并灌满扦取样品。如果发生不可避免的扦样时间延迟，可能会引起油罐底部产生沉淀物，则扦样前要搅动罐中的油脂，也可以在每隔 300mm 深处扦样。如果油罐是密闭的，则在注满油后应立即从水平出油口处扦样。

依据油罐断面图的比例由检样制备原始样品。

8.6.6　输送过程中从管道中扦样

8.6.6.1　概述

本方法仅适用于：油脂完全是液态且其中不含堵塞出油口或阀门的成分。应除去油脂中的一切含水乳浊液（如泵前油），并将其分别储存、扦样和称量。从数量很大的散装油脂中取样，可以采用输送时按固定的时间间隔从管道中截取检样的方式。取样的同时油罐正在被排空。该方式特别适用于从配有计量仪的油罐中输出油的场合。另外，还可以从旁管或支管中扦样，但此法难以确保准确扦样。

8.6.6.2　出油口或阀门

出油口或阀门应连接在直径不小于 9.5mm 的喷嘴上，要迎着油流方向插在主排油管的中心或直径的三分之一处。出油口不可以安置在管道的侧面或底部。如果可能的话，应将出油口或阀门装在主管的水平部分，尽量远离弯头和三通，且最好装在距泵压一端 10m 到 50m 的范围以内。建议不要采用泄油小阀门。扦样管直径应不小于 9.5mm，并使油样能从管口连续流出。设计出油口或阀门时，应该考虑到：出油口或阀门一经堵塞，能够容易而迅速地清理。清理管道堵塞物和使用主管线中的清管器清理时，须拆除小孔管。对高黏度和高熔点油脂，应该采取加热和保温装置。

8.6.6.3　扦样步骤

调整主管线中油脂的流速以确保管道中的油脂充分湍动而完全混合。尽可能保持该流速恒定。在整个仪器和扦样容器上，应加盖罩子以防外界污染。扦样完成后，小心地立即混合所有采集到的样品，形成原始样品。这是采集试样的基础。考虑到由于一些污垢和流程中不可避免出现的各种变化，可能引起阀门堵塞等故障，所以在整个扦样过程中，必须始终有一名专业采样人员在现场。

8.6.6.4　原始样品的最小量

输送过程中，从每罐中制备原始样品的最小量见表 5。

表 5　从管道中扦样时原始样品的最小量

油罐储量/t	原始样品的最小量/L
≤20	1
>20 且≤50	5
>50 且≤500	10

8.6.7　从油罐中扦样，以测定相对密度（每升样品在空气中的质量）

8.6.7.1　概述

油罐储量可以通过罐中产品的体积和相对密度（每升样品在空气中的质量）来计算。根据以下的描述，扦取 1 份特殊样品，用来测定相对密度（每升样品在空气中的质量）。

8.6.7.2　未完全液化油脂的预处理

对于非液化或部分液化油脂，在测定及扦样前缓慢加热，以使罐中油脂受热均匀且避免局部过热。继续加热直到油脂完全熔化。但要避免加热到过高的温度，因为过高的温度会损害油脂的品质。加热后，可以使罐中的油脂静置一段时间直至排除空气，表面漂浮的泡沫减少或消失后，就可以扦样了。

8.6.7.3　扦样步骤

从三个不同深度采集检样，分别是"顶部""中部"和"底部"。但要求距罐底不少于 100mm。按"顶部"检样 1 份、"中部"检样 3 份、"底部"检样 1 份的比例将油样倒入扦样桶并混合，形成原始样品。

如果罐中的油脂含有大量沉淀，则根据 8.6.2.2，每隔 300mm 深度扦取检样。

在上述三个不同深度分别测定油脂温度。取它们的平均值作为扦样和测定体积时的油温。

8.6.8　从包装（包括消费者购买的小包装产品）中扦样

8.6.8.1　概述

如果某批油脂由大量的独立单元构成，例如桶、圆筒、箱、听（独立的或包装在硬纸箱中）、瓶或袋，对每个独立单元扦样几乎是不可能的。在这种情况下，应完全随机地从该批中抽取适当数量的独立单元，应尽可能地使这些独立单元作为整体能代表该批油脂的平均特性。难以严格规定作为样品的单元的数量，因为样品数量在很大程度上取决于该批油脂的均匀性。因此，最好是有关各方首先就抽样数量达成一致。

建议有关各方经协商来扦取具有代表性的样品，特别是对那些零售的精制油脂和包装油脂。如果没有事先达成这类协议，则应做如下区分

a）认为一批油脂是大致均匀的；

b）知道一批油脂是非均匀的；

c）不知道一批油脂的情况；

d）由于在一个或更多单元中可能存在异类产品，而使一批油脂的质量受到怀疑。

对于上述各种情况，可按下列方法分别加以处理。

对 a）：将一商品批油脂看作一个检验批。

对 b）：对包装物进行目测。将看上去相同（例如在形状或标识上）的包装

物作为一个检验批。注明每个检验批中包装物的数量和油脂的质量。如果要求从所有检验批中制备一份检验批，则按检样代表量的比例将检样混合。

对 c)：对样品进行初步检测，确定其归为 a) 类还是 b) 类。

对 d)：经初步检查，对可疑包装物进行个别处理。

如果认为某个检验批是相当均匀的，则应随机选择包装物扦样。对于不同规格的包装，采样数可按表 6 的推荐值。

表 6　不同规格包装采样数的推荐值

包装规格	商品批的包装数	扦样包装数
≥20kg，最大为 5t	1～5	全部①
	6～50	6
	51～75	8
	76～100	10
	101～250	15
	251～500	20
	501～1000	25
	＞1000	30
≥5kg，且≤20kg	1～20	全部①
	21～200	20
	201～800	25
	801～1600	35
	1601～3200	45
	3201～8000	60
	8001～16000	72
	16001～24000	84
	24001～32000	96
	＞32000	108
≤5kg	1～20	全部
	21～1500	20
	1501～5000	25
	5001～15000	35
	15001～35000	45
	35001～60000	60
	60001～90000	72
	90001～130000	84
	130001～170000	96
	＞170000	108

① 参见 8.6.8.1 选择处理方案。

8.6.8.2　小罐装、圆筒装、桶装以及其他小包装的批

8.6.8.2.1　包装固体油脂或半液态油脂的扦样步骤

当油脂中含水时，可以穿过固体油脂或半液态油脂打一个孔直至包装物底部，再通过适当的方式除去水分。

对于圆筒装固体油脂，可以通过圆筒的开口插入一把扦样铲，在多方位上探测油脂的整个深度。伴随着扭转将扦样铲抽出，这样就抽取到一管油脂检样样品。将从每个圆筒采集的检样样品在样品桶中完全混合，再将混合样品转移到样品容器中。用扦样铲以同样的方式从圆筒中的软固体油脂和半液态油脂中扦样。将扦样铲插入油脂中抽出检样样品。按上述方法制备原始样品。

8.6.8.2.2　包装液态油脂的扦样步骤

转动并翻转装满液态油脂的桶或罐，采用手工或机械的方式，用桨叶或搅拌器将油脂搅匀。从桶的封塞孔或其他容器的方便开口插入适当的扦样装置，从被扦样的每一容器中采集一份检样，从尽可能多的内容物部位采样。按等同分量充分混合这些检样样品形成原始样品。

8.6.8.2.3　包装疏松固体油脂的扦样步骤

从油脂的不同部位采集足够的量形成具有代表性的样品，如果需要，将其破碎成小块。将得到的样品按四分法分至合适的大小。

揉和油脂块使其成为均匀的可塑性团。用一个大刮刀（如长 250mm）将油脂团混合，使得任何尘粒或小水滴均匀地分布于其中。用刮刀采取四分法将得到的样品缩分成要求的大小。

如果原始油脂样品太硬，很难用手揉和，将其置于温暖的环境直至足够软化，不允许直接加热，因为加热会造成水分蒸发散失。

在一混合桌或工作台上混合并缩分检样制备成原始样品。要求该混合桌（或工作台）至少 750mm 见方，上面铺有玻璃板、白瓷片或不锈钢板。

8.6.9　试样的制备

当需要进行污染物分析时，试样要从每罐中采集。也可以按照有关各方的协议从原始样品中制备试样，具体方式如下：

a）从原始样品中制备称量过的平均样品，或是按 b）；

b）从每份原始样品中制备（如果有关各方同意，实验室可从试样中制备一份称量过的平均样品）。

无论采用步骤 a）或是 b），分割制备的原始样品以获得至少 4 份试样，每份至少 250g（当有特殊要求时，也可制备 500g 以上的试样）。不断地搅动以避免沉淀物的沉积。

8.7　试样的包装和标识

8.7.1　包装

试样应存放在清洁而干燥的玻璃或塑料容器内。容器应几乎被装满，但不应完全装满。在顶部应留出少量空间适应膨胀。但空间不宜过大，因为空气对大多数油脂有不利的作用。除非有关各方另有协议，否则容器应采用崭新的软木塞或金属螺旋盖以及塑料螺旋盖加以密封。

要用一个镀膜软垫将上述盖子与油脂隔离。该镀膜软垫不得含有铜、锌、铁。软垫也可以由符合要求的塑料制成。盖子和塞子应密封。这样，只要没有意外破碎或密封损坏，样品就不可能接触到的。如果不可能对容器上的盖子或塞子充分安全密封，应将整个容器放在一个塑料袋内，塑料袋本身应能被充分安全密封。主要容器不应使用蜡封。

警告：所有的样品都应避光隔热保存。

用于特殊检化验的试样，在选择包装方式时，有必要采取某些附加的预防措施。

8.7.2　有关试样的信息

扦样的全部详细过程、扦样包装的数量等信息都应记录下来，每一样品容器上都应牢固地贴着显示样品特性的标签。

标签上应标明识别该样品的所有必要信息，包括：

a）船或车辆的牌号；

b）装货地；

c）卸货地；

d）到货日期；

e）样品代表的数量（按千克或按吨计）；

f）散装、罐装或小包装；

g）货物及原产地；

h）注册商标；

i）提货单号及日期，或订货单号及日期；

j）扦样操作员或扦样机构名称；

k）扦样方法及目的；

l）扦样日期；

m）扦样位置及扦样点；

n）对合同条款负责的机构的名称。

注：对于固定油罐的扦样，无须标注 a）～d）四项。

标签上的信息应使用不褪色的笔记录。

如果使用纸标签，则应根据不同要求选择适当质量和大小的纸张。而对于悬挂标签，其上面的穿孔应予加固。

8.8　试样的分发

如果贴有标签的容器没有被安全密封，应将容器放入可封口的塑料袋内安全密封。

玻璃容器外应套有泡沫塑料套筒加以保护，套筒外围绕以足够的吸收材料，必要时可吸收整个容器的内容物。把上述物品整体放进一个坚固的刚性容器中。

样品的包装应满足邮局或其他运输机构的要求，能够在国内或所涉及的国与国之间安全运输。

样品应尽快地被分发，应在48h内完成。非营业日除外。

样品应尽可能低温避光保存。仅需要测定相对密度（每升样品在空气中的质量）的情况除外。

8.9 扦样报告

扦样报告应给出8.7.2所列举的信息，并应提到被扦样油脂的物理状况。如果所采用的扦样步骤不同于本标准，则应叙述所采用的扦样步骤。报告还应给出可能对扦样产生了影响的任何情况的详情。

9 检验规则

9.1 出厂检验

气味、滋味、透明度、色泽、水分及挥发物、酸价、沉淀均为出厂检验项目。

9.2 型式检验

型式检验项目为本标准规定的所有检验项目，有下列情况之一时进行型式检验：

a）正常生产情况下，每月进行一次；

b）原辅材料、工艺过程有较大变化时；

c）长期停产后，恢复生产时；

d）国家技术监督机构提出进行产品质量抽查时。

9.3 判定规则

检验结果若有一项指标不符合标准要求时，应重新自罐车或桶中两倍数量重新取样复检。复验结果，若有一项指标不符合标准要求时，则整批不合格。当供需双方对产品质量发生异议时，应在到货3d内提出，由双方协商解决。

10 标志、包装、运输和贮存

10.1 标志

在包装上应注明产品名称、厂名、厂址、执行标准代号、批号、净重等标志。

10.2 包装

包装容器必须专用、清洁、干燥和密封。

10.3 贮存

应贮存于低温、通风、干燥和避光处，严防污染，要远离火源。

10.4 运输

运输时要轻拿轻放，避免剧烈撞击。

附录 5　玉米蛋白饲料（企业标准）

1　范围

本标准规定了中粮生化能源榆树有限公司生产的玉米蛋白饲料的质量要求、检验方法、检验规则，以及标志、标签、包装、运输、贮存等要求。

本标准仅适用中粮生化能源榆树有限公司生产的玉米蛋白饲料。当合同对玉米蛋白饲料的质量要求有明确规定时，按合同规定的质量要求控制。

2　规范性引用文件

下列文件中的条款通过本标准的引用而成为本标准的条款。凡是注日期的引用文件，其随后所有的修改单（不包括勘误的内容）或修订版均不适用于本标准，然而，鼓励根据本标准达成协议的各方研究是否可使用这些文件的最新版本。凡是不注日期的引用文件，其最新版本适用于本标准。

GB 601—2002　化学试剂　标准滴定溶液的制备

GB/T 6432—94　饲料中粗蛋白测定方法

GB/T 6433—2006　饲料中粗脂肪的测定

GB/T 6435—2006　饲料中水分和其他挥发性物质含量的测定

GB 10648　饲料标签

SN/T 0800.1—1999　进出口粮油、饲料检验抽样和制样方法

3　术语和定义

3.1　批：以共同的原始样品，作出一个检验结果所代表的该宗货物。

3.2　原始样品：按本取样方法从一批货物中各个点件最初扦取的全部样品。

3.3　平均样品：原始样品按照规定方法经过混合，均匀地缩分出的一部分。

3.4　试验样品：从平均样品中分取一定数量的供各检验项目分析用的样品。

4　质量要求

4.1　质量等级指标

质量等级指标见表 1。

表 1　质量等级指标

项　　目		质量指标		
		优级	一级	合格品
感官指标	色泽、状态、气味	轻微粒状，黄色或浅红色，色泽一致，无发酵、霉变、结块及异味异臭		
理化指标	水分/%	10 月至次年 4 月≤12.0，5 月至 9 月≤11.0		
	蛋白质（湿基）/%	≥58.0	≥55.0 <58.0	≥50.0 <55.0
	粒度（φ3.0mm）/%	≥98.0		

注：其他指标按供需双方商定执行。

4.2 卫生指标

按中华人民共和国有关标准、规定执行。

5 检验方法

5.1 色泽、状态、气味检验

主要以感官方法鉴定样品的色泽、状态和气味。

5.1.1 色泽、状态鉴定

将平均样品倒入检验盘或检验台上，推平，用肉眼观察本批样品的色泽、状态等是否正常和符合要求，必要时应用显微镜鉴定。

5.1.2 气味鉴定

将样品的容器盖打开，立即嗅辨，如有怀疑可用手抓取少量样品，以口呵气嗅之。如不易区别，可取样品约10g倾入杯内，注入60～70℃温水，浸没样品，加盖，放置2～3min，将水沥出，开盖用鼻接近杯口，鉴别是否具有本品的正常气味。必要时可用国内外公认的化学或仪器方法做辅助鉴定。

5.2 水分检验

5.2.1 原理

将试样在（103±2）℃烘箱内烘至恒重，逸失的质量即为水分。

5.2.2 仪器设备

5.2.2.1 实验室用样品粉碎机或研钵。

5.2.2.2 分样筛：孔径1mm。

5.2.2.3 分析天平：感量1mg。

5.2.2.4 电热式恒温烘箱：可控制温度为（103±2）℃。

5.2.2.5 称样皿：玻璃或铝质，直径40mm以上，高25mm以下。

5.2.2.6 干燥器：用氯化钙（干燥试剂）或变色硅胶作干燥剂。

5.2.3 试样的选取和制备

5.2.3.1 选取有代表性的试样，其原始样量应在1000g以上。

5.2.3.2 用四分法将原始样品缩至500g，粉碎至40目，再用四分法缩至200g，装入密封容器，放阴暗干燥处保存。

5.2.4 检验步骤

将洁净称样皿在（103±2）℃烘箱中烘干30min±1min，取出，在干燥器中冷却至室温，称准至1mg，再烘干30min，同样冷却，称重，直至两次质量之差小于0.0005g为恒重。

称取试样2～5g于已恒重的称样皿中，准确至1mg并摊匀，将称样皿盖放在下面或边上，与称样皿一同放于（103±2）℃烘箱中。当干燥箱温度达103℃后，干燥4h±0.1h。将盖盖上，从干燥箱中取出，在干燥器中冷却至室温。称量，准确至1mg。

5.2.5　检验结果计算

5.2.5.1　检验结果按下式计算：

$$水分（\%）=\frac{m_1-m_2}{m_1-m_0}\times100\%$$

式中　m_1——103℃烘干前试样及称样皿重，g；

　　　m_2——103℃烘干后试样及称样皿重，g；

　　　m_0——已恒重的称样皿重，g。

5.2.5.2　重复性

每个试样，应取两个平行样进行测定，以其算术平均值为结果。两个平行样测定值相差不超过 0.2％，否则重做。结果保留一位小数。

5.3　蛋白质检验

5.3.1　原理

凯氏法测定试样中的含氮量，即在催化剂作用下，用硫酸破坏有机物，使含氮物转化成硫酸铵。加入强碱进行蒸馏使氨逸出，用硼酸吸收后，再用酸滴定，测出氮含量，将结果乘以换算系数 6.25，计算出蛋白质（粗蛋白质）含量。

5.3.2　试剂

5.3.2.1　浓硫酸：分析纯。

5.3.2.2　混合催化剂：0.4g 分析纯五水硫酸铜，6g 分析纯硫酸钾，磨碎混匀。

5.3.2.3　40％分析纯氢氧化钠水溶液。

5.3.2.4　2％分析纯硼酸水溶液。

5.3.2.5　混合指示剂：0.1％甲基红乙醇溶液，0.5％溴甲酚绿乙醇溶液，两溶液等体积混合。该混合指示剂在阴暗处保存期为三个月。

5.3.2.6　盐酸（或硫酸）标准溶液：按 GB 601 配备。

5.3.2.6.1　0.1mol/L 盐酸（或 0.05mol/L 硫酸）标准溶液。

5.3.2.6.2　0.02mol/L 盐酸（或 0.01mol/L 硫酸）标准溶液。

5.3.2.7　蔗糖：分析纯。

5.3.2.8　硫酸铵：分析纯。

5.3.2.9　硼酸吸收液：向 1％硼酸水溶液 1000mL 中加入 0.1％溴甲酚绿乙醇溶液 10mL、0.1％甲基红乙醇溶液 7mL、4％氢氧化钠水溶液 0.5mL，混合。该吸收液于阴暗处保存期为一个月（全自动程序用）。

5.3.3　仪器设备

5.3.3.1　实验室用样品粉碎机或研钵。

5.3.3.2　分样筛：孔径 1mm。

5.3.3.3　分析天平：感量 0.0001g。

5.3.3.4 消煮炉或电炉。

5.3.3.5 滴定管：酸式，10mL、25mL。

5.3.3.6 凯氏烧瓶：500mL。

5.3.3.7 凯氏蒸馏装置：常量直接蒸馏式或半微量水蒸气蒸馏式。

5.3.3.8 锥形瓶：150mL、250mL。

5.3.3.9 容量瓶：100mL。

5.3.3.10 消煮管：250mL。

5.3.3.11 定氮仪：以凯氏原理制造的各类型半自动、全自动蛋白质测定仪。

5.3.4 试样的选取和制备

选取具有代表性的试样，用四分法缩减至 200g，粉碎后全部通过 40 目，装于密封容器中，防止试样成分的变化。

5.3.5 分析步骤

5.3.5.1 仲裁法

5.3.5.1.1 试样的消煮

称取试样 0.5～1g（含氮量 5～80mg）准确至 0.0002g，放入凯氏烧瓶（5.3.3.6）中，加入 6.4g 混合催化剂（5.3.2.2），与试样混合均匀，再加入 12mL 硫酸（5.3.2.1）和 2 粒玻璃珠，凯氏烧瓶（5.3.3.6）置于电炉（5.3.3.4）上加热，开始小火，待样品焦化，泡沫消失后，再加强火力（360～410℃）直至呈透明的蓝绿色，然后再继续加热，至少 2h。

5.3.5.1.2 氨的蒸馏

5.3.5.1.2.1 常量蒸馏法

将试样消煮液（5.3.5.1.1）冷却，加入 60～100mL 蒸馏水，摇匀，冷却。将蒸馏装置（5.3.3.7）的冷凝管末端浸入装有 40mL 硼酸（5.3.2.4）吸收液和 2 滴混合指示剂（5.3.2.5）的锥形瓶内。然后小心地向凯氏烧瓶（5.3.3.6）中加入 50mL 氢氧化钠溶液（5.3.2.3），轻轻摇动凯氏烧瓶（5.3.3.6），使溶液混匀后再加热蒸馏，直至流出液体积为 150mL。降下锥形瓶，使冷凝管末端离开液面，继续蒸馏 1～2min，并用蒸馏水冲洗冷凝管末端，洗液均流入锥形瓶内，然后停止蒸馏。

5.3.5.1.2.2 半微量蒸馏法

将试样消煮液（5.3.5.1.1）冷却，加入 20mL 蒸馏水，转入 100mL 容量瓶中冷却后用水稀释至刻度，摇匀，作为试样分解液。将半微量蒸馏装置（5.3.3.7）的冷凝管末端浸入装有 20mL 硼酸（5.3.2.4）吸收液和 2 滴混合指示剂（5.3.2.5）的锥形瓶（5.3.3.8）内。蒸汽发生器（5.3.3.7）的水中应加入甲基红指示剂数滴，硫酸数滴，在蒸馏过程中保持此液为橙红色，否则需补加硫酸。准确移取试样分解液 10～20mL 注入蒸馏装置（5.3.3.7）的反应室中，用少量蒸馏水冲洗进样入口，塞好入口玻璃塞，再加 10mL 氢氧化钠溶液（5.3.2.3），小心提起玻璃塞使之流入反应室，将玻璃塞塞好，且在入口加水密封，防止漏气。蒸馏 4min 降下锥形瓶（5.3.3.8）使冷凝管末端离开吸收液面，再蒸馏 1min，用蒸馏水冲洗冷凝管末端，洗液均流入锥形瓶内，然后停止蒸馏。

注：5.3.5.1.2.1 和 5.3.5.1.2.2 蒸馏法测定结果相近，可任选一种。

5.3.5.1.2.3　蒸馏步骤的检验

精确称取 0.2g 硫酸铵（5.3.2.8），代替试样，按 5.3.5.1.2.1 或 5.3.5.1.2.2 步骤进行操作，测得硫酸铵含氮量为 21.19%±0.2%，否则应检查加碱、蒸馏和滴定各步骤是否正确。

5.3.5.1.3　滴定

用 5.3.5.1.2.1 或 5.3.5.1.2.2 法蒸馏后的吸收液立即用 0.1mol/L（5.3.2.6.1）或 0.02mol/L（5.3.2.6.2）盐酸标准溶液（或对应浓度的硫酸标准溶液）滴定，溶液由蓝绿色变成灰红色为终点。

5.3.5.2　推荐法

5.3.5.2.1　试样的消煮

称取 0.5～1g 试样（含氮量 5～80mg）准确至 0.0002g，放入消化管中，加 2 片消化片（仪器自备）或 6.4g 混合催化剂（5.3.2.2）、12mL 硫酸（5.3.2.1），于 420℃下在消煮炉上消化 1h。取出冷却后加入 30mL 蒸馏水。

5.3.5.2.2　氨的蒸馏

采用全自动定氮仪（5.3.3.11）时，按仪器本身常量程序进行测定。

采用半自动定氮仪（5.3.3.11）时，将带消化液的管子插在蒸馏装置上，以 25mL 硼酸（5.3.2.4）为吸收液，加入 2 滴混合指示剂（5.3.2.5），蒸馏装置（5.3.3.7）的冷凝管末端要浸入装有吸收液的锥形瓶内，然后向消煮管中加入 50mL 氢氧化钠溶液（5.3.2.3）进行蒸馏。蒸馏时间以吸收液体积达到 100mL 时为宜。降下锥形瓶，用蒸馏水冲洗冷凝管末端，洗液均需流入锥形瓶内。

5.3.5.2.3　滴定

用 0.1mol/L（5.3.2.6.1）或 0.02mol/L（5.3.2.6.2）盐酸标准溶液（或对应浓度的硫酸标准溶液）滴定，溶液由蓝绿色变成灰红色为终点。

5.3.6　空白测定

称取 0.5g 蔗糖（5.3.2.7），代替试样，按 5.3.5 进行空白测定。

5.3.7　检验结果计算

5.3.7.1　以盐酸标准溶液滴定的检验结果按下式计算：

$$蛋白质（\%）=\frac{(V_2-V_1)\times c\times 0.0140\times 6.25}{m\times V'/V}\times 100$$

式中　V_2——滴定试样时所消耗标准溶液的体积，mL；

　　　V_1——滴定空白时所消耗标准溶液的体积，mL；

　　　c——标准溶液的浓度，mol/L；

　　　m——试样的质量，g；

　　　V——试样分解液总体积，mL；

　　　V'——试样分解液蒸馏用体积，mL；

0.0140——每毫升 1.0mol/L 盐酸溶液相当于氮的质量（g），g/mmol；

6.25——氮换算成蛋白质的平均系数。

5.3.7.2　以硫酸标准溶液滴定的检验结果按下式计算：

$$蛋白质(\%)=\frac{(V_2-V_1)\times c\times 0.0280\times 6.25}{m\times V'/V}\times 100$$

式中　0.0280——每毫升 1.0mol/L 硫酸溶液相当于氮的质量（g），g/mmol；

式中其他符号的意义与 5.3.7.1 相同。

5.3.7.3　重复性

每个试样取两个平行样进行测定，以其算术平均值为结果。结果保留一位小数。

当蛋白质含量在 25％以上时，允许相对偏差为 1％。

当蛋白质含量在 10％～25％之间时，允许相对偏差为 2％。

当蛋白质含量在 10％以下时，允许相对偏差为 3％。

5.4　粒度检验

5.4.1　仪器

5.4.1.1　天平：感量 0.1g。

5.4.1.2　表面皿。

5.4.1.3　圆孔筛：直径 3.0mm。

5.4.2　分析步骤

称取试样 50g，放入直径 3.0mm 圆孔筛中，用力振荡 3～5min，将筛上物倒入表面皿内称量。

5.4.3　检验结果计算

检验结果按下式计算：

$$粒度(\%)=\frac{m-m_1}{m}\times 100\%$$

式中　m_1——筛上留存物的量，g；

　　　m——试样量，g。

结果表示至小数点后一位。

5.5　脂肪检验

5.5.1 原理

以无水乙醚为溶剂，用索氏脂肪提取器提取试样，提取物即为脂肪。因乙醚提取物中除脂肪外还有有机酸、磷脂、脂溶性维生素、叶绿素等，因而又称粗脂肪或乙醚提取物。

5.5.2 试剂

无水乙醚（分析纯）。

5.5.3 仪器设备

5.5.3.1 实验室用样品粉碎机或研钵。

5.5.3.2 分样筛：孔径 0.45mm。

5.5.3.3 分析天平：感量 0.0001g。

5.5.3.4 电热恒温水浴锅，室温～100℃。

5.5.3.5 恒温烘箱：50～200℃。

5.5.3.6 索氏脂肪提取器（带球形冷凝管）：100mL 或 150mL。

5.5.3.7 索氏脂肪提取仪。

5.5.3.8 滤纸或滤纸筒：中速，脱脂。

5.5.3.9 干燥器：用氯化钙（干燥级）或变色硅胶为干燥剂。

5.5.4 试样的选取和制备

选取有代表性的试样，用四分法将试样缩减至 500g，粉碎至 40 目，再用四分法缩减至 200g，于密封容器中保存。

5.5.5 分析步骤

5.5.5.1 仲裁法：使用索氏脂肪提取器测定。

索氏脂肪提取器应干燥无水。抽提瓶在（105±2）℃烘箱中烘干 60min，干燥器中冷却 30min，称重，再烘干 30min，同样冷却称重，两次质量之差小于 0.0002g 为恒重。称取试样 1～5g（准确至 0.0002g）于滤纸筒中，滤纸筒应低于提取器虹吸管的高度，滤纸筒长度应以全部浸泡于乙醚中为准。将滤纸筒放入抽提管。在抽提瓶中加无水乙醚 60～100mL，在 60～75℃的水浴（用蒸馏水）上加热，使乙醚回流，控制乙醚回流次数为每小时 10 次，共回流约 50 次（含油高的试样约 70 次）或检查抽提管流出的乙醚挥发后不留下油迹为抽提终点。

取出试样，用原提取器将乙醚全部回收，取下抽提瓶，在水浴上蒸去残余乙醚。擦净瓶外壁。将抽提瓶放入（105±2）℃烘箱中烘干 120min，干燥器中冷却 30min 称重，再烘干 30min，同样冷却称重，两次质量之差小于 0.001g 为恒重。

5.5.5.2 推荐法：使用索氏脂肪提取仪测定。依仪器操作说明书进行测定。

5.5.6 检验结果计算

5.5.6.1 检验结果按下式计算：

$$脂肪(\%)=\frac{m_2-m_1}{m\times(1-W)}\times100\%$$

式中 m——称取试样质量，g；

m_1——已恒重的抽提瓶质量，g；

m_2——已恒重的盛有脂肪的抽提瓶质量，g；

W——试样水分，%。

5.5.6.2 重复性

每个试样取两平行样进行测定，以其算术平均值为结果。结果保留一位小数。

脂肪含量在10%以上（含10%）允许相对偏差为3%。

脂肪含量在10%以下时，允许相对偏差为5%。

6 检验规则

6.1 同一生产期内所生产，经包装出厂的，具有同一批号和同样质量证明的玉米蛋白饲料，为同一批次产品。

6.2 产品出厂（交货）必须进行出厂交收检验，本标准4条中感官指标、水分、蛋白质、粒度均作为交收检验项目。内销产品检验样品保存应不少于六个月，外销产品样品保存至合同追溯期失效为止。

6.3 取样方法

6.3.1 总则

6.3.1.1 样品的扦取应由指定的专业人员执行。

6.3.1.2 样品应能充分代表被扦取的该取样单位或该批产品的品质。原始样品不得少于2kg，平均样品不得少于1kg，数量应能满足检验评定及存查需要。同一批货物应具有相同的特征，如规格、等级、包装、标记、产地等。在同一批货物中，从各取样点扦取的样品量应一致。

6.3.1.3 取样的最大批量为250t。

6.3.1.4 扦取工具必须清洁、干燥并无异味。

6.3.1.5 取样前，应核对货物的品名、包装、标记、批次、代号、数量、质量及存放地点等。如发现异常现象，应适当扩大取样比例，对于包装不良、标记不清、批号代号混乱、数（重）量不符，外观品质显著差异等，应停止取样，并通知生产车间。

6.3.2 工具

6.3.2.1 套管扦样器：全长2m、2.5m等多种，外径约2.6cm，孔径约9cm，孔宽约1.8cm，孔间距约7cm。

6.3.2.2 单管扦样器：全长60～75cm，槽口长50～55cm，口宽1～1.8cm，头尖形，最大外径约2.5cm。或其他等效并由官方批准的扦样器。

6.3.2.3　取样铲：铲长约 13cm，宽约 8cm，边高约 4cm，柄长约 8cm。

6.3.2.4　平底撮：撮长约 6cm，宽约 4cm，边高约 1cm，柄长约 4cm。

6.3.2.5　电钻或手摇钻：附钻木用钻头，直径约 1.5cm。

6.3.2.6　分样器、混样布、分样台和分样板等。

6.3.3　取样

6.3.3.1　散装取样

6.3.3.1.1　分区设点：按该产品堆存面积分区设点。以 50m² 为一个扦样区，每区设中心及四角（距边缘 1m 处）五个取样点，每增加一个取样区，增加三个取样点。

6.3.3.1.2　操作：将套管扦样器在关闭状态下，与垂线呈 30°～45°倾斜地插入堆内，打开槽口，转动器身，稍抖动后关闭槽口，抽出扦样器，水平地放置于混样布上，随即鉴别各层样品的外观品质是否均匀一致。

对于形状不一、粒度较大、不适于用扦样器扦样的散积产品，采用扒堆的方法取样。参照分区设点的办法，在若干个取样点的上部（产品表面下 10～20cm 处）、中下部（距堆底 10～20cm 处），不加挑选地用取样铲随机取出具有代表性的大小块样品，每点取样数量应一致。

6.3.3.2　包装取样

6.3.3.2.1　抽取包数：10 包以下的逐包取样，10～100 包抽取 10 包，101 包以上，则以每批产品总数的平方根（不足 1 包的按 1 包计）为所取包数。

6.3.3.2.2　确定取样点：在堆垛内外四周按正弦线从上、中、下层随机确定取样点。

6.3.3.2.3　操作：取样时，手握器柄，使扦样器槽口向下，从包口缝线处以对角线方向插入包中，转动器身，稍加抖动，抽出扦样器，将器柄下端的流样口对准盛样容器，倒出样品，每包取样次数和数量应一致，随时观察样品外观。

用包装扦样器取样时，同时需从应取的包件中随机抽取 10%，用"倒包法"取样。

对于形状不一、粒度较大、不适于用扦样器扦样的包装产品，采用倒包和拆包相结合的方法取样。参照抽取包数的比例，倒包数应不少于抽取总包数的 20%。

6.3.3.2.4　倒包法：将取样包置于洁净的苫布或水泥台上，拆去包口缝线，缓慢地放倒，双手紧握袋底两角，提起约 50cm 高，拖倒约 1.5m 长，全部倒出后，从相当于袋的中部和底部用取样铲取出样品，每包、每点取样数量应一致。

6.3.3.2.5　拆包法：将袋口缝线拆开 3～5 针。用取样铲从上部取出所需样品。每包取样数量应一致。

6.3.3.3　流动取样

如需在流动的产品中得到原始样品，应先按受检货物的质量、传送时间及流动速度，确定取样次数、间隔时间和每次应取的数量，然后定时从产品物流的终点，在整个流动产品截面中周期性地接取样品。

对生产线的玉米蛋白饲料，50kg 袋，每 15t 为一检验批，每批取样 18 次即每 0.8t 取样一次，每次取样不少于 60g；吨袋，每 10t 为一检验批，每批取样 10 次即每 1t 取样一次，每次取样 100g，每批取样 1000g 左右。必须保证所取样品能够代表本批次玉米蛋白饲料的质量。

6.3.4　分样

将原始样品充分混合均匀，进而分取平均样品或试验样品。

对于形状不一、粒度较大的原始样品，应将其大块置于铁板上或研钵中迅速击碎，成为粒度均匀的样品后，再进行分样。

6.3.4.1　四分法

将样品倾于清洁、干燥、光滑的混样台上，两手各执分样板，将样品从左右两侧铲起约 10cm 高，对准中心同时倒落。再换其垂直方向同样操作（中心点不动）。如此反复混合 3～5 次后，将样品压铺成等厚的正方形，用分样器在样品上划两对角线，分成四个等腰三角形，弃去两个对顶三角形的样品。剩下的样品再按上述方法反复分取，直至最后剩下的两个对顶三角形的样品接近需要量为止。

6.3.4.2　分样器法

将清洁干燥的分样器放稳，关闭漏斗开关，放好盛样器，将样品从高于漏斗口约 5cm 处倒入漏斗内，刮平样品，打开漏斗开关，待样品流尽后，轻拍分样器外壳，关闭漏斗开关，再将两盛样器内的样品同时倒入漏斗内，继续按上述方法重复混合两次。以后每次用一个盛样器内的样品按上法继续分样，直至该盛样器内的样品接近需要量为止。

6.3.4.3　点取法

通过四分法或分样器分取的平均样品，需再缩分时，可直接用点取法。

将样品倾于清洁、干燥的白瓷方盘内，铺平，使其厚度不超过 3cm。以每 100cm² 为一区，每区设中心及四角共五点，每增加一个区增加三个取样点。用平底撮从左至右逐点取样。每点取样数量应一致。

6.3.5　样品的盛装、标签

6.3.5.1　容器

样品容器应密闭性好、无强吸附性、清洁干燥、不漏、无污染，如塑料袋（盒）、金属薄板盒或玻璃广口瓶。

6.3.5.2　样品的盛装

样品应用容量适宜的规定容器盛装，并装满、密封。样品应防止任何外来杂物的污染，严禁日晒雨淋，避免其成分含量的变化。

6.3.5.3　样品的标签

已扦取的样品，应附有下列各项记录的标签连同样品一并送检：报验号、批次代号、货物名称、数量、包装规格、存放地点、取样日期和取样人。

6.4　本企业生产的玉米蛋白饲料分为优级、一级两个级别，以检验结果中最低一项指标判定等级。

6.5　检验结果如有 1～2 项指标不合格时，应重新自同批产品中抽取两倍量样品进行复检，以复检结果为准，若仍有一项不合格时，则判整批产品为不合格。

6.6　如需方对产品质量有异议，可在收货后 30d 内向供方提出要求。供方应由生产工厂人员和销售人员共同到需方现场，按本标准 6.3 条规定采集样品并按本标准规定的方法进行复验，以复验结果为准。如仍有争议，可请上级法定部门仲裁。

7　产品标志、标签、包装、运输、贮存

7.1　标志、标签

按 GB 10648 执行。

7.2　包装

产品包装采用 50kg 或 1000kg 塑料编织袋包装，袋口应密封良好。

7.3　运输

运输设备要清洁卫生，无其他强烈刺激性气味。运输时，必须用篷布遮盖。不得受潮，在整个运输过程中要保持干燥、清洁，不得与有毒、有害、有腐蚀性物品混装、混运，避免日晒和雨淋。装卸时，应轻拿轻放，严禁直接钩、扎包装袋。

7.4　贮存

存放地点应保持清洁、通风干燥，严防日晒、雨淋，严禁火种。不得与有毒，有害，有腐蚀性和含有异味的物品堆放在一起。产品包装袋应放在离地面 100mm 以上的垫板上。堆垛四周应离墙壁 500mm 以上，垛间应留有 600mm 以上通道。

7.5　保质期

在规定的包装、贮运条件下，本产品的保质期为 12 个月。

附录6　喷浆玉米皮（企业标准）

1　范围

本标准规定了中粮生化能源榆树有限公司生产的喷浆玉米皮的质量要求、检验方法、检验规则，以及标志、标签、包装、运输、贮存等要求。

本标准仅适用黄龙公司生产的喷浆玉米皮。当合同对喷浆玉米皮的质量要求有明确规定时，按合同规定的质量要求控制。

2 规范性引用文件

下列文件中的条款通过本标准的引用而成为本标准的条款。凡是注日期的引用文件，其随后所有的修改单（不包括勘误的内容）或修订版均不适用于本标准，然而，鼓励根据本标准达成协议的各方研究是否可使用这些文件的最新版本。凡是不注日期的引用文件，其最新版本适用于本标准。

GB 601—2002 化学试剂 标准滴定溶液的制备

GB/T 6432—94 饲料中粗蛋白测定方法

GB/T 6433—2006 饲料中粗脂肪的测定

GB/T 6435—2006 饲料中水分和其他挥发性物质含量的测定

SN/T 0800.1—1999 进出口粮油、饲料检验抽样和制样方法

GB 10648 饲料标签

3 术语和定义

3.1 批：以共同的原始样品，作出一个检验结果所代表的该宗货物。

3.2 原始样品：按本取样方法从一批货物中各个点件最初扦取的全部样品。

3.3 平均样品：原始样品按照规定方法经过混合，均匀地缩分出的一部分。

3.4 试验样品：从平均样品中分取一定数量的供各检验项目分析用的样品。

4 质量要求

4.1 质量等级指标

质量等级指标见表1。

表 1 质量等级指标

项　目		质量指标		
		优级	一级	合格
感官指标	色泽、状态、气味	粉末，圆柱状，黄色，色泽一致，无发酵、霉变、结块及异味异臭	粉末状，圆柱状，黄褐色，色泽一致，无发酵、霉变、结块及异味异臭	粉末状，圆柱状，褐色，色泽一致，无发酵、霉变、结块及异味异臭
理化指标	水分/%	≤12.0		
	蛋白质（湿基）/%	≥18.0	≥15.0 <18.0	≥15.0

注：其他指标按供需双方商定执行。

4.2 卫生指标

按中华人民共和国有关标准、规定执行。

5 检验方法

5.1 色泽、状态、气味检验

主要以感官方法鉴定样品的色泽、状态和气味。

5.1.1　色泽、状态鉴定

将平均样品倒入检验盘或检验台上，推平，用肉眼观察本批样品的色泽、状态等是否正常和符合要求，必要时应用显微镜鉴定。

5.1.2　气味鉴定

将样品的容器盖打开，立即嗅辨，如有怀疑可用手抓取少量样品，以口呵气嗅之。如不易区别，可取样品约 10g 倾入杯内，注入 60～70℃温水，浸没样品，加盖，放置 2～3min，将水沥出，开盖用鼻接近杯口，鉴别是否具有本品的正常气味。必要时可用国内外公认的化学或仪器方法做辅助鉴定。

5.2　水分检验

5.2.1　原理

将试样在（103±2）℃烘箱内烘至恒重，逸失的质量即为水分。

5.2.2　仪器设备

5.2.2.1　实验室用样品粉碎机或研钵。

5.2.2.2　分样筛：孔径 1mm。

5.2.2.3　分析天平：感量 1mg。

5.2.2.4　电热式恒温烘箱：可控制温度为（103±2）℃。

5.2.2.5　称样皿：玻璃或铝质，直径 40mm 以上，高 25mm 以下。

5.2.2.6　干燥器：用氯化钙（干燥试剂）或变色硅胶作干燥剂。

5.2.3　试样的选取和制备

5.2.3.1　选取有代表性的试样，其原始样量应在 1000g 以上。

5.2.3.2　用四分法将原始样品缩至 500g，粉碎至 40 目，再用四分法缩至 200g，装入密封容器，放阴暗干燥处保存。

5.2.4　检验步骤

将洁净称样皿在（103±2）℃烘箱中烘干 30min±1min，取出，在干燥器中冷却至室温，称准至 1mg，再烘干 30min，同样冷却，称重，直至两次质量之差小于 0.0005g 为恒重。

称取试样 2～5g 于已恒重的称样皿中，准确至 1mg 并摊匀，将称样皿盖放在下面或边上，与称样皿一同放于（103±2）℃烘箱中。当干燥箱温度达 103℃后，干燥 4h±0.1h。将盖盖上，从干燥箱中取出，在干燥器中冷却至室温。称量，精确至 1mg。

5.2.5　检验结果计算

5.2.5.1　检验结果按下式计算：

$$水分(\%) = \frac{m_1 - m_2}{m_1 - m_0} \times 100\%$$

式中　m_1——103℃烘干前试样及称样皿重，g；

　　　m_2——103℃烘干后试样及称样皿重，g；

　　　m_0——已恒重的称样皿重，g。

5.2.5.2　重复性

每个试样，应取两个平行样进行测定，以其算术平均值为结果。两个平行样测定值相差不超过 0.2％，否则重做。结果保留一位小数。

5.3　蛋白质检验

5.3.1　原理

凯氏法测定试样中的含氮量，即在催化剂作用下，用硫酸破坏有机物，使含氮物转化成硫酸铵。加入强碱进行蒸馏使氨逸出，用硼酸吸收后，再用酸滴定，测出氮含量，将结果乘以换算系数 6.25，计算出蛋白质（粗蛋白质）含量。

5.3.2　试剂

5.3.2.1　浓硫酸：分析纯。

5.3.2.2　混合催化剂：0.4g 分析纯五水硫酸铜，6g 分析纯硫酸钾，磨碎混匀。

5.3.2.3　40％分析纯氢氧化钠水溶液。

5.3.2.4　2％分析纯硼酸水溶液。

5.3.2.5　混合指示剂：0.1％甲基红乙醇溶液，0.5％溴甲酚绿乙醇溶液，两溶液等体积混合。该混合指示剂在阴暗处保存期为三个月。

5.3.2.6　盐酸（或硫酸）标准溶液：按 GB 601 配备。

5.3.2.6.1　0.1mol/L 盐酸（或 0.05mol/L 硫酸）标准溶液。

5.3.2.6.2　0.02mol/L 盐酸（或 0.01mol/L 硫酸）标准溶液。

5.3.2.7　蔗糖：分析纯。

5.3.2.8　硫酸铵：分析纯。

5.3.2.9　硼酸吸收液：向 1％硼酸水溶液 1000mL 中加入 0.1％溴甲酚绿乙醇溶液 10mL、0.1％甲基红乙醇溶液 7mL、4％氢氧化钠水溶液 0.5mL，混合。该吸收液于阴暗处保存期为一个月（全自动程序用）。

5.3.3　仪器设备

5.3.3.1　实验室用样品粉碎机或研钵。

5.3.3.2　分样筛：孔径 1mm。

5.3.3.3　分析天平：感量 0.0001g。

5.3.3.4　消煮炉或电炉。

5.3.3.5　滴定管：酸式，10mL、25mL。

5.3.3.6　凯氏烧瓶：500mL。

5.3.3.7　凯氏蒸馏装置：常量直接蒸馏式或半微量水蒸气蒸馏式。

5.3.3.8　锥形瓶：150mL、250mL。

5.3.3.9　容量瓶：100mL。

5.3.3.10　消煮管：250mL。

5.3.3.11　定氮仪：以凯氏原理制造的各类型半自动、全自动蛋白质测定仪。

5.3.4　试样的选取和制备

选取具有代表性的试样，用四分法缩减至200g，粉碎后全部通过40目，装于密封容器中，防止试样成分的变化。

5.3.5　分析步骤

5.3.5.1　仲裁法

5.3.5.1.1　试样的消煮

称取试样0.5～1g（含氮量5～80mg）准确至0.0002g，放入凯氏烧瓶（5.3.3.6）中，加入6.4g混合催化剂（5.3.2.2），与试样混合均匀，再加入12mL硫酸（5.3.2.1）和2粒玻璃珠，凯氏烧瓶（5.3.3.6）置于电炉（5.3.3.4）上加热，开始小火，待样品焦化，泡沫消失后，再加强火力（360～410℃）直至呈透明的蓝绿色，然后再继续加热，至少2h。

5.3.5.1.2　氨的蒸馏

5.3.5.1.2.1　常量蒸馏法

将试样消煮液（5.3.5.1.1）冷却，加入60～100mL蒸馏水，摇匀，冷却。将蒸馏装置（5.3.3.7）的冷凝管末端浸入装有40mL硼酸（5.3.2.4）吸收液和2滴混合指示剂（5.3.2.5）的锥形瓶内。然后小心地向凯氏烧瓶（5.3.3.6）中加入50mL氢氧化钠溶液（5.3.2.3），轻轻摇动凯氏烧瓶（5.3.3.6），使溶液混匀后再加热蒸馏，直至流出液体积为150mL。降下锥形瓶，使冷凝管末端离开液面，继续蒸馏1～2min，并用蒸馏水冲洗冷凝管末端，洗液均流入锥形瓶内，然后停止蒸馏。

5.3.5.1.2.2　半微量蒸馏法

将试样消煮液（5.3.5.1.1）冷却，加入20mL蒸馏水，转入100mL容量瓶中冷却后用水稀释至刻度，摇匀，作为试样分解液。将半微量蒸馏装置（5.3.3.7）的冷凝管末端浸入装有20mL硼酸（5.3.2.4）吸收液和2滴混合指示剂（5.3.2.5）的锥形瓶（5.3.3.8）内。蒸汽发生器（5.3.3.7）的水中应加入甲基红指示剂数滴，硫酸数滴，在蒸馏过程中保持此液为橙红色，否则需补加硫酸。准确移取试样分解液10～20mL注入蒸馏装置（5.3.3.7）的反应室中，用少量蒸馏水冲洗进样入口，塞好入口玻璃塞，再加10mL氢氧化钠溶液（5.3.2.3），小心提起玻璃塞使之流入反应室，将玻璃塞塞好，且在入口加水密封，防止漏气。蒸馏4min降下锥形瓶（5.3.3.8）使冷凝管末端离开吸收液面，再蒸馏1min，用蒸馏水冲洗冷凝管末端，洗液均流入锥形瓶内，然后停止蒸馏。

注：5.3.5.1.2.1和5.3.5.1.2.2蒸馏法测定结果相近，可任选一种。

5.3.5.1.2.3　蒸馏步骤的检验

精确称取0.2g硫酸铵（5.3.2.8），代替试样，按5.3.5.1.2.1或5.3.5.1.2.2步骤进行操作，测得硫酸铵含氮量为21.19%±0.2%，否则应检查加碱、蒸馏和滴定各步骤是否正确。

5.3.5.1.3　滴定

用5.3.5.1.2.1或5.3.5.1.2.2法蒸馏后的吸收液立即用0.1mol/L（5.3.2.6.1）或0.02mol/L（5.3.2.6.2）盐酸标准溶液（或对应浓度的硫酸标准溶液）滴定，溶液由蓝绿色变成灰红色为终点。

5.3.5.2　推荐法

5.3.5.2.1　试样的消煮

称取0.5～1g试样（含氮量5～80mg）准确至0.0002g，放入消化管中，加2片消化片（仪器自备）或6.4g混合催化剂（5.3.2.2）、12mL硫酸（5.3.2.1），于420℃下在消煮炉上消化1h。取出冷却后加入30mL蒸馏水。

5.3.5.2.2　氨的蒸馏

采用全自动定氮仪（5.3.3.11）时，按仪器本身常量程序进行测定。

采用半自动定氮仪（5.3.3.11）时，将带消化液的管子插在蒸馏装置上，以25mL硼酸（5.3.2.4）为吸收液，加入2滴混合指示剂（5.3.2.5），蒸馏装置（5.3.3.7）的冷凝管末端要浸入装有吸收液的锥形瓶内，然后向消煮管中加入50mL氢氧化钠溶液（5.3.2.3）进行蒸馏。蒸馏时间以吸收液体积达到100mL时为宜。降下锥形瓶，用蒸馏水冲洗冷凝管末端，洗液均需流入锥形瓶内。

5.3.5.2.3　滴定

用0.1mol/L（5.3.2.6.1）或0.02mol/L（5.3.2.6.2）盐酸标准溶液（或对应浓度的硫酸标准溶液）滴定，溶液由蓝绿色变成灰红色为终点。

5.3.6　空白测定

称取0.5g蔗糖（5.3.2.7），代替试样，按5.3.5进行空白测定。

5.3.7　检验结果计算

5.3.7.1　以盐酸标准溶液滴定的检验结果按下式计算：

$$蛋白质(\%)=\frac{(V_2-V_1)\times c\times 0.0140\times 6.25}{m\times V'/V}\times 100$$

式中　V_2——滴定试样时所消耗标准溶液的体积，mL；

V_1——滴定空白时所消耗标准溶液的体积，mL；

c——标准溶液的浓度，mol/L；

m——试样的质量，g；

V——试样分解液总体积，mL；

V'——试样分解液蒸馏用体积，mL；

0.0140——每毫升 1.0mol/L 盐酸溶液相当于氮的质量（g），g/mmol；

6.25——氮换算成蛋白质的平均系数。

5.3.7.2 以硫酸标准溶液滴定的检验结果按下式计算：

$$蛋白质(\%)=\frac{(V_2-V_1)\times c\times 0.0280\times 6.25}{m\times V'/V}\times 100$$

式中 0.0280——每毫升 1.0mol/L 硫酸溶液相当于氮的质量（g），g/mmol；

式中其他符号的意义与 5.3.7.1 相同。

5.3.7.3 重复性

每个试样取两个平行样进行测定，以其算术平均值为结果。结果保留一位小数。

当蛋白质含量在 25％以上时，允许相对偏差为 1％。

当蛋白质含量在 10％～25％之间时，允许相对偏差为 2％。

当蛋白质含量在 10％以下时，允许相对偏差为 3％。

5.4 脂肪检验

5.4.1 原理

以无水乙醚为溶剂，用索氏脂肪提取器提取试样，提取物即为脂肪。因乙醚提取物中除脂肪外还有有机酸、磷脂、脂溶性维生素、叶绿素等，因而又称粗脂肪或乙醚提取物。

5.4.2 试剂

无水乙醚（分析纯）。

5.4.3 仪器设备

5.4.3.1 实验室用样品粉碎机或研钵。

5.4.3.2 分样筛：孔径 0.45mm。

5.4.3.3 分析天平：感量 0.0001g。

5.4.3.4 电热恒温水浴锅，室温～100℃。

5.4.3.5 恒温烘箱：50～200℃。

5.4.3.6 索氏脂肪提取器（带球形冷凝管）：100mL 或 150mL。

5.4.3.7 索氏脂肪提取仪。

5.4.3.8 滤纸或滤纸筒：中速，脱脂。

5.4.3.9 干燥器：用氯化钙（干燥级）或变色硅胶为干燥剂。

5.4.4 试样的选取和制备

选取有代表性的试样，用四分法将试样缩减至 500g，粉碎至 40 目，再用四分法缩减至 200g，于密封容器中保存。

5.4.5 分析步骤

5.4.5.1 仲裁法：使用索氏脂肪提取器测定。

索氏脂肪提取器应干燥无水。抽提瓶在（105±2）℃烘箱中烘干 60min，干燥器中冷却 30min，称重，再烘干 30min，同样冷却称重，两次质量之差小于 0.0002g 为恒重。称取试样 1～5g（准确至 0.0002g）于滤纸筒中，滤纸筒应低于提取器虹吸管的高度，滤纸筒长度应以全部浸泡于乙醚中为准。将滤纸筒放入抽提管。在抽提瓶中加无水乙醚 60～100mL，在 60～75℃的水浴（用蒸馏水）上加热，使乙醚回流，控制乙醚回流次数为每小时 10 次，共回流约 50 次（含油高的试样约 70 次）或检查抽提管流出的乙醚挥发后不留下油迹为抽提终点。

取出试样，用原提取器将乙醚全部回收，取下抽提瓶，在水浴上蒸去残余乙醚。擦净瓶外壁。将抽提瓶放入（105±2）℃烘箱中烘干 120min，干燥器中冷却 30min 称重，再烘干 30min，同样冷却称重，两次质量之差小于 0.001g 为恒重。

5.4.5.2 推荐法：使用索氏脂肪提取仪测定。依仪器操作说明书进行测定。

5.4.6 检验结果计算

5.4.6.1 检验结果按下式计算：

$$脂肪(\%)=\frac{m_2-m_1}{m\times(1-W)}\times100\%$$

式中 m——称取试样质量，g；

m_1——已恒重的抽提瓶质量，g；

m_2——已恒重的盛有脂肪的抽提瓶质量，g；

W——试样水分，%。

5.4.6.2 重复性

每个试样取两平行样进行测定，以其算术平均值为结果。结果保留一位小数。

脂肪含量在 10% 以上（含 10%）允许相对偏差为 3%。

脂肪含量在 10% 以下时，允许相对偏差为 5%。

6 检验规则

6.1 同一生产期内所生产，经包装出厂的，具有同一批号和同样质量证明的喷浆玉米皮，为同一批次产品。

6.2 产品出厂（交货）必须进行出厂交收检验，本标准 4 条中感官指标、水分、蛋白质均作为交收检验项目。内销产品检验样品保存期不少于六个月，外销产品样品保存至合同追溯期失效为止。

6.3 取样方法

6.3.1 总则

6.3.1.1 样品的扦取应由指定的专业人员执行。

6.3.1.2 样品应能充分代表被扦取的该取样单位或该批产品的品质。原始样品不得少于 2kg，平均样品不得少于 1kg，数量应能满足检验评定及存查需要。同一批货物应具有相同的特征，如规格、等级、包装、标记、产地等。在同一批货物中，从各取样点扦取的样品量应一致。

6.3.1.3 取样的最大批量为 250t。

6.3.1.4 扦取工具必须清洁、干燥并无异味。

6.3.1.5 取样前，应核对货物的品名、包装、标记、批次、代号、数量、质量及存放地点等。如发现异常现象，应适当扩大取样比例，对于包装不良、标记不清、批号代号混乱、数（重）量不符，外观品质显著差异等，应停止取样，并通知生产车间。

6.3.2 工具

6.3.2.1 套管扦样器：全长 2m、2.5m 等多种，外径约 2.6cm，孔径约 9cm，孔宽约 1.8cm，孔间距约 7cm。

6.3.2.2 单管扦样器：全长 60～75cm，槽口长 50～55cm，口宽 1～1.8cm，头尖形，最大外径约 2.5cm。或其他等效并由官方批准的扦样器。

6.3.2.3 取样铲：铲长约 13cm，宽约 8cm，边高约 4cm，柄长约 8cm。

6.3.2.4 平底撮：撮长约 6cm，宽约 4cm，边高约 1cm，柄长约 4cm。

6.3.2.5 电钻或手摇钻：附钻木用钻头，直径约 1.5cm。

6.3.2.6 分样器、混样布、分样台和分样板等。

6.3.3 取样

6.3.3.1 散装取样

6.3.3.1.1 分区设点：按该产品堆存面积分区设点。以 50m² 为一个扦样区，每区设中心及四角（距边缘 1m 处）五个取样点，每增加一个取样区，增加三个取样点。

6.3.3.1.2 操作：将套管扦样器在关闭状态下，与垂线呈 30°～45°倾斜地插入堆内，打开槽口，转动器身，稍抖动后关闭槽口，抽出扦样器，水平地放置于混样布上，随即鉴别各层样品的外观品质是否均匀一致。

对于形状不一、粒度较大、不适于用扦样器扦样的散积产品，采用扒堆的方法取样。参照分区设点的办法，在若干个取样点的上部（产品表面下 10～20cm 处）、中下部（距堆底 10～20cm 处），不加挑选地用取样铲随机取出具有代表性的大小块样品，每点取样数量应一致。

6.3.3.2 包装取样

6.3.3.2.1 抽取包数：10 包以下的逐包取样，10～100 包抽取 10 包，101 包以上，则以每批产品总数的平方根（不足 1 包的按 1 包计）为所取包数。

6.3.3.2.2 确定取样点：在堆垛内外四周按正弦线从上、中、下层随机确定取样点。

6.3.3.2.3 操作：取样时，手握器柄，使扦样器槽口向下，从包口缝线处以对角线方向插入包中，转动器身，稍加抖动，抽出扦样器，将器柄下端的流样口对准盛样容器，倒出样品，每包取样次数和数量应一致，随时观察样品外观。

用包装扦样器取样时，同时需从应取的包件中随机抽取 10％，用"倒包法"取样。

对于形状不一、粒度较大、不适于用扦样器扦样的包装产品，采用倒包和拆包相结合的方法取样。参照抽取包数的比例，倒包数应不少于抽取总包数的 20％。

6.3.3.2.4 倒包法：将取样包置于洁净的苫布或水泥台上，拆去包口缝线，缓慢地放倒，双手紧握袋底两角，提起约 50cm 高，拖倒约 1.5m 长，全部倒出后，从相当于袋的中部和底部用取样铲取出样品，每包、每点取样数量应一致。

6.3.3.2.5 拆包法：将袋口缝线拆开 3～5 针。用取样铲从上部取出所需样品。每包取样数量应一致。

6.3.3.3 流动取样

如需在流动的产品中得到原始样品，应先按受检货物的质量、传送时间及流动速度，确定取样次数、间隔时间和每次应取的数量，然后定时从产品物流的终点，在整个流动产品截面中周期性地接取样品。

对生产线的喷浆玉米皮，每 30 吨为一检验批，包装规格 50kg/袋，每批取样 25 次，即每 1.2 吨取样一次，每次取样 40g，每批取样 1000g 左右。必须保证所取样品能够代表本批次喷浆玉米皮的质量。

6.3.4 分样

将原始样品充分混合均匀，进而分取平均样品或试验样品。

对于形状不一、粒度较大的原始样品，应将其大块置于铁板上或研钵中迅速击碎，成为粒度均匀的样品后，再进行分样。

6.3.4.1 四分法

将样品倾于清洁、干燥、光滑的混样台上，两手各执分样板，将样品从左右两侧铲起约 10cm 高，对准中心同时倒落。再换其垂直方向同样操作（中心点不动）。如此反复混合 3～5 次后，将样品压铺成等厚的正方形，用分样器在样品上划两对角线，分成四个等腰三角形，弃去两个对顶三角形的样品。剩下的样品再按上述方法反复分取，直至最后剩下的两个对顶三角形的样品接近需要量为止。

6.3.4.2 分样器法

将清洁干燥的分样器放稳，关闭漏斗开关，放好盛样器，将样品从高于漏斗口约 5cm 处倒入漏斗内，刮平样品，打开漏斗开关，待样品流尽后，轻拍分样器外壳，关闭漏斗开关，再将两盛样器内的样品同时倒入漏斗内，继续按上述方法重复混合两次。以后每次用一个盛样器内的样品按上法继续分样，直至该盛样器内的样品接近需要量为止。

6.3.4.3 点取法

通过四分法或分样器分取的平均样品，需再缩分时，可直接用点取法。

将样品倾于清洁、干燥的白瓷方盘内，铺平，使其厚度不超过 3cm。以每 $100cm^2$ 为一区，每区设中心及四角共五点，每增加一个区增加三个取样点。用平底撮从左至右逐点取样。每点取样数量应一致。

6.3.5 样品的盛装、标签

6.3.5.1 容器

样品容器应密闭性好、无强吸附性、清洁干燥、不漏、无污染，如塑料袋（盒）、金属薄板盒或玻璃广口瓶。

6.3.5.2 样品的盛装

样品应用容量适宜的规定容器盛装，并装满、密封。样品应防止任何外来杂物的污染，严禁日晒雨淋，避免其成分含量的变化。

6.3.5.3 样品的标签

已扦取的样品，应附有下列各项记录的标签连同样品一并送检：报验号、批次代号、货物名称、数量、质量、存放地点、取样日期和取样人。

6.4 本企业生产的喷浆玉米皮以检验结果中最低一项指标判定等级。

6.5 检验结果如有 1～2 项指标不合格时，应重新自同批产品中抽取两倍量样品进行复检，以复检结果为准，若仍有一项不合格时，则判整批产品为不合格。

6.6 如需方对产品质量有异议，可在收货后 30d 内向供方提出要求。供方应由生产工厂人员和销售人员共同到需方现场，按本标准 6.3 条规定采集样品并按本标准规定的方法进行复验，以复验结果为准。如仍有争议，可请上级法定部门仲裁。

7 产品标志、标签、包装、运输、贮存

7.1 标志、标签

按 GB 10648 执行。

7.2 包装

产品包装采用 50kg 内衬薄膜的塑料编织袋包装，袋口应密封良好。

7.3 运输

运输设备要清洁卫生，无其他强烈刺激性气味。运输时，必须用篷布遮盖。不得受潮，在整个运输过程中要保持干燥、清洁，不得与有毒、有害、有腐蚀性

物品混装、混运，避免日晒和雨淋。装卸时，应轻拿轻放，严禁直接钩、扎包装袋。

7.4 贮存

存放地点应保持清洁、通风干燥，严防日晒、雨淋，严禁火种。不得与有毒、有害、有腐蚀性和含有异味的物品堆放在一起。产品包装袋应放在离地面100mm以上的垫板上。堆垛四周应离墙壁500mm以上，垛间应留有600mm以上通道。

7.5 保质期

在规定的包装、贮运条件下，本产品的保质期为12个月。

附录7 玉米胚芽粕（企业标准）

1 范围

本标准规定了中粮生化能源公主岭有限公司生产的玉米胚芽粕的质量要求、检验方法、检验规则，以及标志、标签、包装、运输、贮存等要求。

本标准仅适用中粮生化能源公主岭有限公司生产的玉米胚芽粕。当合同对玉米胚芽粕的质量要求有明确规定时，按合同规定的质量要求控制。

2 规范性引用文件

下列文件中的条款通过本标准的引用而成为本标准的条款。凡是注日期的引用文件，其随后所有的修改单（不包括勘误的内容）或修订版均不适用于本标准，然而，鼓励根据本标准达成协议的各方研究是否可使用这些文件的最新版本。凡是不注日期的引用文件，其最新版本适用于本标准。

GB 601—2002   化学试剂   标准滴定溶液的制备

GB/T 6432—94   饲料中粗蛋白测定方法

GB/T 6435—2006   饲料中水分和其他挥发性物质含量的测定

GB 10648   饲料标签

SN/T 0800.1—1999   进出口粮油、饲料检验抽样和制样方法

3 术语和定义

3.1 批：以共同的原始样品，作出一个检验结果所代表的该宗货物。

3.2 原始样品：按本取样方法从一批货物中各个点件最初扦取的全部样品。

3.3 平均样品：原始样品按照规定方法经过混合，均匀地缩分出的一部分。

3.4 试验样品：从平均样品中分取一定数量的供各检验项目分析用的样品。

4 质量要求

4.1 质量等级指标

质量等级指标见表1。

表 1　质量等级指标

项目		质量指标		
		玉米胚芽粕	高蛋白玉米胚芽粕	
		合格	优级	一级
感官指标	色泽、状态、气味	碎片或粗粉状，色泽一致，无发酵、霉变、结块及异味异臭	碎片或粗粉状，色泽一致，无发酵、霉变、结块及异味异臭	
理化指标	水分/%	≤12.0	≤12.0	
	蛋白质（湿基）/%	≥15.0	≥25.0	≥23.0 <25.0

注：其他指标按供需双方商定执行。

4.2　卫生指标

按中华人民共和国有关标准、规定执行。

5　检验方法

5.1　色泽、状态、气味检验

主要以感官方法鉴定样品的色泽、状态和气味。

5.1.1　色泽、状态鉴定

将平均样品倒入检验盘或检验台上，推平，用肉眼观察本批样品的色泽、状态等是否正常和符合要求，必要时应用显微镜鉴定。

5.1.2　气味鉴定

将样品的容器盖打开，立即嗅辨，如有怀疑可用手抓取少量样品，以口呵气嗅之。如不易区别，可取样品约10g倾入杯内，注入60～70℃温水，浸没样品，加盖，放置2～3min，将水沥出，开盖用鼻接近杯口，鉴别是否具有本品的正常气味。必要时可用国内外公认的化学或仪器方法做辅助鉴定。

5.2　水分检验

5.2.1　原理

将试样在（103±2）℃烘箱内烘至恒重，逸失的质量即为水分。

5.2.2　仪器设备

5.2.2.1　实验室用样品粉碎机或研钵。

5.2.2.2　分样筛：孔径1mm。

5.2.2.3　分析天平：感量1mg。

5.2.2.4　电热式恒温烘箱：可控制温度为（103±2）℃。

5.2.2.5　称样皿：玻璃或铝质，直径40mm以上，高25mm以下。

5.2.2.6　干燥器：用氯化钙（干燥试剂）或变色硅胶作干燥剂。

5.2.3　试样的选取和制备

5.2.3.1　选取有代表性的试样，其原始样量应在 1000g 以上。

5.2.3.2　用四分法将原始样品缩至 500g，粉碎至 40 目，再用四分法缩至 200g，装入密封容器，放阴暗干燥处保存。

5.2.4　检验步骤

将洁净称样皿在（103±2）℃烘箱中烘干 30min±1min，取出，在干燥器中冷却至室温，称准至 1mg，再烘干 30min，同样冷却，称重，直至两次质量之差小于 0.0005g 为恒重。

称取试样 2～5g 于已恒重的称样皿中，准确至 1mg 并摊匀，将称样皿盖放在下面或边上，与称样皿一同放于（103±2）℃烘箱中。当干燥箱温度达 103℃后，干燥 4h±0.1h。将盖盖上，从干燥箱中取出，在干燥器中冷却至室温。称量，精确至 1mg。

5.2.5　检验结果计算

5.2.5.1　检验结果按下式计算：

$$水分(\%)=\frac{m_1-m_2}{m_1-m_0}\times100\%$$

式中　m_1——103℃烘干前试样及称样皿重，g；

　　　m_2——103℃烘干后试样及称样皿重，g；

　　　m_0——已恒重的称样皿重，g。

5.2.5.2　重复性

每个试样，应取两个平行样进行测定，以其算术平均值为结果。两个平行样测定值相差不超过 0.2%，否则重做。结果保留一位小数。

5.3　蛋白质检验

5.3.1　原理

凯氏法测定试样中的含氮量，即在催化剂作用下，用硫酸破坏有机物，使含氮物转化成硫酸铵。加入强碱进行蒸馏使氨逸出，用硼酸吸收后，再用酸滴定，测出氮含量，将结果乘以换算系数 6.25，计算出蛋白质（粗蛋白质）含量。

5.3.2　试剂

5.3.2.1　浓硫酸：分析纯。

5.3.2.2　混合催化剂：0.4g 分析纯五水硫酸铜，6g 分析纯硫酸钾，磨碎混匀。

5.3.2.3　40% 分析纯氢氧化钠水溶液。

5.3.2.4　2% 分析纯硼酸水溶液。

5.3.2.5　混合指示剂：0.1% 甲基红乙醇溶液，0.5% 溴甲酚绿乙醇溶液，两溶液等体积混合。该混合指示剂在阴暗处保存期为三个月。

5.3.2.6　盐酸（或硫酸）标准溶液：按 GB 601 配备。

5.3.2.6.1　0.1mol/L 盐酸（或 0.05mol/L 硫酸）标准溶液。

5.3.2.6.2　0.02mol/L 盐酸（或 0.01mol/L 硫酸）标准溶液。

5.3.2.7　蔗糖：分析纯。

5.3.2.8　硫酸铵：分析纯。

5.3.2.9　硼酸吸收液：向 1％硼酸水溶液 1000mL 中加入 0.1％溴甲酚绿乙醇溶液 10mL、0.1％甲基红乙醇溶液 7mL、4％氢氧化钠水溶液 0.5mL，混合。该吸收液于阴暗处保存期为一个月（全自动程序用）。

5.3.3　仪器设备

5.3.3.1　实验室用样品粉碎机或研钵。

5.3.3.2　分样筛：孔径 1mm。

5.3.3.3　分析天平：感量 0.0001g。

5.3.3.4　消煮炉或电炉。

5.3.3.5　滴定管：酸式，10mL、25mL。

5.3.3.6　凯氏烧瓶：500mL。

5.3.3.7　凯氏蒸馏装置：常量直接蒸馏式或半微量水蒸气蒸馏式。

5.3.3.8　锥形瓶：150mL、250mL。

5.3.3.9　容量瓶：100mL。

5.3.3.10　消煮管：250mL。

5.3.3.11　定氮仪：以凯氏原理制造的各类型半自动、全自动蛋白质测定仪。

5.3.4　试样的选取和制备

选取具有代表性的试样，用四分法缩减至 200g，粉碎后全部通过 40 目，装于密封容器中，防止试样成分的变化。

5.3.5　分析步骤

5.3.5.1　仲裁法

5.3.5.1.1　试样的消煮

称取试样 0.5～1g（含氮量 5～80mg），准确至 0.0002g，放入凯氏烧瓶（5.3.3.6）中，加入 6.4g 混合催化剂（5.3.2.2），与试样混合均匀，再加入 12mL 硫酸（5.3.2.1）和 2 粒玻璃珠，凯氏烧瓶（5.3.3.6）置于电炉（5.3.3.4）上加热，开始小火，待样品焦化，泡沫消失后，再加强火力（360～410℃）直至呈透明的蓝绿色，然后再继续加热，至少 2h。

5.3.5.1.2　氨的蒸馏

5.3.5.1.2.1　常量蒸馏法

将试样消煮液（5.3.5.1.1）冷却，加入 60～100mL 蒸馏水，摇匀，冷却。

将蒸馏装置（5.3.3.7）的冷凝管末端浸入装有 40mL 硼酸（5.3.2.4）吸收液和 2 滴混合指示剂（5.3.2.5）的锥形瓶内。然后小心地向凯氏烧瓶（5.3.3.6）中加入 50mL 氢氧化钠溶液（5.3.2.3），轻轻摇动凯氏烧瓶（5.3.3.6），使溶液混匀后再加热蒸馏，直至流出液体积为 150mL。降下锥形瓶，使冷凝管末端离开液面，继续蒸馏 1～2min，并用蒸馏水冲洗冷凝管末端，洗液均流入锥形瓶内，然后停止蒸馏。

5.3.5.1.2.2　半微量蒸馏法

将试样消煮液（5.3.5.1.1）冷却，加入 20mL 蒸馏水，转入 100mL 容量瓶中冷却后用水稀释至刻度，摇匀，作为试样分解液。将半微量蒸馏装置（5.3.3.7）的冷凝管末端浸入装有 20mL 硼酸（5.3.2.4）吸收液和 2 滴混合指示剂（5.3.2.5）的锥形瓶（5.3.3.8）内。蒸汽发生器（5.3.3.7）的水中应加入甲基红指示剂数滴，硫酸数滴，在蒸馏过程中保持此液为橙红色，否则需补加硫酸。准确移取试样分解液 10～20mL 注入蒸馏装置（5.3.3.7）的反应室中，用少量蒸馏水冲洗进样入口，塞好入口玻璃塞，再加 10mL 氢氧化钠溶液（5.3.2.3），小心提起玻璃塞使之流入反应室，将玻璃塞塞好，且在入口加水密封，防止漏气。蒸馏 4min 降下锥形瓶（5.3.3.8）使冷凝管末端离开吸收液面，再蒸馏 1min，用蒸馏水冲洗冷凝管末端，洗液均流入锥形瓶内，然后停止蒸馏。

注：5.3.5.1.2.1 和 5.3.5.1.2.2 蒸馏法测定结果相近，可任选一种。

5.3.5.1.2.3　蒸馏步骤的检验

精确称取 0.2g 硫酸铵（5.3.2.8），代替试样，按 5.3.5.1.2.1 或 5.3.5.1.2.2 步骤进行操作，测得硫酸铵含氮量为 21.19%±0.2%，否则应检查加碱、蒸馏和滴定各步骤是否正确。

5.3.5.1.3　滴定

用 5.3.5.1.2.1 或 5.3.5.1.2.2 法蒸馏后的吸收液立即用 0.1mol/L（5.3.2.6.1）或 0.02mol/L（5.3.2.6.2）盐酸标准溶液（或对应浓度的硫酸标准溶液）滴定，溶液由蓝绿色变成灰红色为终点。

5.3.5.2　推荐法

5.3.5.2.1　试样的消煮

称取 0.5～1g 试样（含氮量 5～80mg），准确至 0.0002g，放入消化管中，加 2 片消化片（仪器自备）或 6.4g 混合催化剂（5.3.2.2）、12mL 硫酸（5.3.2.1），于 420℃下在消煮炉上消化 1h。取出冷却后加入 30mL 蒸馏水。

5.3.5.2.2　氨的蒸馏

采用全自动定氮仪（5.3.3.11）时，按仪器本身常量程序进行测定。

采用半自动定氮仪（5.3.3.11）时，将带消化液的管子插在蒸馏装置上，以 25mL 硼酸（5.3.2.4）为吸收液，加入 2 滴混合指示剂（5.3.2.5），蒸馏装置

（5.3.3.7）的冷凝管末端要浸入装有吸收液的锥形瓶内，然后向消煮管中加入50mL氢氧化钠溶液（5.3.2.3）进行蒸馏。蒸馏时间以吸收液体积达到100mL时为宜。降下锥形瓶，用蒸馏水冲洗冷凝管末端，洗液均需流入锥形瓶内。

5.3.5.2.3 滴定

用0.1mol/L（5.3.2.6.1）或0.02mol/L（5.3.2.6.2）盐酸标准溶液（或对应浓度的硫酸标准溶液）滴定，溶液由蓝绿色变成灰红色为终点。

5.3.6 空白测定

称取0.5g蔗糖（5.3.2.7），代替试样，按5.3.5进行空白测定。

5.3.7 检验结果计算

5.3.7.1 以盐酸标准溶液滴定的检验结果按下式计算：

$$\text{蛋白质}(\%) = \frac{(V_2 - V_1) \times c \times 0.0140 \times 6.25}{m \times V'/V} \times 100$$

式中　V_2——滴定试样时所消耗标准溶液的体积，mL；

　　　　V_1——滴定空白时所消耗标准溶液的体积，mL；

　　　　c——标准溶液的浓度，mol/L；

　　　　m——试样的质量，g；

　　　　V——试样分解液总体积，mL；

　　　　V'——试样分解液蒸馏用体积，mL；

　0.0140——每毫升1.0mol/L盐酸溶液相当于氮的质量（g），g/mmol；

　6.25——氮换算成蛋白质的平均系数。

5.3.7.2 以硫酸标准溶液滴定的检验结果按下式计算：

$$\text{蛋白质}(\%) = \frac{(V_2 - V_1) \times c \times 0.0280 \times 6.25}{m \times V'/V} \times 100$$

式中　0.0280——每毫升1.0mol/L硫酸溶液相当于氮的质量（g），g/mmol；

式中其他符号的意义与5.3.7.1相同。

5.3.7.3 重复性

每个试样取两个平行样进行测定，以其算术平均值为结果。结果保留一位小数。

当蛋白质含量在25%以上时，允许相对偏差为1%。

当蛋白质含量在10%～25%之间时，允许相对偏差为2%。

当蛋白质含量在10%以下时，允许相对偏差为3%。

6 检验规则

6.1 同一生产期内所生产，经包装出厂的，具有同一批号和同样质量证明的玉米粕，为同一批次产品。

6.2 产品出厂（交货）必须进行出厂交收检验，本标准4条中感官指标、水分、蛋白质均作为交收检验项目。内销产品的检验样品保存期不少于六个月，外销产品样品保存至合同追溯期失效为止。

6.3 取样方法

6.3.1 总则

6.3.1.1 样品的扦取应由指定的专业人员执行。

6.3.1.2 样品应能充分代表被扦取的该取样单位或该批产品的品质。原始样品不得少于 2kg，平均样品不得少于 1kg，数量应能满足检验评定及存查需要。同一批货物应具有相同的特征，如规格、等级、包装、标记、产地等。在同一批货物中，从各取样点扦取的样品量应一致。

6.3.1.3 取样的最大批量为 250t。

6.3.1.4 扦取工具必须清洁、干燥并无异味。

6.3.1.5 取样前，应核对货物的品名、包装、标记、批次、代号、数量、质量及存放地点等。如发现异常现象，应适当扩大取样比例，对于包装不良、标记不清、批号代号混乱、数（重）量不符，外观品质显著差异等，应停止取样，并通知生产车间。

6.3.2 工具

6.3.2.1 套管扦样器：全长 2m、2.5m 等多种，外径约 2.6cm，孔径约 9cm，孔宽约 1.8cm，孔间距约 7cm。

6.3.2.2 单管扦样器：全长 60～75cm，槽口长 50～55cm，口宽 1～1.8cm，头尖形，最大外径约 2.5cm。或其他等效并由官方批准的扦样器。

6.3.2.3 取样铲：铲长约 13cm，宽约 8cm，边高约 4cm，柄长约 8cm。

6.3.2.4 平底撮：撮长约 6cm，宽约 4cm，边高约 1cm，柄长约 4cm。

6.3.2.5 电钻或手摇钻：附钻木用钻头，直径约 1.5cm。

6.3.2.6 分样器、混样布、分样台和分样板等。

6.3.3 取样

6.3.3.1 散装取样

6.3.3.1.1 分区设点：按该产品堆存面积分区设点。以 50m² 为一个扦样区，每区设中心及四角（距边缘 1m 处）五个取样点，每增加一个取样区，增加三个取样点。

6.3.3.1.2 操作：将套管扦样器在关闭状态下，与垂线呈 30°～45°倾斜地插入堆内，打开槽口，转动器身，稍抖动后关闭槽口，抽出扦样器，水平地放置于混样布上，随即鉴别各层样品的外观品质是否均匀一致。

对于形状不一、粒度较大、不适于用扦样器扦样的散积产品，采用扒堆的方法取样。参照分区设点的办法，在若干个取样点的上部（产品表面下 10～20cm 处），中下部（距堆底 10～20cm 处），不加挑选地用取样铲随机取出具有代表性的大小块样品，每点取样数量应一致。

6.3.3.2　包装取样

6.3.3.2.1　抽取包数：10 包以下的逐包取样，10～100 包抽取 10 包，101 包以上，则以每批产品总数的平方根（不足 1 包的按 1 包计）为所取包数。

6.3.3.2.2　确定取样点：在堆垛内外四周按正弦线从上、中、下层随机确定取样点。

6.3.3.2.3　操作：取样时，手握器柄，使扦样器槽口向下，从包口缝线处以对角线方向插入包中，转动器身，稍加抖动，抽出扦样器，将器柄下端的流样口对准盛样容器，倒出样品，每包取样次数和数量应一致，随时观察样品外观。

用包装扦样器取样时，同时需从应取的包件中随机抽取 10%，用"倒包法"取样。

对于形状不一、粒度较大、不适于用扦样器扦样的包装产品，采用倒包和拆包相结合的方法取样。参照抽取包数的比例，倒包数应不少于抽取总包数的 20%。

6.3.3.2.4　倒包法：将取样包置于洁净的苫布或水泥台上，拆去包口缝线，缓慢地放倒，双手紧握袋底两角，提起约 50cm 高，拖倒约 1.5m 长，全部倒出后，从相当于袋的中部和底部用取样铲取出样品，每包、每点取样数量应一致。

6.3.3.2.5　拆包法：将袋口缝线拆开 3～5 针。用取样铲从上部取出所需样品。每包取样数量应一致。

6.3.3.3　流动取样

如需在流动的产品中得到原始样品，应先按受检货物的质量、传送时间及流动速度，确定取样次数、间隔时间和每次应取的数量，然后定时从产品物流的终点，在整个流动产品截面中周期性地接取样品。

对生产线的玉米粕，每 20t 为一检验批，包装规格 50kg/袋，每批取样 20 次即每 1t 取样一次，每次取样 50g，每批取样 1000g 左右。必须保证所取样品能够代表本批次玉米粕的质量。

6.3.4　分样

将原始样品充分混合均匀，进而分取平均样品或试验样品。

对于形状不一、粒度较大的原始样品，应将其大块置于铁板上或研钵中迅速击碎，成为粒度均匀的样品后，再进行分样。

6.3.4.1　四分法

将样品倾于清洁、干燥、光滑的混样台上，两手各执分样板，将样品从左右两侧铲起约 10cm 高，对准中心同时倒落。再换其垂直方向同样操作（中心点不动）。如此反复混合 3～5 次后，将样品压铺成等厚的正方形，用分样器在样品上划两对角线，分成四个等腰三角形，弃去两个对顶三角形的样品。剩下的样品再按上述方法反复分取，直至最后剩下的两个对顶三角形的样品接近需要量为止。

6.3.4.2　分样器法

将清洁干燥的分样器放稳，关闭漏斗开关，放好盛样器，将样品从高于漏斗口约 5cm 处倒入漏斗内，刮平样品，打开漏斗开关，待样品流尽后，轻拍分样器外壳，关闭漏斗开关，再将两盛样器内的样品同时倒入漏斗内，继续按上述方法重复混合两次。以后每次用一个盛样器内的样品按上法继续分样，直至该盛样器内的样品接近需要量为止。

6.3.4.3　点取法

通过四分法或分样器分取的平均样品，需再缩分时，可直接用点取法。

将样品倾于清洁、干燥的白瓷方盘内，铺平，使其厚度不超过 3cm。以每 100cm^2 为一区，每区设中心及四角共五点，每增加一个区增加三个取样点。用平底撮从左至右逐点取样。每点取样数量应一致。

6.3.5　样品的盛装、标签

6.3.5.1　容器

样品容器应密闭性好、无强吸附性、清洁干燥、不漏、无污染，如塑料袋（盒）、金属薄板盒或玻璃广口瓶。

6.3.5.2　样品的盛装

样品应用容量适宜的规定容器盛装，并装满、密封。样品应防止任何外来杂物的污染，严禁日晒雨淋，避免其成分含量的变化。

6.3.5.3　样品的标签

已扦取的样品，应附有下列各项记录的标签连同样品一并送检：报验号、批次代号、货物名称、数量、质量、存放地点、取样日期和取样人。

6.4　本企业生产的玉米粕以检验结果中最低一项指标判定等级。

6.5　检验结果如有 1～2 项指标不合格时，应重新自同批产品中抽取两倍量样品进行复检，以复检结果为准，若仍有一项不合格时，则判整批产品为不合格。

6.6　如需方对产品质量有异议，可在收货后 30d 内向供方提出要求。供方应由生产工厂人员和销售人员共同到需方现场，按本标准 6.3 条规定采集样品并按本标准规定的方法进行复验，以复验结果为准。如仍有争议，可请上级法定部门仲裁。

7　产品标志、标签、包装、运输、贮存

7.1　标志、标签

按 GB 10648 执行。

7.2　包装

产品包装采用 40kg 或 50kg 的塑料编织袋包装，袋口应密封良好。

7.3 运输

运输设备要清洁卫生，无其他强烈刺激性气味。运输时，必须用篷布遮盖。不得受潮，在整个运输过程中要保持干燥、清洁，不得与有毒、有害、有腐蚀性物品混装、混运，避免日晒和雨淋。装卸时，应轻拿轻放，严禁直接钩、扎包装袋。

7.4 贮存

存放地点应保持清洁、通风干燥，严防日晒、雨淋，严禁火种。不得与有毒、有害、有腐蚀性和含有异味的物品堆放在一起。产品包装袋应放在离地面100mm以上的垫板上。堆垛四周应离墙壁500mm以上，垛间应留有600mm以上通道。

7.5 保质期

在规定的包装、贮运条件下，本产品的保质期为12个月。

附录8 玉米浆（企业标准）

----

1 范围

本标准规定了中粮生化能源公主岭有限公司生产的玉米浆的质量要求、检验方法、检验规则，以及标志、标签、包装、运输、贮存等要求。

本标准仅适用中粮生化能源公主岭有限公司生产的玉米浆。当合同对玉米浆的质量要求有明确规定时，按合同规定的质量要求控制。

2 规范性引用文件

下列文件中的条款通过本标准的引用而成为本标准的条款。凡是注日期的引用文件，其随后所有的修改单（不包括勘误的内容）或修订版均不适用于本标准，然而，鼓励根据本标准达成协议的各方研究是否可使用这些文件的最新版本。凡是不注日期的引用文件，其最新版本适用于本标准。

GB/ 601—2002 化学试剂 标准滴定溶液的制备

GB/T 6432—94 饲料中粗蛋白测定方法

GB/T 6435—2006 饲料中水分和其他挥发性物质含量的测定

GB 10648 饲料标签

GB/T 14699.1—2005 饲料 采样

3 术语和定义

3.1 批：以共同的原始样品，作出一个检验结果所代表的该宗货物。

3.2 原始样品：按本取样方法从一批货物中各个点件最初扦取的全部样品。

3.3 平均样品：原始样品按照规定方法经过混合，均匀地缩分出的一部分。

3.4 试验样品：从平均样品中分取一定数量的供各检验项目分析用的样品。

4 质量要求

质量要求见表1。

表1 质量要求

项　目		质量指标	
		优级	一级
感官指标	色泽、状态、气味	浅黄色至褐色的黏稠液、无异味	
理化指标	干物/%	≥40.0	
	蛋白质(干基)/%	≥42.0	≥38.0

5 检验方法

5.1 色泽、状态、气味检验

主要以感官方法鉴定样品的色泽、状态和气味。

5.1.1 色泽、状态鉴定

将平均样品倒入检验盘，用肉眼观察本批样品的色泽、状态等是否正常和符合要求，必要时应用显微镜鉴定。

5.1.2 气味鉴定

将样品的容器盖打开，立即嗅辨。如不易区别，可取样品约50g于250mL三角瓶中，注入60～70℃的温水100mL，加盖，摇匀后立即开盖用鼻接近瓶口，鉴别是否具有本品的正常气味。必要时可用国内外公认的化学或仪器方法做辅助鉴定。

5.2 干物检验

5.2.1 原理

将试样在(103±2)℃烘箱内烘至恒重，余下的质量即为干物。

5.2.2 仪器设备

5.2.2.1 分析天平：感量1mg。

5.2.2.2 电热式恒温烘箱：可控制温度为(103±2)℃。

5.2.2.3 称样皿：玻璃或铝质，直径40mm以上，高25mm以下。

5.2.2.4 干燥器：用氯化钙(干燥试剂)或变色硅胶作干燥剂。

5.2.3 试样的选取和制备

选取有代表性的试样，其原始样量应在1000g以上。将其充分混合均匀，备用。

5.2.4 检验步骤

将洁净称样皿在(103±2)℃烘箱中烘干30min±1min，取出，在干燥器中冷却至室温，称准至 1mg，再烘干 30min，同样冷却，称重，直至两次质量之差小于 0.0005g 为恒重。

称取试样 2～5g 于已恒重的称样皿中，准确至 1mg 并摊匀，将称样皿盖放在下面或边上，与称样皿一同放于（103±2）℃烘箱中。当干燥箱温度达 103℃后，干燥 4h±0.1h。将盖盖上，从干燥箱中取出，在干燥器中冷却至室温。称量，精确至 1mg。

5.2.5 检验结果计算

5.2.5.1 检验结果按下式计算：

$$干物(\%)=100-\frac{m_1-m_2}{m_1-m_0}\times100\%$$

式中 m_1——103℃烘干前试样及称样皿重，g；

m_2——103℃烘干后试样及称样皿重，g；

m_0——已恒重的称样皿重，g。

5.2.5.2 重复性

每个试样，应取两个平行样进行测定，以其算术平均值为结果。两个平行样测定值相差不超过 0.2％，否则重做。结果保留一位小数。

5.3 蛋白质检验

5.3.1 原理

凯氏法测定试样中的含氮量，即在催化剂作用下，用硫酸破坏有机物，使含氮物转化成硫酸铵。加入强碱进行蒸馏使氨逸出，用硼酸吸收后，再用酸滴定，测出氮含量，将结果乘以换算系数 6.25，计算出蛋白质（粗蛋白质）含量。

5.3.2 试剂

5.3.2.1 浓硫酸：分析纯。

5.3.2.2 混合催化剂：0.4g 分析纯五水硫酸铜，6g 分析纯硫酸钾，磨碎混匀。

5.3.2.3 40％分析纯氢氧化钠水溶液。

5.3.2.4 2％分析纯硼酸水溶液。

5.3.2.5 混合指示剂：0.1％甲基红乙醇溶液，0.5％溴甲酚绿乙醇溶液，两溶液等体积混合。该混合指示剂在阴暗处保存期为三个月。

5.3.2.6 盐酸（或硫酸）标准溶液：按 GB 601 配备。

5.3.2.6.1 0.1mol/L 盐酸（或 0.05mol/L 硫酸）标准溶液。

5.3.2.6.2 0.02mol/L 盐酸（或 0.01mol/L 硫酸）标准溶液。

5.3.2.7 蔗糖：分析纯。

5.3.2.8 硫酸铵：分析纯。

5.3.2.9 硼酸吸收液：向 1％硼酸水溶液 1000mL 中加入 0.1％溴甲酚绿乙

醇溶液 10mL、0.1％甲基红乙醇溶液 7mL、4％氢氧化钠水溶液 0.5mL，混合。该吸收液于阴暗处保存期为一个月（全自动程序用）。

5.3.3　仪器设备

5.3.3.1　实验室用样品粉碎机或研钵。

5.3.3.2　分样筛：孔径 1mm。

5.3.3.3　分析天平：感量 0.0001g。

5.3.3.4　消煮炉或电炉。

5.3.3.5　滴定管：酸式，10mL、25mL。

5.3.3.6　凯氏烧瓶：500mL。

5.3.3.7　凯氏蒸馏装置：常量直接蒸馏式或半微量水蒸气蒸馏式。

5.3.3.8　锥形瓶：150mL、250mL。

5.3.3.9　容量瓶：100mL。

5.3.3.10　消煮管：250mL。

5.3.3.11　定氮仪：以凯氏原理制造的各类型半自动、全自动蛋白质测定仪。

5.3.4　试样的选取和制备

选取有代表性的试样，其原始样量应在 1000g 以上。将其充分混合均匀，备用。

5.3.5　分析步骤

5.3.5.1　仲裁法

5.3.5.1.1　试样的消煮

称取试样 0.5～1g（称样前须再次混合均匀），称准至 0.0002g，放入凯氏烧瓶（5.3.3.6）中，加入 6.4g 混合催化剂（5.3.2.2），与试样混合均匀，再加入 12mL 硫酸（5.3.2.1）和 2 粒玻璃珠，凯氏烧瓶（5.3.3.6）置于电炉（5.3.3.4）上加热，开始小火，待样品焦化，泡沫消失后，再加强火力（360～410℃）直至呈透明的蓝绿色，然后再继续加热，至少 2h。

5.3.5.1.2　氨的蒸馏

5.3.5.1.2.1　常量蒸馏法

将试样消煮液（5.3.5.1.1）冷却，加入 60～100mL 蒸馏水，摇匀，冷却。将蒸馏装置（5.3.3.7）的冷凝管末端浸入装有 40mL 硼酸（5.3.2.4）吸收液和 2 滴混合指示剂（5.3.2.5）的锥形瓶内。然后小心地向凯氏烧瓶（5.3.3.6）中加入 50mL 氢氧化钠溶液（5.3.2.3），轻轻摇动凯氏烧瓶（5.3.3.6），使溶液混匀后再加热蒸馏，直至流出液体积为 150mL。降下锥形瓶，使冷凝管末端离开液面，继续蒸馏 1～2min，并用蒸馏水冲洗冷凝管末端，洗液均流入锥形瓶内，然后停止蒸馏。

5.3.5.1.2.2 半微量蒸馏法

将试样消煮液（5.3.5.1.1）冷却，加入 20mL 蒸馏水，转入 100mL 容量瓶中冷却后用水稀释至刻度，摇匀，作为试样分解液。将半微量蒸馏装置（5.3.3.7）的冷凝管末端浸入装有 20mL 硼酸（5.3.2.4）吸收液和 2 滴混合指示剂（5.3.2.5）的锥形瓶（5.3.3.8）内。蒸汽发生器（5.3.3.7）的水中应加入甲基红指示剂数滴，硫酸数滴，在蒸馏过程中保持此液为橙红色，否则需补加硫酸。准确移取试样分解液 10～20mL 注入蒸馏装置（5.3.3.7）的反应室中，用少量蒸馏水冲洗进样入口，塞好入口玻璃塞，再加 10mL 氢氧化钠溶液（5.3.2.3），小心提起玻璃塞使之流入反应室，将玻璃塞塞好，且在入口加水密封，防止漏气。蒸馏 4min 降下锥形瓶（5.3.3.8）使冷凝管末端离开吸收液面，再蒸馏 1min，用蒸馏水冲洗冷凝管末端，洗液均流入锥形瓶内，然后停止蒸馏。

注：5.3.5.1.2.1 和 5.3.5.1.2.2 蒸馏法测定结果相近，可任选一种。

5.3.5.1.2.3 蒸馏步骤的检验

精确称取 0.2g 硫酸铵（5.3.2.8），代替试样，按 5.3.5.1.2.1 或 5.3.5.1.2.2 步骤进行操作，测得硫酸铵含氮量为 21.19%±0.2%，否则应检查加碱、蒸馏和滴定各步骤是否正确。

5.3.5.1.3 滴定

用 5.3.5.1.2.1 或 5.3.5.1.2.2 法蒸馏后的吸收液立即用 0.1mol/L（5.3.2.6.1）或 0.02mol/L（5.3.2.6.2）盐酸标准溶液（或对应浓度的硫酸标准溶液）滴定，溶液由蓝绿色变成灰红色为终点。

5.3.5.2 推荐法

5.3.5.2.1 试样的消煮

称取 0.5～1g 试样（称样前须再次混合均匀），称准至 0.0002g，放入消化管中，加 2 片消化片（仪器自备）或 6.4g 混合催化剂（5.3.2.2）、12mL 硫酸（5.3.2.1），于 420℃下在消煮炉上消化 1h。取出冷却后加入 30mL 蒸馏水。

5.3.5.2.2 氨的蒸馏

采用全自动定氮仪（5.3.3.11）时，按仪器本身常量程序进行测定。

采用半自动定氮仪（5.3.3.11）时，将带消化液的管子插在蒸馏装置上，以 25mL 硼酸（5.3.2.4）为吸收液，加入 2 滴混合指示剂（5.3.2.5），蒸馏装置（5.3.3.7）的冷凝管末端要浸入装有吸收液的锥形瓶内，然后向消煮管中加入 50mL 氢氧化钠溶液（5.3.2.3）进行蒸馏。蒸馏时间以吸收液体积达到 100mL 时为宜。降下锥形瓶，用蒸馏水冲洗冷凝管末端，洗液均需流入锥形瓶内。

5.3.5.2.3 滴定

用 0.1mol/L（5.3.2.6.1）或 0.02mol/L（5.3.2.6.2）盐酸标准溶液（或对应浓度的硫酸标准溶液）滴定，溶液由蓝绿色变成灰红色为终点。

5.3.6　空白测定

称取 0.5g 蔗糖（5.3.2.7），代替试样，按 5.3.5 进行空白测定。

5.3.7　检验结果计算

5.3.7.1　以盐酸标准溶液滴定的检验结果按下式计算：

$$蛋白质(\%)=\frac{(V_2-V_1)\times c\times 0.0140\times 6.25}{m\times W\times V'/V}\times 100$$

式中　V_2——滴定试样时所消耗标准溶液的体积，mL；

　　　V_1——滴定空白时所消耗标准溶液的体积，mL；

　　　c——标准溶液的浓度，mol/L；

　　　m——试样的质量，g；

　　　V——试样分解液总体积，mL；

　　　V'——试样分解液蒸馏用体积，mL；

　　　W——试样的干物含量，%；

　0.0140——每毫升 1.0mol/L 盐酸溶液相当于氮的质量（g），g/mmol；

　6.25——氮换算成蛋白质的平均系数。

5.3.7.2　以硫酸标准溶液滴定的检验结果按下式计算：

$$蛋白质(\%)=\frac{(V_2-V_1)\times c\times 0.0280\times 6.25}{m\times W\times V'/V}\times 100$$

式中　0.0280——每毫升 1.0mol/L 硫酸溶液相当于氮的质量（g），g/mmol；

式中其他符号的意义与 5.3.7.1 相同。

5.3.7.3　重复性

每个试样取两个平行样进行测定，以其算术平均值为结果。

当蛋白质含量在 25% 以上时，允许相对偏差为 1%。

当蛋白质含量在 10%～25% 之间时，允许相对偏差为 2%。

当蛋白质含量在 10% 以下时，允许相对偏差为 3%。

6　检验规则

6.1　同一生产期内所生产，经包装出厂的，具有同一批号和同样质量证明的玉米浆，为同一批次产品。

6.2　产品出厂（交货）必须进行出厂交收检验，本标准 4 条中感官指标、干物、蛋白质均作为交收检验项目。检验样品内销应保存四个月，外销保存至合同追溯期失效为止。

6.3　取样方法

6.3.1　总则

6.3.1.1　样品的扦取应由指定的专业人员执行。

6.3.1.2　样品应能充分代表被扦取的该取样单位或该批产品的品质。原始样品不得少于 1kg，数量应能满足检验评定及存查需要。同一批货物应具有相同的特征，如规格、等级、包装、标记、产地等。在同一批货物中，从各取样点扦取的样品量应一致。

6.3.1.3　取样的最大批量为 250t。

6.3.1.4　扦取工具必须清洁、干燥并无异味。

6.3.1.5　取样前，应核对货物的品名、包装、标记、批次、代号、数量、质量及存放地点等。如发现异常现象，应适当扩大取样比例，对于包装不良、标记不清、批号代号混乱、数（重）量不符、外观品质显著差异等，应停止取样，并通知生产车间。

6.3.2　工具

6.3.2.1　扦样管：适用于桶装产品扦样。内径 1.5～2.5cm、长约 120cm 的玻璃管。

6.3.2.2　扦样筒：适用于散装产品扦样。用圆柱形铝筒制成，容量约为 0.5L，有盖底和筒塞，在盖和底的两圆心处装有同轴筒塞各一个，作为进样用。盖上有两个提环，筒塞上有一个提环，系以细绳，筒底有三足。

6.3.2.3　样品瓶：磨口瓶，容量 2～4kg。

6.3.3　扦样方法

6.3.3.1　桶装产品取样法

6.3.3.1.1　扦样单元数：4 桶以下，逐桶扦样；5～16 桶，抽取数量不少于 4 桶；大于 16 桶，按 $\sqrt{n}$ 计算扦样单元数。扦样的桶点要分布均匀。

6.3.3.1.2　扦样：先将产品搅拌均匀，将扦样管缓慢地自桶口斜插至桶底，然后堵压上口提出扦样管，将样品注入样品瓶内。如指定扦取某一部位样品时，先用拇指堵压扦样管上孔，插至要扦取的部位放开拇指，待扦取部位的样品进入管中后，立即堵压上孔提出，将样品注入样品瓶内。如扦取的样品数量不足 2kg 时，可增加扦样桶数，每桶扦样数量一致。

6.3.3.2　散装产品扦样法

散装产品以一个池、一个罐、一个槽车为一个检验单位。每批产品取样不少于 7 次。

6.3.3.2.1　分层：按散装产品高度，等距离分为上、中、下三层，上层距液面约 40cm 处，中层在液层中间，下层距液面 40cm 处，三层扦样数量比例为 1：3：1（卧式池、槽车为 1：8：1）。

6.3.3.2.2　扦样数量：不少于 2kg。

6.3.3.2.3　扦样：将扦样筒关闭筒塞，沉入扦样部位后，提动筒塞上的细绳，让样品进入筒内，提取样筒扦取样品。

6.3.3.3　流动产品扦样法

根据产品数量和流量，计算流动时间，采用定时、定量法，取样容器在管路出口处取样。

对生产线的玉米浆，每 90 桶（每桶 200L）为一批号，每个批号均匀取样六次，每次取 300mL 左右，每批取 1800～2000mL。

6.3.4 分样方法

将扦取的样品，经充分摇动，混合均匀后，分出 1kg 作为平均样品。

6.4 本企业生产的玉米浆分为优级品、一级品两个级别，以检验结果中最低一项指标判定等级。

6.5 检验结果如有 1～2 项指标不合格时，应重新自同批产品中抽取两倍量样品进行复检，以复检结果为准，若仍有一项不合格时，则判整批产品为不合格。

6.6 如需方对产品质量有异议，可在收货后 30d 内向供方提出要求。供方应由生产工厂人员和销售人员共同到需方现场，按本标准 6.3 条规定采集样品并按本标准规定的方法进行复验，以复验结果为准。如仍有争议，可请上级法定部门仲裁。

7 产品标志、标签、包装、运输、贮存

7.1 标志、标签

参照 GB 10648 执行。

7.2 包装

产品包装采用 200L 钢桶（或塑料桶）包装，桶口应密封良好。也可以干洁的槽车盛装。

7.3 运输

运输设备要清洁卫生，运输时必须以篷布遮盖。在整个运输过程中要保持干燥、清洁，不得与有毒、有害、有腐蚀性物品混装、混运，避免日晒和雨淋。装卸时，应轻拿轻放。

7.4 贮存

存放地点应保持清洁、通风干燥，贮存过程中严防日晒、雨淋，不得与有毒、有害、有腐蚀性和含有异味的物品堆放在一起。

7.5 保质期

在规定的包装、贮运条件下，本产品的保质期为 4 个月。

附录 9 固体玉米浆（企业标准）

1 范围

本标准规定了本企业生产的固体玉米浆的技术要求、试验方法、检验规则和标志、包装、运输、贮存要求。

本标准仅适用于本企业生产的固体玉米浆。当合同对固体玉米浆技术要求有明确规定时，按合同规定的技术要求控制。

2 规范性引用文件

下列文件中的条款通过本标准的引用而成为本标准的条款。凡是注日期的引用文件，其随后所有的修改单（不包括勘误的内容）或修订版均不适用于本标准，然而，鼓励根据本标准达成协议的各方研究是否可使用这些文件的最新版本。凡是不注日期的引用文件，其最新版本适用于本标准。

GB 10648　饲料标签

GB/T 6435　饲料中水分及其他挥发性物质含量的测定

GB/T 6432　饲料中粗蛋白测定方法

3 术语

3.1 批：以共同的原始样品，作出一个检验结果所代表的该宗货物。

3.2 原始样品：按本取样方法从一批货物中各个点件最初扦取的全部样品。

3.3 平均样品：原始样品按照规定方法经过混合，均匀地缩分出的一部分。

3.4 试验样品：从平均样品中分取一定数量的供各检验项目分析用的样品。

4 要求

4.1 感官性状

块状或粉状，色泽一致，无发酵、霉变及异味异臭。

4.2 质量指标

质量指标要求见表1。

表 1　质量指标

项　　目	指　　标	
	优　级	一　级
水分/%	≤10.0	
蛋白质(D.S)/%	≥45.0	≥42.0
①SO₂/%	≤0.20	
①总磷(D.S)/%	≥1.20	≥1.00

① 表示合同要求时检验。

4.3 卫生指标

按照中华人民共和国对同类产品卫生标准的有关规定执行。

5 试验方法

5.1 外观检验

主要以感官方法鉴定样品的色泽、状态和气味。

5.1.1　色泽、状态鉴定

将平均样品倒入检验盘或检验台上，推平，用肉眼观察本批样品的色泽、状态等是否正常和符合要求，必要时应用显微镜鉴定。

5.1.2　气味鉴定

将样品的容器盖打开，立即嗅辨，如有怀疑可用手抓取少量样品，以口呵气嗅之。如不易区别，可取样品约 10g 倾入杯内，注入 60~70℃温水，浸没样品，加盖，放置 2~3min，将水沥出，开盖用鼻接近杯口，鉴别是否具有本品的正常气味。必要时可用国内外公认的化学或仪器方法做辅助鉴定。

5.2　水分的测定

5.2.1　原理

试样在 (103±2)℃烘箱内，在常压下烘干，直至恒重，逸失的重量即为水分。

5.2.2　仪器设备

5.2.2.1　实验室用样品粉碎机或研钵。

5.2.2.2　分析天平：感量 1mg。

5.2.2.3　电热式恒温烘箱：可控制温度为 (103±2)℃。

5.2.2.4　称样皿：玻璃或铝质，直径 40mm 以上，高 25mm 以下。

5.2.2.5　干燥器：用氯化钙（干燥试剂）或变色硅胶作干燥剂。

5.2.3　试样的选取和制备

5.2.3.1　选取有代表性的试样，其原始样量应在 1000g 以上。

5.2.3.2　用四分法将原始样品缩至 500g，再用四分法缩至 200g，装入密封容器，放阴暗干燥处保存。

5.2.4　测定

将称样皿放入 103℃干燥箱中干燥 30min±1min，盖好称样皿盖，从干燥箱中取出，放入干燥器中冷却至室温。称量其质量，准确至 1mg。

称取 2~5g 试样于称样皿中，准确至 1mg，并摊匀。将称样皿盖放在下面或边上，与称样皿一同放入 103℃干燥箱中。当干燥箱温度达 103℃后，干燥 4h±0.1h。将盖盖上，从干燥箱中取出，在干燥器中冷却至室温。称量，准确至 1mg。

5.2.5　结果计算

5.2.5.1　水分的测定结果按下式计算：

$$水分(\%) = \frac{W_1 - W_2}{W_1 - W_0} \times 100\%$$

式中　W_1——103℃烘干前试样及称样皿重，g；

　　　W_2——103℃烘干后试样及称样皿重，g；

W_0——已恒重的称样皿重，g。

5.2.5.2 重复性

每个试样，应取两个平行样进行测定，以其算术平均值为结果。两个平行样测定值相差不超过 0.2％，否则重做。

5.3 粗蛋白质的测定

5.3.1 原理

凯氏法测定试样中的含氮量，即在催化剂作用下，用硫酸破坏有机物，使含氮物转化成硫酸铵。加入强碱进行蒸馏使氨逸出，用硼酸吸收后，再用酸滴定，测出氮含量，将结果乘以换算系数 6.25，计算出粗蛋白含量。

5.3.2 试剂

5.3.2.1 浓硫酸。

5.3.2.2 混合催化剂：0.4g 五水硫酸铜和 6g 硫酸钾磨碎混匀。

5.3.2.3 40％氢氧化钠水溶液。

5.3.2.4 2％硼酸水溶液。

5.3.2.5 混合指示剂：将 0.1％甲基红乙醇溶液与 0.5％溴甲酚绿乙醇溶液等体积混合。

5.3.2.6 0.05mol/L 硫酸标准溶液：按 GB 601 配制。

5.3.3 仪器设备

5.3.3.1 实验室用样品粉碎机或研钵。

5.3.3.2 分析天平：感量 0.0001g。

5.3.3.3 消煮炉或电炉。

5.3.3.4 滴定管：酸式，25mL。

5.3.3.5 凯氏烧瓶：250mL。

5.3.3.6 常量凯氏蒸馏装置。

5.3.3.7 锥形瓶：250mL。

5.3.4 试样的制备

选取有代表性的试样，用四分法缩减至 200g，装于密封容器中，防止试样成分的变化。

5.3.5 分析步骤

5.3.5.1 试样的消煮

称取试样 0.5～1g（含氮量 5～80mg），准确至 0.0002g，放入凯氏烧瓶中，加入 6.4g 混合催化剂，与试样混合均匀，再加入 12mL 硫酸和 2 粒玻璃珠，将凯氏烧瓶置于电炉上加热，开始小火，待样品焦化，泡沫消失后，再加强火力（360～410℃）直至呈透明的蓝绿色，然后再继续加热 30min。整个消化时间至少 2h。

5.3.5.2 氨的蒸馏

将试样消煮液冷却，加入 60～100mL 蒸馏水，摇匀，冷却。将蒸馏装置的冷凝管末端浸入装有 25mL 的 2% 硼酸吸收液和 2 滴混合指示剂的锥形瓶内。然后小心地向凯氏烧瓶中加入 50mL 氢氧化钠溶液，轻轻摇动凯氏烧瓶，使溶液混匀后再加热蒸馏，直至流出液体积为 100mL。降下锥形瓶，使冷凝管末端离开液面，继续蒸馏 1～2min，并用蒸馏水冲洗冷凝管末端，洗液均流入锥形瓶内，然后停止蒸馏。

5.3.5.3 滴定

用 0.05mol/L 硫酸标准溶液滴定吸收液，溶液由蓝绿色变成灰红色为终点。

5.3.5.4 空白测定

不加试样，按 5.3.5.1～5.3.5.3 步骤进行空白测定。

5.3.6 结果计算

5.3.6.1 蛋白质含量按下式计算：

$$粗蛋白质(\%) = \frac{(V_2 - V_1) \times c \times 0.0280 \times 6.25}{m \times (1 - W)} \times 100$$

式中　V_2——滴定试样时所消耗硫酸标准溶液的体积，mL；

　　　V_1——滴定空白时所消耗硫酸标准溶液的体积，mL；

　　　c——硫酸标准溶液的浓度，mol/L；

　　　m——称取试样的质量，g；

　0.0280——每毫摩尔硫酸相当于氮的质量（g），g/mmol；

　6.25——氮换算成蛋白质的平均系数；

　　　W——试样的水分，%。

5.3.6.2 重复性

每个试样取两个平行样进行测定，以其算术平均值为结果。

当粗蛋白质含量在 25% 以上时，允许相对偏差为 1%。

当粗蛋白质含量在 10%～25% 之间时，允许相对偏差为 2%。

当粗蛋白质含量在 10% 以下时，允许相对偏差为 3%。

5.4 二氧化硫的测定

5.4.1 原理

将样品酸化和加热，使样品释放出二氧化硫，并随氮流通过过氧化氢稀溶液而吸收氧化成硫酸，用氢氧化钠溶液滴定形成的硫酸。并将氢氧化钠标准溶液的耗用体积转化为二氧化硫的质量（mg）。

5.4.2 试剂

在测定过程中，只可使用分析纯而且不含有硫酸盐的试剂和蒸馏水，而且都是煮沸过不久的。

5.4.2.1　氮气：无氧。

5.4.2.2　过氧化氢溶液：9～10g/L。将 30％（质量分数）的过氧化氢 30mL，倒入 1000mL 容量瓶内，加水至刻度，此溶液应新鲜配制。

5.4.2.3　盐酸：量取密度为 1.19g/mL 的浓盐酸 150mL，倒入 1000mL 容量瓶，加水至刻度。

5.4.2.4　溴酚蓝指示剂溶液：将 100mg 的溴酚蓝溶于 100mL 20％（体积分数）乙醇溶液中。

5.4.2.5　氢氧化钠标准溶液：约 0.1mol/L。

5.4.2.6　氢氧化钠标准溶液：约 0.01mol/L。

5.4.2.5 与 5.4.2.6 溶液应用无二氧化碳含量的水配制，该水可通过将水烧沸之后，用氮流进行冷却而得到。

5.4.2.7　碘标准溶液：约 0.01mol/L。

5.4.2.8　淀粉溶液：5g/L，将 0.5g 可溶性淀粉溶于 100mL 的水中，加热搅拌至沸腾，再加入 20g 氯化钠，搅拌烧煮直至完全溶解为止，使用前应冷却至室温。

5.4.2.9　焦亚硫酸钾和乙二胺四乙酸二氢钠溶液：将 0.87g 焦亚硫酸钾（$K_2S_2O_5$）和 0.20g 乙二胺四乙酸二氢钠溶于水中，并定量地倒入 1000mL 容量瓶，加水至刻度，充分混合。

5.4.3　仪器

5.4.3.1　容量瓶：容量为 1000mL。

5.4.3.2　吸管：容量分别为 0.1mL、1mL、2mL、3mL、5mL 和 20mL。

5.4.3.3　滴定管：容量分别为 10mL、25mL 和 50mL。

5.4.3.4　分析天平。

5.4.3.5　磁力搅拌器：带有有效的加热器，适用于烧瓶 A。

5.4.3.6　雾状仪：或能保证二氧化硫成雾状通过过氧化氢溶液而被吸收的类似装置。

5.4.3.6.1　仪器组成

A：圆底烧瓶，容量为 250mL 或更大些，并有一磨口短状开口，以便插入一温度计；

B：竖式冷凝器，固定于烧瓶上；

C：连有苯三酚碱性溶液吸收器的氮流入口处；

D：分液漏斗，固定于烧瓶上；

E 和 E′：串联的二个起泡器，与冷凝器相连；

F：温度计。

测定时，若雾状发生速度较慢、较稳定，则第二次测定时，只需清洗烧瓶 A。

5.4.3.6.2 检查测定

仪器应满足下列要求

5.4.3.6.2.1 在烧瓶 A 中放入 100mL 水, 按规定进行后, 二个起泡器内溶液应是中性的。

5.4.3.6.2.2 进行下列操作:

a. 在烧瓶 A 内加入 100mL 的水, 用吸管加入 20mL 溶液 (5.4.2.9) 进行二氧化硫的成雾和测定。

b. 用吸管将 20mL 的碘溶液 (5.4.2.7)、5mL 盐酸 (5.4.2.3) 和 1mL 淀粉溶液 (5.4.2.8) 移入 100mL 锥形瓶中, 用滴定管 (5.4.3.3) 以溶液 (5.4.2.9) 进行滴定直至变色。

c. 用 a 和 b 法测定的二氧化硫含量之差不应超过其算术平均值的 1%。

a 法与 b 法操作的间歇应不超过 15min, 以免焦亚硫酸钾/乙二胺四乙酸二氢钠溶液中可能发生的二氧化硫含量的变化。

5.4.4 操作步骤

5.4.4.1 试样准备

将样品进行混合至均匀。

5.4.4.2 样品量

按表 2 称取样品, 精确至 0.01g。

表 2 样品量

二氧化硫含量估计值/(mg/kg)	样品量/g
<50	100
50~200	50

当样品的二氧化硫含量估计值大于 200mg/kg 时, 应减少样品量, 使之所含的二氧化硫不超过 10mg。样品直接称重困难时, 可通过减量法称取。

样品定量地移入烧瓶 A, 向样品加 100mL 的水, 并摇晃使之混合均匀。

5.4.4.3 成雾

5.4.4.3.1 在漏斗中放入 50mL 盐酸 (5.4.2.3)。

5.4.4.3.2 用吸管在起泡器 E 和 E' 中分别注入 3mL 过氧化氢溶液 (5.4.2.2)、0.1mL 溴酚蓝指示剂溶液 (5.4.2.4), 并用氢氧化钠标准溶液 (5.4.2.6) 中和过氧化氢溶液。

5.4.4.3.3 将冷凝器 B 和起泡器 E 和 E' 连接到仪器上, 慢慢地通过氮气, 以排出仪器中全部空气, 并开始向冷凝器放入水流。

5.4.4.3.4　让漏斗内盐酸放入烧瓶 A 中，必要时可暂停氮气进入。

5.4.4.3.5　混合物在 30min 内加热至沸，然后保持沸腾 30min，同时通入氮气，不停地搅拌。

5.4.4.4　滴定

定量地将第二个起泡器内溶液倒入第一个起泡器内，根据二氧化硫含量估计值，用氢氧化钠标准溶液（5.4.2.5 或 5.4.2.6）滴定已形成的硫酸。

如有挥发性有机酸存在，则应煮沸 2min，再冷却至室温，然后滴定。

5.4.4.5　检查

如果使用 0.01mol/L 氢氧化钠标准溶液，体积耗用小于 5mL，或使用 0.1mol/L 氢氧化钠标准溶液，体积耗用小于 0.5mL，则应增加样品量。

5.4.4.6　测定次数

对同一样品（5.4.4.1）进行二次测定。

5.4.5　结果的表示

5.4.5.1　计算方法

样品中二氧化硫含量是以 1000g 样品中二氧化硫的质量（mg）表示：

$$X = \frac{320.3 \times V}{m_0}$$

式中　X——样品中二氧化硫含量，mg/kg；

　　　m_0——样品的质量，g；

　　　V——0.01mol/L 氢氧化钠标准溶液耗用体积或 0.1mol/L 氢氧化钠标准溶液的 10 倍体积耗用体积，mL。

如允许差符合要求，取二次测定的算术平均值为结果。

5.4.5.2　允许差

分析人员应同时或迅速连续进行二次测定，其结果之差的绝对值应不超过算术平均值的 5%。

5.5　总磷的测定

测定范围磷含量 0~20μg/mL。

5.5.1　原理

将试样中的有机物完全破坏，使磷游离出来，在酸性溶液中，用钒钼酸铵处理，生成黄色的 $(NH_4)_3PO_4 \cdot NH_4VO_3 \cdot 16MoO_3$，在波长 420nm 下进行比色测定。

5.5.2　试剂

本标准中所用试剂，除特殊说明外，均为分析纯。

实验室用水为蒸馏水或同等纯度的水。

5.5.2.1　盐酸 1+1 水溶液。

5.5.2.2　硝酸。

5.5.2.3　高氯酸。

5.5.2.4　钒钼酸铵显色剂，称取偏钒酸铵 1.25g，加硝酸 250mL，另称取钼酸铵 25g，加水 400mL 溶解之，在冷却条件下，将两种溶液混合，用水定容至 1000mL。避光保存，若生成沉淀，则不能继续使用。

5.5.2.5　磷酸标准溶液：将磷酸二氢钾在 105℃ 干燥 1h，在干燥器中冷却后称取 0.2195g 溶解于水，定量转入 1000mL 容量瓶中，加硝酸 3mL，用水稀释至刻度，摇匀，即为 $50\mu g/mL$ 的磷标准液。

5.5.3　仪器和设备

5.5.3.1　实验室用样品粉碎机或研钵。

5.5.3.2　分样筛：孔径 0.45mm（40 目）。

5.5.3.3　分析天平：感量 0.0001g。

5.5.3.4　分光光度计：有 10mm 比色皿，可在 420nm 下测定吸光度。

5.5.3.5　高温炉：可控温度在 (550±20)℃。

5.5.3.6　瓷坩埚：50mL。

5.5.3.7　容量瓶：50mL、100mL、1000mL。

5.5.3.8　刻度移液管：1.0mL、2.0mL、3.0mL、5.0mL、10mL。

5.5.3.9　凯氏烧瓶：125mL、250mL。

5.5.3.10　可调温电炉：1000W。

5.5.4　试样的制备

取代表性试样，将试样缩分至 200g，装入密封容器，防止试样成分变质。

5.5.5　分析步骤

5.5.5.1　试样分解

5.5.5.1.1　干法［不适用含 $Ca(H_2PO_4)_2$ 的饲料］

称取试样 2～5g（精确至 0.0002g）于瓷坩埚（5.5.3.6）中，在电炉（5.5.3.10）上小心炭化，再放入高温炉（5.5.3.5），在 550℃ 灼烧 3h（或测粗灰分后继续进行），取出冷却，加入 10mL 盐酸溶液（5.5.2.1）和硝酸（5.5.2.2）数滴，小心煮沸约 10min，冷却后转入 100mL 容量瓶中，用水稀释至刻度，摇匀，为试样分解液。

5.5.5.1.2　湿法

称取试样 0.5～5g（精确至 0.0002g）于凯氏烧瓶（5.5.3.9）中，加入硝酸（5.5.2.2）30mL，小心加热煮沸至黄烟逸尽，稍冷，加入高氯酸（5.5.2.3）10mL，继续加热至高氯酸冒白烟（不得蒸干），溶液基本无色，冷却，加水 30mL，加热煮沸，冷却后，用水转移至 100mL 容量瓶中，并稀释至刻度，摇匀，为试样分解液。

5.5.5.2　绘制磷标准曲线

准确移取磷酸标准溶液（5.5.2.5）0mL、1.0mL、2.0mL、5.0mL、10.0mL、15.0mL于50mL容量瓶中，各加钒钼酸铵显色剂（5.5.2.4）10mL，用水稀释至刻度，摇匀，常温下放置10min以上，以0mL溶液为参比，用10mm比色池，在420nm波长下，用分光光度计测定各溶液的吸光度。以磷含量为横坐标、吸光度为纵坐标绘制标准曲线。

5.5.5.3　试样测定

准确移取试样分解液1~10mL（含磷量50~750μg）于50mL容量瓶中，加入钒钼酸铵显色剂（5.5.2.4）10mL，按5.5.5.2的方法显色和比色测定，测得试样分解液的吸光度，用标准曲线查得试样分解液的磷含量。

5.5.6　结果计算

5.5.6.1　样品中总磷含量（P%）按下式计算：

$$P\% = \frac{X}{m \times V \times 100}$$

式中　m——试样的质量，g；

　　　X——标准曲线查得试样分解液含量，μg；

　　　V——取试样的体积，mL。

所得到的结果应精确到0.01%。

5.5.6.2　允许差

每个试样称取两个平行样进行测定，以其算术平均值为测定结果，其间分析结果的相对偏差不大于表3所列相对允许偏差。

表3　允许偏差

磷含量/%	允许偏差/%
<0.5	10
≥0.5	3

6　检验规则

6.1　同一生产期内所生产，经包装出厂的，具有同一批号和同样质量证明的固体玉米浆，为同一批次产品。

6.2　产品出厂（交货）必须进行出厂交收检验，本标准4条中水分、蛋白质两项作为出厂交收检验项目，其余项目作为抽检项目。检验样品内销应保存四个月，外销保存至合同追溯期失效为止。

6.3　取样方法

6.3.1　总则

6.3.1.1　样品的扦取应由指定的专业人员执行。

6.3.1.2　样品应能充分代表被扦取的该取样单位或该批产品的品质。原始样品不得少于 2kg，平均样品不得少于 1kg，数量应能满足检验评定及存查需要。同一批货物应具有相同的特征，如规格、等级、包装、标记、产地等。在同一批货物中，从各取样点扦取的样量应一致。

6.3.1.3　产地取样最大批数量为 250t。

6.3.1.4　扦取工具必须清洁、干燥并无异味。

6.3.1.5　取样前，应核对货物的品名、包装、标记、批次、代号、数量、质量及存放地点等。如发现异常现象，应适当扩大取样比例，对于包装不良、标记不清、批号代号混乱、数（重）量不符、外观品质显著差异等，应停止取样，并通知车间。

6.3.2　工具

6.3.2.1　套管扦样器：全长 2m、2.5m 等多种，外径约 2.6cm，孔径约 9cm，孔宽约 1.8cm，孔间距约 7cm。

6.3.2.2　单管扦样器：全长 60～75cm，槽口长 50～55cm，口宽 1～1.8cm，头尖形，最大外径约 2.5cm。或其他等效并由官方批准的扦样器。

6.3.2.3　取样铲：铲长约 13cm，宽约 8cm，边高约 4cm，柄长约 8cm。

6.3.2.4　平底撮：撮长约 6cm，宽约 4cm，边高约 1cm，柄长约 4cm。

6.3.2.5　电钻或手摇钻：附钻木用钻头，直径约 1.5cm。

6.3.2.6　分样器、混样布、分样台和分样板等。

6.3.3　取样

6.3.3.1　散装取样

6.3.3.1.1　分区设点：按该产品堆存面积分区设点。以 50m² 为一个扦样区，每区设中心及四角（距边缘 1m 处）五个取样点，每增加一个取样区，增加三个取样点。

6.3.3.1.2　操作：将套管扦样器在关闭状态下，与垂线呈 30°～45°倾斜地插入堆内，打开槽口转动器身，稍抖动后关闭槽口，抽出扦样器，水平地放置于混样布上，随即鉴别各层样品的外观品质是否均匀一致。

对于形状不一、粒度较大、不适于用扦样器扦样的散积产品，采用扒堆的方法取样。参照分区设点的办法，在若干个取样点的上部（产品表面下 10～20cm 处）、中下部（距堆底 10～20cm 处）不加挑选地用取样铲随机取出具有代表性的大小块样品，每点取样数量应一致。

6.3.3.2　包装取样

6.3.3.2.1　抽取包数：10 包以下的逐包取样，10～100 包抽取 10 包，101 包以上，则以每批产品总数的平方根（不足 1 包的按 1 包计）为所取包数。

6.3.3.2.2　确定取样点：在堆垛内外四周按正弦线从上、中、下层随机确定取样点。

6.3.3.2.3　操作：取样时，手握器柄，使扦样器槽口向下，从包口缝线处以对角线方向插入包中转动器身，稍加抖动，抽出扦样器，将器柄下端的流样口对准盛样容器，倒出样品，每包取样次数和数量应一致，随时观察样品外观。

用包装扦样器取样时，同时需从应取的包件中随机抽取 10%，用"倒包法"取样。

对于形状不一、粒度较大、不适于用扦样器扦样的包装产品，采用倒包和拆包相结合的方法取样。参照抽取包数的比例，倒包数应不少于抽取总包数的 20%。

6.3.3.2.4　倒包法：将取样包置于洁净的苫布或水泥台上，拆去包口缝线，缓慢地放倒，双手紧握袋底两角，提起约 50cm 高，拖倒约 1.5m 长，全部倒出后，从相当于袋的中部和底部用取样铲取出样品，每包、每点取样数量应一致。

6.3.3.2.5　拆包法：将袋口缝线拆开 3～5 针。用取样铲从上部取出所需样品。每包取样数量应一致。

6.3.3.3　流动取样

如需在流动的产品中得到原始样品，应先按受检货物的质量、传送时间及流动速度，确定取样次数、间隔时间和每次应取的数量，然后定时从产品物流的终点，在整个流动产品截面中周期性地接取样品。

对生产线的固体玉米浆，每 3t 为一检验批，每批取样 6 次即每 0.5t 取样一次，每次取样 150g，每批取样 1000g 左右。必须保证所取样品能够代表本批次玉米浆干粉的质量。

6.3.4　分样

将原始样品充分混合均匀，进而分取平均样品或试验样品。

对于形状不一、粒度较大的原始样品，应将其大块置于铁板上或研钵中迅速击碎，成为粒度均匀的样品后，再进行分样。

6.3.4.1　四分法

将样品倾于清洁、干燥、光滑的混样台上，两手各执分样板，将样品从左右两侧铲起约 10cm 高，对准中心同时倒落。再换其垂直方向同样操作（中心点不动）。如此反复混合 3～5 次后，将样品压铺成等厚的正方形，用分样器在样品上划两对角线，分成四个等腰三角形，弃去两个对顶三角形的样品。剩下的样品再按上述方法反复分取，直至最后剩下的两个对顶三角形的样品接进需要量为止。

6.3.4.2　分样器法

将清洁干燥的分样器放稳，关闭漏斗开关，放好盛样器，将样品从高于漏斗口约 5cm 处倒入漏斗内，刮平样品，打开漏斗开关，待样品流尽后，轻拍分样器外壳，关闭漏斗开关，再将两盛样器内的样品同时倒入漏斗内，继续按上述方法重复混合两次。以后每次用一个盛样器内的样品按上法继续分样，直至该盛样器内的样品接近需要量为止。

6.3.4.3   点取法

通过四分法或分样器分取的平均样品，需再缩分时，可直接用点取法。

将样品倾干清洁、干燥的白瓷方盘内，铺平，使其厚度不超过 3cm。以每 100cm² 为一区，每区设中心及四角共五点，每增加一个区增加三个取样点。用平底撮从左至右逐点取样。每点取样数量应一致。

6.3.5   样品的盛装、标签

6.3.5.1   容器

样品容器应密闭性好、无强吸附性、清洁干燥、不漏不污染。如塑料袋（盒）、金属薄板盒或玻璃广口瓶。

6.3.5.2   样品的盛装

样品应用容量适宜的规定容器盛装，并装满、密封。样品应防止任何外来杂物的污染，严禁日晒雨淋，避免其成分含量的变化。

6.3.5.3   样品的标签

已扦取的样品，应附有下列各项记录的标签连同样品一并送检：批次代号、货物名称、数量、质量、存放地点、取样日期和取样人。

6.4   判定规则

6.4.1   本企业生产的固体玉米浆分为优级品、一级品和等外品三个级别，以检验结果中最低一项指标判定等级。

6.4.2   对某一项指标有异议，可以复检，再从该批产品中取加倍数量样品复检，与该项目有关的检验项目同时复检，以复检结果为准。

6.4.3   需方收到货时，对产品质量有异议，可在收货后 30d 内向供方提出要求。供方应由质检部门和销售部门共同到需方现场，按本标准 6.3 条规定采集样品进行复验，以复验结果为准。仍有争议，可请上级法定部门仲裁。

7   标志、包装、运输、贮存

7.1   包装与标志

产品包装采用 20kg 内衬薄膜的塑料编织袋包装，袋口密封应良好。标志、标签参照 GB 10648 执行。

7.2   运输

运输设备要清洁卫生，无其他强烈刺激性气味，运输时，必须用篷布遮盖。不得受潮，在整个运输过程中要保持干燥、清洁，不得与有毒、有害、有腐蚀性物品混装、混运，避免日晒和雨淋。装卸时，应轻拿轻放，严禁直接钩、扎包装袋。

7.3   贮存

存放地点应保持清洁、通风干燥，严防日晒、雨淋，严禁火种。不得与有毒、有害、有腐蚀性和含有异味的物品堆放在一起。产品包装袋应放在离地面100mm 以上的垫板上。堆垛四周应离墙壁 500mm 以上，垛间应留有 600mm 以上通道。

参 考 文 献

[1] 高艳华，袁建国．玉米深加工副产品的开发利用［J］．山东食品发酵，2010，（2）：45-47.

[2] 白卫国，王健夫，姚芩，等．国际碳核查政策制度调查研究［J］．工程研究——跨学科视野中的工程，2016，8（03）：322-331.

[3] 牛志刚．玉米淀粉生产中工艺水循环利用的改造［J］．河北化工，2009，32（2）：45-47.

[4] 赵玉斌，刘玉春，宗军战．玉米淀粉加工过程工艺水闭路循环利用工艺［P］：中国，CN200510135112.9.2006-6-28.

[5] 鲍大权，袁建斌．玉米淀粉加工厂蒸汽余热利用［J］．粮油加工，2009，（4）：39-41.

[6] 吕建国，安兴才．膜技术回收马铃薯淀粉废水中蛋白质的中试研究［J］．中国食物与营养，2008，（4）：37-40.

[7] 顾春雷，杨刚，邢卫红，等．膜技术处理马铃薯加工废水实验研究．第三届化学工程与生物化工年会论文摘要集（下）［C］．南京：2004：562-567.

[8] 王永，王岩，刘剑侠，等．食用级玉米淀粉生产中的玉米浸泡工艺［P］：中国，CN101375706.2009-03-04.

[9] 曹龙奎，李凤宁．淀粉制品生产工艺学［M］．北京：中国轻工业出版社，2008.

[10] 白坤．玉米淀粉工程技术［M］．北京：中国轻工业出版社，2012.

[11] 陈璀．玉米淀粉工业手册［M］．北京：中国轻工业出版社，2009.

[12] 巩发永，梁彦，肖诗明．玉米淀粉生产及检测技术［M］．成都：西南交通大学出版社，2013.

[13] 刘亚伟．玉米淀粉生产及转化技术［M］．北京：化学工业出版社，2003.

[14] 高嘉安．淀粉与淀粉制品工艺学［M］．北京：中国农业出版社，2001.

[15] 刘亚伟．淀粉生产及其深加工技术［M］．北京：中国轻工业出版社，2001.

[16] 石彦忠，张浩东．淀粉制品工艺学［M］．长春：吉林科学技术出版社，2008.

[17] 王纯彬．玉米淀粉生产中工艺水的综合利用［J］．安徽农业科学，2011，39（15）：9131-9132.

[18] 杜连起．玉米淀粉生产中乳酸菌的应用［J］．中国商办工业，2000，8：50-51.

[19] 赵寿经，黄丽，钱延春，王辉，梁彦龙．嗜热乳酸菌的筛选及其在玉米淀粉湿法生产浸泡工艺中的应用［J］．食品与发酵工业，2007，34（1）：46-49.

[20] David B Johnston, Vijay Singh. Use of Proteases to Reduce Steep Time and SO_2 Requirements in a CornWet-milling Process［J］. Cereal Chem, 2001, 78（4）：405-411.

[21] 唐守亮．玉米湿磨加工过程中诺沃酶的应用［J］．淀粉与淀粉糖，1990，2：51-56.

[22] 任海松，董海洲，侯汉学．酶法提取玉米淀粉工艺研究［J］．中国粮油学报，2008，23（1）：59-60.

[23] 赵寿经，孙莉丽，钱延春，李东芳，朱克卫．利用蛋白酶发酵液替代 SO_2 改进玉米淀粉生产浸泡工艺研究［J］．食品与发酵工业，2007，33（10）：76-79.

[24] 赵寿经，赵静，王辉，李东芳．产中性蛋白酶菌种的选育及其在玉米淀粉生产浸泡工艺中的应用［J］．食品与发酵工业，2008，34（8）：79-82.

[25] 段玉权，李新华，马秋娟．纤维素酶对玉米淀粉湿磨过程中浸泡工艺的影响［J］．粮油食品科技，2004，12（1）：14-15.

[26] 赵寿经，黄丽，王辉．利用发酵法和酶法综合技术改进玉米淀粉生产湿法浸泡工艺［J］．吉林大学学报，2008，38（6）：1489-1494.

[27] 闵伟红．一种缩短玉米淀粉生产过程中玉米浸泡时间的方法［P］：中国，CN101372702A.2009-

02-25.

[28] 高庆杰，石宪奎 . 玉米湿磨生产浸泡工艺的研究进展 ［J］. 中国食物与营养，2010，（12）：35-38.

[29] 张艳荣 . 生产工艺对产品质量的保证 ［J］. 科技与创新，2015，（21）：101-102.

[30] 李孝柏 . 略论玉米淀粉生产中麸质浓缩技术 ［J］. 粮食与饲料工业，2009，（1）：22-24.

[31] NY/T 418—2007 绿色食品　玉米及玉米制品 ［S］. 北京：中国标准出版社，2008.

[32] 丛培君，袁彦肖，王淑兰，等 . 超滤技术在马铃薯淀粉排放废水中的应用初探 ［J］. 环境科学学报，1998，18（4）：442-444.

[33] 王彦波 . 环保节约型马铃薯淀粉生产新技术 ［J］. 中国马铃薯，2007，21（01）：49-50.

[34] 杨方方，李超 . 开展碳核查对节能环保工作的影响研究 ［J］. 科技创新与应用，2014，（24）：152.

[35] 张宏博，苗地，刘新亮 . 论近红外品质分析仪在玉米淀粉生产质量控制中的应用 ［J］. 科技致富向导，2009，（24）：36-37.

[36] 钟耕 . 绿色集成新技术在变性淀粉生产中的节能减排降耗 ［J］. 资源节约与环保，2009，（05）：117-118.

[37] 周世兴，关淑萍，于明彦 . 绿色食品玉米生产关键性技术 ［J］. 农业与技术，2010，30（3）：81-82.

[38] 易伟民 . 马铃薯淀粉废水中蛋白质回收及其水解物抗氧化性的研究 ［D］. 大庆市：黑龙江八一农垦大学，2015.

[39] 赵群，刘彤军，唐文军，等 . 奶粉和奶精粉干燥工艺流程自动控制技术 ［J］. 自动化技术与应用，2011，30（12）：11-16.

[40] 郝庆军，闫浩春，袁秀霞，等 . 水泥企业碳核查案例分析 ［J］. 水泥工程，2016，29（06）：16-19.

[41] 田侠 . 用改性中空纤维超滤膜技术回收甘薯淀粉生产废水中蛋白质的研究 ［D］. 沈阳市：沈阳农业大学，2013.

[42] 朱洪里 . 玉米淀粉生产废水处理工程设计与实践 ［J］. 污染防治技术，2006，（1）：67-69.

[43] 李友仁，李部东，王维峰 . 玉米淀粉生产中工艺水的综合利用 ［J］. 工程技术：文摘版，2017，15：289.

[44] 牛志刚 . 玉米淀粉生产中工艺水循环利用的改造 ［J］. 煤炭与化工，2009，（2）：45-46.

[45] 杨秀奎 . 智能化变性淀粉生产线自动控制的技术特性 ［J］. 应用能源技术，2008，（12）：37-38.

[46] 石彦忠，张浩东 . 淀粉制品工艺学 ［M］. 长春：吉林科学技术出版社，2008.

[47] 河北秦皇岛骊骅淀粉股份有限公司 . 玉米生产淀粉废水、废汽、废渣、能源综合利用技术. 全国玉米深加工产业交流展示会暨中国发酵工业协会 2006 年行业大会论文集 ［C］. 2006.

[48] 河北秦皇岛骊骅淀粉股份有限公司 . 玉米淀粉及淀粉糖生产用水阶梯式循环利用技术. 全国玉米深加工产业交流展示会暨中国发酵工业协会 2006 年行业大会论文集 ［C］. 2006.

[49] 崔云洪 . 玉米淀粉湿磨加工 ［M］. 济南：山东科学技术出版社，2007.

[50] 钱维勤，余平 . 淀粉及其制品生产工艺与设备 ［M］. 北京：中国轻工业出版社 .